JN412405

판금도장 종합 지침서

정석 차체수리 공학

권영신 · 김태훈 · 성낙천 · 성도기
임동주 · 장우종 · 정풍기 공저

KIHANJAE 기한재

눈으로 보는 바디수리의 실제 I

● 외부분석

1 라커 판넬과 힌지 필라가 만나는 지점에서 봤을 때 전면부를 제외하고는 별이상이 없다.

2 반대편은 쿼터 판넬에서 루프까지 찌그러져 있고 문쪽의 측면부는 별이상이 없다.

● 내부분석

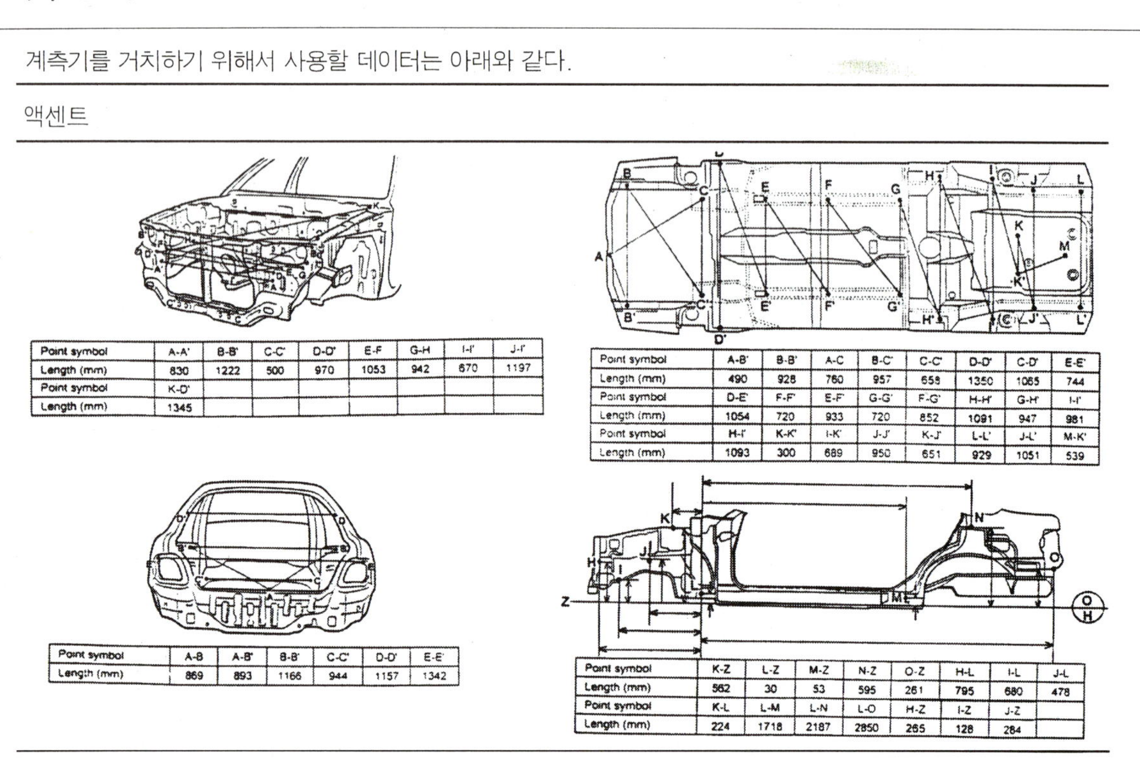

계측기를 거치하기 위해서 사용할 데이터는 아래와 같다.

액센트

Point symbol	A-A'	B-B'	C-C'	D-D'	E-F	G-H	I-I'	J-I'
Length (mm)	830	1222	500	970	1053	942	670	1197
Point symbol	K-D'							
Length (mm)	1345							

Point symbol	A-B'	B-B'	A-C	B-C'	C-C'	D-D'	C-D'	E-E'
Length (mm)	490	928	760	957	658	1350	1065	744
Point symbol	D-E'	F-F'	E-F'	G-G'	F-G'	H-H'	G-H'	I-I'
Length (mm)	1054	720	933	720	852	1091	947	981
Point symbol	H-I'	K-K'	I-K'	J-J'	K-J'	L-L'	J-L'	M-K'
Length (mm)	1093	300	689	950	651	929	1051	539

Point symbol	A-B	A-B'	B-B'	C-C'	D-D'	E-E'
Length (mm)	869	893	1166	944	1157	1342

Point symbol	K-Z	L-Z	M-Z	N-Z	O-Z	H-L	I-L	J-L
Length (mm)	562	30	53	595	261	795	680	478
Point symbol	K-L	L-M	L-N	L-O	H-Z	I-Z	J-Z	
Length (mm)	224	1718	2187	2850	265	128	284	

3 H 지점, L 지점, M 지점, O 지점(맥퍼슨 타워)에 계측기를 거치하였다.

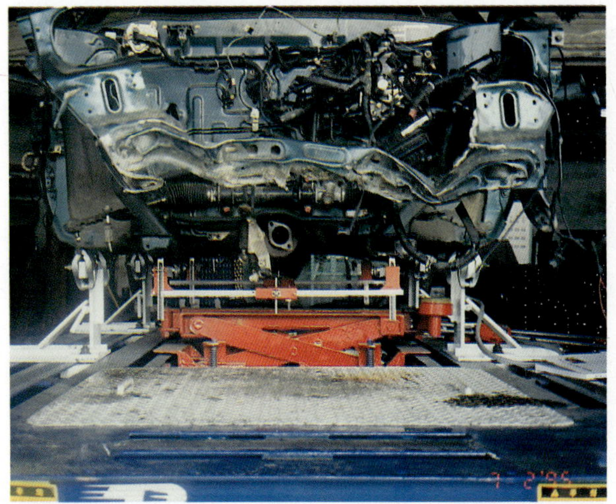

4 중앙부 두 곳을 거치하여 본 결과 변형이 없다는 것을 느낄 수 있었다.

5 전면부에 하나를 더 거치하였더니 좌측이 높고 우측이 낮아 센터 핀은 우측으로 이격이 된 것을 볼 수가 있다.

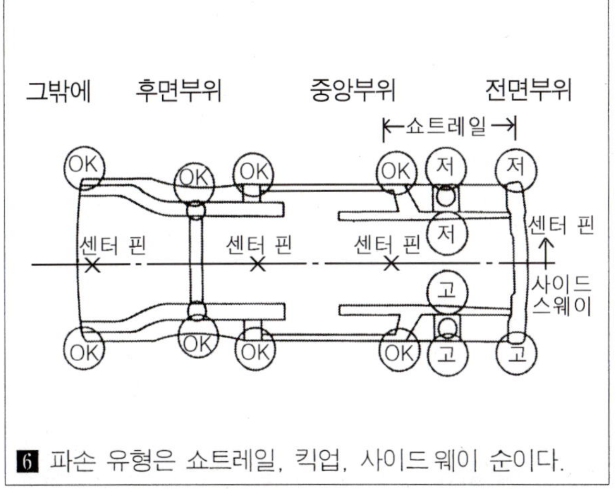

6 파손 유형은 쇼트레일, 킥업, 사이드 웨이 순이다.

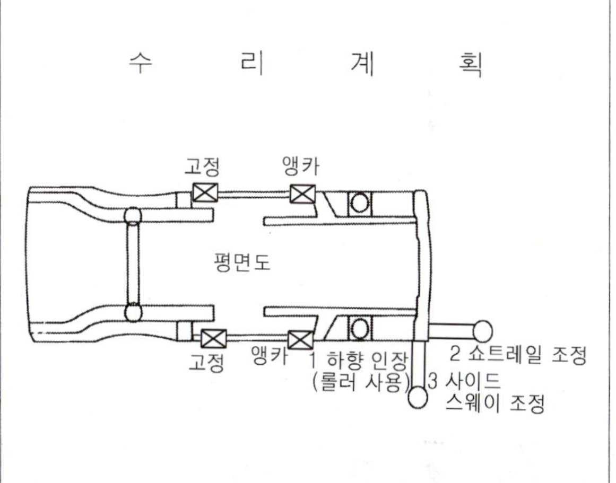

7 앵카를 카울지역의 4군데를 물린다. 풀링타워에 롤러를 하단으로 거치를 한 이유는 상향으로 올려진 차체를 하단으로 내리기 위해서이다.

● 인장 작업 및 타워거치(클램프설치)

8 킥업에 해당하는 부위를 교정해 주기 위해서 체인과 롤러를 거치 작업하고 있다. 이때 레벨과 사이드웨이가 동시에 교정됨.

9 먼저 쇼트레일을 교정하기 위해 사진과 같이 체인을 걸었으며 트램 게이지를 참조 지점에 놓고 맞을 때까지 작업하고 있다.

10 교정이 어느 정도 되었음.

11 레벨 상태가 교정되고 일부 사이드웨이가 남았음.

12 그 상태에서 측면으로 타워를 거치하여 사이드웨이의 교정을 해줌.

13 찌그러진 부위를 가스 용접기로 열을 가해 인장이 쉽도록 한다(중성 불꽃 채택).

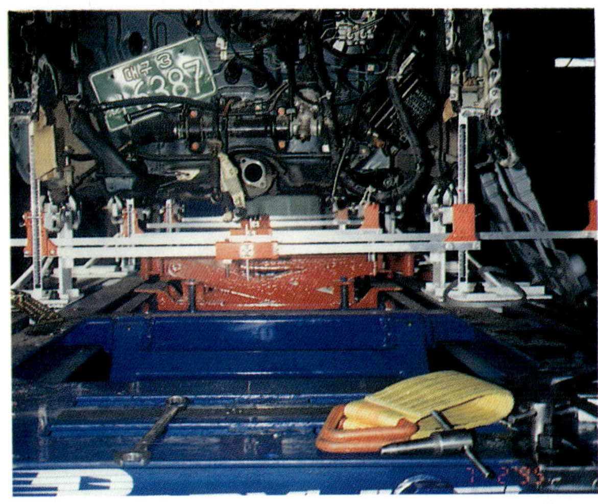

14 맥퍼슨 계측기를 거치하여 레벨이 맞는지를 확인한다. 레벨이 맞았다.

15 트램 게이지로 길이 측정 및 대각선 측정을 마치고, 센터 핀과 수평 바를 확인 결과 맞았다.

눈으로 보는 차체수리의 실제 Ⅱ

차체 수리의 정리

1. 파손 차량의 파손 부분을 육안으로 면밀히 분석하여야 한다.
2. 파손 차량의 계측 작업을 합리적으로 하여야 한다.
3. 파손 차량의 파손 분석(1, 2)에 따른 계획을 면밀 주도하게 수립한다.
4. 계획에 따른 인장 작업을 실시한다.
5. 차량이 부식되지 않게 끝마무리를 잘 처리해야 한다.

1 차체가 트위스트인 상태이며 전면에서 좌측 사이드 멤버에 응력 집중 현상으로 응력을 해소해 주어야 하며, 이를 위해 본네트(후드)를 제거하여야 한다.

2 전면 크로스 멤버 지역에 센터링 계측기를 걸어봤는데 좌측이 낮고 우측이 높은 트위스트가 형성되었음.

3 여러 가지 상향 인장 방법이 있으나 이동식 램을 받혀 상향 압축하는 방법을 채택하였다.

4 원하는 형태로 교정이 일부된다.

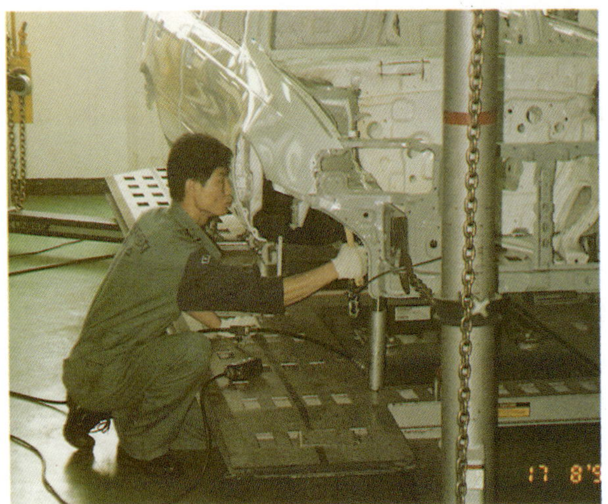

5 바깥쪽에서 헤머링 해줘서 응력을 해소한다(팬더 에이프롱 부위).

6 다시 완전히 계측자를 거치해 보면 센터핀이 우측으로 약간 돌아갔다. 이는 센터라인 정열이 더 필요하다는 것을 알 수 있다.

7 사이드 멤버 및 멕퍼슨 타워를 완전히 갈아야 할 경우로 간주하고 교환 작업을 하는 공정. 플라즈마 절단기로 절단 작업을 한다.

8 멕퍼슨 타워 뒷부분과 카울 판넬 사이를 절단하는 데 약간의 여유를 두는 것이 중요하다. 펜더 리인포스먼트 방향으로 절단한다.

9 라디에타 서포트를 램프가 들어갈 구멍 부위에서 임의로 자른다.

10 스포트 용접 제거 드릴로 차체 고유의 점용접된 부위를 제거함.

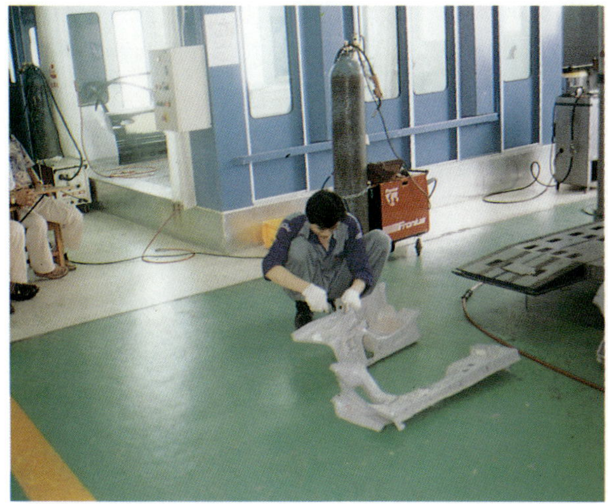

11 해당 부품의 미그 용접을 위해 펀치기로 플러그 용접 구멍을 뚫는다.

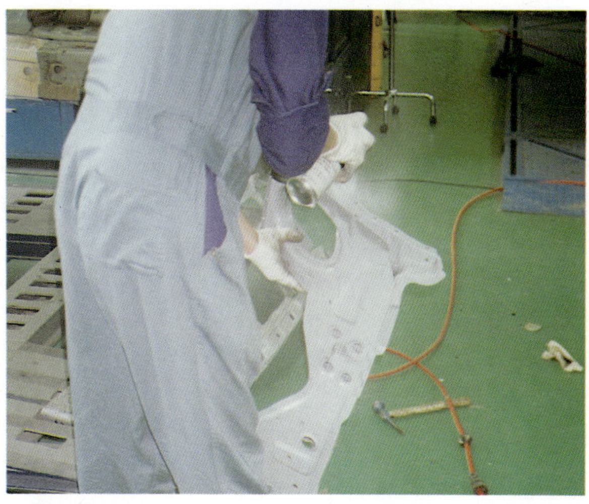

12 용접하기 전에는 방청제를 뿌린다.

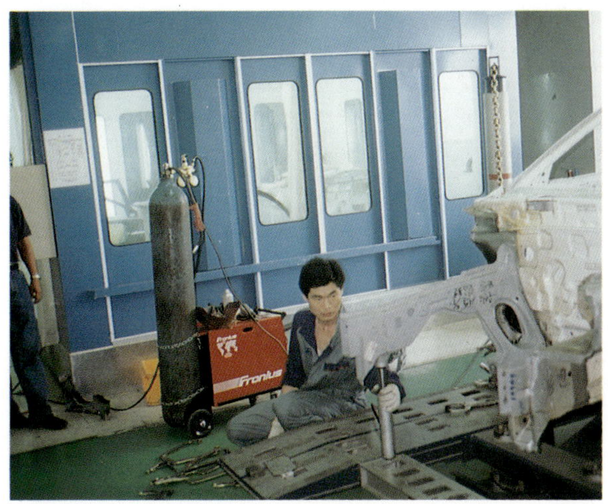

13 사이드 멤버를 데시 판넬과 카울 판넬 전반에 걸쳐 접촉을 한다. 수평을 정확히 유지하기 위해 유압램을 하단에 거치한다.

14 트램 게이지로 폭의 측정치와 비교한다(데이타 북을 반드시 참조해야 함).

15 미그 용접을 실시함.

16 유격이 있는 부위를 망치로 조정한다.

17 대략적인 용접후 바이스 그립을 제거하고 트램 게이지로 측정한다(데이타 북을 참조해야 하며 길이 부분을 측정).

18 데시 판넬 하단에서 카울 판넬까지 미그 용접을 실시함.

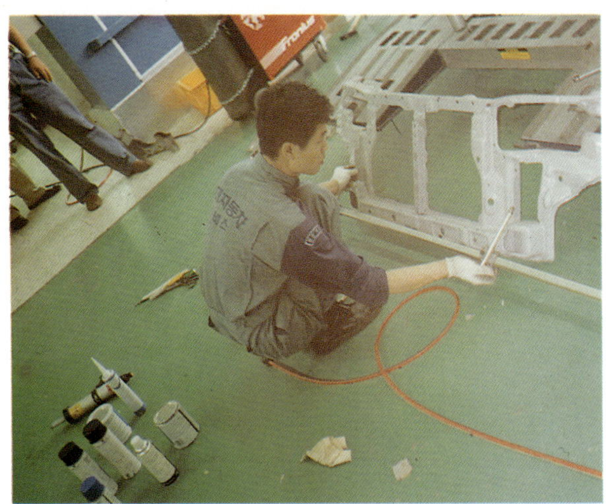

19 라디에타 서포터와 프레임 혼(사이드 멤버 끝부분)의 접촉 부위를 트램게이지로 비교 확인한다.

20 라디에타 서포트를 사이드 멤버에 끼운다.

21 다시 트램 게이지로 대각선을 측정한다.

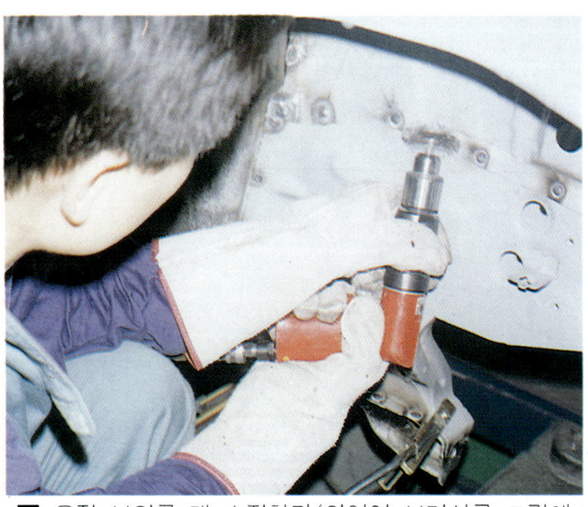

22 용접 부위를 재 손질한다(와이어 브러쉬를 드릴에 연결해서 사용).

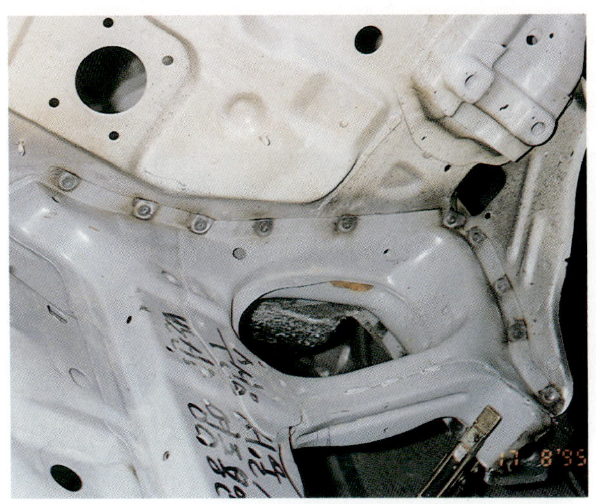

㉓ 데시 판넬과 사이드 멤버의 용접한 상태 물론 이후에 아연계 방청 안료 등을 뿌려서 방청처리 해야 한다

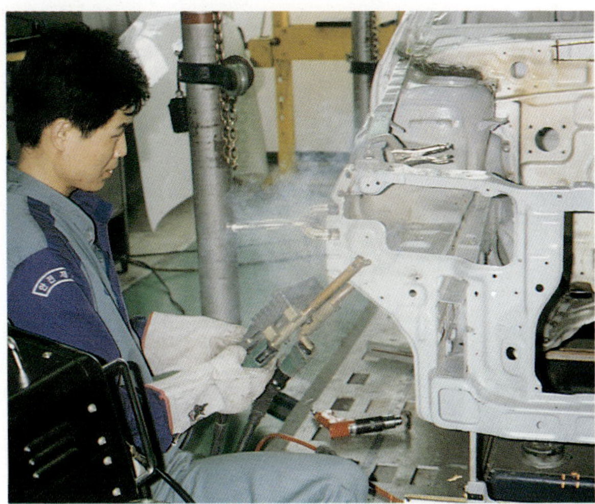

㉔ 다음은 리디에타 서포트와 각 부품 접촉부를 전기 저항 용접기로 스포트 용접을 한다.

㉕ 다음은 우측 부위를 스포트 용접한다.

㉖ 펜더와 본네트를 부착한다.

㉗ 우측 본네트와 펜더의 틈.

㉘ 모든 작업이 끝났을 때 센터링 계측기를 다시 걸어 레벨, 센터 라인, 데이텀 라인 및 대각선, 길이의 정열 상태를 점검한다.

눈으로 보는 플라스틱 범퍼의 수리

1 페인트 구 도막을 원형 센터로 제거한다.

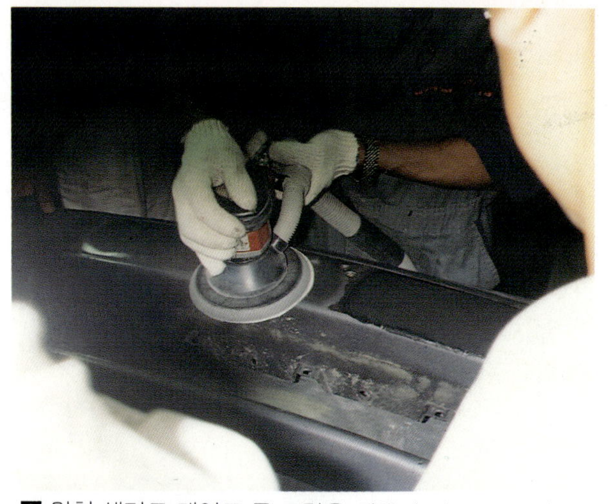

2 원형 센터로 페인트 구 도막을 깨끗이 제거하여 준다.

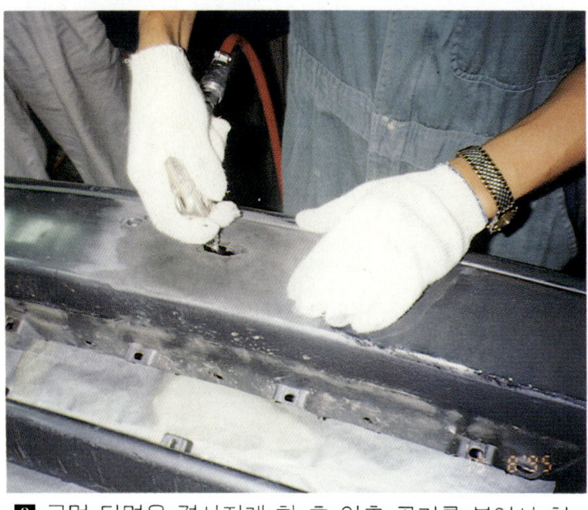

3 구멍 단면을 경사지게 한 후 압축 공기를 불어서 청소해 준다.

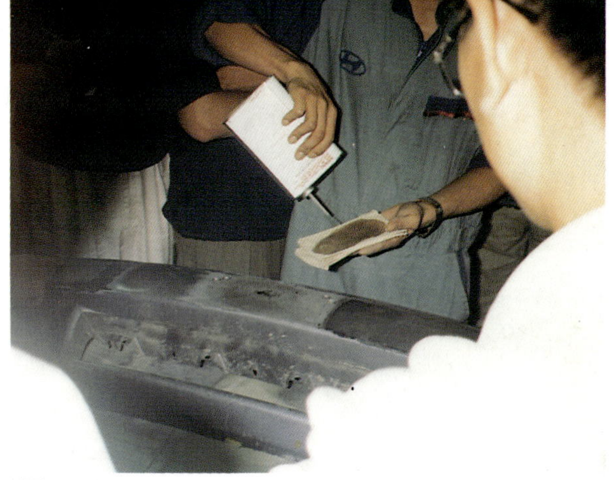

4 표면을 솔벤트로 닦는다(주의 : 솔벤트를 자연 건조되기 전에 다른 헝겊이나 종이로 닦아낸다).

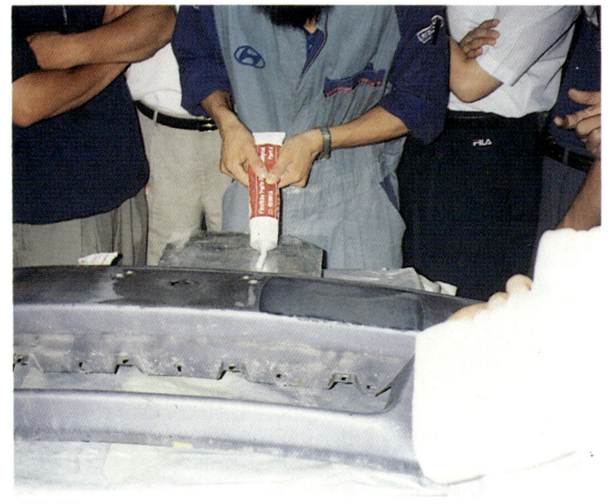

5 플라스틱 범퍼 수리용 에폭시(Epoxy)를 준비한다.

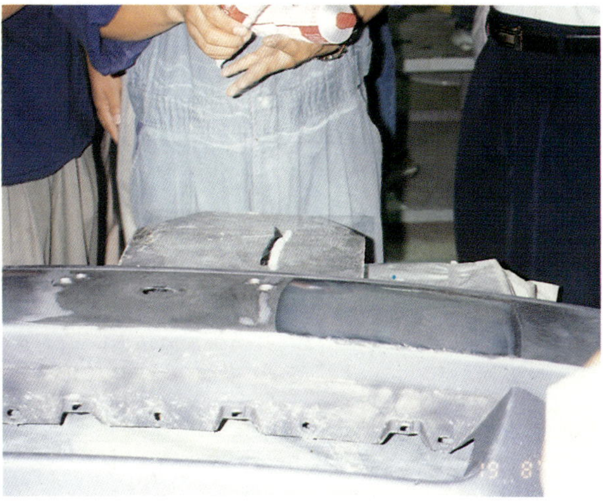

6 합성용 접착제를 똑같은 비율로 짜낸다(검은색, 흰색).

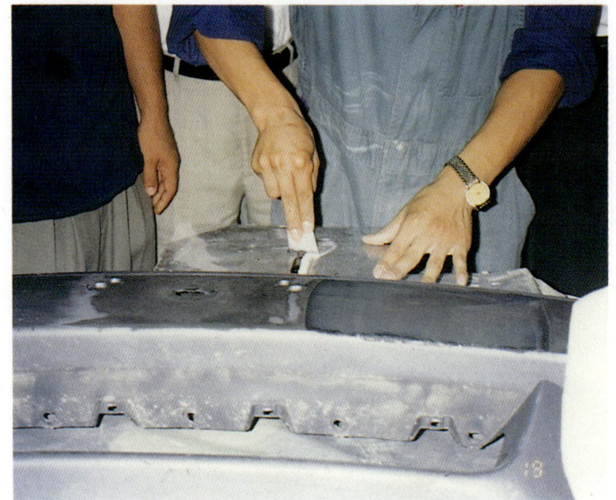

7 기포가 생기지 않도록 잘 섞는다.

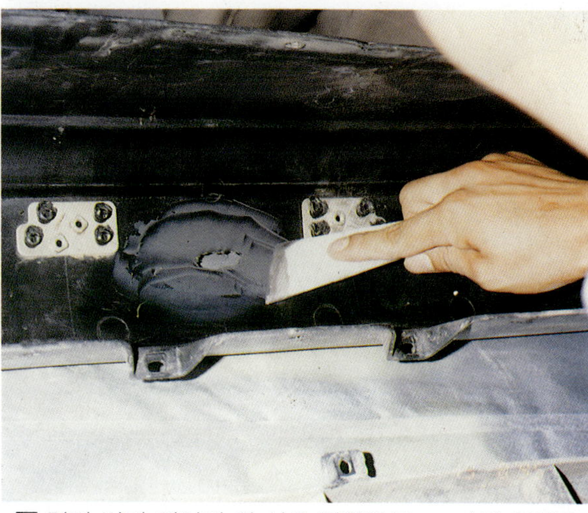

8 먼저 범퍼 뒷면에 잘 섞은 접착제(Epoxy)를 주걱으로 바른다(주의 : 기포가 생기지 않도록 치밀하게 바른다).

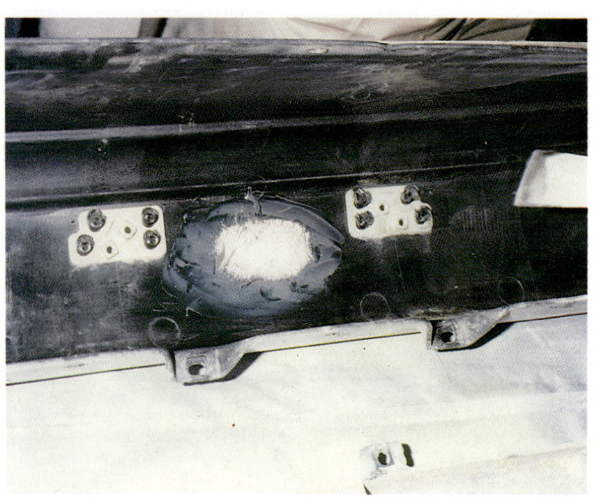

9 유리섬유 조각을 여유있게 잘라서 붙인다.

10 표면 귀퉁이가 먼저 붙도록 접착제를 덧바른다.

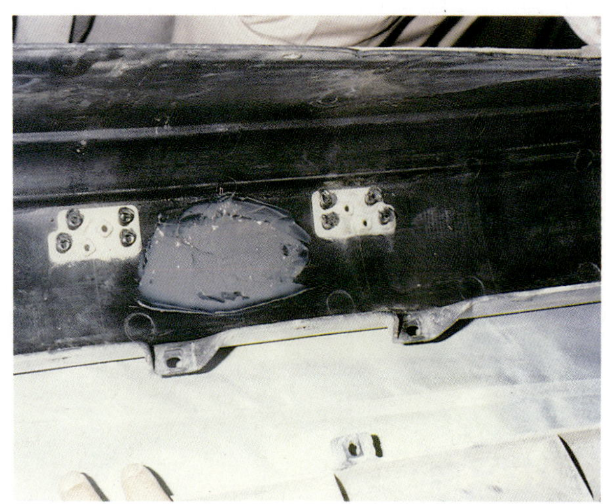

11 그 위에 접착제를 너무 두껍지 않게 완전히 덮는다.

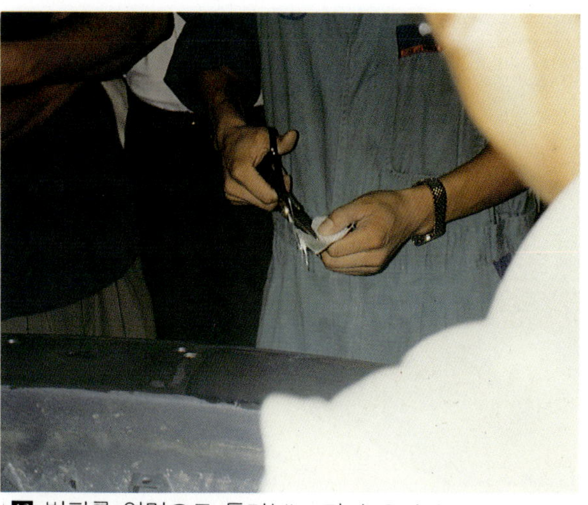

12 범퍼를 앞면으로 돌려놓고 다시 유리섬유를 적당히 여유있게 자른다.

⑬ 먼저 범퍼 전면 표면위에 구멍 주위로 에폭시를 바른다.

⑭ 그 위에 잘라놓은 유리 섬유 조각을 붙인다.

⑮ 그 위를 접착제로 완전히 덮고 그 주변까지 바른다.

⑯ 주걱으로 표면을 곱게 다듬은 후 건조될 때까지 기다린다.

⑰ 완전히 마른 면을 센더(#120번)를 갈고 도장 공정으로 들어간다.

우리나라 정비업계에 차체 수리의 중요성이 보편화된 지도 10여년 세월이 흘렀습니다. 그럼에도 불구하고 지금의 상태에는 그에 대한 개념 정립이 전혀 안된 상태이며, 교육 체제는 아예 전무한 실정입니다.

자동차 제조 기술의 발달로 엔진, 새시는 수명이 연장되어 출고에서 폐차까지 차량 수명 동안 엔진, 새시의 정비를 전혀 하지 않은 차도 많아지고, 교육기관에서도 엔진 새시의 교육만 이루어져 해마다 해당 정비 인력은 매년 적체되고, 고성능의 차로 주행하면서 발생하는 충돌사고에서 차체 수리는 몇 십년 계속 어깨 너머로 배운 기능을 경험으로 한 기능사에게 100% 의존하는 상태입니다.

이 때, 보험 체제도 합리적이고, 정확한 체계에 의한 차체 수리를 인식하여 그에 대한 보상체제를 이룩하기 위한 노력을 함으로써 차체 수리의 전문지식에 대한 이론체계는 이루어졌지만, 실지 작업에 대한 데이터를 이루어야할 과제가 남아 있습니다. 또한, 자동차 대기업에서도 국산 차의 세계 브랜드화를 위해 차체 수리 지침서를 만들어야 할 과제도 남았습니다.

여기서 어느 단체 한곳에서의 노력만으로는 차체 수리의 체계가 쉽게 이루어지지 않는다는 관점에서 서로의 협력을 이루어야 한다는 생각에 자동차 선진국에서 시행되고 있는 차체 수리의 자료와 국내 현장에서 그 이론을 실제 시험한 결과들을 모아서 이 교재를 집필하게 되었습니다.

여러 교수님들의 조언과 경험이 어우러져 이 교재를 집필한 바, 우리나라의 차체 수리 체제에 일각의 역할만 해준다면 보람으로 알겠습니다.

저자일동

CONTENTS

MEMO

제 1 장

바디 구조와 수리

제 1 장 바디 구조와 수리

1.1 자동차 바디의 개요

1.1.1 자동차 바디의 역사

자동차 차체 정비의 역사는 자동차가 탄생하기 이전부터 교통의 주역이었던 마차에서 출발한 것으로서 그 초기에는 목재(목재) 차체였다고 할 수 있다.

그 후 목재의 테두리에 강판을 붙인 보강형태로 변하였고, 1930년대에 이르러 프레스 및 용접기술의 발달로 자동차의 제조 기술이 비약적으로 발전하였으며 차체 전체가 강판으로 구성된 차체가 개발되어 지금에 이르렀다.

그동안 자동차의 사용목적, 사회의 요구변화에 의해서 다양한 형식의 차체가 개발되었지만 특히, 모터 리셉션을 시작한 1960년대 후반 이후의 차체의 신 개발은 안전, 연비절감, 수명연장 등 그 시대의 사회정세를 반영하여 지금에 이르렀다.

여기에서 이들에 대해 간단히 알아보기로 한다.

1) 안전대책

자동차가 급증하면 이에 병행하여 자동차의 사고가 증가한다는 것은 피할 수 없는 현실이기 때문에 자동차의 안전대책은 대단히 중요한 기술적 과제로 되어 있다.

자동차의 안전대책의 예로서는 다음과 같은 것이 있다.

① 사고방지 대책

-특히 운전자의 시야를 확보하기 위한 대책으로서

· 프론트 윈드실드의 확대

· 프론트 필러의 세형화-프론트 필러 상단부를 가늘게 만듦으로서 시야확보

· 프론트 바디의 경사화

· ABS 브레이크 등

② 충돌 사고시의 안전대책

-충돌 및 추돌시의 충격으로부터 차실내의 승객을 보호하기 위한 대책

-차체의 구조를 충격흡수 구조로 한다.

-충돌사고 시 객실을 최대한 보호할 수 있도록 레인포스먼트(보강재)의 부착

-시트벨트의 부착

-헤드레스드의 장착

-에어백의 설치 등

③ 충돌 후의 안전대책

충돌 후에 예상되는 화재방지를 위해 연료탱크의 위치나 주입구 배치의 적정화, 더욱이 만일의 경우 화재가 발생한 경우 피해를 최소한으로 줄일 수 있는 연소가 어려운 내장재료의 채용 등이 추진되고 있다.

2) 연료 절감 대책

1973년에 일어난 석유파동을 계기로 하여 자원절감, 에너지 절약운동이 보편화되어 자동차의 차체에도 경량화 등 설계상의 고려가 대두되고 있다.

그 예를 보면 다음과 같은 것이 있다.

3) 수명 연장 대책

석유파동을 계기로 한 경제의 저 성장시대에서의 자동차 라이프 싸이클에 대응하기 위해 차체의 방청대책이 다루어지고 있다.

이들은 다름과 같이 3가지로 크게 나누어 생각하고 있다.

① 차체에 사용하는 강판을 내식성이 높은 표면처리 강판을 사용한다.

② 주행 중 외부로부터 흙 먼지나 염분이 침입하여 축적되지 않는 구조로 한다.

③ 내식성도장의 사용, 추가도장, 겹침도장을 한다.

차체수리 시 이상의 예와 같은 사회적 요구에 의한 자동차 차체의 변화 등을 평소에 연구하여, 보다 정확하고 확실한 정비가 이루어지도록 연구해야 할 필요가 있다.

1.1.2 자동차의 구조와 프레임

판금 기술자는 바디만 알고 있으면 된다는 것은 옛날 이야기이다. 표면적으로 긁힌 상처만 취급하는 것이 아니라 어느 정도 이상의 사고 손상을 받은 자동차를 수리하기에는 자동차 전반의 지식을 빼놓을 수 없기 때문이다.

판금 기술을 알기 전에 먼저 자동차의 기본적인 구조를 이해해야 한다. 한 대의 자동차에는 수많은 부품이 모여서 만들어진다. 때문에 부품 각각의 역할에 따라 나누어 보면 엔진, 새시, 바디, 전장 비품 네 가지로 분류할 수 있다. 이중에 새시라는 것은 자동차가 달리기 위해 필요한 장치를 모아 놓은 것으로 구체적으로는 클러치, 변속기, 디퍼렌셜, 드라이브 샤프트 등의 동력 전달 장치, 서스펜션, 타이어, 휠 등의 현가 장치, 제동 장치(브레이크), 조향 장치(스티어링) 등이 포함된다. 예전 자동차는 이러한 새시 관계 부품을 기본 틀에 붙여 왔다. 이 기본 틀은 새시 부품과 엔진, 전장비품, 차량, 화물 등의 무게를 지지하고 또한 달리고 있을 때 도로로부터 가해지는 충격을 받기도 한다. 또한 바디는 기본 틀에 부착되고 사람과 화물을 둘러싸는 역할을 한다.

자동차의 골격이라 할 수 있는 기본 틀을 프레임이라고 한다. 자동차를 생산할 경우 엔진, 새시 등을 부착한 프레임과 바디는 제작자가 다른 경우가 많았고 수리도 따로 하는 것이 일반적이었다. 그러나 이러한 프레임 부착 구조의 자동차는 지금은 트럭과 지프 타입의 4륜 구동차에 사용되고 승용차에는 극소수를 사용하고 있을 뿐이다.

요점정리

- 자동차는 엔진, 새시, 바디, 전장비품에 의해 구성된다.
- 새시는 엔진 이외의 주행에 필요한 모든 장치를 포함한다.
- 독립된 프레임이 없는 자동차의 무게와 힘은 바디가 지지한다.
- 입고부터 출고까지의 작업 공정을 바디 수리라고 한다.

1.1.3 조합형 프레임

조합형 프레임의 차체들은 몸체, 현가 장치, 조향 장치 요소들이 볼트로 프레임에 고정되며 이러한 형태의 조합형 프레임은 사다리형 프레임과 페리미터 프레임 두 가지 형태가 있다.

1) 사다리형 프레임(Ladder type frame)

최초 자동차가 생산되면서부터 사다리형 프레임이 주류로 활약했던 이유는 이 형태의 프레임이 마차의 프레임으로 쓰여졌기 때문이다. 앞에서 뒤까지 연결된 두 개의 평행한 사이드 레일과 몇 개의 크로스 멤버로 연결된 모양으로 튼튼하고 생산성이 좋지만 차량의 중량이 무거워지고 차체도 프레임 위에 올려져 있는 상태가 되므로 차체 전체가 높아서 승차감이 떨어지는 것이 단점이다. 현재 승용차에는 거의 사용이 되지 않고, 보통 픽업 트럭, 미니 버스에 주로 사용된다.

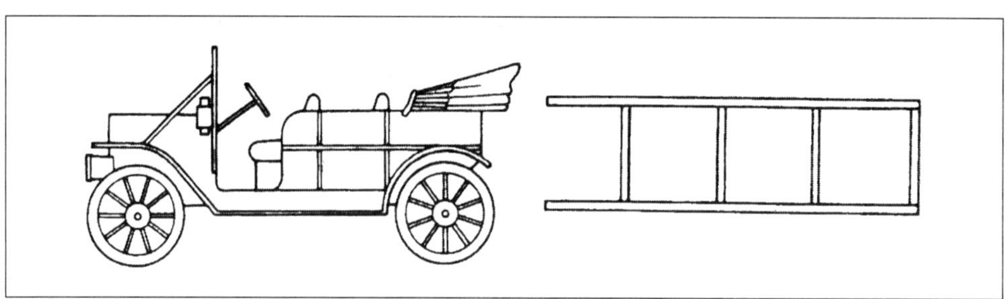

그림 1-1 구형 사다리형 프레임

2) 페리미터 프레임(perimeter frame)

고급 대형 승용차에 많이 쓰이며 대표적으로 미국산 "포드-크라운 빅토리아"나 "시보레-카프리", 일본산 "도요다-크라운" 등이 좋은 예이다. 고급 차에 많이 쓰이는 이유는 차 실내 부분에 닿는 프레임의 폭을 넓히고 낮게 만들어 좌우를 연결하는 크로스 멤버를 쓰지 않고 있기 때문이다. 모노코크 바디가 보급되고 있는 현재까지도 프레임 부착 구조를 선택하는 이유는 프레임과 바디 사이에 고무를 끼워 놓기 때문에 엔진과 노면으로부터의 진동이 차 실내와 전달되지 않아 사용되고 있는 것이다.

- 조합형 프레임의 승용차는 한정되어 있다.
- 프레임의 원조는 사다리형 프레임으로 현재는 트럭에 가장 많이 사용되고 있다.
- 페리미터 프레임은 승용차에 사용된다(역시 소수이다).

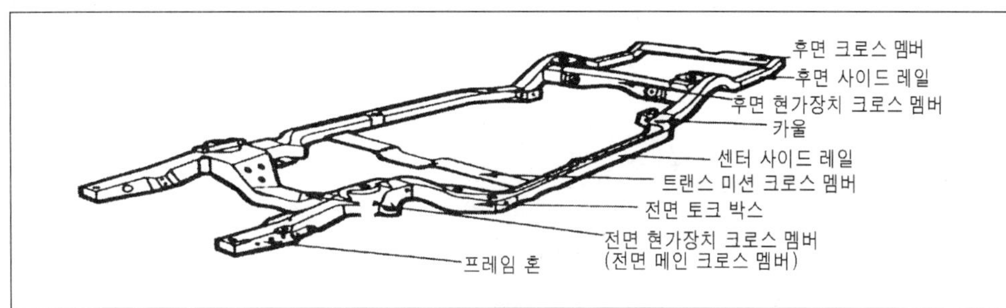

그림 1-2 페리미터 프레임

1.1.4 플레트 폼 프레임(plat form frame)

모노코크 프레임과 다른 종류로 엔진 및 현가 장치 부분을 강도 높게 받치고 있고 프레임과 차체 사이는 고무 쿠션이 있어서 모노코크 프레임보다 승차감이 우월하다. 대표적인 예로서 "폭스바겐의 비틀"이 있으며 이 설계는 스포츠카인 카마로, 콜벳, 미니 밴인 아스트로에 사용된다. 여기서 X프레임에다 넓은 철판을 붙인 형이다.

그림 1-3 플레트 홈 프레임

1.1.5 스페이스 프레임

파이프 프레임이라고도 불려지며 강철제 파이프를 용접하여 만든 프레임으로 파이프 조립 상태에 따라 부분적인 강도, 경량화의 변화가 가능하고 설계 단계에서 자유롭지만 대량 생산에는 맞지 않기 때문에 양산차에 사용되는 경우는 별로 없다. 그래서 "페라리"와 같은 고급 스포츠카에 사용되고 있다. 또 예전에는 레이스 카에도 이 프레임을 중심적으로 사용해 왔으나, 지금은 모노코크 구조와 파이프만을 이용한 서브 프레임을 붙인 형식이 주류를 이루고 있다.

그림 1-4 스페이스 프레임

1.1.6 X-프레임(백본(back bone) 프레임)

백본(back bone)이란 영어로 척추라는 뜻이다. 의미 그대로 척추가 되는 구조체가 전체를 지지하고 있다. 여러 가지 형태가 있으나 가장 많이 쓰이고 있는 것은 속이 비어 있고 직경이 큰 파이프를 중심으로 해서 전후로 Y자형 프레임을 늘여 엔진과 서스펜션을 붙이는 방식이다.

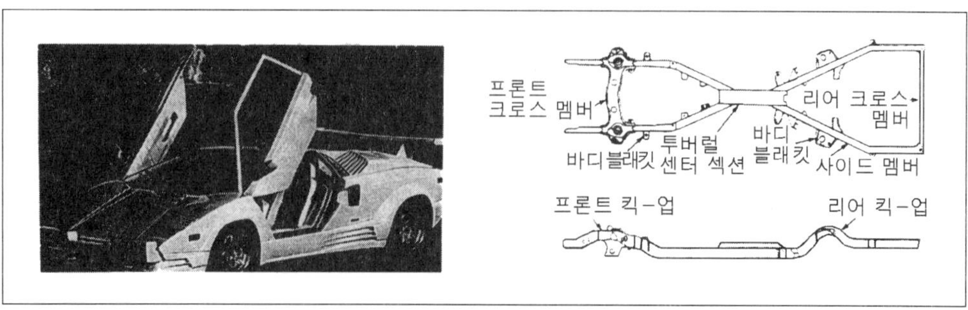

그림 1-5 X-프레임

엔진의 힘을 후륜에 전달하는 드라이브 샤프트와 배기관 등이 파이프에 통과하고 있다. 이것을 사용하고 있는 차종은 스페이스 프레임과 같은 소량 생산의 스포츠 카에 많다.

1.2 모노코크 바디 구조

1.2.1 모노코크 바디의 프레스 가공

1) 가공경화

강판에 외력을 가하여 구부린 경우 구부러진 부위는 가공 전의 상태보다 더욱 강하고 단단하게 되어 연신율이 떨어진다.

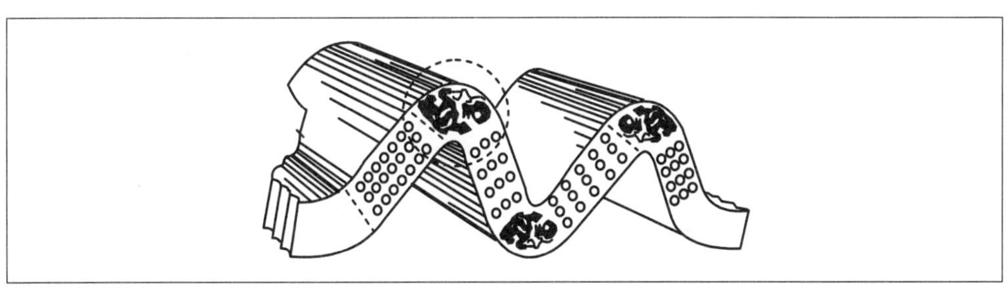

그림 1-6 가공경화

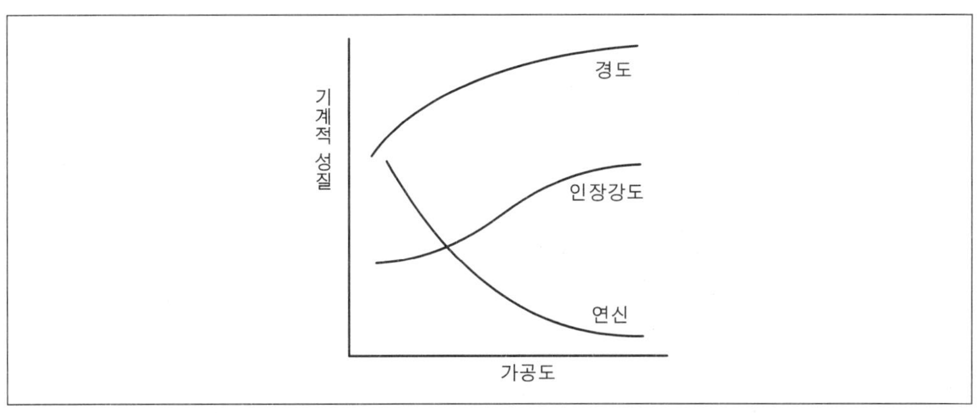

그림 1-7 가공경화와 기계적 성질의 관계

2) 프랜징

평판을 거의 직각으로 구부리는 가공법으로서, 구부러진 부분은 다른 부분보다 더욱 강도가 높아진다.

적용 예) 프론트 휀더의 휠 아치, 사이드 멤버 등

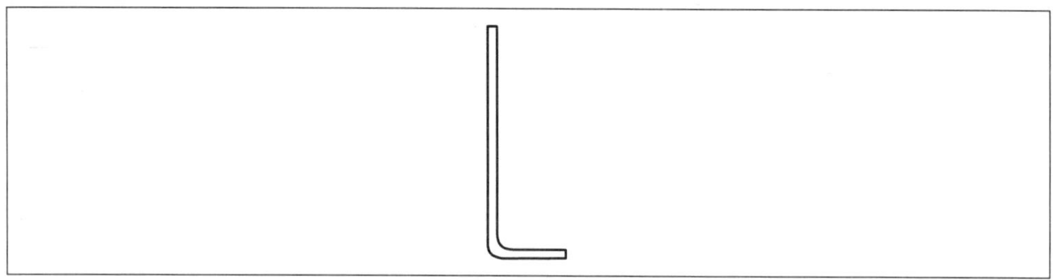

그림 1-8 프랜징

3) 비이딩

성형되어 있는 재료의 일부에 보강과 장식의 목적으로 돌기 또는 요철을 추가하는 프레스 가공법

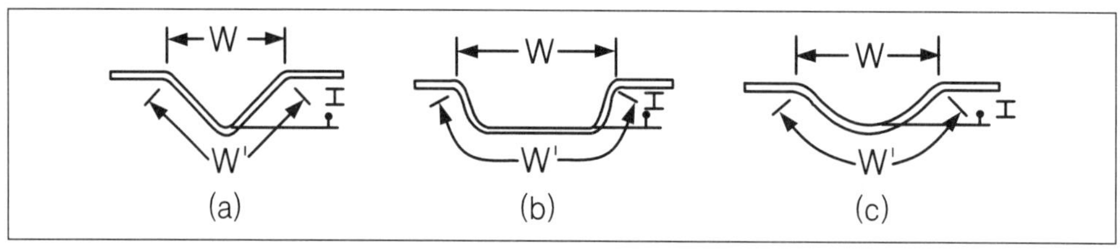

그림 1-9 비이딩

4) 바아링

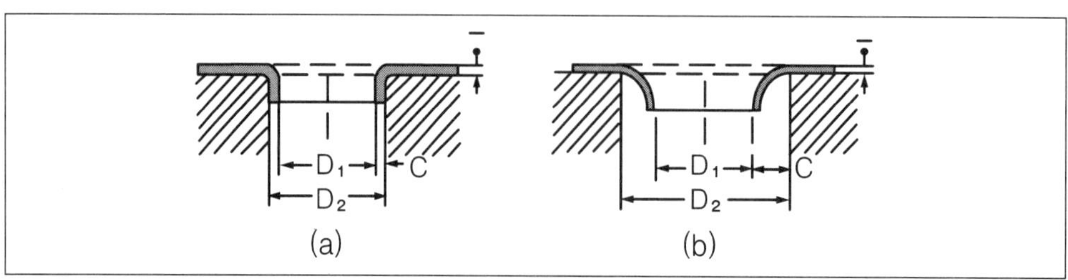

그림 1-10 바아링

도어 패널 등 물빼기 홀 등의 주의에 채용하는 프레스 가공법, 홀 주위가 길게 빠져 나오는 모양으로 성형하면 이 부분의 강도가 증가하게 된다.

5) 헤밍

도어 및 후드 등의 아웃터 패널과 인너 패널을 조립하기 위한 프레스 가공법

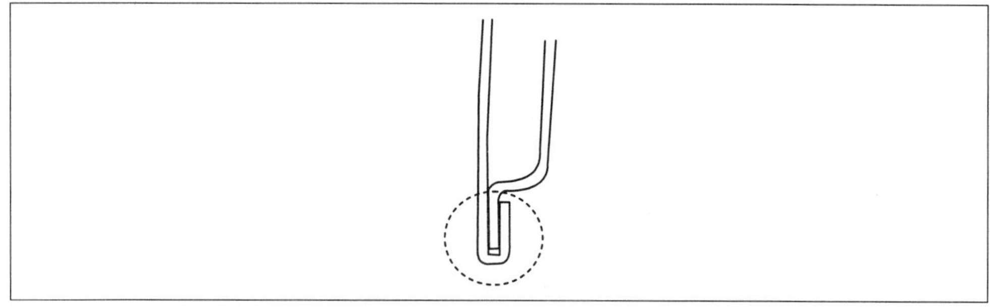

그림 1-11 헤밍

6) 크라운

패널 등의 곡률을 의미하는 것으로서 완만한 곡면이나 급격한 곡면을 만들어 전체적인 강성을 유지하는 프레스 가공법

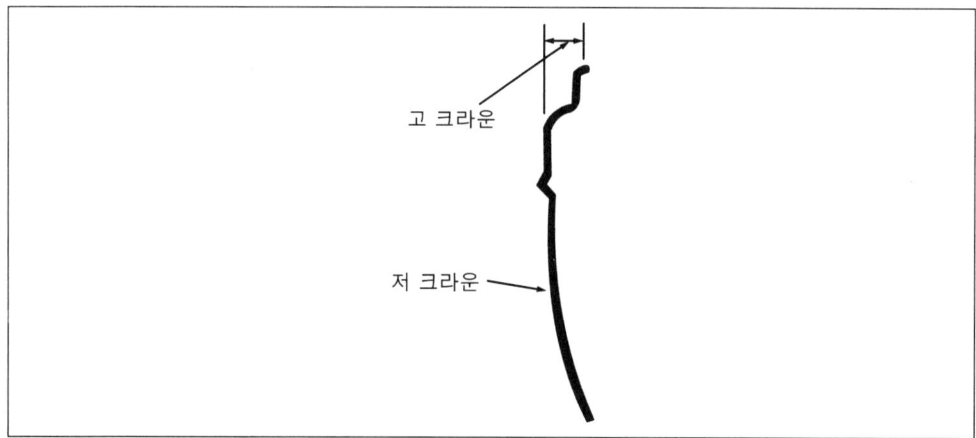

그림 1-12 크라운

1.2.2 자동차의 모노코크 바디 구조

모노코크 바디는 지난 60년대 이후부터 지속적으로 사용되어 왔다. 그 이유는 조합형 프레임이 무거워서 연비 효율이 떨어지기 때문에 그 특성을 살려서 가벼운 모노코크 형태가 된 것으로 70, 80년대에 일반화되었다.

모노코크 바디는 얇고 가벼운 경철판으로 붙이기식 용접으로 형성된다. 구조체의 강성은 계란과 같은 기하학적 설계와 강의 강도, 용접한 부위의 강도에 의해 결정된다.

구조물 각개 부품을 볼트 등으로 조립한 것이 아니라 일체형으로 용접한 것이다. 그래서 모노코크(일체형)란 이름이 붙여진 것이다.

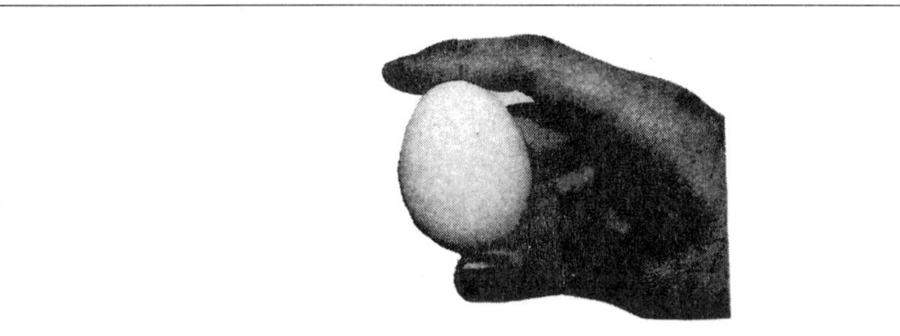

그림 1-13

자동차에는 후드, 도어, 트렁크, 전・후의 윈도우가 있다. 열리는 부분이 많기 때문에 계란 껍질과 같은 균일한 구조로는 되지 않는다. 차종에 따라 다른 차이는 있지만 전면부 주변의 엔진을 지지하는 부분은 사다리형 프레임 같은 사이드 멤버와 크로스 멤버가 배합되고 차 실내부는 튼튼한 플로어 판넬과 상자의 단면과 같은 전면부와 센터 필러, 사이드 멤버에는 라커 판넬이 측면구조를 유지하고 있다.

후면부분도 전면부 주변과 같이 도어 플로어에 용접된 사이드 멤버와 크로스 멤버가 주요 구조로 되어 있다. 더욱더 자세히 살펴보면, 코너부와 서스펜션 부착부, 사이드 레일과 데시 판넬의 공급부 등에는 보강용 판넬도 용접되어 있다.

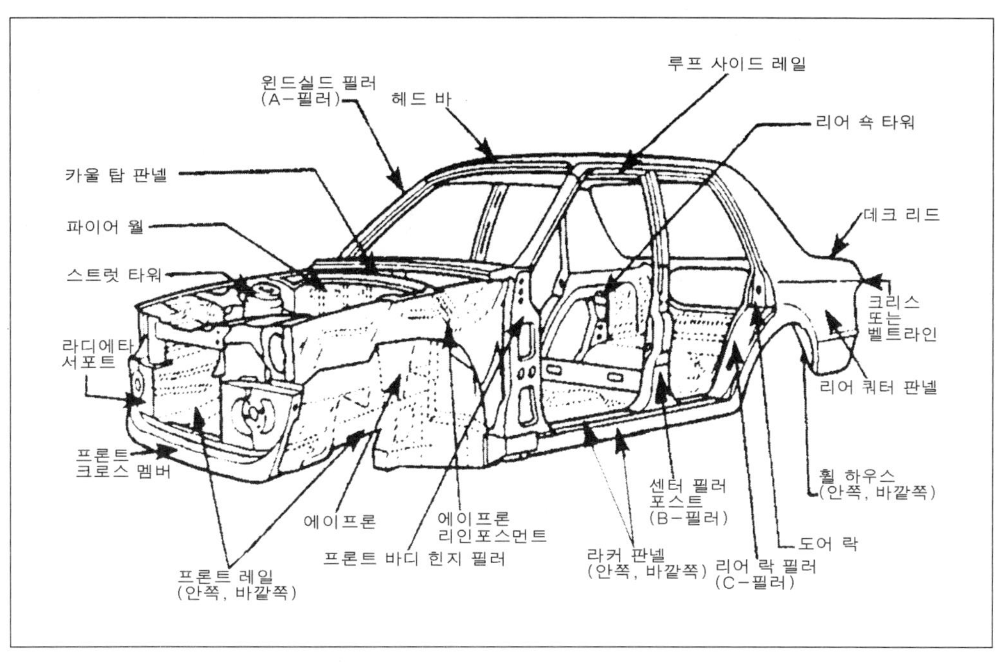

그림 1-14 모노코크 바디의 구성

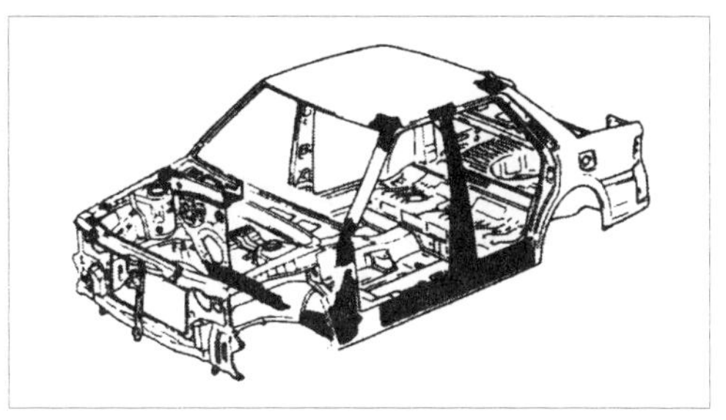

그림 1-15 자동차 바디는 필러, 멤버 등으로 보강하여 횡목 구조의 성격을 가진다.

이와 같이 자동차의 경우는 모노코크 구조라 해도 실제로는 형태를 조화한 라멘 구조에 가깝다고 볼 수 있다.

라멘구조는 여러 종류의 멤버(부재)를 강하게 접속하여 외력에 저항하는 구조로 되어 있지만 여기에서 말하는 강접(剛接)은 변형 전과 변형 후의 접합부 각도가 변하지 않는 모양을 한 접합 방법을 말한다.

다음 그림과 같이 문(門)의 상부에서 외력이 가해진 경우에, 상부 보의 변형은 좌, 우 기둥과의 접합이 강접되어 있어서 접합각도가 불변하고 구조체가 일체로

되어 저항을 받기 때문에 점선 모양으로 변형이 이루어진다.

모노코크 바디의 기본은 다음 그림과 같이 개구부가 몇 개 안되게 접합 된 것이라고 할 수 있다.

그러나 자동차의 바디는 엔진 룸, 도어, 트렁크 룸 등 개구부가 많아 이러한 개구부의 보강을 위해 강성을 필요로 하는 주위에는 골격부품(예 : 레인포스먼트)을 가지고 있다.

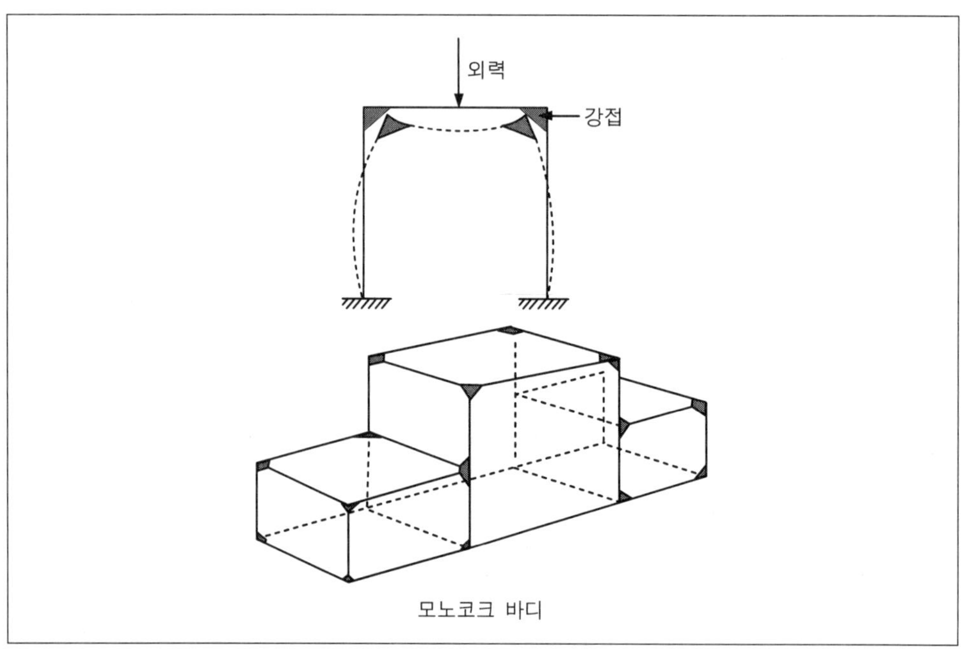

그림 1-16 라멘 구조와 모노코크 바디의 개념

모노코크 바디의 특징

장점

- 일체구조로 구성되어 있기 때문에 경량(輕量)이다.
  강성이 높은 강판을 여러 가지 형상으로 프레스 성형하여 스포트 용접에 의해 성형화 시키면 차체 자체를 경량화하면서 큰 강성을 얻을 수 있다.
- 단독 프레임이 없기 때문에 차고를 낮게 하고, 차량의 무게중심을 낮출 수 있다. 모노코크 바디는 독립된 프레임이 아니기 때문에 바닥을 낮게 하여 객실 공간을 넓게 할 수 있고, 또한 차량의 무게중심이 낮아짐으로써 주행 안정성

이 좋다.

- 정밀도가 높고 생산성이 좋다.
  프레임과 같은 후판의 프레스나 용접가공이 필요없어, 대부분 작업성이 좋은 박판 가공과 열 변형이 거의 없는 스포트 용접으로 가공이 가능, 자동차 생산 라인에서는 멀티 풀 스포트 용접(자동 동시용접)을 많이 사용함으로서 생산성을 현저히 향상시킬 수 있다.
- 충돌 시 충격에너지 흡수효율이 좋고 안전성이 높다.
  박판으로 조립되어 있기 때문에 충돌 시와 같이 큰 외력이 가해진 경우 국부적인 변형이 크고, 객실부위의 영향은 적다.

단점

- 소음이나 진동의 영향을 받기 쉽다.
  엔진이나 서스펜션 등이 직접적으로 차체에 부착되어 진동, 소음이 직접 바디에 전달되기 쉽기 때문에 방진, 방음의 설비적 배려가 필요하다.
- 일체구조이기 때문에 충돌에 의한 손상의 영향의 복잡하여, 복원수리가 비교적 어렵다.
- 박판강판을 사용하고 있기 때문에 노면에 가까운 부품은 부식으로 인한 강도의 저하 등에 대한 충분한 대책이 필요하다.

*모노코크 바디는 프론트 바디, 사이드 바디, 언더 바디 및 리어 바디로 구성되어 있다.

요점정리

- 승용차의 바디는 모노코크 구조가 주종이다.
- 모노코크 구조는 일부에 가해진 힘을 전체로 흡수하는 구조이다.
- 승용차는 열리는 부분이 많기 때문에 힘이 확산되는 것도 불균일하므로 완전한 모노코크 구조가 아니다.

1.2.3 모노코크 바디의 충격 흡수

바디가 약하면 사람과 화물을 실을 수 없을 뿐만 아니라 속력도 낼 수 없고 브레이크도 잘 듣지 않는다. 그렇다고 해서 바디를 튼튼하게만 만들면 사고 발생시 자동차의 손상은 적더라도 사람이 많이 다치게 된다. 요즘의 승용차는 바디에 일부러 약한 부분을 만들어 충격을 받았을 때 그 부분이 부서지면서 힘이 흡수되도록 되어 있다. 승차하고 있는 사람에게 충격을 조금이라도 적게 하기 위해서 충격흡수 바디를 만들었는데 구체적으로는 사이드 레일, 레인포스먼트(reinforcement)를 급각도로 굽히기도 하고, 두께를 바꾸기도 한다. 구멍을 내는 방법도 이용하고 있다.

서브레일 디자인 프레임의 승용차도 전·후면 카울(cowl) 주변이 변형되기 쉽고 이것들이 충격을 흡수하는 구조로 되어 있다.

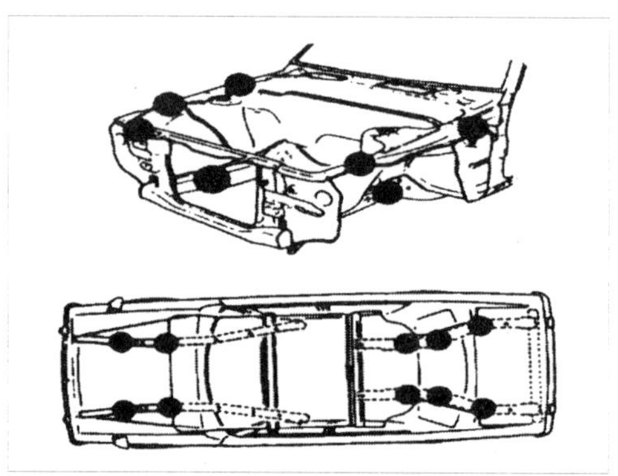

그림 1-17 충격 흡수 부분

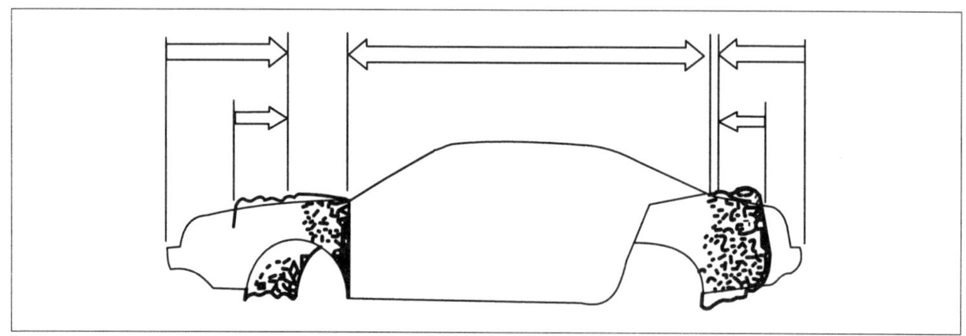

그림 1-18 충격흡수구조

위 그림에서와 같이 충돌 시 충격에너지를 차체의 전후에서 잘 흡수하도록 하기 위해서 차체의 앞부분과 뒷부분을 사이드 멤버의 형상변화나 단면형상 등의 변화 등을 주어 충격에너지를 잘 흡수하도록 설계하였고 한편으로는 차체의 중간부분인 객실은 견고하게 설계하여 충돌 시 승객의 생존공간을 최대한 확보할 수 있는 구조로 설계되어 있다.

1.3 바디 각부의 구조와 특징 I

1.3.1 전면부 바디의 특징과 구조

자동차의 전면부는 엔진, 변속기, 각종 보완 기계류 등의 중량물이 탑재되어 있는 것을 비롯하여 프론트 서스펜션이 부착되어 주행 중에 전륜으로부터 가해지는 힘을 흡수하기 때문에 '井(우물 정)' 형태에 멤버를 배합한 튼튼한 구조로 되어 있다. 게다가 전륜 구동차는 동력 전달 장치, 구동축의 무게, 구동력까지 가중되기 때문에 지지가 더더욱 필요하다. 그래서 후륜 구동차에 비해 사이드 레일이 좀 더 두껍고 차 실내 아래 측에 크게 돌려져 있다.

후드(본네트) 레치 부분도 프론트 서스펜션 부착부, 데시 판넬, 라디에이터 서포트와의 결합부등에 보강용의 적은 판넬이 추가되어 있다. 전면부의 기본 골격은 전륜 구동차, 후륜 구동차 모두 같으며 차 실내와 엔진룸은 데시 판넬과 그 좌우 휠 하우스에 부착된 후드 레치와 사이드 레일이 하나로 되어 있고 상부에는 레인포스먼트(reinforcement)가 통과하고 있다.

후드 레치 앞의 울타리가 되는 라디에이터 서포트 판넬은 하부에, 어퍼 서포트는 크로스 멤버 상부에 붙여지고 중앙부분은 라디에이터의 통풍을 위해 비어 있다. 이러한 것으로 전면부 바디는 상하 이중의 '井'형 구조로 되어 있음을 알 수 있다(그림 1-15 참조).

요점정리

- 전면부 바디는 멤버와 레인포스먼트에 따라 상하 이중의 '井'형 구조로 되어 있다.
- 울타리 부분의 데시 판넬, 후드 렌치, 라디에이터 서포트들은 구동 방식이나 엔진 위치에 따라 일부 다르다.
- 전면부 바디는 충격 흡수 구조를 갖고 있다.

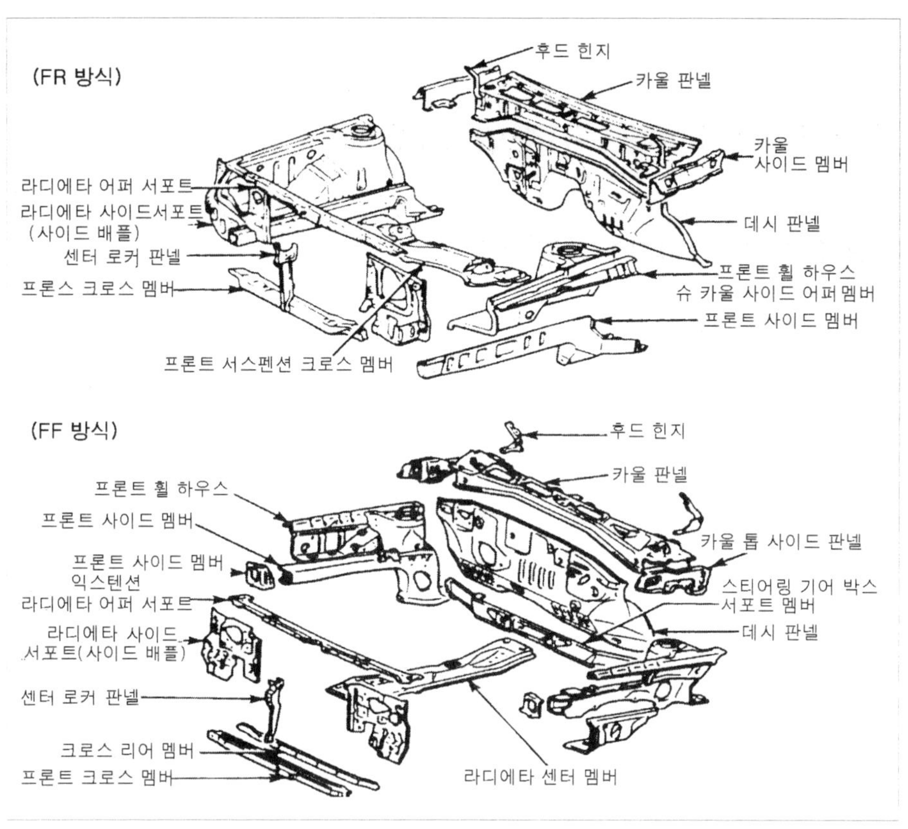

그림 1-19

1.3.2 전면부 바디의 충격 흡수 구조

튼튼한 것만이 전면 바디가 갖추어야 할 사항은 아니다. 사고 등에 충격을 그대로 받는 곳이기 때문에 힘을 흡수하기 위한 구조가 갖추어져야만 한다.

구체적으로 후드 레지 레인포스먼트의 구멍이나 사이드 레일이 크게 굽어져 있는 것 등이 그 이유이다(횡력을 상하 수직력으로 변화시켜 승객을 보호한다).

유럽에는 폭스바겐 골프(VW golf)와 같이 사이드 레일의 앞부분이 곤충의 배모양을 하고 있는 것도 있다. 충격 시에는 이러한 부품에 힘이 집중적으로 가해진다.

1.3.3 전면부 바디 주변의 볼트 온(bolt-on) 판넬

앞에 설명한 판넬은 대부분 용접 판넬로 모노코크 바디 구조의 골격으로써 갖가지 힘을 흡수한다. 그러나 실제 자동차에서는 판넬 바깥에 한 장 더 덧붙여지는 것이 있다. 이것은 볼트로 조립되어 직접 바디 강도에 관계하지 않기 때문에 "외장 판넬", "볼트 온 판넬"이라고 불려진다. 차종에 따라서 다르겠지만 앞에 설명한 라디에이터 서포트가 볼트 온 고정으로 되어 있는 것을 알 수 있다.

전면부 바디 주변 볼트 온 판넬은 후드레지의 외측이 프론트 펜더, 엔진룸의 덮개가 되는 본네트, 본네트와 전면창 사이의 카울 탑 판넬(cowl top-panel)과 본네트와 그릴 사이를 막는 프론트 마스크 판넬(front mask-panel)이 있다. 프레임 부착 승용차에서는 라디에이터 서포트, 후드 레지(프론트 펜더 에프론) 등은 전부 볼트 고정으로 되어 있다.

그림 1-20 전면부 바디 주변의 볼트온 판넬

1.4 바디 각부의 구조와 특징 II

1.4.1 중앙부 바디의 구조

승용차의 중앙부 바디는 차 실내, 즉 사람이 타는 곳이 된다. 때문에 가능하면 넓은 공간을 확보하도록 설계되어 있고, 전후의 윈도우, 좌우의 도어 등이 열리는 부분도 넓게 확보되어 있다. 기본적인 구조는 데시 판넬을 전면에, 측면은 필러와 로커 판넬, 루프 사이드 레일에 의한 골격이 도어가 열리는 부분을 둘러싸고, 상면은 한 장의 루프, 하면은 복잡한 형태를 갖춘 플로어 판(프레임)이 사람과 시트 등의 내장 중량을 지지하고 있다.

플로어 판(프레임)은 전면부와 중앙부로 분할되어 있고 중앙부는 앞에서 뒤까지 터널 형태로 가공되어 있어 FR차는 추진 축과 배기관, FF차는 배기관, 변속기의 모드 컨트롤 와이어 등이 터널 내부를 통과하고 있다. 차종에 따라 플로어 판(프레임) 아래에 전면부 와이어의 사이드 멤버를 연결하는 플로어 멤버가 용접되어 있지만 대부분의 차종은 이 부분을 라커 판넬이 지지하고 있다. 또 루프가 없는 오픈 카 혹은 컨버터블은 전면부 필러와 데시 판넬, 라커 판넬의 접속부, 후면 측의 필러 하부에 보강 판이 배합되어 있다.

요점정리

- 중앙부 바디는 필러, 라커 판넬과 루프, 플로어 판(프레임), 데시 판넬로 구성되어 차 실내가 된다.
- 후면 바디는 쿼터 판넬, 후면 끝 판넬, 후면 플로어 판으로 이루어지지만 트렁크가 붙어 있는 차와 밴 타입은 조금 다르다.
- 1(one) box차는 전면 끝에 대형 판넬을, 사이드 레일은 앞에서 뒤까지 이어져 있다.

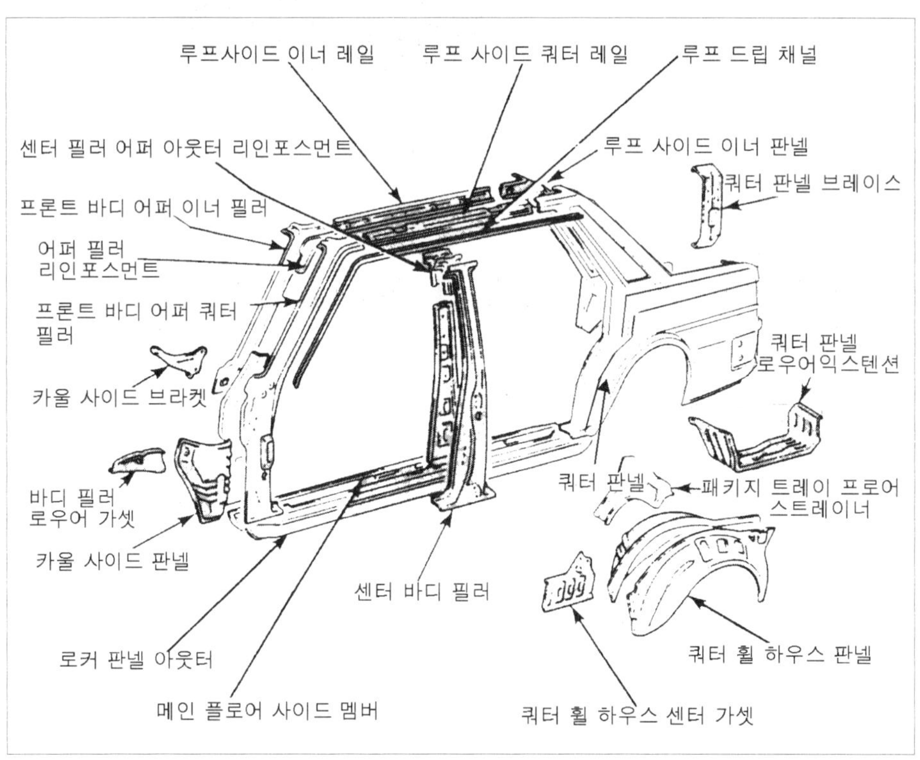

그림 1-21 중앙부 바디 구조의 일반적 명칭

1.4.2 후면부 바디의 구조

독립된 트렁크 박스를 갖는 차종과 테일 게이트를 갖춘 해치백, 밴 타입의 차종과는 구조가 조금 다르지만, 일반적인 승용차는 후면부 필러 부분부터 이어지는 쿼터 판넬과 그 좌우를 연결하는 후면 쉘프(shelf), 후면부 백 판넬(back panel), 트렁크 룸 바닥이 되는 후면 플로어 판, 그 아래 면의 후면 사이드 멤버와 후면 크로스 멤버로 구성되고 있다.

밴 타입은 후면 쉘프가 없고 쿼터 판넬의 면적도 넓지만 쿼터 판넬의 윈도우 테일 게이트의 열림부가 보강되어 강도를 유지하고 있다.

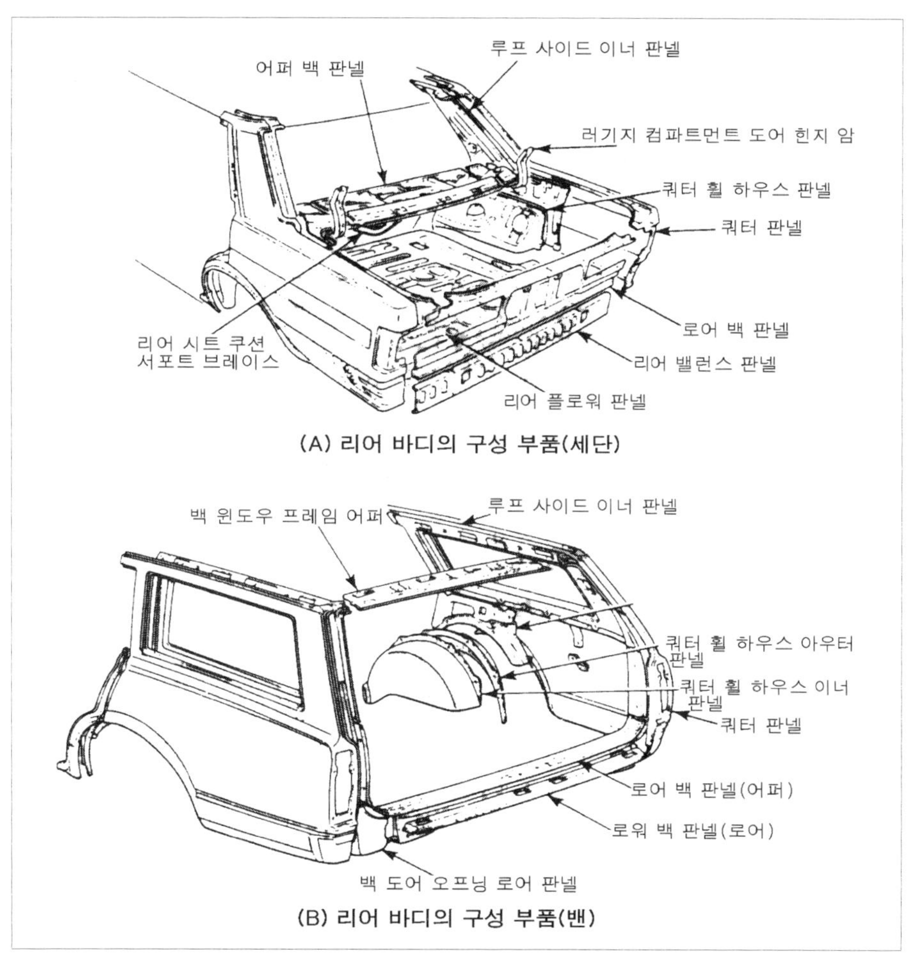

그림 1-22 후면부 바디의 구조와 일반적 명칭

1.5 바디 수리란?

현재 자동차 구조의 주류는 독립 된 프레임을 갖지 않고, 엔진과 섀시 등이 바디에 직접 또는 부분적인 프레임을 사용하여 조립하는 형태이고, 주행 시에 사람과 화물에 가해지는 힘의 전부를 바디가 지지하고 있다. 프레임이 있고 없음에 따라 바디의 구조, 강성이 달라지며 엔진과 새시 부품이 프레임에 부착되어 있기 때문에 바디를 수리할 때는 엔진 부품을 피해서 수리를 해야 한다.

여기에 포함되는 것은 정비공장에서 일상적으로 행해지는 일의 전부로서 작업순으로 보면 손상 체크, 수리 금액의 견적, 엔진 및 서스펜션의 탈착, 조정, 판넬 수정, 복원 할 수 없는 패널 교환, 도장, 세차까지 된다.

이 중에서 옛날 판금 수준은 패널 수정 정도였으나, 현재의 판금 기술자는 견적과 도장 등의 일은 하지 않아도, 넓은 범위의 작업을 소화해낼 필요가 있다.

1.6 바디 수리의 작업 공정

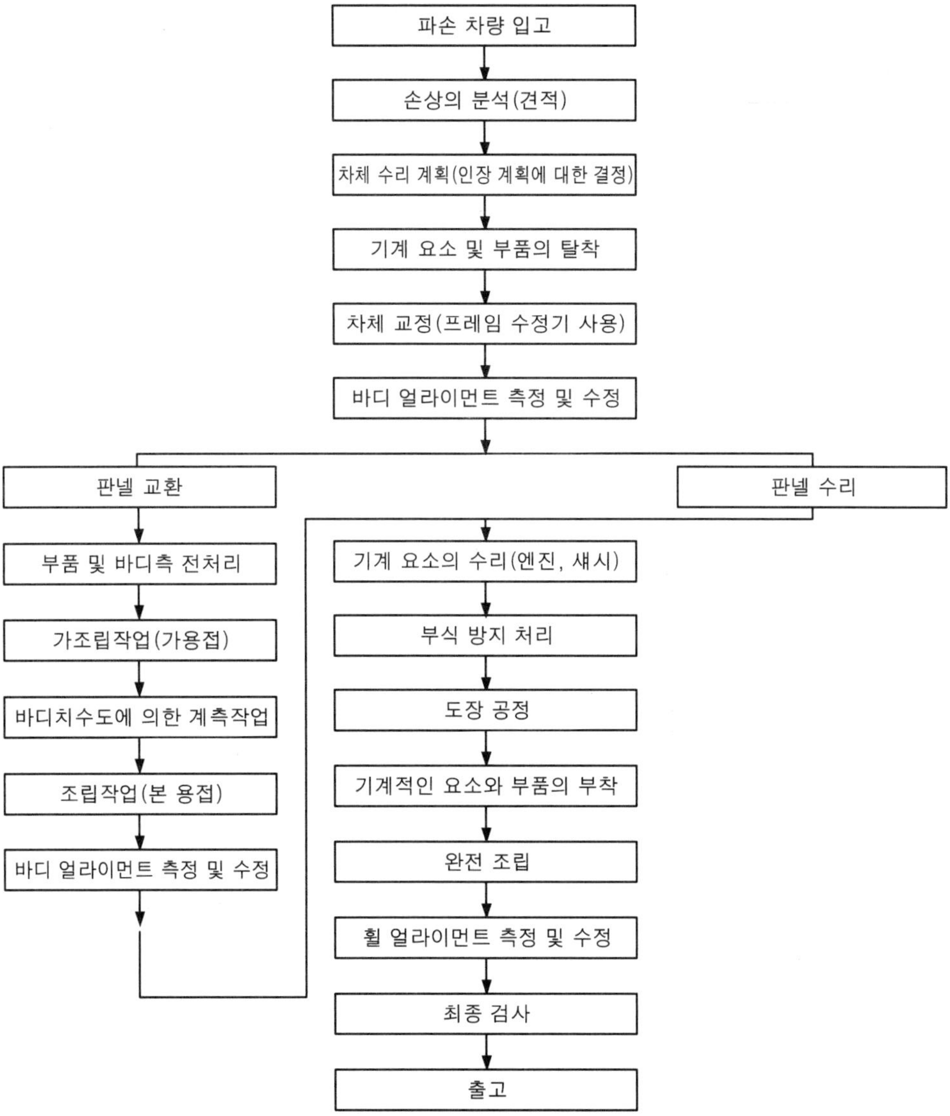

파손 차량 입고
↓
손상의 분석(견적)
↓
차체 수리 계획(인장 계획에 대한 결정)
↓
기계 요소 및 부품의 탈착
↓
차체 교정(프레임 수정기 사용)
↓
바디 얼라이먼트 측정 및 수정
↓

판넬 교환
↓
부품 및 바디측 전처리
↓
가조립작업(가용접)
↓
바디치수도에 의한 계측작업
↓
조립작업(본 용접)
↓
바디 얼라이먼트 측정 및 수정
↓ (기계 요소의 수리로)

판넬 수리
↓
기계 요소의 수리(엔진, 섀시)
↓
부식 방지 처리
↓
도장 공정
↓
기계적인 요소와 부품의 부착
↓
완전 조립
↓
휠 얼라이먼트 측정 및 수정
↓
최종 검사
↓
출고

- 작업 순위는 상황에 따라 바뀔 수 있다.
- 이 책에서는 판금 기술자의 수리 범위를 가리켜 바디 수리라고 부르기도 한다.

MEMO

제 2 장

충돌의 법칙

제 2 장 충돌의 법칙

2.1 충돌의 법칙

충돌의 법칙은 차체 수리에 있어서 충격력의 분석을 다루는 것이기에 두 가지를 고려해야 하는데 파손을 야기시키는 원초적인 충격 힘과 기술자가 요하는 원복 수리시 필요한 힘 둘다 고려해야 한다. 그래서 차체의 세부적인 충격과 충돌의 법칙과는 혼돈하지 않는 것이 중요하다. 그래서 알아야 하는 정보는 사고시 차체의 속도와 운전자의 반응, 부딪친 물체 등이다. 하지만 이러한 이론은 차체에 있어서 구조적인 파손을 구분하는데 전혀 사용되지 않거나 조금만 사용될 뿐이다. 충돌력에서 고려되어야 할 사항은 충돌이 있는 동안 예상되는 반응이다(충돌의 형태와 심각성은 고려하지 않은 것이다). 그래서 사고시 속도, 운전자 반응, 부딪친 물체 등의 정보는 알아야 한다.

충돌 이론의 목적은 충돌로 인해 야기되는 파손을 포함해서 힘의 관계를 이해하는 것이다. 이러한 이해를 기본으로 기술자는 근본적으로 변형을 일으킨 충격력을 원복할 수 있는 반대 급부의 힘을(corrective force) 적용할 수 있다. 이 힘을 원복력이라 부른다.

2.1.1 충돌력

충돌력이란, 한 물체가 다른 물체를 충돌시 가하는 순간의 압력이다. 이때 파괴력은 한 물체가 그 위치를 고수하려고 하고 이때 반력이 생기는데 이 반력에 의해 생성된다(관성). 그래서 파손분석을 할 때는 충돌시 작용하는 관성을 이해해야 한다.

2.1.2 충돌에 대한 이해

충돌에는 두 개의 물체가 서로 부딪쳐서 야기되는데 이를 힘으로 표현될 수 있다. 다시 말하면 충돌은 두 개의 움직이는 힘이 합성된 것이다. 어떤 충돌에 있어서는 한 개의 힘이 고정될 경우가 있는데 예를 들면 나무, 벽, 혹은 주차중인 차량 등이다.

그냥 고정된 상태인데도 불구하고 이 힘들은 움직이는 힘에 저항하는 힘이 된다(관성의 법칙). 그래서 충돌은 항상 두 개의 힘들이 서로 저항하며 또한 두 개의 움직이는 힘, 혹은 한 개의 움직이는 힘과 한 개는 고정되는 힘으로 표현할 수 있다.

만약, 추가적인 힘들이 합성되는 연쇄적인 충돌 상태가 있다면 예를 들어 두개의 차체들이 부딪쳐서 한 차가 회전을 하고 또 다른 차와 충돌을 했을 때, 또는 차가 굴러서 몇 번을 돌았을 때 지표면과 차가 부딪치고 다른 물체와 부딪쳤다면 차가 구를 때마다 충돌의 경우를 분리해야 하고 힘의 추가적인 합성을 고려해야 한다.

2.1.3 관성의 이해

충격력에 의해 파손 변형이 생기는 것은 각 차체의 갑작스런 위치의 변화에 의해서이다. 관성이란 차체(물체)가 움직이지 않으면 계속 움직이지 않는 성질이며, 차체(물체)가 움직이면 계속 움직이려는 성질이다. 간단히 말하자면, 모든 물체는 움직일 때 처음에는 움직임에 저항하려한다.

관성력은 실질적으로 힘은 아니지만 마치 힘과 같이 작용을 한다. 이때 급작스럽게 변화가 형성되면 될수록 그 힘은 더욱 강해진다. 이렇게 관성력은 충돌 사고와 같이 순간적으로 일어 날 때는 차체에 심각한 영향을 준다. 실제적으로 충돌사고가 있고 차체가 파손되어 정지하는 데는 1초도 안 걸린다. 그래서 그 파괴력은 대단하다.

이렇게 짧은 시간에 위치의 이동 및 변형이 형성되면 극도로 강한 힘이 이 관성에 의해 형성된다.

2.1.4 차체에 있어서 관성에 의한 효과

관성의 효과는 아래 두 가지이다.

① 차체가 움직이면 움직이는 방향 그대로 움직이는 성질이 있다.

② 차체는 움직이지 않고 있을 때도 그대로 움직이지 않으려는 성질이 있다. 차

체 전체의 중량에서 차가 가만있든지, 움직이든지 충돌에서 관성이 파괴력으로 작용한다.

2.1.5 힘의 분산

충돌하는 동안 힘은 차체 전반에 걸쳐 여러 각도로 분산되므로 파손 변형이 복잡해진다. 당연히 이것의 원복 작업도 역시 복잡하다.

하단부의 강성을 수평력에 대해 증대시키기 위해서 프레임과 차 바닥의 설계를 힘이 분산되도록 했다. 하단부 구조가 차체의 끝에 있는 현가 장치에서 꺾여 올라가면 수직적인 힘의 분산이 일어난다. 특히 전후 면의 충돌시 수평력은 상하로 힘의 분산이 일어난다(그림 2-5 참조).

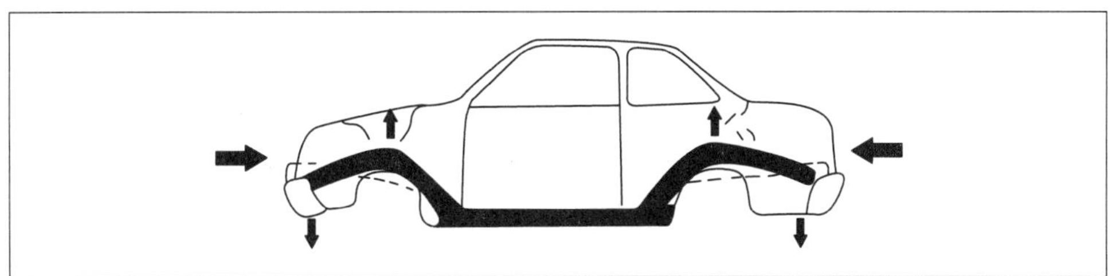

그림 2-1

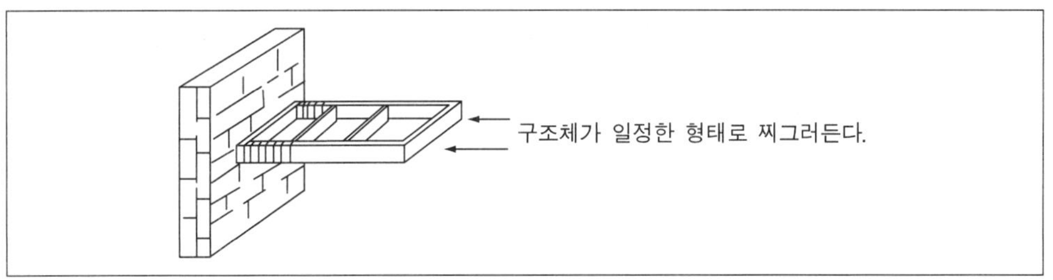

그림 2-2 단순한 충격

충돌력의 분산을 쉽게 이해하기 위해서 먼저 단순한 차체를 예를 든다. 사다리형의 구조물을 일정 방향으로 충격을 가하면 아코디온처럼 찌그러든다(그림 2-2 참조).

이런 단순 변형을 수리하려면 한쪽 끝을 고정하고 다른 한쪽만 인장하면 된다.

이때 원복시키는 힘은 충격이 가해진 방향의 반대이다. 만약 모든 충격 파손이 간단하다면 그에 대한 원복 수리도 간단해진다. 그러나, 차체의 구조는 그림과 같이 간단한 구조체가 아니고 충격의 방향도 여러 각도이기 때문에 충격력이 분산되어 파손 변형도 복잡해진다.

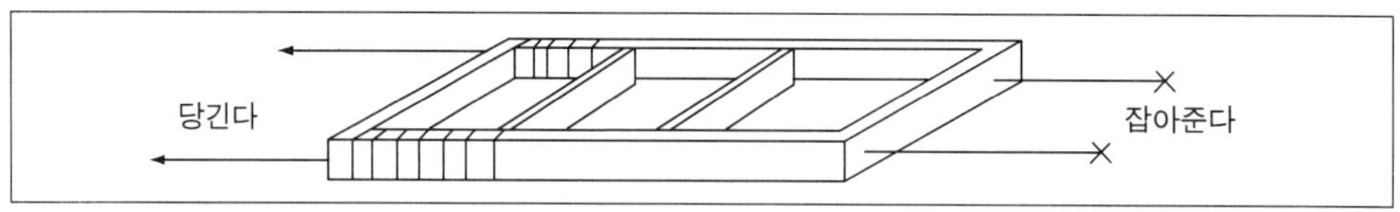

그림 2-3 원복 수리

2.1.6 파손 변형의 경계

충돌의 형태를 고려해서 두 가지 경계가 생기는데

① 직접 충격 파손 : 충돌 지점 근처의 파손으로써 구조체의 휨과 꺾임이 생긴 충돌이나 직접 충격 지점과 같은 섹션 내의 파손 변형이다.
② 간접 충격 파손 : 충격이 일어난 그 밖의 지역에서 일어난 파손 변형인데, 직접 충격 섹션 외의 변형이다.

이 두 가지 힘의 경계를 이해하면 수리 체계를 용이하게 수립할 수 있다. 수리 체계를 이루자면 직접 파손 변형은 그 지점을 직접 걸어서 인장함으로써 교정이 가능하고 간접 파손 변형은 물림과 받침을 정확히 맥에 해당하는 지점에 실시함으로써 자동 교정된다. 이 수리 체계는 직접 및 간접 파손을 동시에 교정하는 방법이다. 또한 이 공정은 차체 전체의 평형을 유지하고 파손 변형을 교정하는데 소요되는 힘의 양을 훨씬 줄일 수 있다.

2.2 차체에 미치는 실질적인 힘의 효과

2.2.1 전면 충돌

그림 2-4에서는 달리는 차체의 충돌 상태를 설명한다. 달리는 차체에서 외부 힘(충격력)이 작용하면 차체의 위치 변형이 있고 난 후 차체가 정지한다. 차체의 외부 힘이 남아 있을 때 그 힘이 소모될 때까지 같은 방향으로 진행하는데, 이때 내부의 잔여 힘이 간접적인 충격 파손을 형성시킨다.

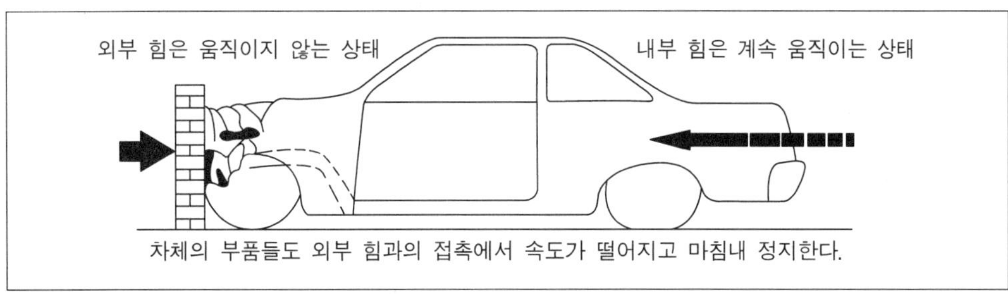

그림 2-4

이러한 충돌 과정이 계속 전개되면서 파손 변형이 더 형성되며, 힘의 분산이 차체 전방에서 계속 형성된다. 외부 힘과 직접 접촉이 있는 부위는 정지하며 나머지는 계속 움직이고 있다. 그림에서처럼 차체의 중앙면 및 후면은 계속 진행하려는 힘이 잔존해 있는 것을 볼 수 있다(그림 2-5 참조).

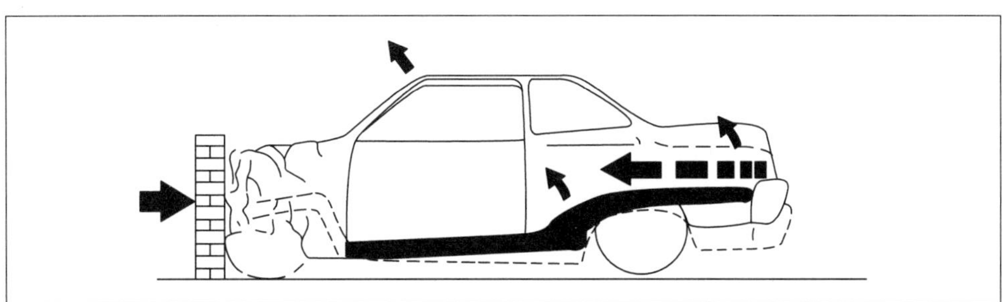

그림 2-5

하단 구조물의 강성은 중앙부(센터 섹션 : center section)에서 찌그러지는 외력에 저항한다. 그래서 차체의 중앙 및 후면부는 상향으로 변형하고 전면부에 있는 카울도 상향으로 변형하려 한다. 그리고 도어는 열려서 닫히지 않는다. 이때 도어에 일어나는 두 가지 현상이 있다. 힌지필라는 외부 힘의 영향으로는 변형이 없고 문짝이 중앙부(센터 섹션 : center section) 및 후면부에서 힘의 분해에 의해 조금 아래로 쳐진다.

주의 : 하단부의 구조체 강성은 상층부(휀더, 문짝, 지붕 등)로 힘을 분산 전달시킨다. 이렇게 생긴 변형이 차체 중 약한 지점에서 변형이 생겨 문이 열린 채로 있다.

만약 차체에 가해진 힘이 강하다면 중앙부(센터 섹션 : center section)가 정지하고도 후면부(리어 섹션 : rear section)가 상향으로 변형되어 도어는 약간의 틈이 상층부에 생기고 겨우 닫히기는 한다(그림 2-6 참조).

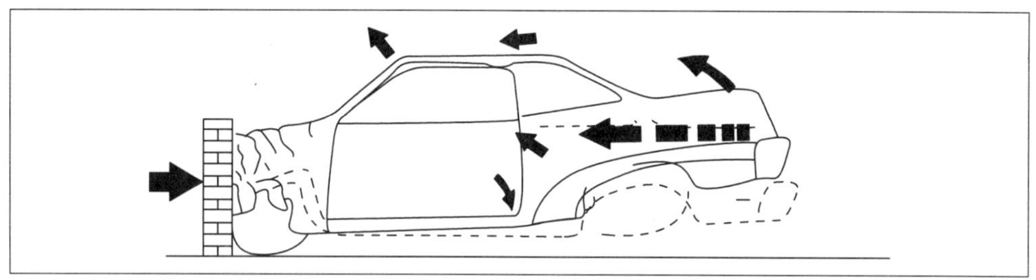

그림 2-6

이 작용은 도어에 대한 변형을 증가시킬 뿐 아니라 계속적으로 지붕을 앞과 위로 이동시키고, 윈드 쉴드(전면부 유리)도 앞과 위로 이동시키게 하는 역할을 한다. 그래서 지붕에 꺾이는 부분이 생긴다.

주의 : 힘의 상하 분산은 하단 구조물이 찌그러드는 것을 막는 역할을 한다. 특히 후륜 구동 모노코크 바디의 경우 후면부(리어 섹션 : rear section)에서 이러한 현상이 발생하는데 그 이유는 후륜 구동은 현가 장치가 후면부로 집중되기 때문이다.

2.2.2 후면 충돌

그림 2-7은 차체가 가만히 서 있는 상태에서 후면에서 차가 충돌을 한 예이다. 앞의 차체는 외부 힘이 가해져서 뒤에서 밀기 때문에 앞으로 움직인다. 이때 관성

력은 움직이는 에너지에 반해서 움직이지 않으려고 한다. 이때 내부 힘 역시 움직이는 물체에 저항하여 움직이지 않으려 한다.

주의 : 대부분 차체는 전면부에서 차체의 대부분의 무게를 전달한다. 특히 전륜 구동 모노코크 차체는 전면부에서 더더욱 그러하다. 이것이 후면 충돌에서 굉장한 파괴력을 일으킨다.

차체는 후면부 충돌에 의해 앞으로 움직이고 동시에 찌그러짐이 발생한다. 그것은 외부 힘이 뒤에서 밀기 때문에 형성된다. 후면 레일과 차 바닥이 찌그러지자마자 힘의 분산이 상향으로 형성된다. 동시에 제일 뒷면인 지점에서 분산이 하향으로 형성된다(그림 2-8 참조). 또한 관성력이 충격력에 반력으로 작용한다.

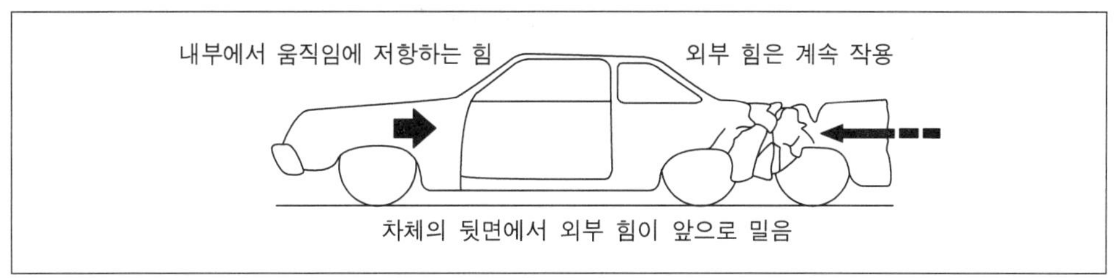

그림 2-7

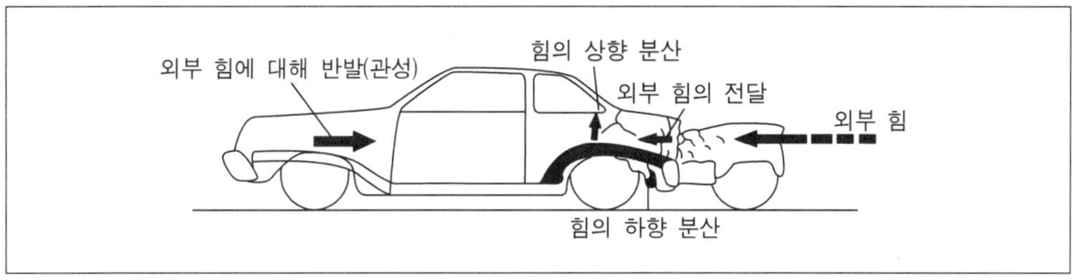

그림 2-8

충돌이 진행되면서 차체 후면에서 추가적인 변형과 힘의 분산이 형성된다. 그러면서 중앙부와는 별개로 후면부가 전방으로 움직이는 힘이 있는 데 중앙부의 응력이 찌그러드는 응력에 저항하면서 A 지점이 상향으로 변형한다(그림 2-9 참조). 관성력은 차체 전면부를 상향으로 변형되는 것을 방지하려고 B 지점에 하향 힘을 형성시킨다. 이 때 도어가 변형이 있어 잘 열리고 닫히지 않는다. 아울러 도어는 조금 아래로 처진다.

이 충돌 에너지가 다 떨어 질 때까지 충돌 현상은 계속된다. 반응은 그림 2-9와 거의 같이 계속된다. 그리고 마지막 결과는 차체 전체에 여러 군데 변형을 일으킨다(그림 2-10 참조).

지붕은 윈드 쉴드 포스트에서 전방 및 상향으로 변형을 일으킨다. 그래서 지붕에서 꺾임이 나타난다.

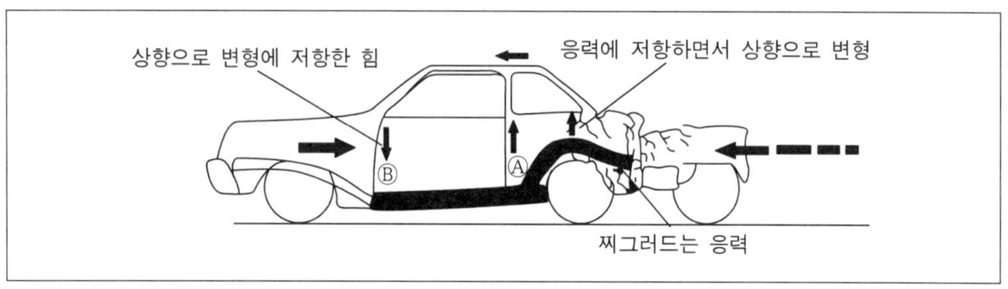

그림 2-9

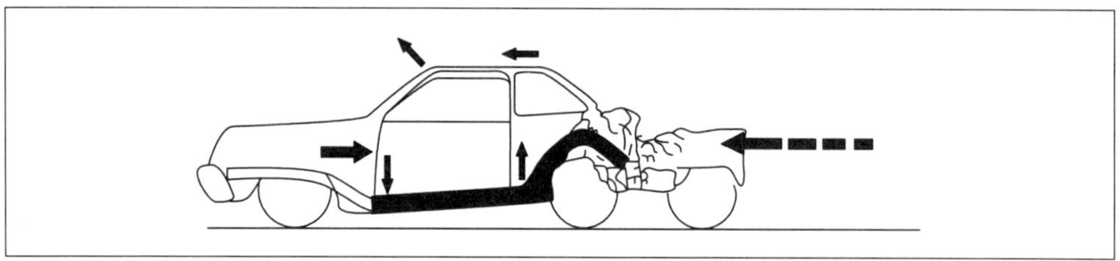

그림 2-10

2.2.3 측면 충돌

측면 파손 변형은 주행하는 차가 다른 차의 측면을 충돌했을 때나 어떤 물체와 지나치면서 부딪쳤을 때 형성된다. 충돌 힘을 설명하기 위해 상황을 정지 차량에 다른 차량이 측면으로 충돌한 경우를 예로 들겠다.

① 충돌하는 순간에 차체는 측면 외부 힘이 밀려옴에 따라 찌그러지기 시작한다. 이때 차의 전체 무게가 외부 힘에 반발하는 역할을 한다(그림 2-11 참조).

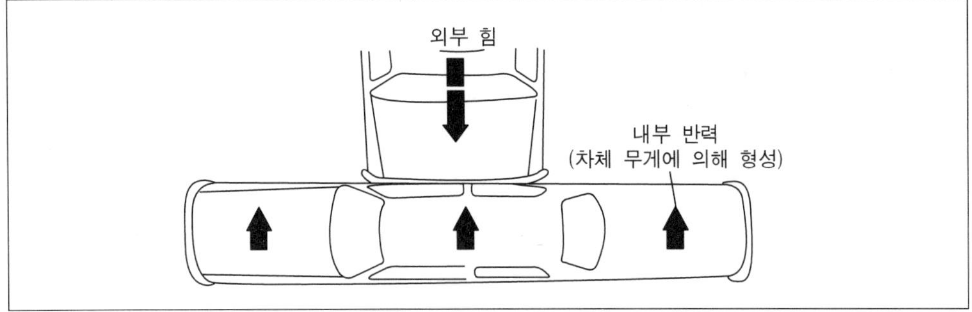

그림 2-11

② 차체의 측면은 외부 힘이 밀면서 계속 찌그러들기 시작한다. 이때 차체의 중앙부는 계속적으로 같은 방향으로 움직이기 시작한다. 관성은 동일 방향으로 외부 힘에 저항한다(그림 2-12 참조).

③ 충돌이 계속되면서 추가적으로 차체 측면이 변형되는데 차체의 중앙부는 더 빠르게 움직이기 시작하며 중앙부를 제외하고 후면부 전면부는 계속적으로 충격에 반발한다. 내부 힘이 더욱 세어져서 차체 전체가 중앙부 사이드웨이(Side Way)를 형성시킨다. 그래서 부딪친 쪽은 사이드 레일이 짧아진다.

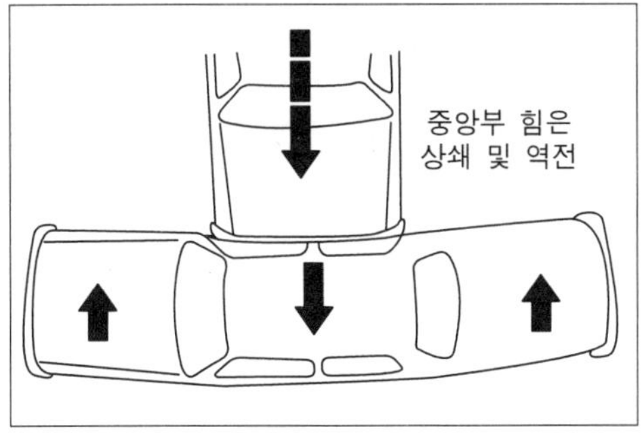

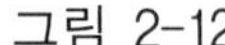

그림 2-12

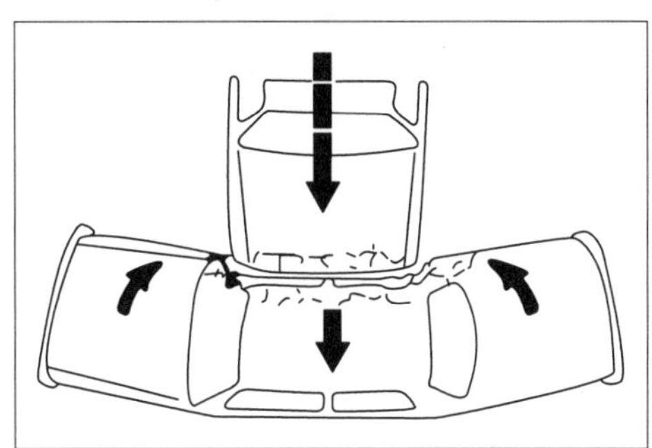

그림 2-13

2.2.4 축방향 충돌

힘의 확산에서 차체 충돌 방향이 정방향에서 조금만 틀리면 축방향 변형(사이드 웨이side sway)이 생긴다. 두 대의 차가 부딪쳐 그 방향에 따라 축방향 변형이 생긴 것을 볼 수 있다(그림 2-14). 이 때 충돌력의 분산이 두 차체 내에서 확산되고 축방향 변형이 일어난다. 이 때 차체의 위치가 정방향에서 이격되므로 충돌시 변형이 일어난다(그림 2-15).

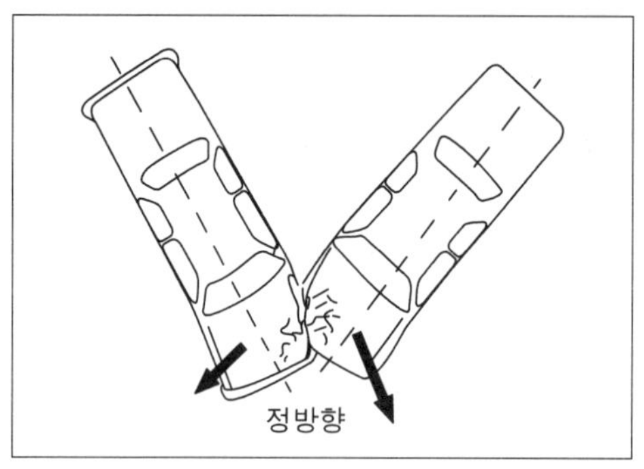

그림 2-14

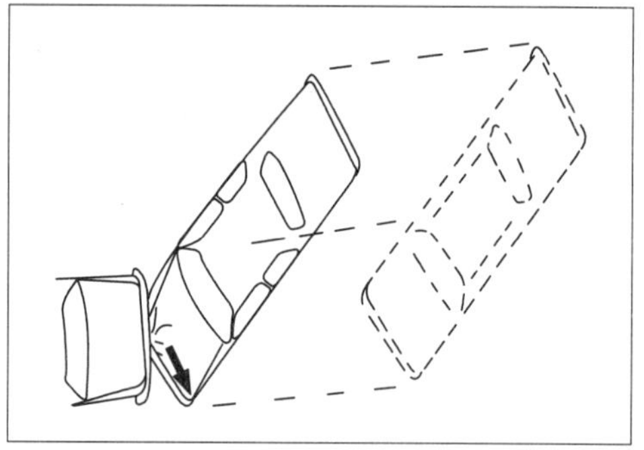

그림 2-15

2.2.5 굴러버린 파손

차체가 굴렀을 때 다수의 충격을 연속적으로 받은 관계로 회전할 때마다 파손분석을 다시 해주어야 한다. 각 회전시 지면과 그 밖의 물체에 부딪쳐서 충격을 더하거나 전체를 다시 변형시킨다. 이때 혼돈을 방지하기 위해 한 예를 들어보겠는데 딱 1회전만 굴러버린 차체를 선정하여 설명해 보자.

① 차체가 굴렀을 때 지붕은 땅에 부딪히고 윈드 쉴드 필라의 전면 귀퉁이가 땅에 부딪힌다. 그 지역에서 지붕의 귀퉁이, 윈드 쉴드 및 힌지필라 및 중앙부의 코너 등이 위치가 변하면서 그 내부 힘은 땅쪽으로 계속 움직이려 한다.

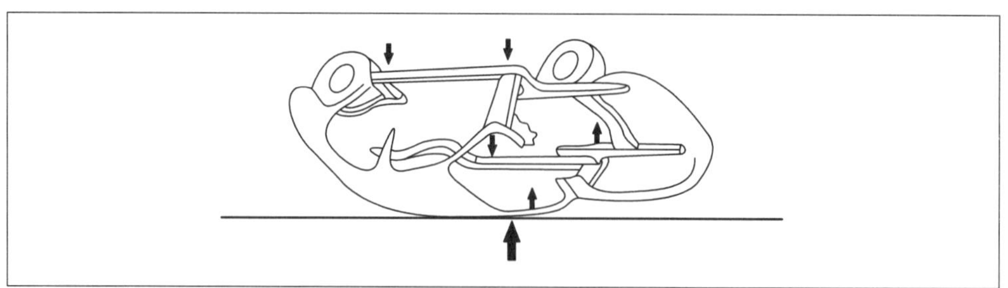

그림 2-16

② 여기서 관성 때문에 차체가 지면과 닿은 부분은 움직이지 않으려 하고 나머지 부분은 움직이려 한다. 그 결과로 상층부 차체의 파손이 극심해진다. 그러나, 윈드 쉴드 필라 및 윈드 쉴드 필라 어셈블리의 높은 강성 때문에 하중이 상층부를 통해 하단 구조물로 전달이 된다(그림 2-17 참조).

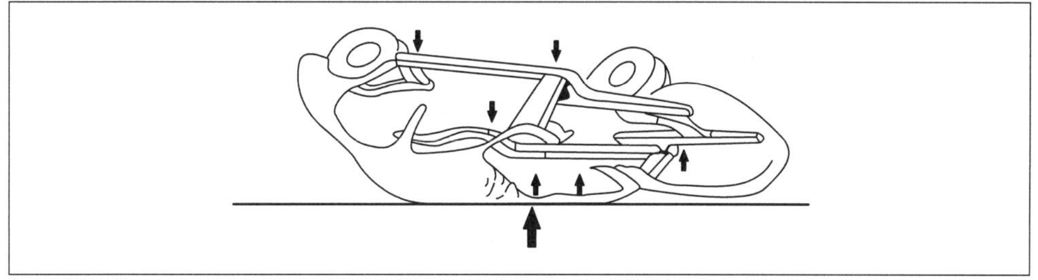

그림 2-17

③ 상층부 바디가 현저하게 파손 변형되었다 하더라도 프레임에 변형이 형성되어있다. 그래서 실질적으로 수리해 줘야 할 부분이 사이드 멤버이다. 이 사항을 이해하는 것은 대단히 중요하다. 사이드 멤버의 상향 변형을 반드시 교정해 주지 않으면(그림 2-18 참조) 차체 수리 및 휠 얼라인먼트가 불가능해진다.

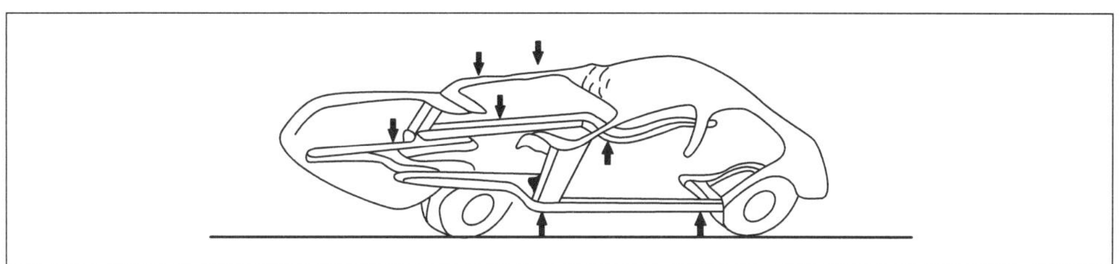

그림 2-18

MEMO

제 3 장

파손 분석

제 3 장 파손 분석

3.1 파손 분석

3.1.1 이미지 트레이닝의 효과

만약 자동차 바디가 어디든지 같은 강도라면 손상은 힘이 가해진 부분이 가장 심하고, 거기에서 떨어져 갈수록 약해진다. 그러나 실제 바디의 구조는 부위에 따라 강도나 강성이 다르기 때문에 그렇게 단순하지 않다. 힘이 어느 장소에 걸리는가에 따라 손상을 분석하는 방식도 달라진다.

처음에 힘을 받은 곳은 어딘가, 그리고 그 힘이 어떻게 전달되어 어느 부분이 변형되어 있는가(이 부분이 응력집 중점), 이러한 것들을 작업에 들어가기 전에 실차를 보아가면서 충분하게 생각한다.

사고 당사자 또는 현장 처리를 한 사람 등의 이야기를 들어보는 것도 좋을 것이다. 그리고 머리 속으로 수정 작업을 생각해 본다. 이렇게 해서 작업 순서가 정리되면 수정 작업은 끝난 것과 다름이 없다. 경험이 부족한 사람에게 작업 순서를 생각하게 하는 것은 무리한 일인 것 같지만 힘이나 강판의 성질, 바디 구조에 대하여 이해를 해 두면 어느새 바디 수정의 포인트가 자신의 몸에 붙어 있을 것이다. 이러한 경험을 축적하기 위하여 차량의 파손을 분석할 수 있는 요령을 터득하여야 한다.

3.1.2 파손의 분석(외부)

1) 콘(뿔)의 원리(cone principle)

분석의 시스템은 사고가 처음이냐 재발이냐의 판정을 함으로써 파손을 구분 짓는다. 이때 콘의 원리가 작용하는데 그 원리는 충돌점에서 그 힘이 퍼져 나가는 형태가 뿔과 같다는 것이다.

모노코크 바디는 충돌된 힘을 흡수하도록 디자인된 것이다. 충돌로부터 형성된 힘의 흡수가 좋도록 흡수 면적을 넓게 차량 전체를 일체로 만들어서 힘이 통과하게 한다. 충격의 방향은 콘의 센터 라인(center line)을 따라간다. 힘이 차체를 지나간 방향은 콘의 깊이와 콘의 확산을 조사하면 알 수 있다. 모노코크 차체들은 한 조각의 금속의 조립에서부터 전체까지 일체로 되어 있다. 그래서 충돌의 흡수는 차체 철판에서부터 많이 흡수가 된다. 그 다음 차체 전체로 퍼져 나가는데 이를 2차원 파손이라 부른다. 반면 직접 파손된 변형을 1차원 파손이라 부른다.

2차원 파손을 조절하고 승객의 안전성을 고려해서 모노코크 바디에는 크러쉬 존(crush zone)을 만들었다. 이 크러쉬 존은 앞에서 설명한 응력 흡수 부위이다. 면밀히 분석하려면 콘의 센터라인을 따라서 살펴보고, 또 이 크러쉬 존을 파악해서 파손 부위를 잘 분석해야 한다.

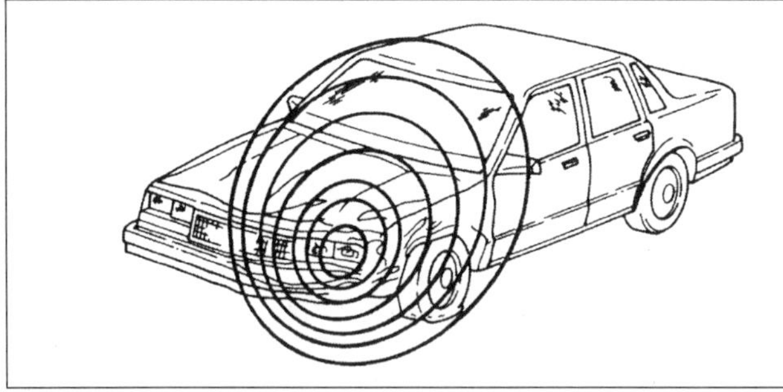

그림 3-1 콘(뿔)의 원리

파손된 차체에서 부분(section)별로 나누어서 분석하면 차체 분석을 쉽게 할 수 있다. 존(zone)의 개념은 판금 작업 분석을 쉽게 하기 위해 5개 존으로 나눈다. 존들은 차량 파손을 부분별로 구분하면 논리적이고 연속성 있게 작업을 할 수 있는 것이다. 분석을 할 때는 반드시 충돌 지점부터 시작해야 한다. 따라서 작업은 분석에 따라 하도록 한다.

존 1은 차체의 직접 충돌로 생긴 파손 부위의 분석을 말하는데 이것을 1차원 파손이라고 한다(primary damage). 존(zone) 1에서 찾은 파손은 눈에 띄기 쉽고 현저하게 구분된다. 예로 그림처럼 범퍼나 판넬, 문, 휀더, 본네트 혹은 데크리드 등이다. 이런 것들 전부다 존 1의 분석에 포함된다.

존 2는 충돌의 간접적인 효과이다. 이는 엄연히 충돌에 의한 것인데, 2차원 충돌에서 찾아낸 파손은 1차원 충돌보다 구분하기가 쉽지 않다. 움푹 들어간 판넬이나 지붕, 금간 유리 혹은 충돌 지점 반대편 측면의 비틀어진 문들은 존 2에서 찾아내는 파손 분석의 예이다. 또한 새시의 구조적 파손 −코어 서포트, 레일 등− 도 존 2에서 고려할 사항이다. 존 2는 또한 충돌에 의해 파생되긴 하지만 간접 파손 및 2차 파손이라고 한다.

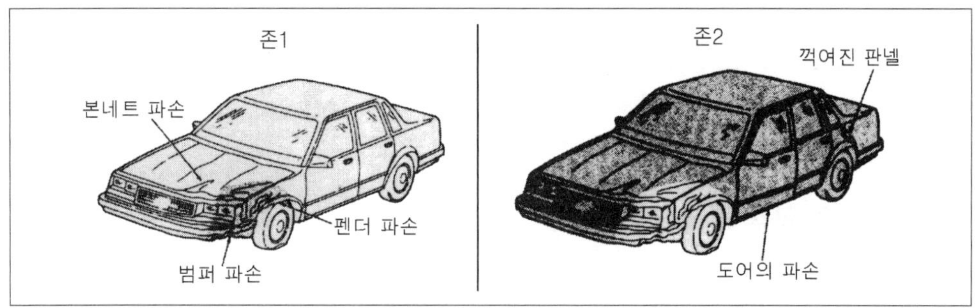

그림 3-2 1차원 파손과 2차원 충돌 파손

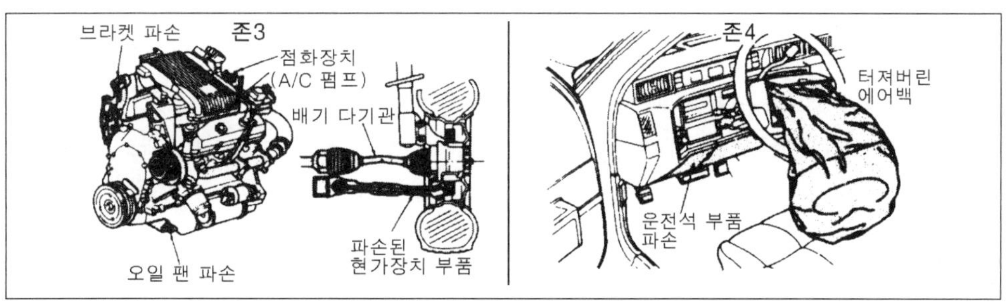

그림 3-3 엔진 하체 파손과 차량 운전석 파손

존 3은 엔진, 트랜스엑슬, 리어엑슬, 어셈블리 등의 파손이다. 존 3의 조사는 어떤 기계적인 부품의 파손에 관한 것이다. 파손된 엔진 블록, 트랜스 엑슬 케이스, 드라이브 샤프트 혹은 에어백 센서들이 존 3의 한 예이다.

존 4는 차량의 승객석과 전장비품의 파손이다. 이는 차체 인테리어에 관한 파손이 주류이다. 운전대의 파손, 전기, 전자 장치의 파손, 인테리어 판넬의 헐거움, 장식용 데쉬보드의 파손 등이 존 4의 조사 예이다.

존 5는 외관(exterior)에 관여된 부품의 분석이다. 잃어버린 휠 커버나 찢어진 장식용 스티커 혹은 라이트 커버의 파손, 몰딩의 파손, 벗겨진 페인트 등이 존 5의 분석이다.

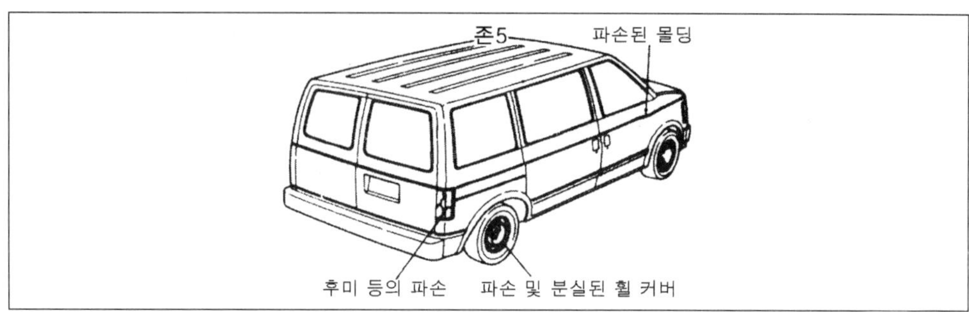

그림 3-4 외관 부품 파손

3.1.3 파손의 분석(내부)

차체의 파손 변형은 차체 수리 과정에서 굉장히 중요한 부분이다. 반드시 어떤 수리를 할 것인가 결정짓기 이전에 파손점에서 차체 전반의 힘의 확산을 추적한다. 현저한 파손의 내면에는 안보이는 또 다른 파손이 일어나 있다. 충돌 부위에서는 반드시 잘 보이지 않는 변형이 확산되어 있다.

차체 수리가 이루어지기 이전에 모든 파손을 파악, 구분지어야 한다. 제대로 구분하지 않고 수리를 하면 완벽하게 수정되지 않으므로 조향 및 현가 장치에 영향을 미친다. 힘의 확산이 영향을 미치는 차체 프레임의 변형 형태 및 상단부 파손 분석에 대한 설명은 다음 페이지에서 이루어진다(그림 3-5 참조).

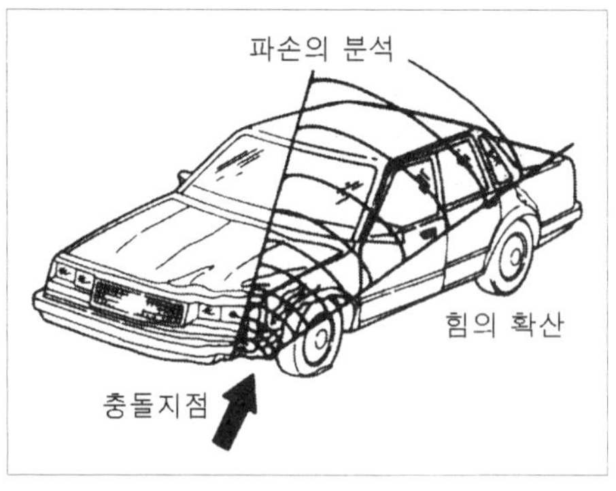

그림 3-5 힘의 확산

파손의 형태

사이드 웨이, 새그, 쇼트레일, 트위스트, 다이아몬드들은 대표적인 하부 및 프레임 변형의 형태이다. 파손된 프레임에는 각 부품마다 변형이 있고 또 파손 부위를 포함해서 다른 곳에도 영향을 미친다. 그러므로 수리 영역을 설정하고 연속적으로 점검하는 것이 필요하다.

차체 수리의 올바른 연속 작업은 차체 내부 파손 전부에 적용될 수 있다. 길이, 높이, 넓이, 사이드웨이 그리고 트위스트 등 많은 상황에서 동시 다발적으로 수리할 수 있는 작업을 강구하는 것이 중요하다.

	사이드 웨이
	새그
	쇼트레일
	트위스트
	다이아몬드

그림 3-6 변형된 형태

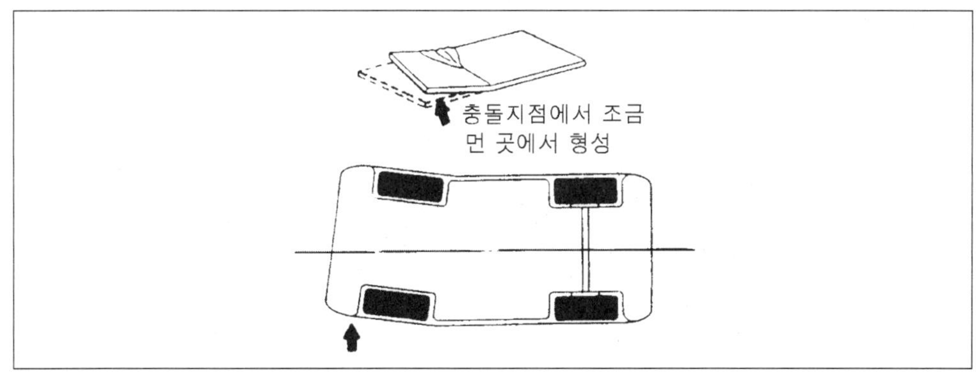

그림 3-7 사이드 웨이

사이드 웨이는 CL(센터 라인)을 중심으로 좌측 혹은 우측으로 휘어진 경우이다. 일반적으로 전방측면, 후방측면에 일어난다. 충돌 지점에서 좀 떨어진 지점에서 변형이 생긴다.

새그는 사이드 레일의 상단표면에 두드러지게 나타난다. 새그는 데이텀 라인으로부터의 변형이다. 상하 방향으로 정렬이 되지 않고 휜 것인데 사이드 레일의 두 면이 똑같이 휘어지면 이러한 상태를 킥업(kick up)이라 한다. 아래로 휘어지면 킥다운(kick down)이라 한다.

쇼트레일은 때때로 매쉬(mash)라고도 하는데 프레임 구조 혹은 하부의 한 부분이 충돌에 의해 짧아진 상태를 말하는 것이다(그림 3-8 참조).

그림 3-8 새그 쇼트 레일

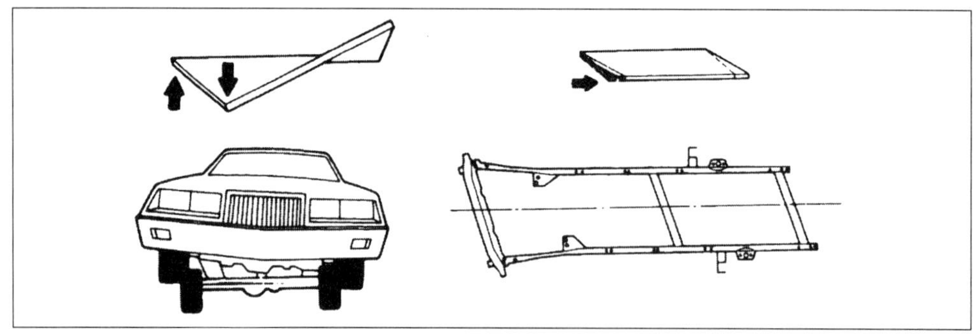

그림 3-9 트위스트 다이아몬드

트위스트는 프레임면의 데이텀 라인이 평행하지 않은 상태이다. 수평이 맞지 않으므로 상, 하향 인장이 필요하다.

다이아몬드 상태는 프레임 한쪽 면이 전방이나 후방으로 밀려난 것이다. 그래서 차체의 사각형이 다이아몬드형으로 변형된 것이다. 이러한 현상은 대부분이 차체 전체에 일어난다. 다이아몬드 상태는 차체의 한 코너에 충격을 입음으로서 일어나는데 이 현상은 비교적 심각한 파손이라 한쪽의 사이드 레일을 바꾸거나 라커 판넬을 바꾸어야 할 정도이다(그림 3-9 참조).

통상 다이아몬드 현상은 모노코크 바디에서는 아주 희귀하다, 하지만 조합형 프레임에서는 종종 일어나는 현상이므로 R. V차체에서는 고려할만한 현상이다.

3.2 바디 파손의 분석

3.2.1 육안 파손 분석의 중요성

"바디의 어느 부분이 어떻게 손상되고 있는가." 이것을 정확하게 파악하는 것은 바디 수정 작업에서 빼놓을 수 없다. 그것은 단지 '육안인데…'라고 생각할지도 모르지만 복잡한 바디 구조에서 생각하지도 않는 곳에 변형이 나타나기도 하므로 눈으로 보는 것만으로 알 수 없는 바디의 넓은 범위가 틀어졌을 경우도 있다. 그러므로 하나씩 점검하는 작업이 필요하다.

3.2.2 파손이 형성되기 쉬운 장소

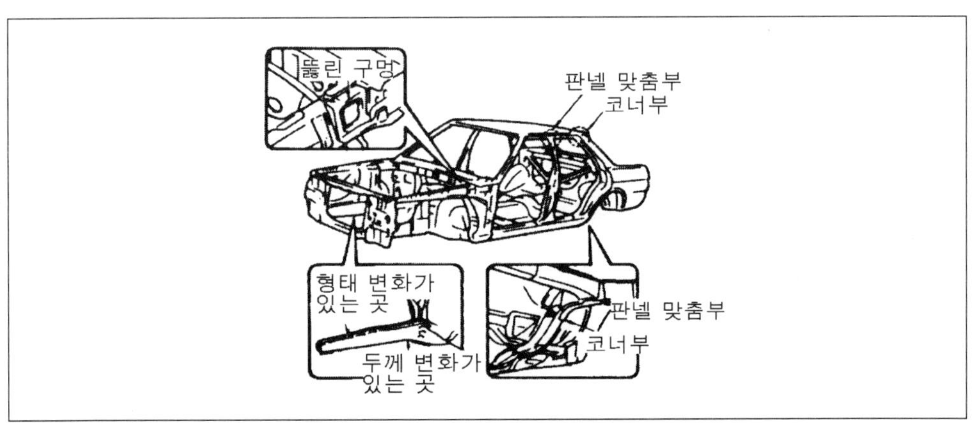

그림 3-10 손상이 나타나기 쉬운 장소

바디의 부품 재료는 그 위치에 따라 강도가 다르고, 충격 흡수 구조에 따라 파손하기 쉬운 부분도 있다. 그러므로 일정 범위에 충격을 받았을 경우 손상이 나타나기 쉬운 부위가 있다. 이러한 곳을 점검함으로써 손상이 어디까지 퍼져 있는지를 알 수 있다. 이것은 바꾸어 말하면 응력이 집중하기 쉬운 곳이다. 예를 들어 뚫린 구멍 주변, 코너부, 멤버나 레인포스먼트(reinforcement)의 두께가 변화된 곳, 판넬이 연결된 곳 등이다.

3.2.3 바디 상층부의 파손 변형

가까이에서 보면 혼돈을 초래하므로 바디 상층부를 멀리 떨어져서 관찰하는 것이 요령이다. 바디라는 것은 판넬의 조합이며, 일정한 틈을 가지고 서로서로 맞춘 것이다. 이것은 마치 건축물을 짓는 것과 같다(기초가 있어야 상층부가 있다).

상층부를 수정하기 위해 어디를 시작점으로 할 것인가를 결정하고 또 작업을 물 흐르듯이 매끄럽게 하는 것이 중요한 것처럼 파손 분석에 신중하지 못하면 작업의 절차 선정을 하는데 걸림돌이 된다(아직도 변형이 차체에서 남아 있는데 수리작업을 빠트리는 원인이 된다).

요점정리

- 파손 분석 확인은 바디 수정의 첫 단계이다.
- 응력이 집중된 장소에 손상이 나타나기 쉽다.
- 판넬의 틈새를 확인함으로 바디 틀어짐을 알 수 있다.
- 충격을 받은 장소에 가깝다고 손상이 크지만은 않다.
- 멤버류의 변형은 내측에 주름이 진다.
- 사람, 화물에 의한 손상도 발생된다.

3.2.4 판넬 부착 상태를 조사한다

도어나 본 네트와 그 옆의 판넬과의 간격을 점검하면 바디의 변형을 알 수 있다. 예를 들어 팬더와 도어의 간격이 거의 없고 전후 도어끼리의 간격이 정상이라면 프론트 필러 이후에 손상이 미치지 않았다고 판단할 수 있다. 이것이 반대라면 도어 열림부까지 변형되어 있다. 또 간격간의 상태가 틀려 있다면 그만큼이 바디 전면부가 기울어져 있다는 증거이다.

차체 중앙부는 게이지 거치를 함에 가장 기본이 된다. 좀더 규격화된 작업을 하려면 카울 지역의 라커 판넬에 중점적으로 건다. 구체적으로는 라커 판넬과 힌지 필러와 만나는 지점이 된다. 어떤 파손 분석이나 원복 정렬은 바로 이 지점에서 시작한다(그림 3-11참조).

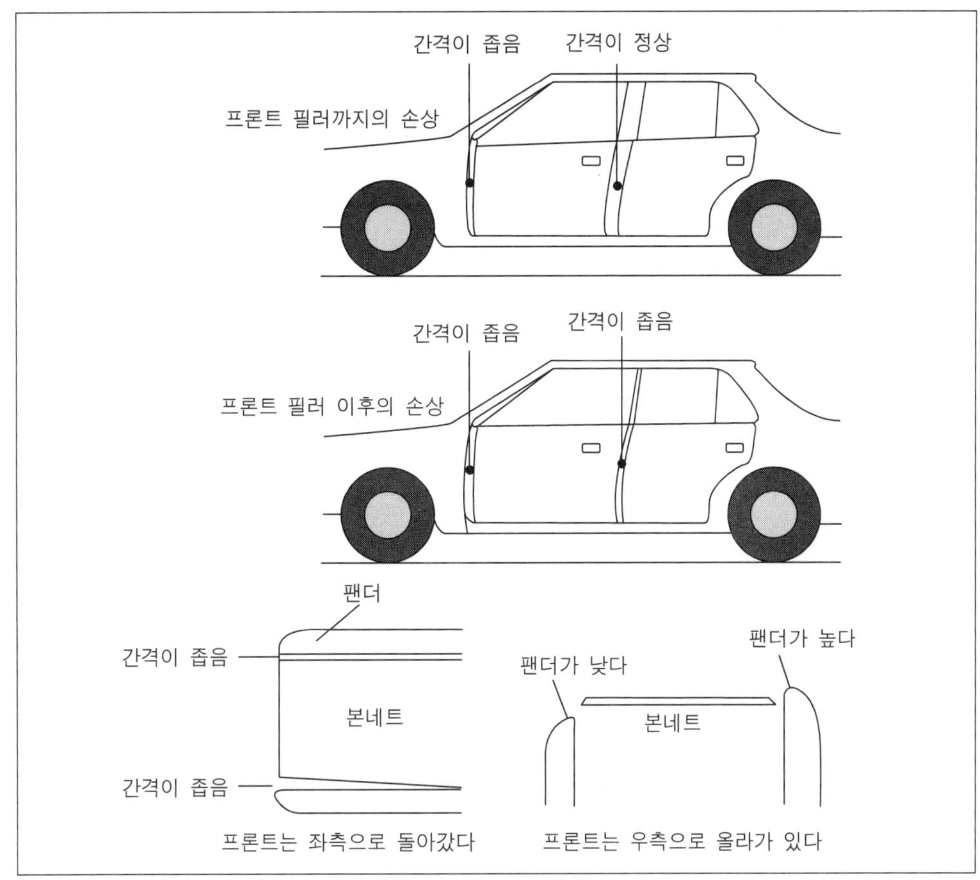

그림 3-11 판넬 간격과 바디 틀어짐

3.2.5 바디 구조와 손상이 나타나는 형태

못을 박을 때 조금이라도 기울어져 있으면 못이 굽어버리지만 똑바로 박으면 잘 들어가듯이 사이드 멤버에 똑바르게 힘이 가해지면 멤버의 손상은 적은데 부착부가 데시 판넬에 깊숙이 박히는 것처럼 되어있을 때가 있다.

보통은 충격 지점에 가까울수록 손상은 심하고 멀어져감에 따라 약한 것이므로, 약한 파손이라도 보지 못하고 작업을 진행하면 아무리 노력해도 바디는 복원은 되지 않고, 멤버를 교환하여도 맞지 않는다. 멤버나 필러 등 상자 구조로 되어있는 부위가 (형태로 변형되어 있는 경우는 굽은 것의 내측, 즉 주름진 쪽에 손상이 나타난다.) 눈으로 보아 똑바로 보여도 어딘가에 주름이 있으면 그 멤버는 주름이 있는 방향으로 굽어 있는 것을 알 수 있다.

3.2.6 2차적 충격에 의한 손상을 육안으로 살펴보기

자동차는 사람이 타지 않고 주행을 할 수 없기 때문에 사고 시에 사람, 화물의 이동으로 일어나는 손상도 빼놓을 수 없다.

스티어링, 데시포트, 프론트 유리, 트렁크룸 등은 충격 시에 사람, 화물에 의해 손상이 발생한다. 또 엔진은 고무마운트를 사용하기 때문에 원래대로 돌아오지만 쉬프트 레버의 부착 위치나 엔진 마운트가 손상을 받고 있는 경우도 있기 때문에 확인을 해 주는 것이 좋다. 물론 육안 파손 분석만으로는 손상 확인이 충분하지 않다. 그래서 계측 작업을 하지 않으면 정확한 손상을 판단할 수 없다. 앞에서 설명한 존 2를 잘 생각해야 한다.

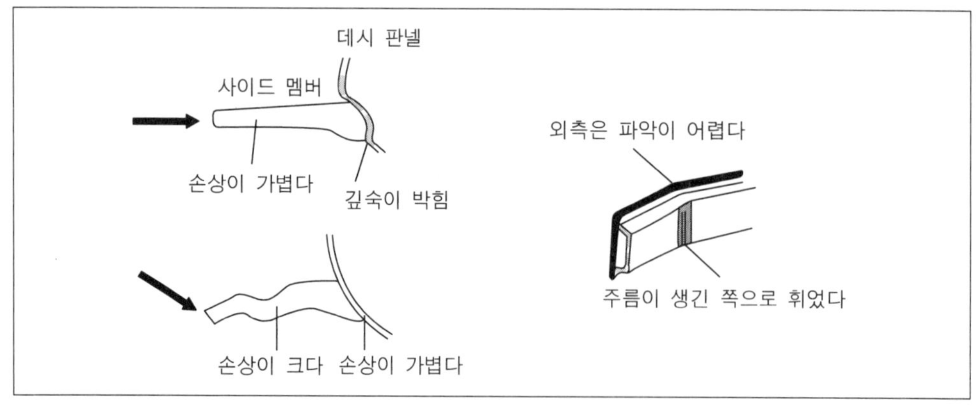

그림 3-12 힘의 방향과 손상이 나타나는 형태와 멤버류의 손상

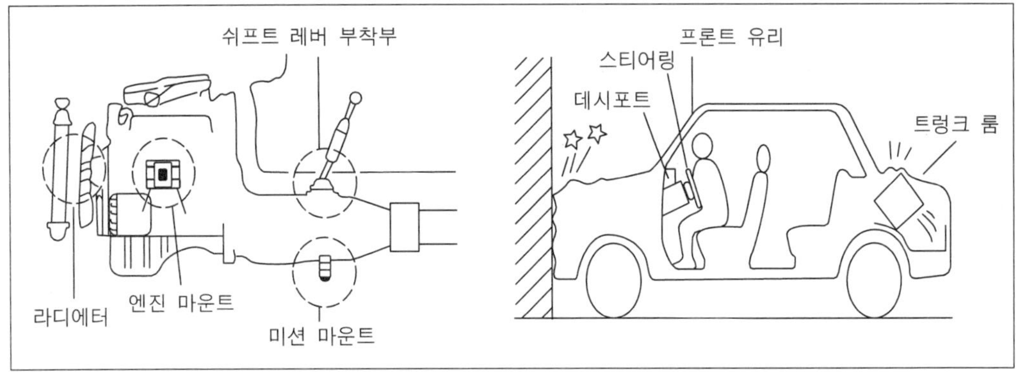

그림 3-13 엔진 이동에 따른 손상과 사람, 화물에 의한 손상

3.2.7 차체의 파손을 육안으로 점검하기 위한 절차

차체의 상하 변형에 대한 분석은 상층부 판넬의 틈새를 확인하면 간단하다. 아래는 정밀한 분석을 하는데 중요한 절차이다.

① 힌지필라와 라커 판넬의 정렬이 잘 되었는가를 점검한다.
② 도어와 프론트 팬더와의 정렬 상태를 점검한다. 그래서 도어와 팬더의 틈새를 비교해서 부정렬 상태를 알아낸다.
③ 쿼터 판넬과 도어의 틈새를 보고 부정렬이 있는지를 확인한다.
④ 윈드쉴드 필라와 도어 상층부의 틈새를 확인하여 점검한다.

바디 파손의 분석은 반드시 프론트 도어 하단으로부터 상향으로, 프론트 도어 하단으로부터 바깥 방향으로 실시해야 한다.

주의 : 이 때 기준이 되는 도어는 될 수 있는 대로 파손되지 않은 쪽을 사용하거나 점검의 기준이 되게 최대한 잘 맞추어 놓아야 한다.

만약 바디 파손이 심각할 때는(예 : 차체 전복) 바디에서 사이드 웨이가 있는지를 반드시 점검해야 한다. 왜냐하면 차체 전복 같은 것은 수직측면의 변형만이 보일 경우가 많아서 축방향 변형(사이드 웨이)도 별도 점검을 해야한다.

여기서는 X형 점검법에 대해 알아보기로 한다. 이 과정에서 지금까지 이야기했듯이 중앙부에서 변형을 먼저 파악해야 한다. 이 "X" 측정은 바닥 하층부에서 창문 하단까지 측정하고 창문 하단에서 지붕까지 측정한다.

이 X자 측정은 바디 길이 방향으로 "사이드 웨이"의 수정을 위하여 다른 지역에서 반복 행해져야 한다(그림 3-14 참조).

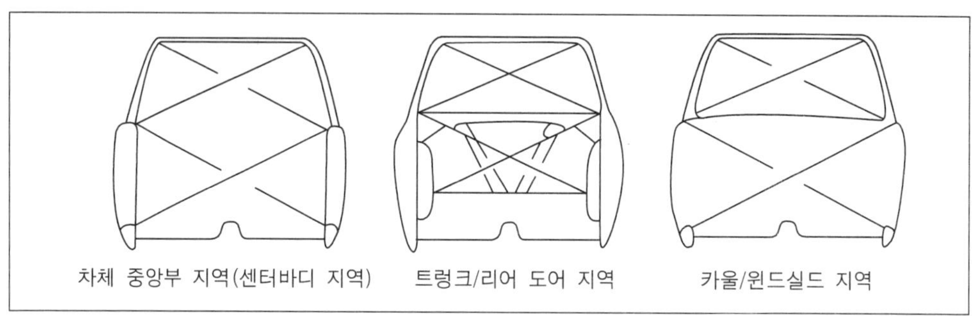

그림 3-14

많은 경우에서 스트럿 타워 게이지를 바디 상층 부위의 점검에 이용한다. 카울과 라디에이터 지역과 같은 지점에서 스트럿 타워는 센터 라인과 레벨을 동시 점검할 수 있다(그림 3-15 참조).

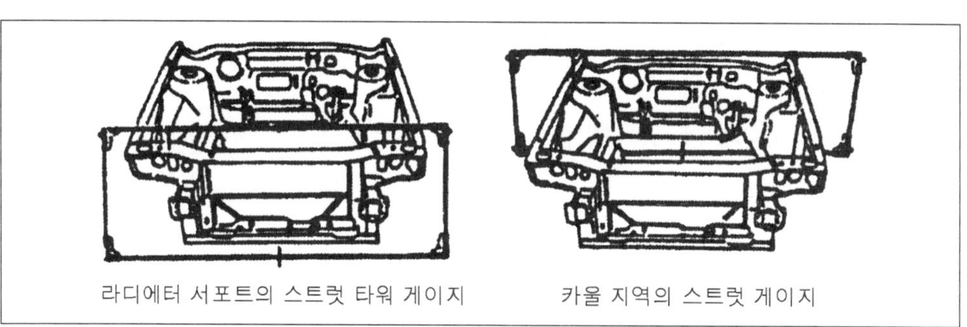

그림 3-15

3.3 정확한 계측의 필요성

골격부위까지 충격이 미친 손상차량을 복원 수리할 경우 관찰이나 실물을 맞추어보는 등, 외관만을 수리할 경우, 안전, 쾌적한 주행을 할 수 없는 경우가 있다.

모노코크바디에서는 앞에서 배운 바와 같이 차를 지지하는 서스펜션 기구는 차체에 직접 부착되어 있고, 이것의 부착위치나 치수가 정확히 수리되지 않으면 올바른 휠 얼라이먼트는 기대할 수 없어 주행 중 핸들이 떨린다든지 타이어의 편마모 등의 이상이 발생한다.

더욱이 필러 부분의 손상은 외판 패널의 부착(조립)에도 영향을 끼치고 도어 각부의 개폐상태의 불량과 단차 및 간극 발생, 누수 등의 원인이 된다.

따라서 골격부위손상 차량은 이러한 트러블을 미연에 방지하기 위해서도 수정 시 차체 정밀도를 충분히 확보하는 것이 중요하다.

현재, 각 메이커에서는 생산하는 전 차량에 대해서 차형별, 차종별로 차체 치수도를 작성해서 차체수리(판금) 작업에 활용하고 있다. 작업을 실시할 때 손상 정도가 관찰만으로 불충분할 경우는 계측기기를 사용해서 손상을 알기 쉬운 수치로 바꾸어 파악함으로써 확실한 작업을 실시한다.

3.3.1 바디 변형을 계측으로 판단

사람의 눈은 착각을 하기 쉽다. 같은 길이의 봉이 달라 보이거나, 똑바로 선이 휘어 있는 것처럼 보일 때도 있다. 그러나 계측을 해보면 파손상태를 바로 알 수 있다. 그러나 바디는 선이나 봉과 같이 단순한 형태도 아니고 입체물이기 때문에 여러 가지 형태의 계측 기기가 이용된다. 간단한 것부터 설명해 가도록 하자.

3.3.2 계측을 위한 기준

측정은 차체 파손 및 충격력의 확산 여부를 결정하는데 많은 도움을 준다. 데이터 북을 사용할 때 측정코자 하는 지점의 본래 수치를 알 필요가 있는데 이들 치수들은 바디 수정기를 사용하는데 필요로 한다. 참조점들은 데이터 북에서 도면에 표시되어있고 참조점(R. P)은 차량 구조를 체크할 때 사용된다. 센터 라인은 가상 수직면으로써 차체의 중심을 가로지르는 테이텀 길이이다. 센터 라인은 차량의 데이텀면의 중심을 가로지르는 선이다. 센터 라인(center line)의 기호는 CL이다. 데이텀(datum)이라는 것은 차체 하부 및 프레임에 평행되는 가상 면으로서 이를 기준으로 높이의 치수를 측정할 수 있다. 그리고 능숙한 기능공은 높이 치수를 조정할 수 있다. 곧 데이텀 라인을 상황에 따라 조절할 수 있는 것으로 임의로 데이텀 라인을 정해서 그 만큼 더하거나 감할 수 있다.

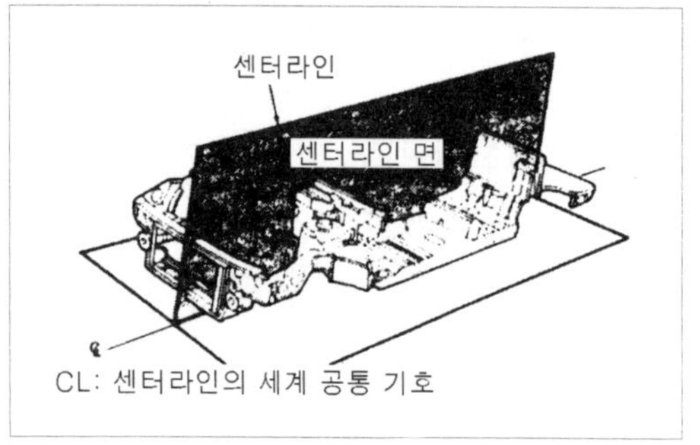

그림 3-16 센터라인 면

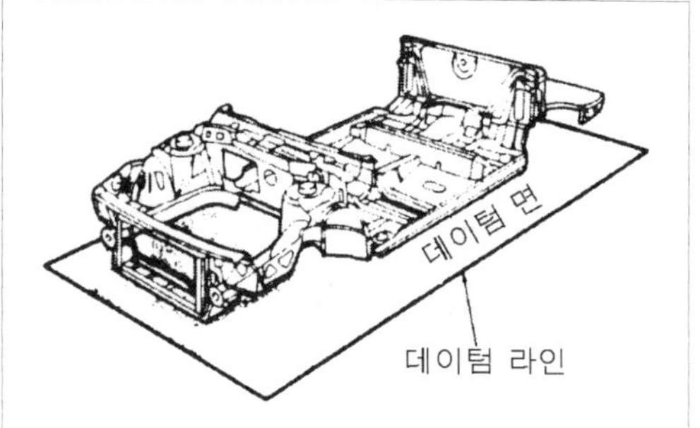

그림 3-17 데이텀 면

- 바디의 변형을 정확하게 알기 위해서는 계측이 필요하다.
- 트램 게이지는 대각선 부위의 치수를 간단히 계측할 수 있다.
- 센터링 게이지는 좌우 대각 위치로 늘어 뜨려 바디 센터를 본다.
- 입체 계측 시스템은 치수 자료를 사용하여 미세하게 계측한다.
- 지그는 설치에 다소 번거로움이 있다.
- 수평으로 확실하게 고정, 어긋남이 없는 계측기기, 치수자료의 활용을 정확히 하는 것이 계측의 조건이다.

3.3.3 트램 게이지에 의한 계측

대각선이나 특정 부위의 길이는 트램 게이지를 사용하면 정확하게 알 수 있다. 최근에는 비교뿐만 아니라 실 치수를 읽을 수 있으므로 넓은 범위에 사용되고 있다.

또 바디 치수 자료가 없어도 대각선의 비교나 길이의 체크로 바디 상태, 특히 엔진룸, 윈도우 부분 등의 개구부 변형을 알 수 있다. 단, 좌우 대칭이 아니거나 바디가 뒤틀어져 있으면 정확하게 계측할 수 없다.

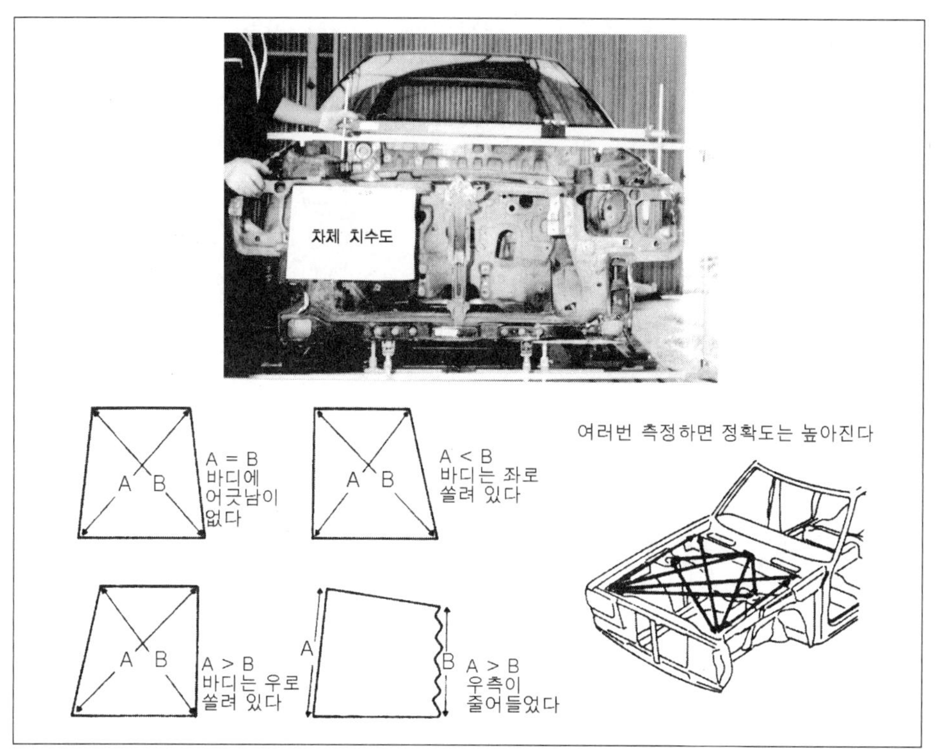

그림 3-18 트램 게이지에 의한 계측

3.3.4 길이의 의미

1) 길이

길이 치수들은 통상 점과 점 사이의 길이를 이야기한다. 그러나 바디 치수 자료들에 트램 혹은 센터 라인 길이 치수가 기록되어 있다. 그래서 단순 치수의 의미와 트램, 센터 라인 길이가 어떻게 틀린가를 이해해야 한다.

2) 점과 점의 길이

점과 점의 측정은 길이의 종류인데 이 치수는 두 점간의 단순 직선 거리이다.

3) 트램의 길이

트램 길이 치수는 데이텀 라인과 평행한 두 개의 치수이다. 이 두 가지는 A(길이), B(높이) 점과 점의 치수는 통상 A, B의 트램 길이보다 길다. 왜냐하면 A, B

의 트램 길이는 데이텀 라인과 평행하지만 A, B의 직선 거리는 형성 각이 있기 때문이다.

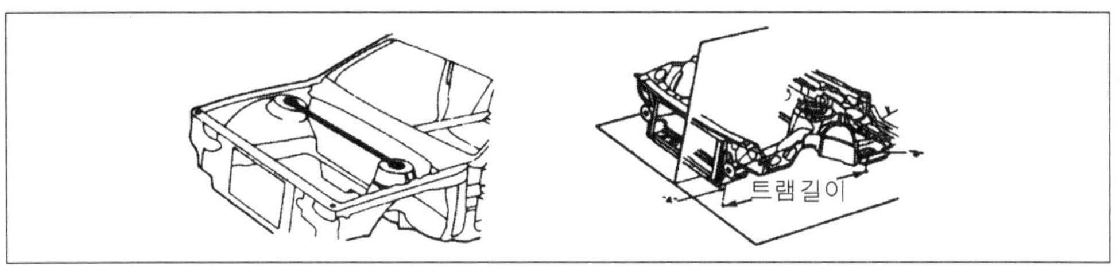

그림 3-19 점과 점의 길이 트램의 길이

3.4 계측 시스템에 의한 계측

어떤 계측 시스템을 사용을 한다는 것은 차체 수리를 단순 작업에서 합리적인 작업으로의 전환이다. 앞에서는 여러 번 언급하였지만, 차체 수리를 하기 이전에 반드시 파손의 분석이 이루어 져야만 한다. 그 다음이 계측자를 이용하는 단계이다.

이 장에서는 직접 계측기를 거치한 상태에서 파손 분석을 하기 위한 기본 개념을 소개한다.

3.4.1 계측 시스템을 이용한 파손의 분석

게이지 판독과 차체 파손의 분석을 배우기 전에 기능공은 프레임과 차체 정렬에 영향을 미치는 모든 파괴력의 요소를 실질적으로 알아야 한다. 그리고 게이지 측정 절차는 이론을 알아야 하는데 이것을 실제 적용을 하지 못하면 아무가치가 없다. 그리고 기능공들이 실제 판독을 하면서 작업의 기준을 명백하게 하기 위하여 존재한다. 또한 모든 차체는 구조적인 강성이 대부분 프레임과 차실 바닥 부분에 있다. 그래서 이 부분에 파손 변형이 있다면 프레임을 바로잡기 전에는 다른 상층부의 구조체를 맞출 수가 없다. 충돌 파손 분석은 반드시 프레임의 파손 분석을 기초로 하여야 한다. 이러한 사항을 충분히 이해하고 작업하는 것이 그리 쉽지는 않다. 하지만 이해를 완벽하게 하지 않거나 기타 측정할 부위를 제대로 측정하지 않으면 혼동 및 시간의 손실을 초래해서 결국 작업시간이 더 연장된다.

1) 파손 분석의 기본적인 방법(The Principal methods of analyzing damage)

계측기로 손상의 분석을 할 때는 통상 아래의 두 단계로 이루어진다.

a. 계측기로 프레임의 휨 상태를 전체적으로 파악한다.
b. 차체 치수도를 활용하여 정밀한 측정을 한다.

측정이란 쉽게 표현하자면 한 점에서 다른 점까지의 거리를 재는 것이다. 그래서 기능공은 수년 동안 측정 시스템을 사용해왔고 이해한 결과로 구조물의 파손 변형을 파악함을 결국 그 궁극적 목적으로 한다. 판금 기술자는 빨리 차체 파손을 정확히 파악하고 어떤 작업을 해야 할 것인가 결정짓기 위하여 구조물의 휨의 기준 설정과 수치의 적용이 매우 중요하다는 것을 인식해야 한다. 자동차의 차체와 프레임 구조는 간단히 사각 구조물로 표현할 수 있다(그림 3-20 참조).

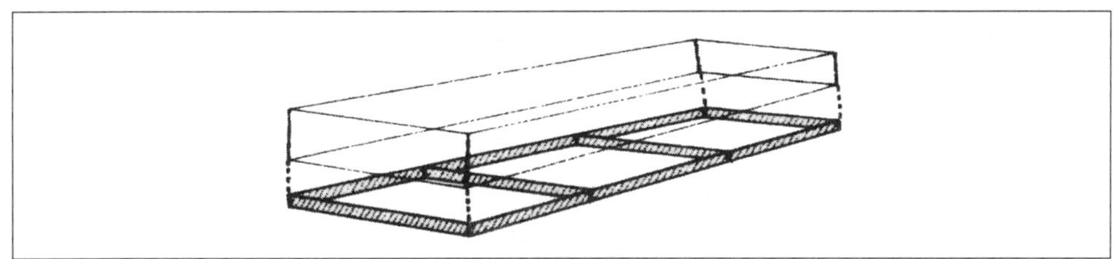

그림 3-20 차체 정열 상태의 개념, 이는 측정기로 판단할 수 있으며 단순 측정으로는 판단하기가 어렵다

계측기의 사용도 차체수리를 정확히 하자는데 그 목적이 있는 것이고 그 목적은 사고난 차체를 사고나기 전 상태로 되돌리는데 있다. 여기서 센터라인과 레벨의 개념을 이해할 필요가 있다.

센터라인은 차체의 넓이의 기준이 되는 가상선이다. 데이텀 라인은 차체 각 부위의 높이의 기준이 되는 가상선이다.

2) 측정 장비에 의한 파손 분석 중 4개 기본 요소

(The four elements of collision damage analysis)

게이지 판독과 파손 분석은 4개의 기본적인 중요 요소가 있는데 센터 라인, 레벨, 데이텀 및 트램 게이지 측정이다.

a. 센터 라인(center line)

센터 라인은 차량 전후 축 방향에서의 가상적인 중심 축이다. 센터 라인을 잘못 지정하면 차량 전후축 자체를 잘못 선정하는 실수가 일어난다(그림 3-21 참조)

b. 레벨(Level)

레벨은 차체의 각 부분들이 수평한 상태에 있는가를 고려하는 파손 분석의 요소이다. 레벨은 센터링 게이지의 수평 바의 관측에 의하여 파악할 수 있다. 그림 3-22는 레벨이 정상, 비정상의 관계를 나타낸다. 이것은 높이와 관련된 데이텀 라인과 혼돈하면 안된다. 레벨은 단지 수평의 유지여부만 고려한다.

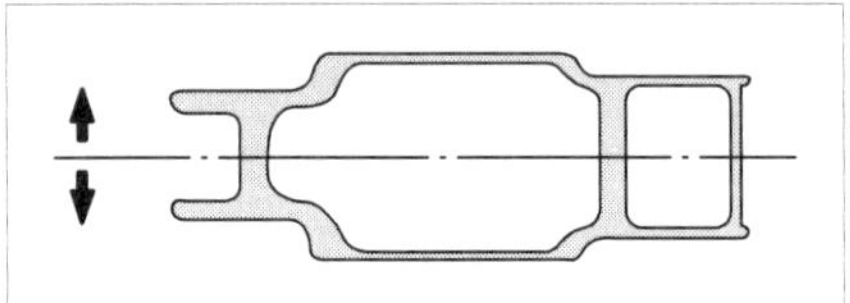

그림 3-21 센터 라인

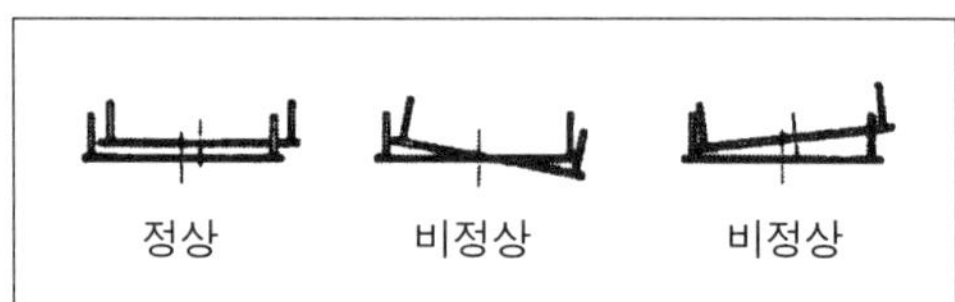

그림 3-22 레벨의 상태

Note : 여기서 레벨이라 함은 각 중요 지점의 수평 상태를 뜻한다. 그러나 꼭 땅으로부터 수평을 의미하지는 않는다. 이 센터링 게이지의 측정 작업은 차체 내에서 행해지므로 바디 수정기 또는 바닥식 작업장의 표면을 기준으로 하지 않고 순수히 게이지들이 이루는 평면을 상호 비교한 수평 상태를 파악한다.

c. 데이텀(DATUM)

데이텀은 수직적 높이의 측정을 위하여 만든 기본 가상축이다(그림 3-23). 측정은 데이터 북(차체 치수 목록표)에 나와 있는 높이 수치를 게이지에 장입 및 조정하여 거치하면 데이텀 라인 상태를 알 수 있다.

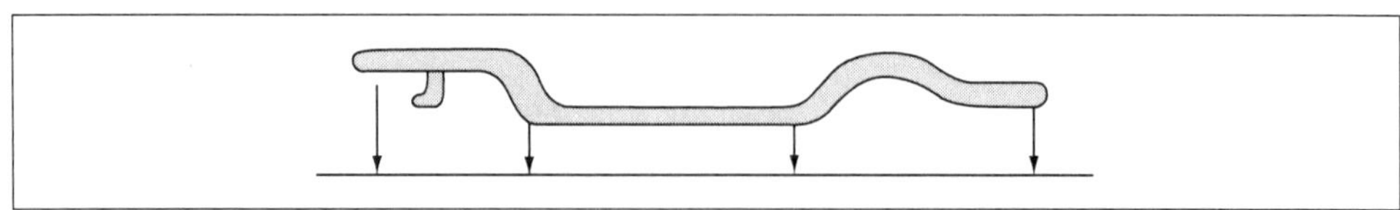

그림 3-23 데이텀

d. 트램 게이지 측정(critical measurements)

트램 게이지를 사용한 측정이다. 결국 센터 라인이나 레벨, 데이텀면 만으로는 각 지점간의 길이를 알 수 없다. 특히 대각선 치수의 확인 등에 길이를 측정하는 경우가 많다. 이때 트램 게이지를 사용하면 정확한 길이를 알 수 있다.

3.4.2 기본 구조 정렬의 이해(Basic Structure Alignment)

1) 차체 3부분 구조

차체는 승용차를 주된 예로 보여줄 수 있는데 이전에 언급했듯이 차체자체를 3단계로 구분해서 파손상황을 파악해야 한다(그림 3-24). 여기서 그림 3-25는 차체의 센터라인과 게이지의 센터핀 상태와 센터라인이 그리는 면을 볼 수 있다.

그림 3-26은 데이텀 라인이 차체 하면에서 이루는 상태를 알 수 있고 그림 3-27은 차체에 있어서 수평 상태를 고려해야할 부분을 보여주고 있다(회색면).

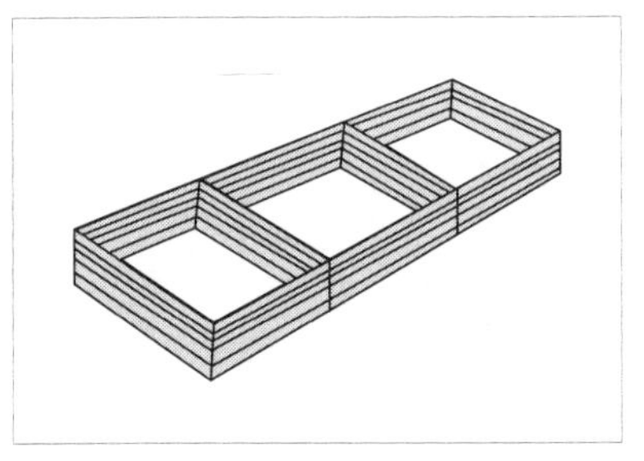

그림 3-24 근본적인 3부분 구조

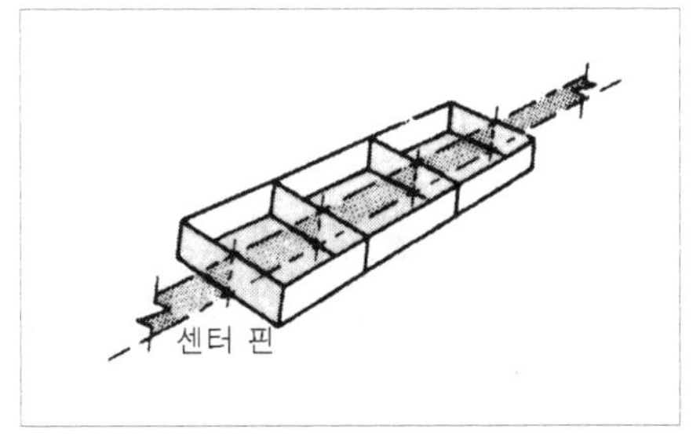

그림 3-25 센터 라인 또는 센터면

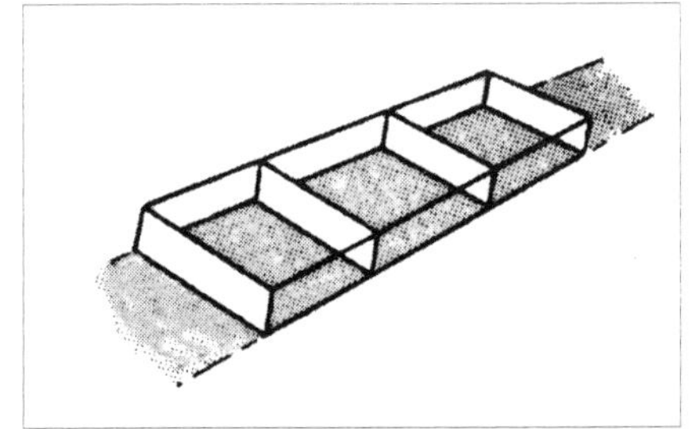

그림 3-26 데이텀 라인 또는 데이터 면

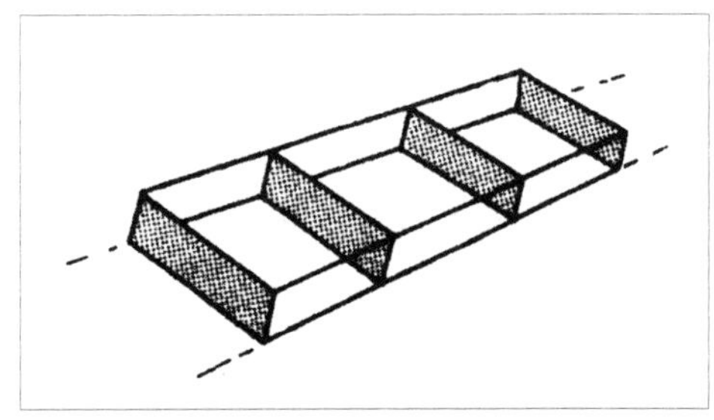

그림 3-27 레벨(고려해야 할 곳은 회색면)

2) 센터 라인 변형

그림 3-28은 사각형 구조물의 올바른 센터 라인 또는 센터 면을 나타낸다. 그림 3-29는 수평이 맞지 않을 때 센터 라인은 어떻게 변하는가를 보여준다.

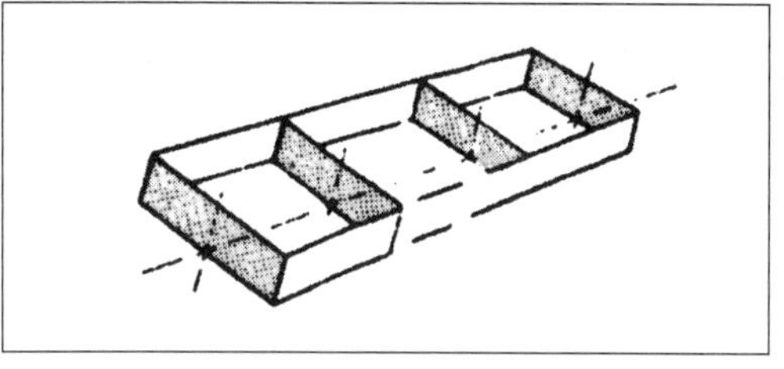

그림 3-28 올바른 센터 라인

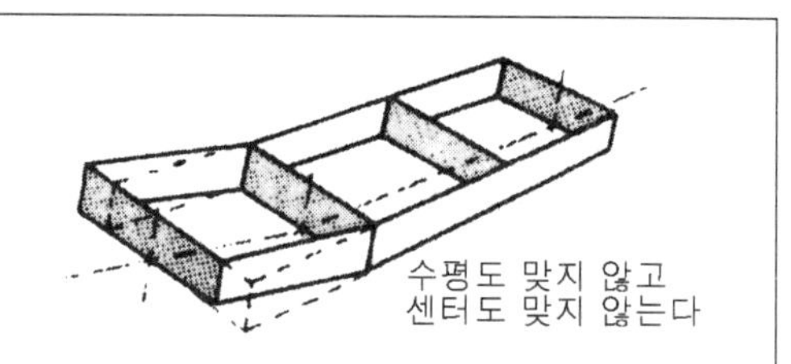

그림 3-29 변형된 센터 라인

3) 데이텀 라인 변형

그림 3-30은 올바른 데이텀 면을 나타낸다. 그림 3-31은 상향 변형과 그것의 결과인 올바르지 못한 데이텀 라인을 보여준다.

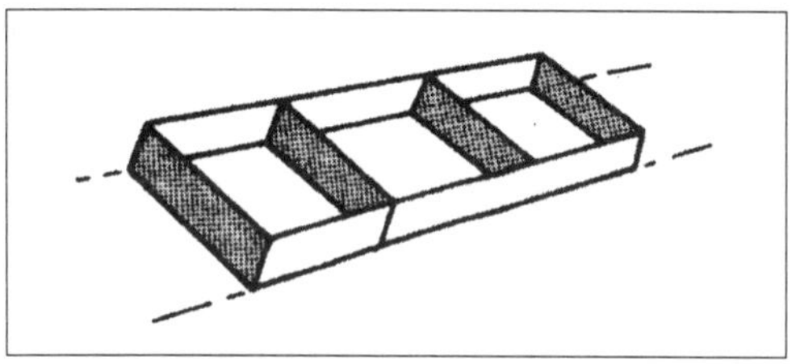

그림 3-30 올바른 데이텀 라인

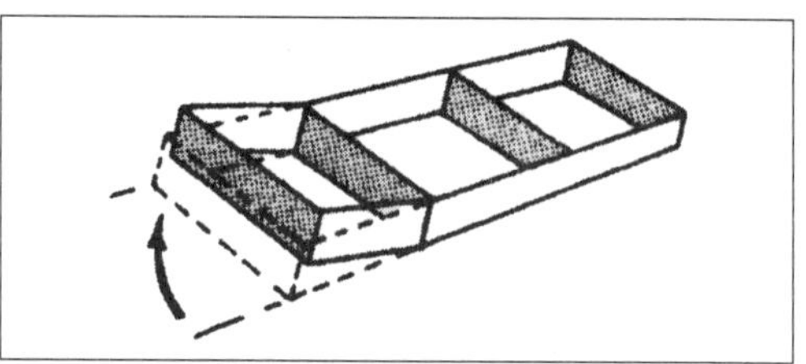

그림 3-31 변형된 데이텀 라인

4) 레벨의 변형

그림 3-32는 높이와 수평 둘다 변형이 되어 있다. 높이와 수평 두 가지가 동시에 변형이 있는 경우에는 판금 기술자는 어떤 것을 먼저 작업할 것인가 우선 순위를 설정해야 한다. 그래서 실제 현장에서는 수평을 먼저 잡아야 한다. 그림 3-33은 수평에 관련된 여러 가지 형태의 구조적인 변형의 그림이다. 이와 같은 여러 가지 변형 상태에서 바디 치수를 이용하여 측정하기 전에 반드시 프레임 전체를 통틀어 가상의 수평 상태를 파악해야 한다. 그리고 중요 부분은 중점적으로 수평을 확인한다.

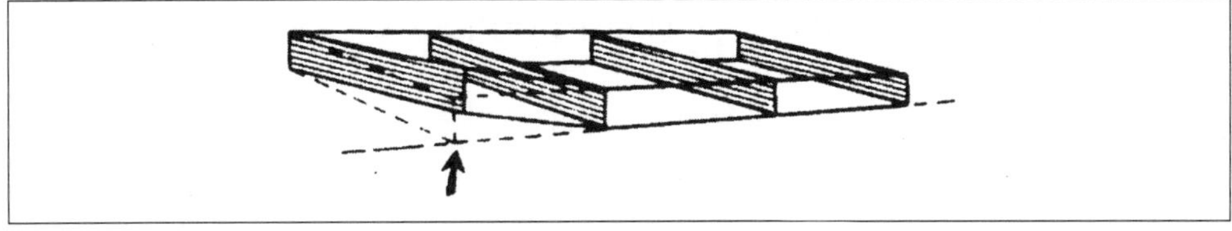

그림 3-32 레벨 변형

그림 3-33은 레벨에 있어서 심각한 변형의 상황이고 그림 3-34는 레벨이 맞지 않지만 차체 전체가 완만한 변형이 있는 경우이다.

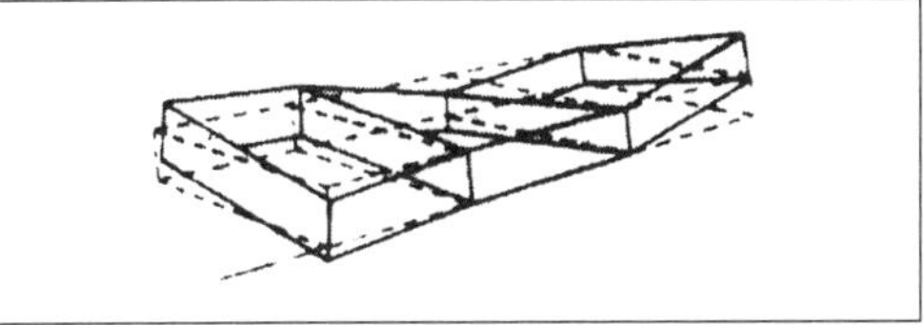

그림 3-33 변형된 레벨

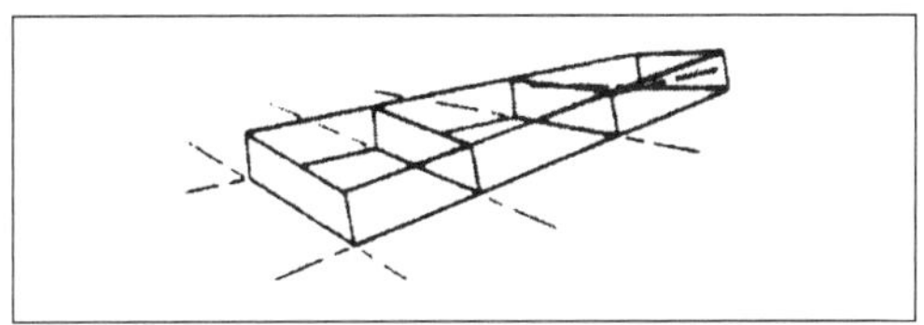

그림 3-34 완만한 트위스트 상태

위로 치솟았거나 아래로 꺼진 변형은 수직계통으로만 변형이 형성되므로 그다지 어려운 것은 아니다. 트위스트 된 것과 수평의 변형은 교정술에서 알아보기로 한다. 그림 3-34는 완만한 트위스트 상태이다.

Note : 모든 교정이나 변형은 센터 색션(center section)에서 우선적으로 이루어진다. 왜냐하면 센터 색션에서 변형이 있으면 전후면까지 영향을 미친다.

5) 치수 변형

그림 3-35와 그림 3-36은 폭과 길이가 변형되었다. 이런 현상은 반드시 측정(치수 측정)을 하여 수치를 알아야 한다. 그래서 차체 치수도에서 치수를 알고 정밀한 세부 길이 측정인 트램의 측정이 필요하다.

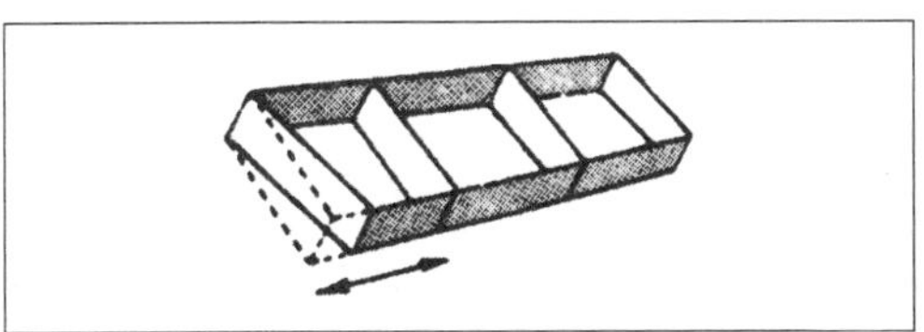

그림 3-35 전면부에서의 길이 변형

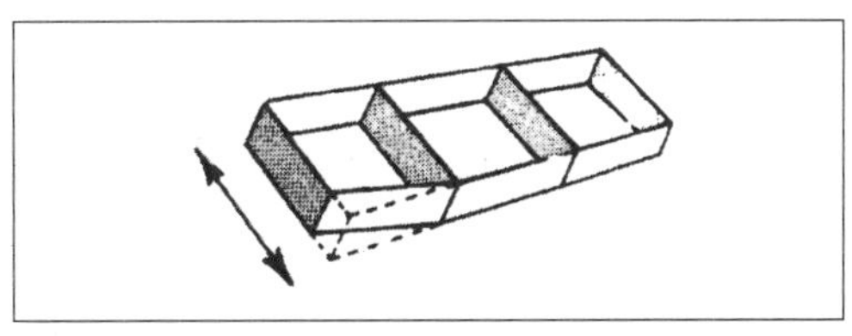

그림 3-36 전면부에서의 폭 변형

3.4.3 게이지 판독의 기초(Basic Fundamental of Gage reading)

게이지를 부착하기 전에 게이지 측정의 기본 기술을 완벽하게 이해하고 작업에 들어가야 한다. 이것은 계측기의 적정 위치 설치와 정밀성, 효율적 판독을 하는데 도움을 준다. 바디 수정을 완료하기 위해서는 세 가지의 매우 중요한 원리가 있으며 반드시 이해를 한 후에 사용해야 한다. 이들 원리는 아래 a, b, c와 같다.

a. 차체를 전면부, 중앙부, 후면부(3부분 분할)로 나눌 것.
b. 게이지를 걸 부위의 설정
c. 중앙부를 기준으로 하여 계측기 설치

이러한 단계의 순서를 바꾸면 안되며 엄격히 준수해야 한다.

1) 차체를 3부분으로 분할

그림 3-37의 설명은 계측기 사용 방법을 위해서 분할하는 부위이다. 세 부분의 차체 구분에 의한 개념은 게이지 측정 작업을 시작하기 위한 하나의 법칙이다. 특수한 바디의 프레임(스페이스 프레임, 백본 프레임 등)은 게이지 거치 지점이 차이가 날수도 있으나 이 차체의 3부분 구분의 원리는 별 차이가 없다.

3부분 구분 원리는 충돌시 그 충돌력에 저항하도록 설계를 한 것이다. 육안으로 보아도 중간 부분이 상당한 강성이 있도록 설계된 것을 알 수 있다.

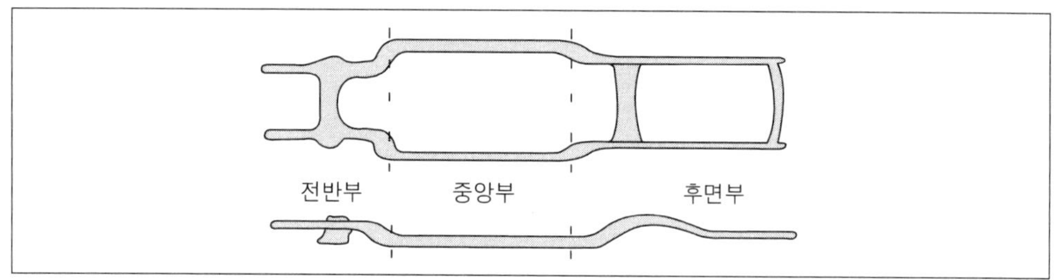

그림 3-37 기본 3부분

2) 게이지를 설치할 중요 조정 지점과 조정 지역

그림 3-38은 바디 수정에 있어서 고정하고 인장 작업을 하기 위한 주요 조정 지점의 설명이다. 이들 지점은 게이지를 거치하는 참조점으로 사용할 수 있다. 어

떤 차체 설계에서는 추가적으로 조정지점을 갖추고 있는 것도 있다. 한 예로서 대부분의 프레임들은 그림 3-38에서 보는 것처럼 사이드 레일(side rails)과 메인 크로스 멤버가 결합되어 있다. 프레임은 무거운 크로스 멤버가 앞쪽에 위치하고 있다(포드 프레임과 같은 종류). 그러므로 두개의 추가 조정 지점이 생기는 경우가 있지만 자동차 회사마다 다르다(그림 3-38 참조).

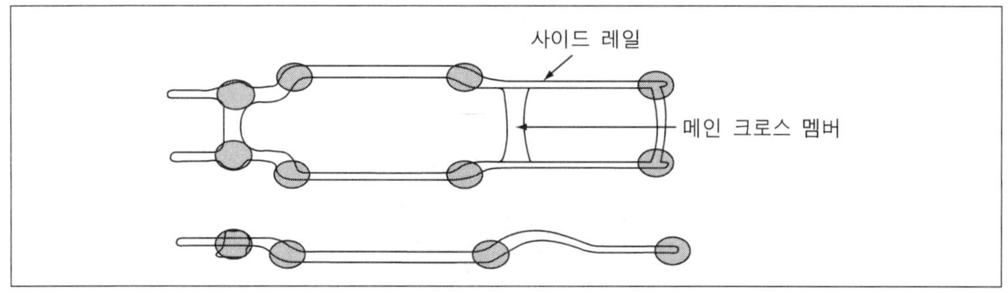

그림 3-38 게이지를 걸 중요 조정 지점

변형이 이루어진 지점간에는 서로 관계가 있도록 차체는 설계되어있다. 그 지점을 손상확인을 하고 또 게이지를 걸어 분석을 한다. 그것을 고정하고 잡아 당겨 줌으로서 바디 수정이 완성되는데, 이를 조정 지점이라 한다(그림 3-39). 작업을 위한 핵심적인 위치 설정이며 두개의 조정 지점 사이를 조정 지역이라 한다. 그림 3-40은 4개의 조정 지역이며 같은 부위로 간주할 수 있다.

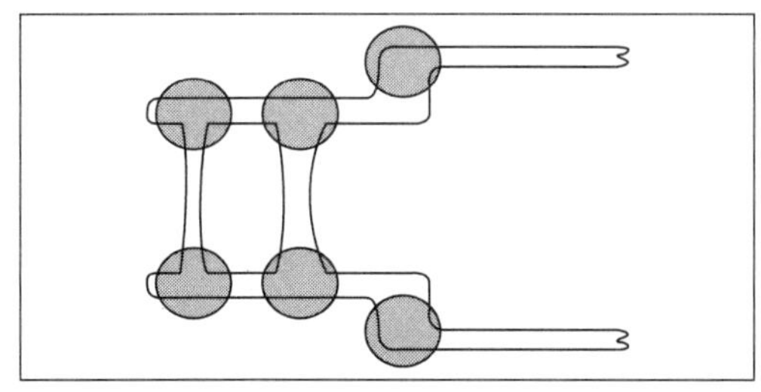

그림 3-39 추가적인 조정 지점

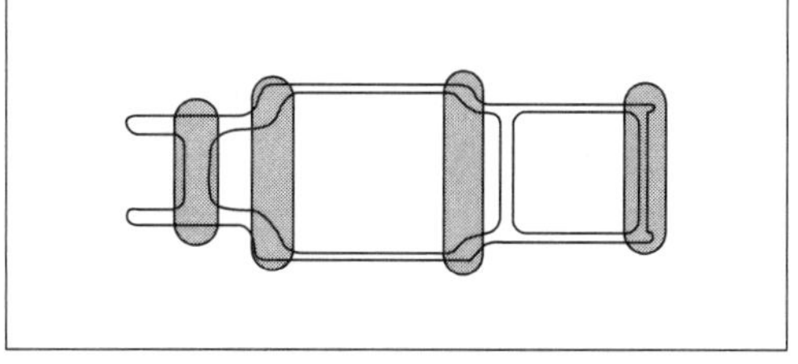

그림 3-40 조정 지역

게이지의 측정 첫 단계는 중앙부(센터 색션)에서 시작하는 것이 대부분이다. 이를 베이스의 게이지 설치지점 확보라 한다. 그림 3-41은 베이스 확보된 상태의 그림이다.

이 부분에 설치된 게이지는 통상 카울(cowl)지역에 걸거나 앞 토오크 박스 근처에 걸어주며, 이들 베이스의 확보는 전면부(프론트) 및 후면부(리어) 부위에 걸어줄 센터링 게이지의 기준이 된다.

이 베이스를 기준으로 모든 게이지를 비교 판독하며, 때때로 센터링 게이지의 하나는 생략할 수 있다. 베이스 링 게이지를 한번 설치하면 게이지는 차체의 중앙부(프론트), 후면부(리어) 어느 곳이든 걸어서 베이스와 비교할 수 있다(그림 3-42 참조). 차체의 양쪽 끝은 항상 베이스 확보에 기준하여 게이지 설치를 한다.

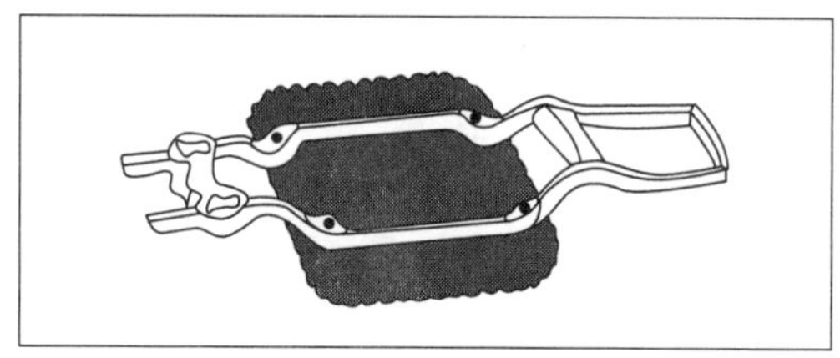

그림 3-41 베이스 부분 게이지 설치

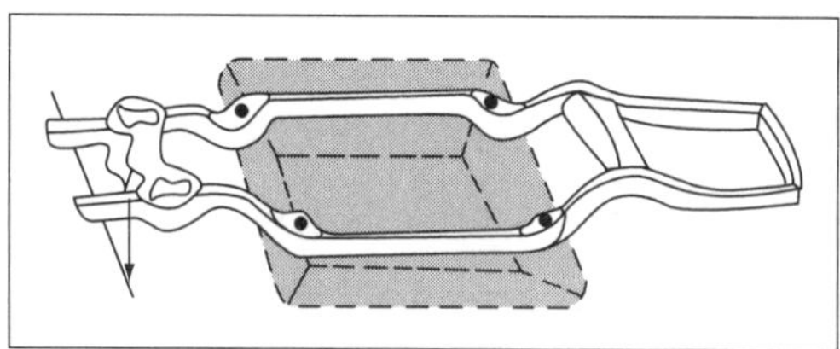

그림 3-42 전・후면 게이지와 베이스 게이지와의 관계

3.5 데이터의 사용법

3.5.1 치수도를 올바르게 사용한다

우리 나라는 아직 아니지만, 외국의 경우 자동차 메이커가 바디 수리에 눈을 돌리게 된 이후 바디 관계의 자료도 많이 발행되고 있다. 바디 치수도가 그 중의 하나이다. 지금까지 대각선의 비교나 교환 부품의 맞춤에 의지했던 바디 복원도 수치를 기본으로 하여 정확한 작업이 가능하게 되었다. 단 어떤 편리한 도구도 그렇지만 바디 치수의 사용법에 따라 작업 진행시 깊게 관여될 때가 자주 있어 치수

도를 확실하게 이해하고 사용하는 것이 중요하다.

치수도에 표기된 치수는 일정한 기준으로써 중요하지만 실 차와 비교하여 분명하게 다르면 그것에 얽매일 필요는 없다. 그러나, 모든 수치가 다르다는 것은 있을 수 없기 때문에 주변의 치수와의 비교, 손상의 유무로 충분히 판단할 수 있다. 또 치수도는 차명, 형식, 바디 타입 등을 정확하게 구별하여 적절한 치수도를 참고로 하여야 할 것이다. 또 하나 계측기에는 반드시 치수 부착 트램 게이지를 사용한다. 줄자를 사용할 수 없는 것은 아니지만 부정확해지기 쉽기 때문이다. 또 계측 시스템에 따라서는 바디 치수도의 수치를 이용할 수 있는 것도 있고 보다 정확한 계측이 가능하다.

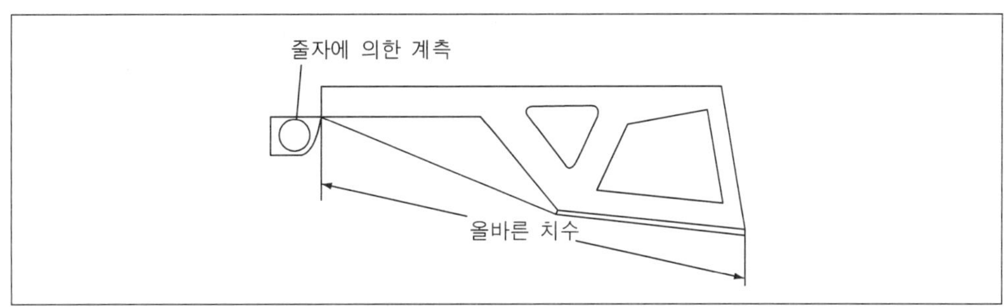

그림 3-43 계측에 줄자를 사용하면 부정확하기 쉽다.

- 바디 치수도(데이터 북)는 복원 작업의 기준이 되는 수치가 기록되어 있다.
- 차종, 바디 타입 등의 구별을 정확하게 한다.
- 계측에는 치수 부착 트램 게이지를 이용한다.
- 데이텀 및 센터라인 길이와 점과 점 직선거리를 구별한다.
- 계측 기준 위치의 지시를 지킬 것.

3.5.2 평면 투영 치수(트램 및 센터 라인 길이)와 직선 거리(점과 점의 길이) 치수

치수도에 기입된 수치에는 두 가지 계측 방법이 이용되고 있다.

첫째는 평면 투영 방법으로 이것은 바디 중심선에 대해 평평한 수평, 또는 수직의 벽에 바디 벽을 비쳐 그 그림자 위에서 잰 치수이다. 그러므로 높이나 좌우의 차이는 무시된 글자 그대로의 평면상의 치수이다. 단순 직선 길이 측정으로는 계측 오차가 나오기 쉽기 때문에 정확한 기준 평면의 설정 가능한 계측 시스템을 이용하는 것이 원칙이나, 한편 미리 설명한 센터 라인 길이나 트램 길이를 활용하면 트램 게이지도 정확한 계측이 가능하다.

평면 투영 치수와 직선 거리 치수는 같은 장소에서도 그 수치가 다르다. 그러므로 두 가지를 구별하지 않으면 정확한 계측이 불가능하다. 대개 치수로 주위 어딘가에 어떤 방식으로 치수가 기입되어 있는지 적혀 있기 때문에 작업 전에 확인하여 주는 것이 좋다.

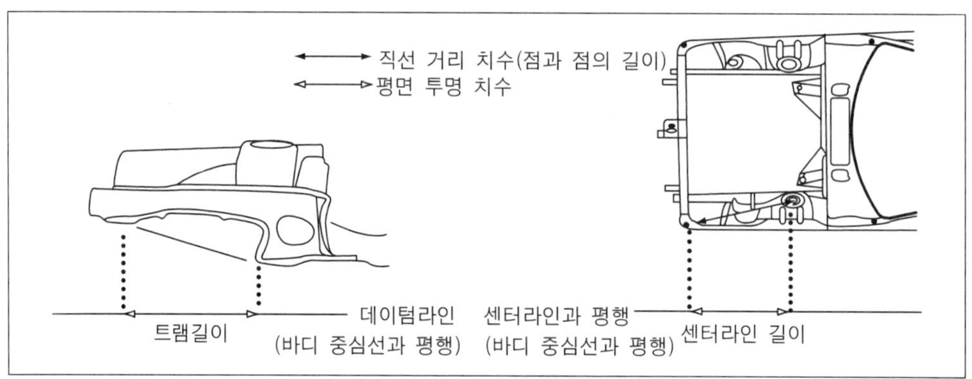

그림 3-44 직선거리 치수와 평면 투영 치수

3.5.3 계측 기준 위치의 확인

어디에서 어디까지 잴 것인가의 위치가 틀리면 치수가 이상한 것은 당연하다. 특히 부분도가 없고, 말로만 계측 기준 위치를 기입하고 있는 것은 더욱 틀리기 쉽다. 기준 위치에는 계측용이나 부품 부착용 구멍을 이용하고 있는 경우와 판넬 이음매가 지정되어 있는 경우가 있다. 구멍의 경우에는 중심에서 잴 것인지, 끝에서 잴 것인가를 확인해 둔다. 또 몇 개가 같은 구멍이 밀집되어 있어 혼동하기 쉬울 때는 구멍의 직경이나 치수도의 그림 법에 주의한다. 예를 들어 부착 구멍이라고 해도 그 부품을 부착하기 위한 구멍인지, 부착을 위한 볼트 구멍인지에 따라 다른 점이 있다.

판넬 이음매, 플랜지 끝 등이 계측 기준 위치로 되어 있으면 부분도 없이는 알기 어렵다. 대부분은 플랜지의 제일 바깥 끝이나 프래스된 끝 부분이기 때문에 전체도를 잘 보고 올바른 위치를 찾을 수 있도록 한다.

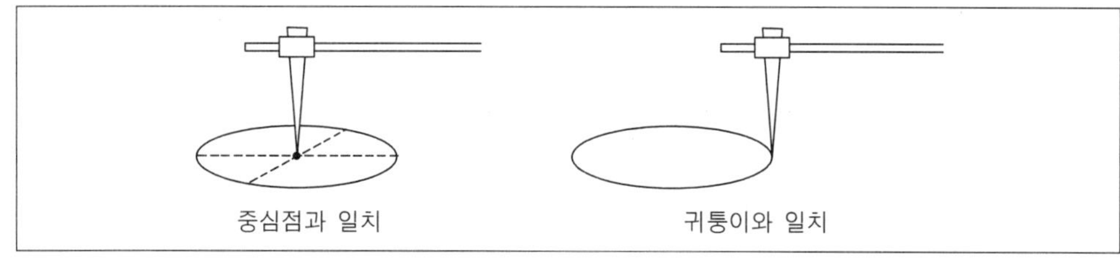

그림 3-45 기준 위치는 구멍의 중심인가 구멍 바깥인가를 확인한다

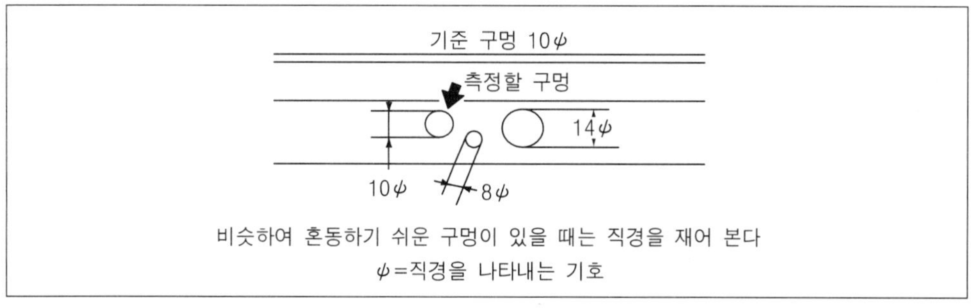

그림 3-46 기준 위치가 비슷하여 혼동될 때

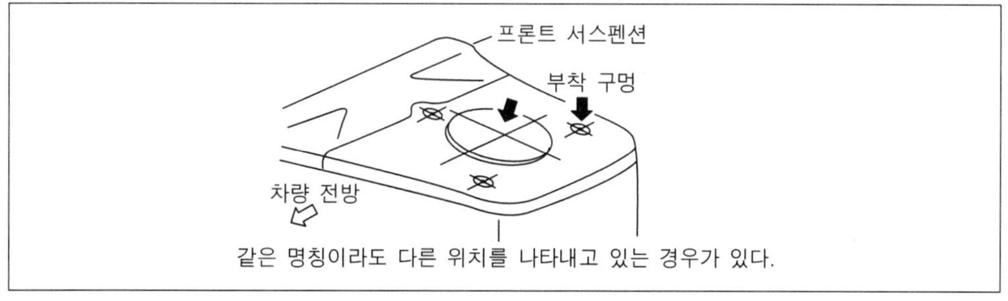

그림 3-47 같은 명칭의 기준 위치라도 다른 위치를 나타내는 경우가 있다

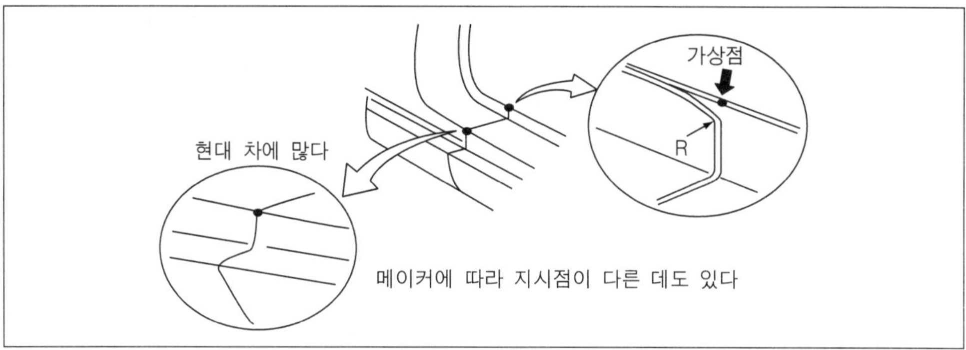

그림 3-48 판넬 플랜지가 기준 위치인 경우

3.5.4 차체 치수도 수치를 계측기에 장입

이전에 언급된 데이터(data)에 관해서는 데이터의 기원 뿐 아니라 목적도 설명을 했다. 데이터를 잘 적용하면 바디수정이 정확하게 이루어진다.

반드시 이해해야할 주제가 두 가지가 되는데 아래와 같다.

a. 바디 수정을 하는 동안 데이터(data)의 기능이 무엇인가?

b. 언제 이것이 사용되는가?

위 a, b의 사항을 알려고 하는 목적은 차체의 수평상태를 판독해주는 것이다. 데이터(data)는 변형된 차체 및 프레임(frame)을 제조업 본래의 치수로 원복시키는데 필요한 고유 치수의 개념이다.

1) 바디 수정에서 데이터(차체 치수)의 기능

현가 장치에 데이터(data)를 장입 및 확인을 하더라도 판넬을 붙여서 확인을 해봐야 한다(예 : 문과 휀더 사이의 틈 등). 대부분의 차체에서, 프레임(frame)의 주된 기능은 판넬이나 범퍼(bumper)를 지탱하기 위한 것이고, 이것은 측정이나 제원을 고려하지 않고도 그 자체가 하나의 측정 매체가 된다. 그래서 프레임(frame)의 양 끝단의 정확한 높이는 이 판넬들이 맞으므로 확신할 수 있다. 그림 3-49를 보면 알 수 있다. 그래서 원하는 높이는 판넬이 꼭 맞아떨어질 때의 높이이다.

2) 언제 데이터(data)가 적용되는가?

데이터는 판넬이 다 제거되고 없을 때 사용한다. 조합형 프레임 판넬 등이 다 제거되었을 때 프레임 끝의 높이를 정할 때 데이터를 사용한다. 몇몇의 상황에서는 전면 현가 장치의 올바른 높이를 정하는데도 필요하다. 쿼터 판넬과 문과의 간격을 맞추기 위해 프레임의 뒷부분을 달 경우에는 데이터가 필요치 않다. 유사하게 데이터가 필요치 않는 경우는 일체식 차체에서 끝단을 수리하는 경우에 팬더가 있을 경우에 한한다.

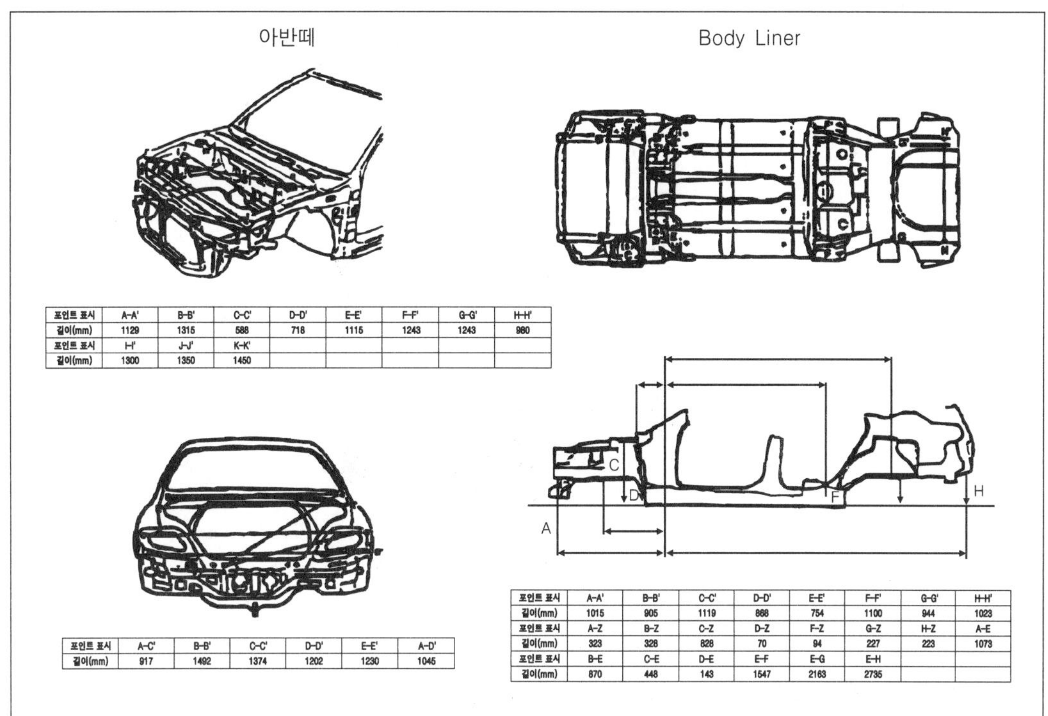

포인트 표시	A-A'	B-B'	C-C'	D-D'	E-E'	F-F'	G-G'	H-H'
길이(mm)	1129	1315	588	718	1115	1243	1243	980
포인트 표시	I-I'	J-J'	K-K'					
길이(mm)	1300	1350	1450					

포인트 표시	A-C'	B-B'	C-C'	D-D'	E-E'	A-D'
길이(mm)	917	1492	1374	1202	1230	1045

포인트 표시	A-A'	B-B'	C-C'	D-D'	E-E'	F-F'	G-G'	H-H'
길이(mm)	1015	905	1119	868	754	1100	944	1023
포인트 표시	A-Z	B-Z	C-Z	D-Z	F-Z	G-Z	H-Z	A-E
길이(mm)	323	328	828	70	94	227	223	1073
포인트 표시	B-E	C-E	D-E	E-F	E-G	E-H		
길이(mm)	870	448	143	1547	2163	2735		

그림 3-49 차량 차체 치수도

차체 치수도 즉, 데이터 북(data book)에서 ± 오차를 제시하면 판금 기술자는 팬더의 틈새가 맞는 지점이 최종 정확한 위치이다. 그래도 계속 틈틈이 맞지 않으면 심(shim) 등을 끼워서 조정해야 한다.

Note : 기능공은 의욕적으로 계측기와 바디 치수를 사용해야 정확한 판금 작업을 할 수 있다. 그리고 작업 시간 단축의 목적으로만 계측기를 사용하지 말라. 전체적인 작업 공정을 고려할 때 계측기를 사용하면 결국 시간절약, 정밀성 확보, 작업의 합리화를 추구할 수 있다.

3.6 센터링 게이지의 개념 전반

이 센터링 게이지가 무엇인가? 국내에서도 차체수리 자격증에서 시험을 치르지만 현장에서 이 계측기를 보지 못해서 원하는 목적을 달성하지 못하는 경우가 많다. 이 센터링 게이지는 사이드 멤버의 좌우대칭 기준 구멍에 걸어서 늘어뜨리면 자동적으로 바디의 중심선을 나타내어 준다. 앞 또는 뒤에서 4~5개의 계측기를 보아서 바디의 변형을 알 수 있다.

취급과 측정 방법이 간단하고 어느 부분이 어느 정도 어긋나 있는지는 정확하게 알 수 있다. 하지만 보는 눈의 위치에 따라 판독을 잘못할 수 있기 때문에 측정절차를 준수해야 한다.

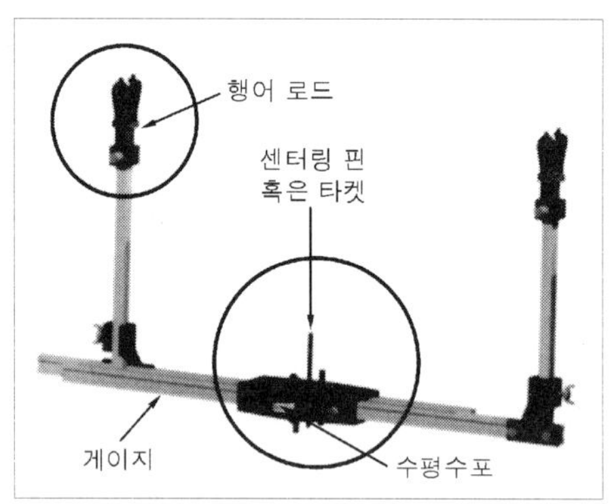

그림 3-50 센터라인 게이지

3.6.1 데이터(Data) 수치의 적용법

정확한 수치를 판독하기 위해 계측기에 수치를 데이터 북에서 찾아본다. 이 데이터에서 수치를 찾아 측정점과 데이텀 가상선까지의 높이를 치수로 기입한다. 그래서 중요 계측기를 설치할 지점에 게이지를 설치한다. 모든 게이지가 이루는 면이 한 면이 되었을 때 그 프레임은 정상이고, 변형된 프레임은 데이텀 라인에서 벗어난다(그림 3-51 참조).

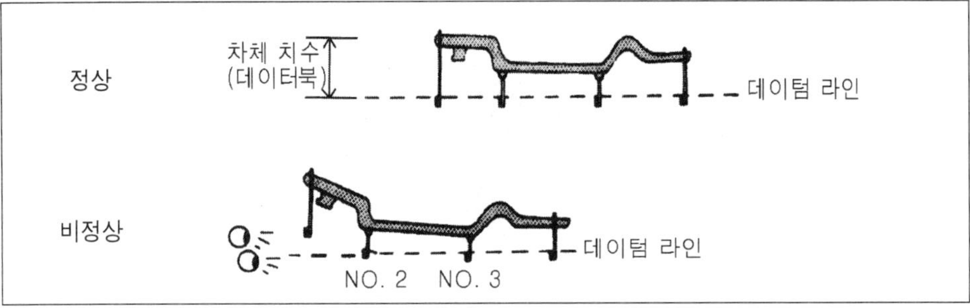

그림 3-51 데이텀 라인

데이텀 라인 판독에 있어서 또 다시 강조하지만 중앙 부분은 다른 게이지의 기초와 같다는 것이다. 여기서 중심선을 나타내는 게이지를 제일 먼저 걸어야 하고 이 책에서는 이것을 선착순으로 NO.2, NO.3 게이지로 명명한다.

몇몇 도면에서는 'X'로 표시된 것이 있는데, 전면 'X'(뒤 torque box area)이다. 그 밖의 게이지는 데이터 북에서 지정하는 치수대로 거치 하면서 두 개의 기본 게이지를 통해 비교 판독한다(그림 3-52 참조). 이전에도 설명했듯이 차체 중앙부분에 게이지 두 개를 더 걸어서 이를 전면 및 후면의 비교 기준이 되도록 한다.

Note : 작업장 바닥이나 판금기의 바닥 등 절대 외부요소를 기준으로 하지 말 것, 항상 바디 치수도에서 지정하는 지점과 수치를 이용하여야 한다.

3.6.2 데이텀 라인 수치를 높이거나 낮추는 방법

계측기에 차체 치수도의 수치를 맞추고 차 밑에 게이지를 걸어보면 때때로 기계 등, 바닥 면에 질질 끌려서 당황하는 수가 있다. 이때는 일정 비율로 데이텀 라인을 더 높게 올린다(그림 3-53, 그림 3-54). 그림 3-53은 차체의 치수도 원본이며, 그림 3-54는 수정된 데이텀 라인을 보여준다.

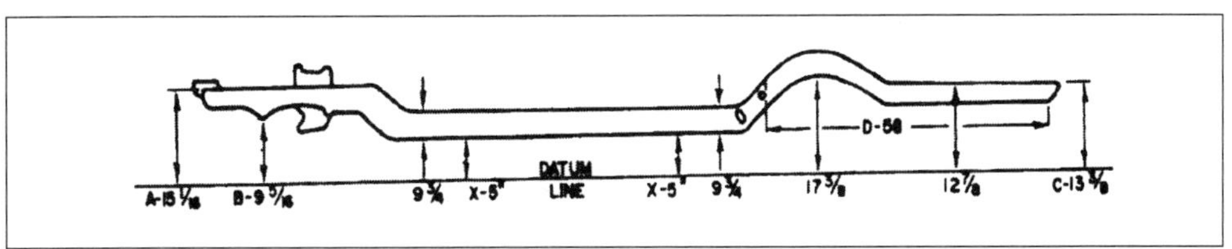

그림 3-52

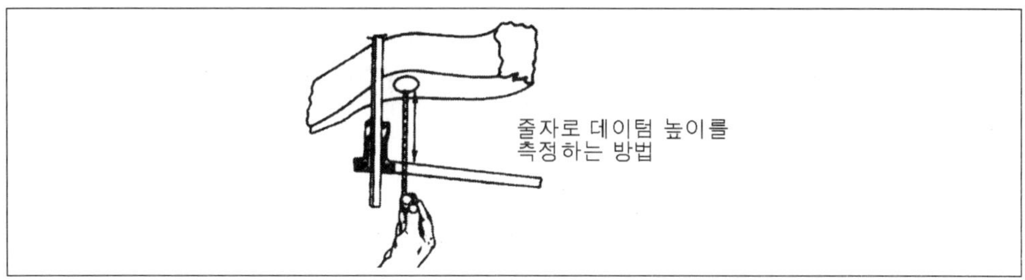

그림 3-53

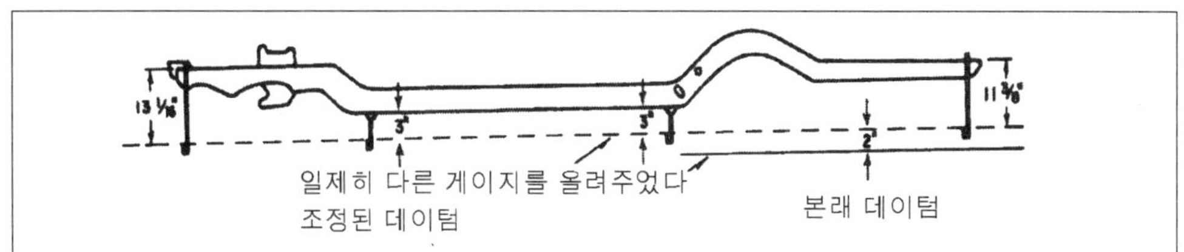

그림 3-54

3.6.3 내부 파손 분석을 센터라인 게이지로 판독할 경우

1) 사이드 스웨이(side sway)

그림 3-55는 전형적인 사이드 스웨이의 파손 차체이다. 가운데 1점 쇄선을 센터 라인이라고 했을 때, 센터라인을 중심으로 좌우측으로 변형되었다. 이러한 사이드 스웨이는 센터라인 상의 변형이라고 한다.

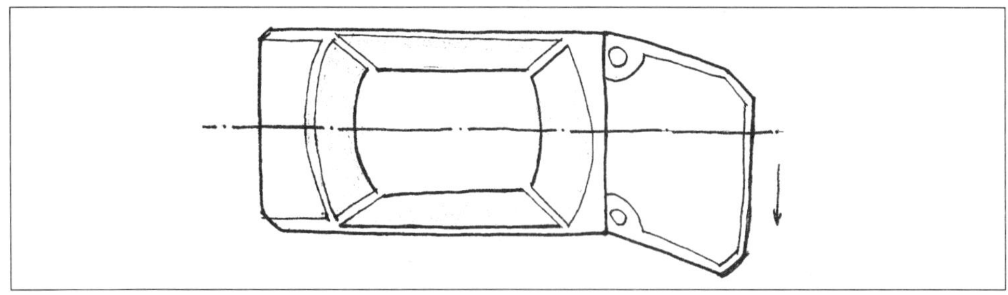

그림 3-55

그림에서는 사이드 스웨이가 이루어진 차체에 계측자(센터라인 게이지)를 걸었을 때 다음과 같이 보임을 알 수 있다.

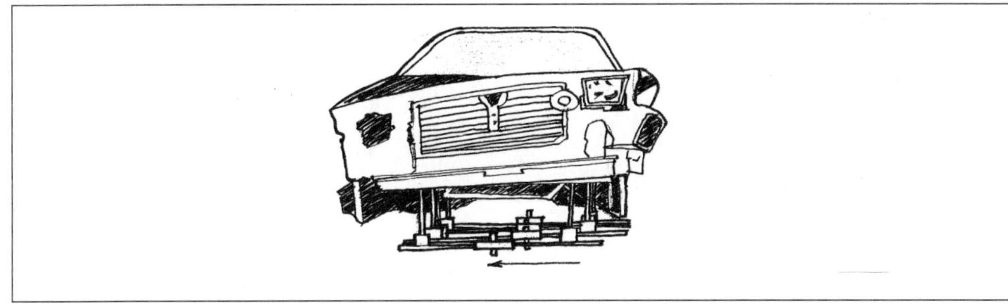

그림 3-56

2) 새그(sag)

그림 3-57은 전형적인 새그의 파손 형태이다. 1점 쇄선을 데이텀 라인이라고 가정했을 때 데이텀 라인 상향으로 변형되었다. 이러한 새그를 데이텀 라인 상의 변형이라고 한다.

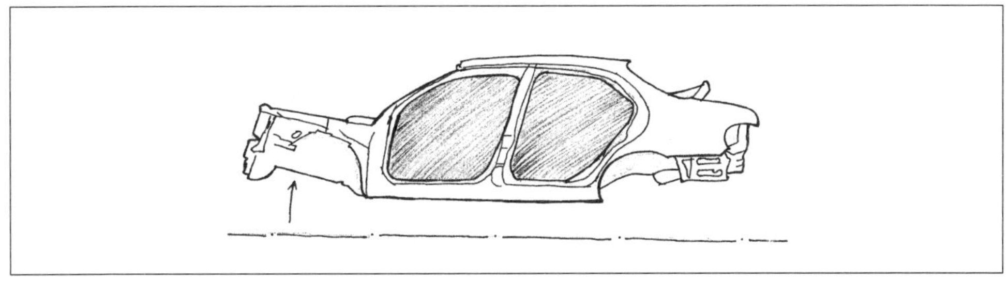

그림 3-57

그림에서는 새그가 일어난 차체에 계측자(센터라인 게이지)를 걸었을 때 다음과 같이 보임을 알 수 있다.

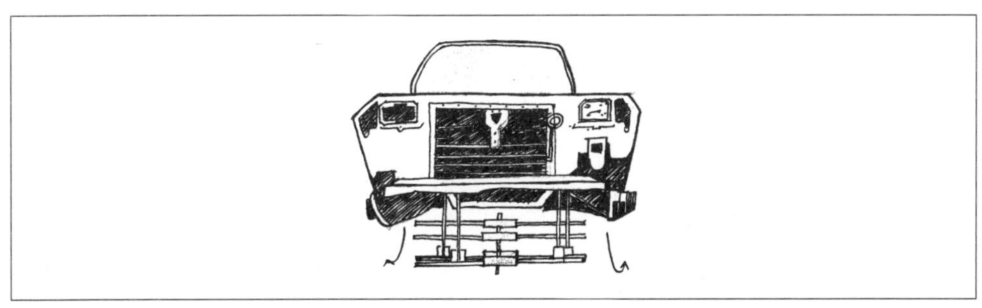

그림 3-58

3) 쇼트 레일(short rail)

길이가 짧아진 경우를 쇼트 레일(short rail)이라 하는데 아래 그림인 경우이다. 이 현상은 사이드 스웨이 및 트위스트, 새그의 경우에도 나올 수 있다. 어째든 길이만 짧아지면 쇼트 레일이다.

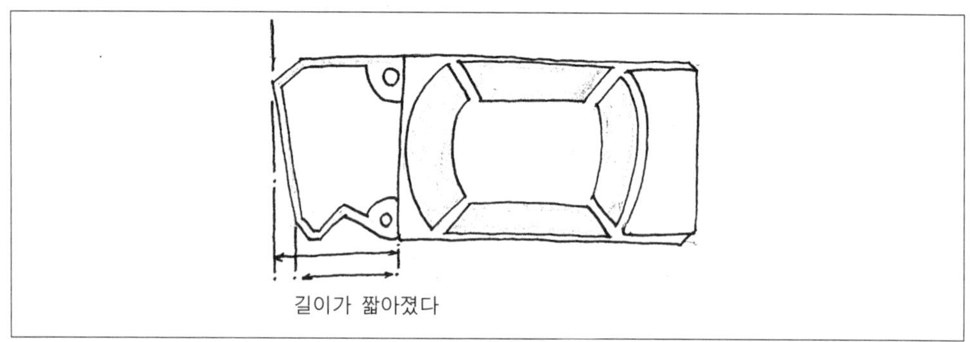

그림 3-59

이는 센터라인 게이지로는 알 수가 없다. 트램 게이지로 측정하여 정확한 길이 치수를 알아서 얼마나 틀려졌나 파악을 해야 한다.

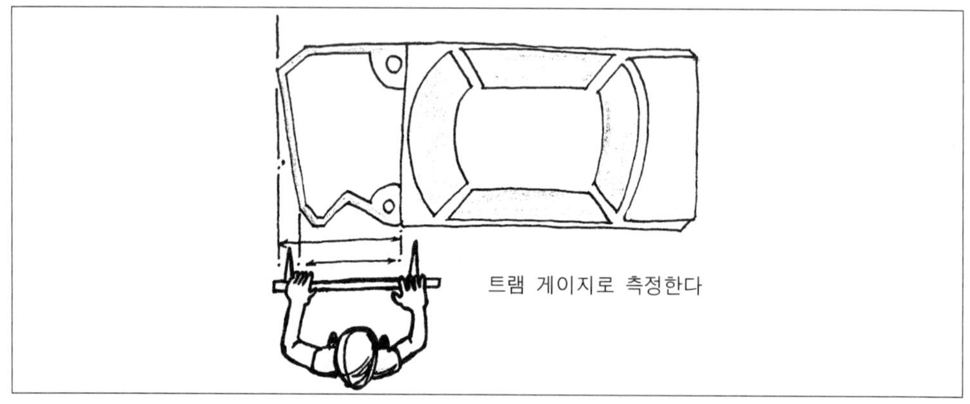

그림 3-60

4) 트위스트(twist)

트위스트는 아래 그림의 차체처럼 전·후면이 꼬인 차체 파손 변형이다.

그림 3-61

센터라인 게이지를 걸면 아래 그림과 같이 보인다.

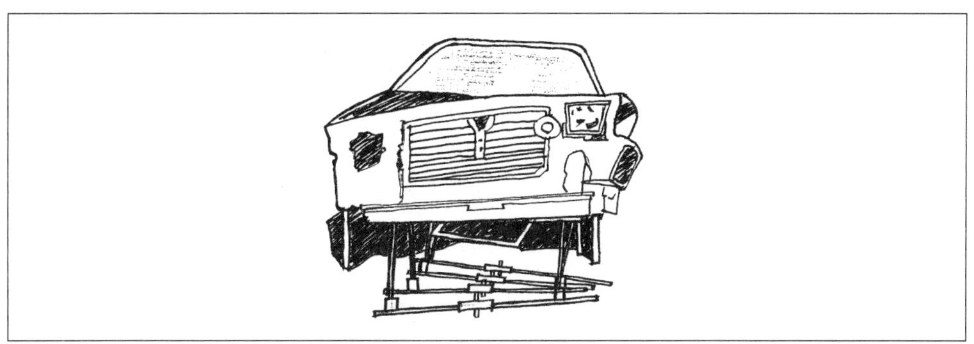

그림 3-62

5) 다이아몬드(diamond)

다이아몬드는 조합형 프레임 차체에서는 비교적 흔히 볼 수 있지만 승용차에서는 거의 볼 수가 없다. 간혹 다이아몬드가 형성 될 때는 아래 그림과 같다. 중앙부에서는 다이아몬드가 형성되어서 그 영향이 전후면에서 사이드 스웨이를 일으킨다.

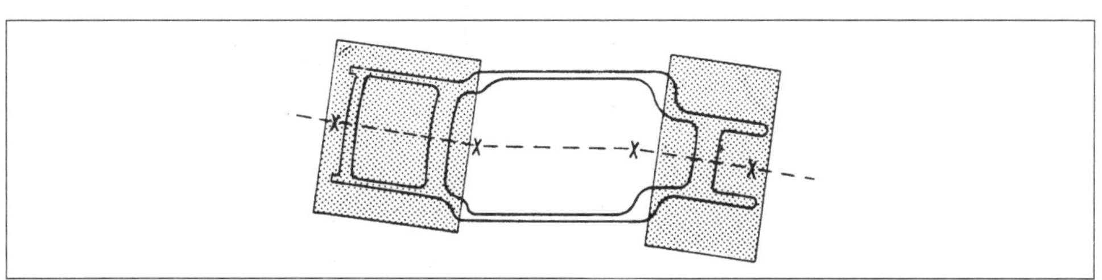

그림 3-63

여기에 센터라인 게이지를 걸면 아래와 같이 보인다.
이 다이아몬드 역시 트램 게이지로 대각선 측정을 하여야 한다.

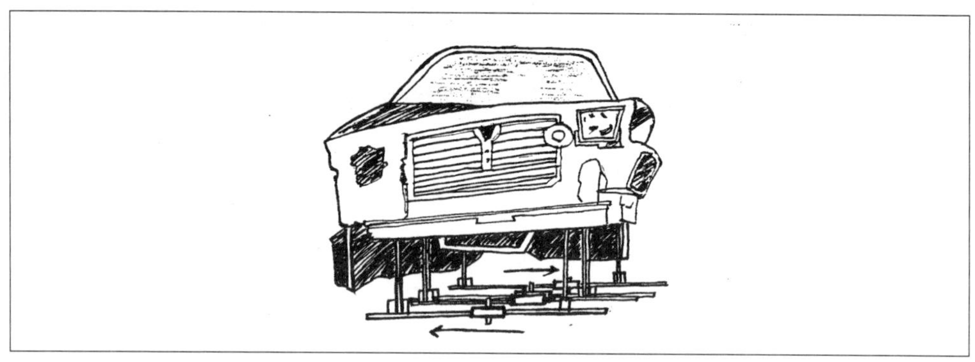

그림 3-64

그림 3-65처럼 대각선의 다이아몬드 체크에서 반드시 고려해서 폭까지 측정해야 한다. 대각선 점검은 줄자를 사용할 수도 있으나 방해물이 있을 때는 트램 게이지를 사용하면 정확하다(그림 3-66).

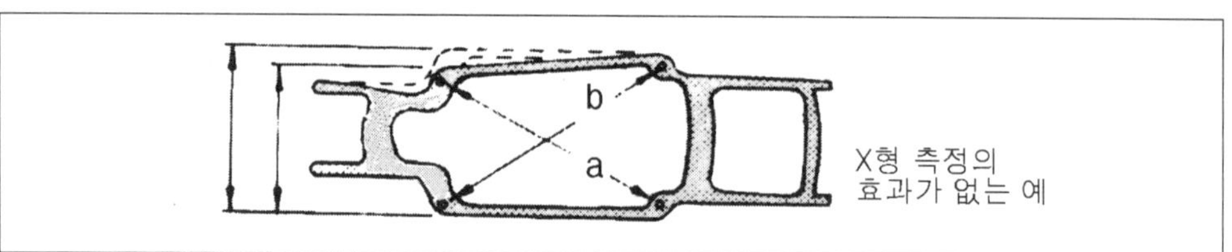

그림 3-65

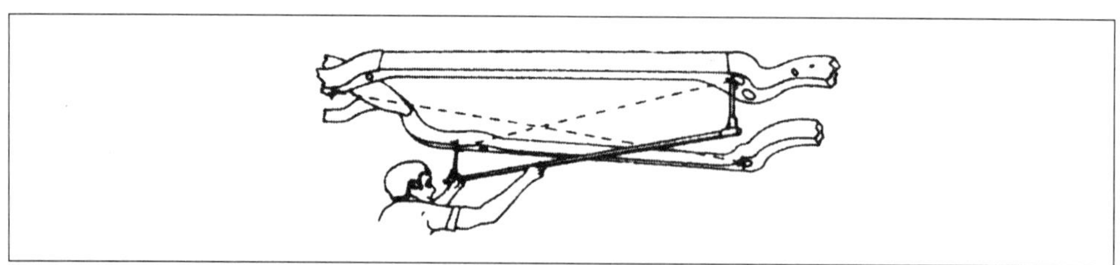

그림 3-66

6) 측면 충돌(전, 후면 사이드 스웨이)

보통 측면 충돌이 있으면 전장의 파손 분석 내용에서 보다시피 전후면 사이드 스웨이가 생긴다. 그러나 때때로 부딪치는 부위에 따라 전면만 사이드 스웨이가 생기는 경우가 있다. 그림은 전면 도어(좌측)에 부딪쳐서 전면만 사이드 스웨이가 생겼다. 이 때 쇼트레일 및 트위스트도 생겨서 게이지를 걸면 복잡한 형상이 보인다.

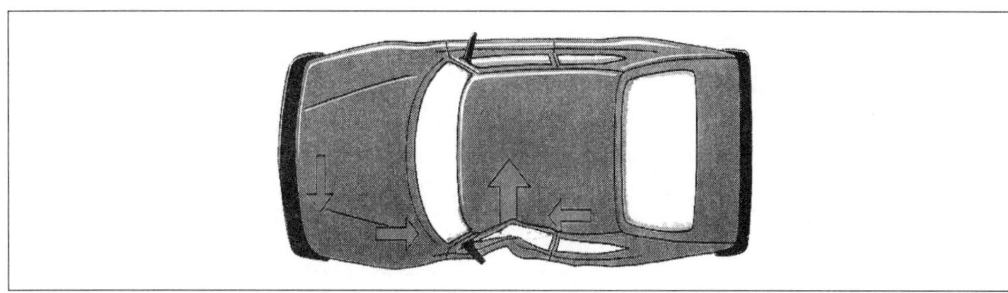

그림 3-67

게이지를 걸면 아래와 같이 복잡한 형상을 나타낸다.

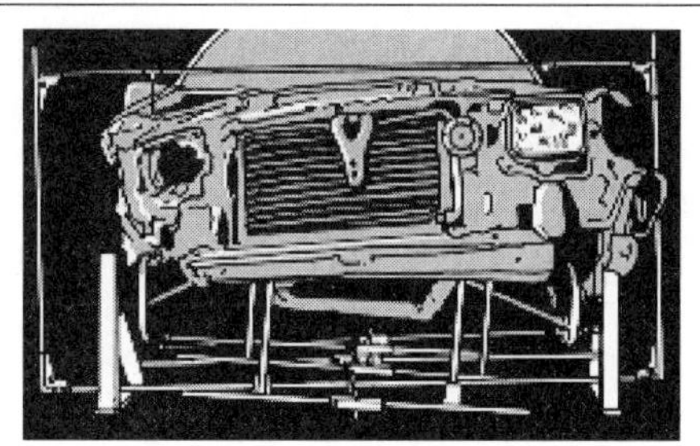

그림 3-68

7) 여러 가지 복합 파손의 분석

현재 차체 기술자는 계측기를 사용하면서 다각도로 복합 파손의 분석을 해야 하고 복합 파손을 교정할 수 있어야 한다. 계측기를 사용할 파손은 계측기 거치점에서 전체적 파손과 국소적 파손, 두 가지 영역으로 구분해야 할 필요성이 있다.

a. 국소적 파손

이 파손은 3단계 구분 중 어느 한 부분(section)을 정해야 한다. 이것은 비교적 쉬운 작업이며 중복된 파손이 없을 때이다.

b. 전체적 파손

이런 파손은 2, 3개 부분(section)을 통해 변형이 있을 때이다(트위스트, 다이아몬드 등).

요점정리

- 국소적 파손은 다른 지역으로 파급 영향을 고려하지 않는 것이고 전체적 파손은 차량 전체에 영향을 미친 상황이다.
- 계속적으로 동시다발적으로 인장할 파손을 파악하고 교정하기 위해 게이지를 모든 부분에 걸어 판독해야 한다.

8) 전체적 파손에 있어서 다이아몬드(Diamond)와 트위스트(twist)의 관계

트위스트와 다이아몬드는 차량 전체에 영향을 미치는 파손중 대표적인 두 가지 형태이다. 트위스트와 다이아몬드의 두 형태가 공존함에도 각각을 면밀히 확인해야 하고 중앙부(center section)에서 먼저 중점적으로 점검해야 할 사항이다.

만약 다이아몬드나 트위스트가 전·후면에 공존한다면 게이지 측정이 잘못될 경우가 많은데 그 이유는 전·후면 끝단에서 파악하기 때문이다. 이런 트위스트와 다이아몬드를 교정하려면 중앙부부터 교정해야 하고 정확한 4각형을 유지해야 한다. 그리고 모든 구간에서 혼돈 및 중복 파악이 없이 구분을 잘해야 한다.

요점정리

중앙부는 모든 계측 작업의 기본이므로 중앙 부분(center section)에서 바깥쪽으로 계측해 나가야 한다. 이 규칙은 실질적인 인장 및 교정 작업 과정에 적용된다.

9) 게이지 측정의 시작 지점

중앙 부분은 게이지 측정 작업의 중심이며 모든 힘은 이 중앙부에서 집중된다. 이렇게 해서 참조점들을 베이스에서 선정해야 한다. 베이스 포인트를 설정하기에 도움이 되는 사항들을 소개한다.

a. 반드시 중앙부 주변의 주된 조정 지점에서 찾아야 한다.
b. 이것은 고정점(앵카들)과 인장점(풀링 타워) 사이에 있어야 한다.
c. 고정 지역은 조정 지역 내에 존재해야 한다.

대다수 전면부 파손에서 카울이 베이스로 채택되어야 한다.

카울은 또한 인장의 베이스로 활용하는데, 그러려면 카울의 뒷면은 고정과 받침점이 되어져야 한다. 대부분 차체 손상은 하단 카울에 게이지 기준 지점으로 채택해야 한다. 이것은 프레임이나 바닥 부분의 주된 응력 집중 점이기도 하기 때문이다.

3.6.4 맥퍼슨 스트럿 타워 게이지의 분석

아래의 그림은 맥퍼슨 스트럿 타워 게이지를 설치한 장면을 보여 준다. 데이터 수치를 스케일에 맞추어 걸면 아래의 그림처럼 볼 수가 있다. 이때 다른 센터라인 게이지와 수평 및 센터라인이 다 맞아야 한다(그림 3-70).

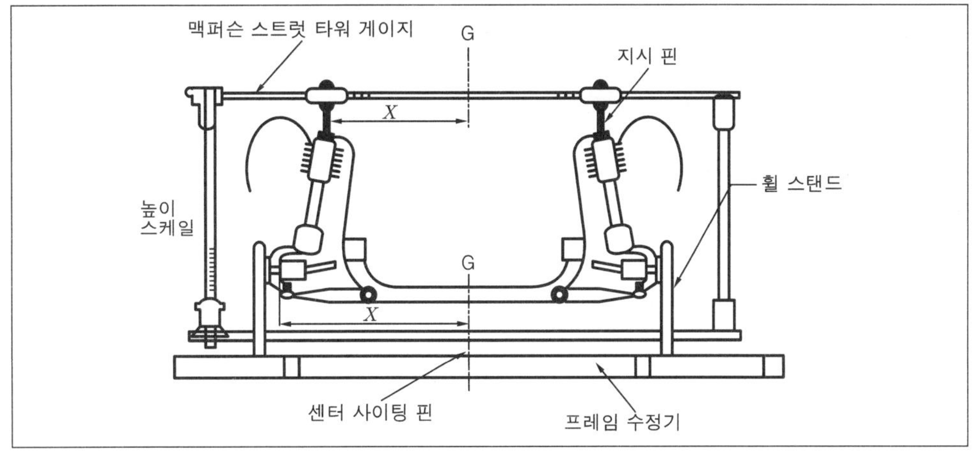

그림 3-69 게이지의 설치

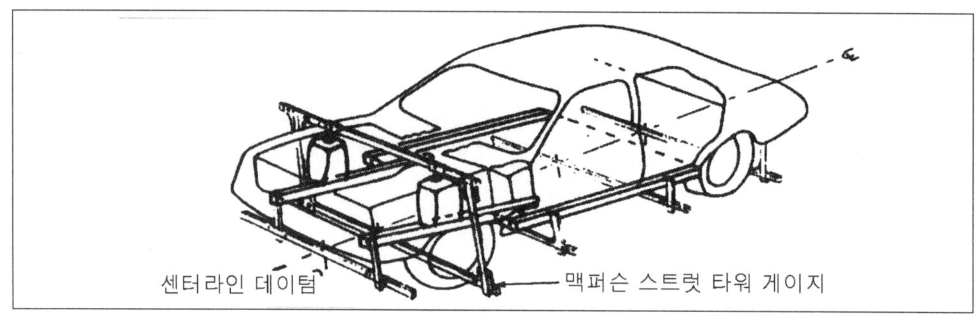

그림 3-70

1) 수평

수평 상태를 읽는 방법

스트럿 게이지 하단 바와 센터링 게이지들과 수평 상태를 비교한다(물론 카울 지역).

2) 넓이(Width)

스트럿 타워의 넓이는 상단 바에 눈금이 있어서 그 곳에 바디치수와 맞추어 (바디 치수도 참조) 게이지의 지시 핀과 파손된 맥퍼슨 스트럿 타워의 넓이와 비교한다.

3) 센터 라인(Center line)

맥퍼슨 스트럿 타워 게이지 하단 바의 센터 핀과 카울 지역의 센터 핀과 맞추어 본다.

4) 데이텀 라인(Datum line)

높이 스케일에 수치를 맞추고(바닥 치수도 참조) 그 게이지를 걸어서 이미 걸어 놓은 센터링 게이지와 맞추어 본다.

3.6.5 센터링 계측 시스템의 결론

결국 차체 수정을 완벽히 마쳤을 때 계측기를 걸면 그림 3-71과 같이 대각선, 폭, 길이, 레벨(수평 상태) 센터 핀의 나열 상태가 완벽해야 한다.

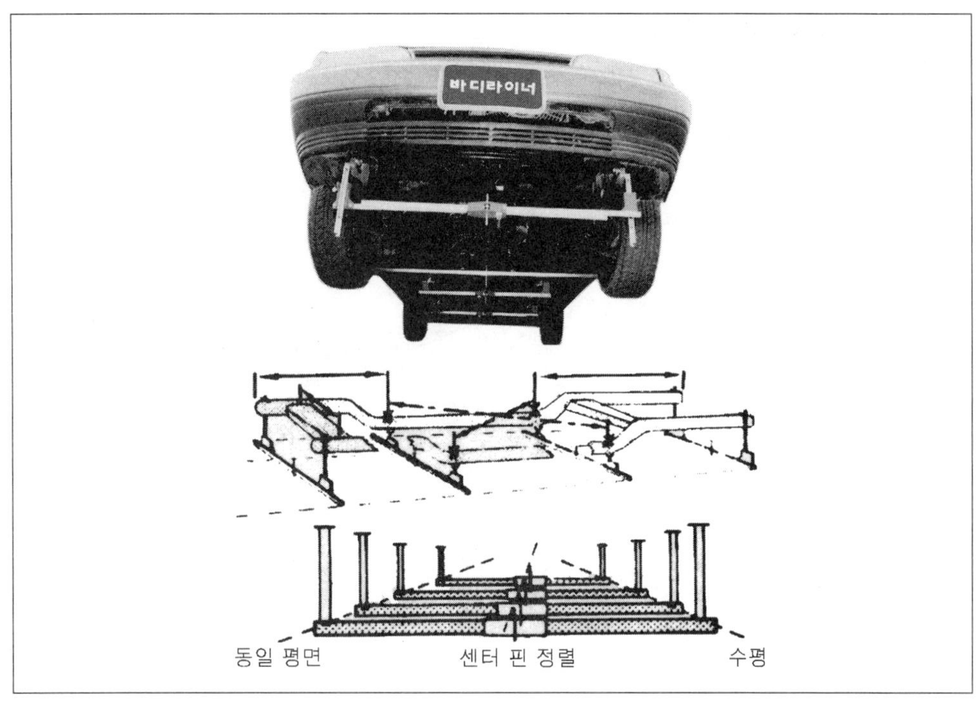

그림 3-71 정상적인 프레임에 센터링 게이지가 부착된 상태

3.7 유니버설 측정 게이지(3차원 측정 게이지)

센터링 게이지도 유니버설 게이지도 주로 언더 바디의 치수를 알려 주는 것뿐이지만 바디 상부(엔진룸, 윈도우 주변 등)도 계측할 수 있는 신 타입의 계측기가 늘어나고 있다. 제조회사에 따라 조금씩 구조가 다르지만 기본적으로는 고정 장치에 거치하여 좌우의 길이를 조정하면서 먼저 하단부의 센터를 가리키고, 다음에 바디를 둘러쌓듯 부착되어 있는 게이지를 하단부의 센터를 기준으로 맞춤으로서 상단측 센터까지 확정된다. 상하 게이지는 독립하여 자유롭게 이동할 수 있기 때문에 센터를 기준으로 어떤 부위의 계측도 가능하다. 입체적인 모노코크 바디 계측에 대응하기 때문에 유니버설 측정 게이지라고도 불린다.

3.7.1 하단부의 측정

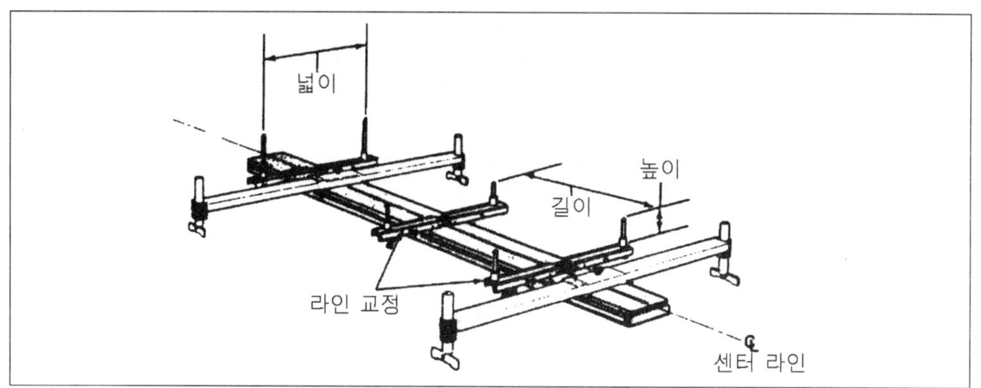

그림 3-72 유니버설 측정 게이지(기계식 : 수치 장입형)

3차원 측정 게이지는 차체 하단부의 주어진 위치에 수직 포인트를 조정함으로써 이루어진다. 차체의 센터 라인 길이는 수평 바 사이의 측정 길이이다. 넓이 수치는 차체의 센터 라인으로부터 좌우측의 길이이다. 높이 수치는 수직 계측자에서 측정되는 높이이다.

3.7.2 상단부의 측정

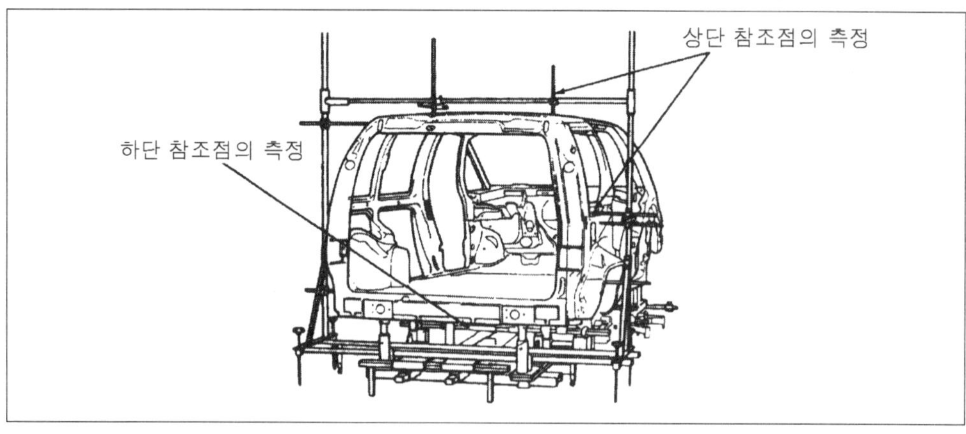

그림 3-73 상단 부분

제 4 장

바디 수정의 기본

제 4 장 바디 수정의 기본

4.1 수정 작업은 입체적으로 생각한다

판넬 수정이 한장 한장의 판넬을 복원하는 작업이라면, 바디 수정은 바디의 넓은 범위의 변형을 원래대로 복원하는 것이 된다. 양쪽 다 강판에 힘을 가해 당기거나 누르는 것은 변함이 없지만 판넬 수정은 주로 평면상으로 생각하는 것에 비해 바디 수정은 입체적인 이미지를 갖고 작업을 하면 된다. 판넬 수정과 같은 감각으로 작업을 하면 시간만 소비하고 원래대로 돌아오지 않거나 지금까지 정상이었던 부품을 변형시켜 버리는 일도 있다. 모노코크 바디는 용접된 판넬의 조합으로 형태가 이루어지고 바디 일부에 가해진 힘은 넓은 범위에 확산되어 영향을 준다. 이것은 손상을 받을 때도 수정 작업을 할 때도 같다. 그러므로 필요한 부분에 필요한 만큼의 힘을 거는 것과 불필요한 부분에는 힘이 전달되지 않도록 하는 조치가 중요하다.

요점정리

- 바디 수정은 평면적 감각으로는 작업이 잘 진행되지 않는다.
- 바디에 전달되는 힘의 범위를 확인한다.
- 힘의 성질, 강판의 성질, 바디의 구조를 이해해 둔다.
- 작업 전에 작업 순서를 머리 속에 세워둔다.
- 고정, 인장, 계측은 하나의 것으로 행하지 않으면 안된다.

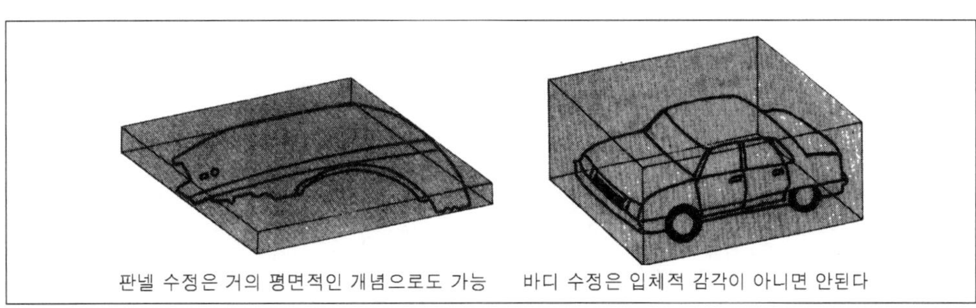

그림 4-1 판넬 수정과 바디 수정의 차이

4.2 바디 수정 장치

4.2.1 바디 수정 장치의 조건

사고에 의해 크게 변형된 바디는 큰 해머를 사용해도 고칠 수 없는 것이다. 그래서 바디 수정 장치는 인간이 낼 수 없는 큰 힘으로 자동차가 움직이지 않게 고정하고 변형되어 버린 골격을 복원한다. 그리고 원래대로 복원이 되었는가를 점검하기 위한 측정 기구도 사용한다.

바디 수정 장치의 기본적인 기능은 앞에서 나열한 세 가지 목적을 하는 기기를 조합하여 '인장 장치', '고정 장치', '계측 장치'가 균형이 잘 잡혀 있어야 하는 것이다. 그리고 눈에 보이지 않는 또 하나의 요소가 있는데, 이는 도구의 사용 방법이 나쁘면 효과를 발휘하지 못하는 것처럼 바디 수정 장치에서는 그 차이가 매우 크다.

예를 들어 컴퓨터의 사용은 많은 일 처리에 사용되는 것은 누구나 아는 사실이다. 하지만 컴퓨터를 움직이는 것은 소프트웨어라고 불리어지는 프로그램이 없으면 고철 덩어리에 불과하다.

바디 수정 장치도 이와 같다. 그리고 컴퓨터의 메이커가 다르면 소프트웨어도 공용할 수 없는 것과 같이 바디 수정 장치에도 어떤 기기를 어떻게 합치는가에 따라 다른 소프트웨어가 필요하게 된다.

■ 벤치식 및 드라이브 온 수정기와 바닥식 수정기의 비교

구분	벤치 및 드라이브 온	바닥식
구입가격	같지 않으면 바닥식이 약간 싸다. 단 국산인가, 수입인가, 부속품은 어느 정도 포함되어 있는가, 등에 따라 차이는 있다.	
판매 형태	원칙적으로 풀 시스템, 리프트는 옵션일 경우가 많다.	분할하여 필요한 것만 구입하는 일도 가능
작업성	새시 점검과 계측에 편리, 리프트 부착이 되어 있으면 차의 높이를 선택할 수 있으므로 작업도 원활하게 할 수 있다.	고정 높이에 따라 부위마다 작업성은 다르다.
인장 방향	자유	자유
리프트의 병용	기종에 따라 가능하다.	작업 중에는 사용 불가능하다.

작업의 준비	별로 필요 없다.	고정 장치, 당김 공구는 분리되어 있다. 그래서 따로 준비해야 한다.
작업 공간 효율	사용하지 않을 때는 다른 작업이 불가능하다.	사용하지 않을 때도 이용 가능
계측 기준	기계의 플랫폼이 계측의 기본이 된다.	설치시에 바닥의 수평을 맞추어야 한다.
관련 작업성	필요한 기기를 가까운 곳에 놓을 수 있다.	

※ 표는 일반적 경향을 정리한 것이며 상세한 것은 기종에 따라 다를 수 있다.

- 바디 수정 장치는 사용 방법에 따라 능률의 차이가 크다.
- 바디 수정 장치는 고정, 인장 작업, 계측을 위한 도구가 합쳐져 있다.
- 바닥식 수정 장치는 바닥의 레일이나 엥커에 각종 도구를 거치하여 자동차를 고정한다.
- 벤치 및 드라이브 온 수정 장치에는 리프트가 설치되어 있는 것도 있다.

4.2.2 바디 수정 장치의 분류

바디 수정 장치의 기구면을 생각하면 크게 나누어 바닥식과 벤치 및 드라이브 온 두 가지가 있다. 바닥식은 각종 기능을 하는 도구가 독립되어 있고 각각 별도로 판매되고 있기 때문에 조합의 기능으로 가격 면, 능력 면에서 상당한 폭이 있다. 이것에 대해 벤치 및 드라이브 온식은 고정, 계측, 인장 작업에 사용되는 도구가 일체화되어 있기 때문에 같은 제품끼리는 크게 다른 점이 없다. 단 벤치 및 드라이브 온식 중에는 리프트를 포함하고 있는 것과 판이 기울어진 틸트식, 높이조절이 전혀 불가능한 포터블식 세 종류로 나눌 수 있다.

4.2.3 바닥식 수정 장치의 특징

바닥식 수정 장치는 공장 바닥에 레일이나 엥커를 묻어 이것을 발판으로 하여 도구류를 거치하기 때문에 기초가 되는 바닥 면은 평평하게 해두는 것이 중요하다.

세트 방법은 기종에 따라 다르지만 체인이나 쐐기를 사용하는 것이 많다. 작업을 시작하기 전에는 장치를 조립하여 바닥 면에 거치하는 일이 필요하지만 거꾸로 생각해 사용하지 않을 때는 다른 작업의 공간으로서 주위의 바닥과 다름없이 이용이 가능하다.

4.2.4 벤치 및 드라이브 온식 수정 장치의 특징

인장 작업, 고정을 위한 도구가 미리 자동차를 올리는 플랫폼에 부착되어 있기 때문에 거치하는 수고가 적다. 틸트식은 플랫폼을 기울여서 자동차를 끌어올리고 리프트식은 바닥면 높이까지 내려 자동차를 거치하기 때문에 하체 작업은 편리하고, 거치의 번거로움도 없지만 한번 설치하면 그 장소는 바디 수정 전용, 공간이 되기 때문에 어느 정도 넓은 여유가 있는 공간에 적당하다. 하지만 바닥식, 벤치식, 드라이브-온식 모두 4×7(㎡)의 기본 작업 면적을 요하므로 별 차이가 없다.

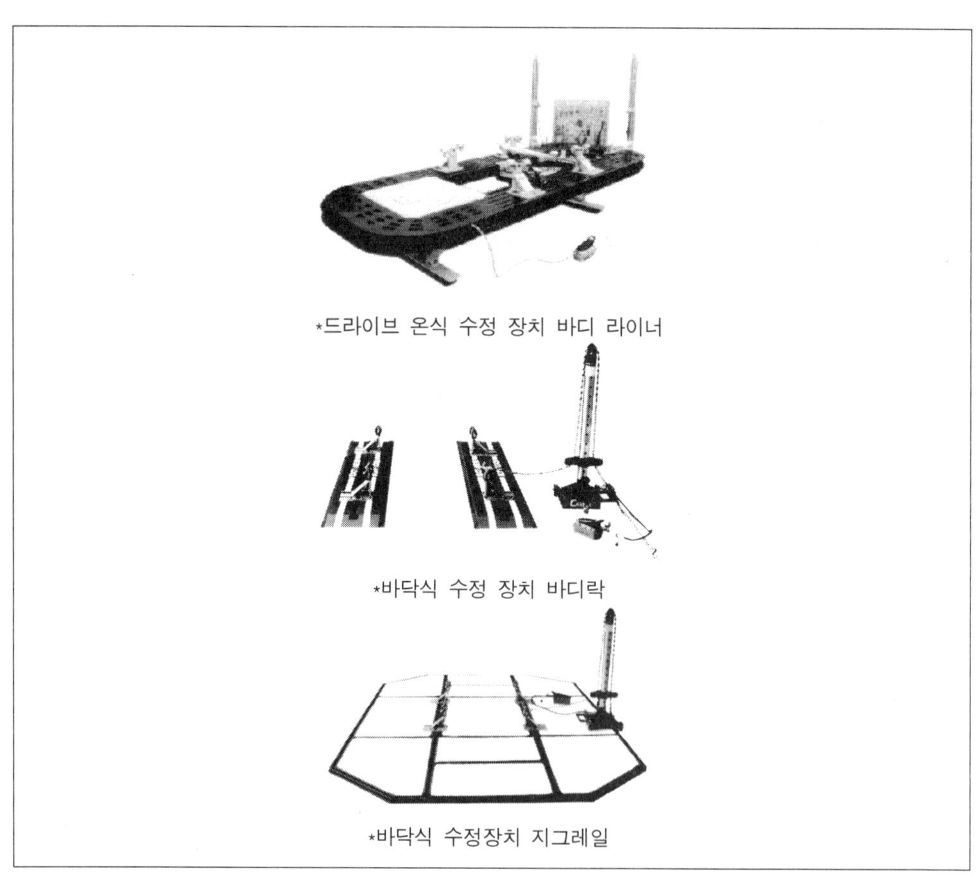
*드라이브 온식 수정 장치 바디 라이너

*바닥식 수정 장치 바디락

*바닥식 수정장치 지그레일

그림 4-2 프레임 수정 장치

■ 바디 수정 장치의 조건

하드웨어	소프트웨어
인장 작업 계측 작업 고정 작업	사용 방법 어테치먼트 제품 개발 공장에서의 위치

용어정리

하드웨어와 소프트웨어
컴퓨터 용어에서 자주 사용하는 용어이지만 가까운 곳에서부터 설명을 하여 예를 들어보면 냉장고, 세탁기는 기구 본체(하드웨어)만으로 일정 기능은 하지만 TV는 방송국에서 보내는 프로그램(소프트웨어)이 없으면 아무런 의미가 없다. 오디오 세트와 레코드, 비디오와 테이프 관계도 마찬가지이다. 이것들처럼 극단이 아니라 해도 바디 수정 장치는 세탁기보다 TV에 가깝다.

4.2.5 수정 장치와 바디 수리

훌륭한 바디 수정 장치가 있어도 활용하지 않으면 아무런 의미가 없다. 바디 수리 전 작업 공정 중에서 바디 수정 장치가 활약하는 것은 극히 일부에 지나지 않는다. 그러므로 수정 장치가 인장 작업 시간을 $\frac{1}{3}$로 단축해도 전체적으로 보면 아주 작은 단축에 지나지 않는다. 수정 장치의 효과를 살리기 위해서는 바디 수리를 전체적으로 합리화시키지 않으면 안된다.

■ 바디 수정 장치와 함께 바디수리 작업을 효과적으로 하기 위한 방법

작업 공정	비효과적 작업	효과적 작업
작업 내용	체크하면서	작업 진행 계획 사전 작성
볼트 부품 탈착	핸드 공구를 많이 사용	에어 공구를 많이 사용
손상부 해체	눈에 보이는 대로 해체	작업 순서를 생각해서 해체

■ 바디 수정기의 이점

작업 공정	비효과적 작업	효과적 작업
판금 수정	해머 & 돌리로만 수정	워샤 용직기를 사용해서 수정
용접 판넬 교환	토치 & 미그 용접기를 사용해서 교환	미그 & 스포트 용접기를 사용해서 교환
녹 방지, 실링제 도포	해당 작업 없음	녹방지제 실링제 도포 } 철저
엔진 하체의 조정	육안으로만 조정	정비 자료의 활용, 조정
표면 처리	해당 작업 없음	합리적 하도 재료, 연마용구 활용
상도 도장	라커계	우레탄계
건조	자연 건조	강제 건조

4.3 파손 부위에 힘을 가하는 도구

4.3.1 인장 작업

바디 수정을 인장 작업이라고도 하지만 이것은 찌그러진 바디를 여기저기서 당겨 복원하는데서 왔다. 물론 실제 작업 흐름에서는 당기는 것뿐만 아니라 밀기도 하고, 고정하여 움직이지 않게 하는 작업이 행해지지만 이것들을 포함해 넓은 의미로 인장 작업이라 말하고 있다. 인장 작업에 필요한 도구는 유압 원리로 힘을 발생시키는 인장 공구, 바디를 단단히 잡고 힘을 거는 클램프, 인장과 클램프를 연결하는 체인 세 가지가 주가 된다.

4.3.2 힘을 내는 도구

유압 기구는 인간의 힘, 압축 공기, 전기를 동력으로 하여 큰 힘을 얻을 수 있다. 유압 램이 상하로 늘어나는 힘을 체인의 전후 방향으로 바꾸는 형태의 인장 도구는 각종 수정 장치에서 이용되고 있다. 이것은 손쉽게 사용할 수 있고 동시에 몇 개를 나열하면서 작업이 가능하지만 힘을 가함에 따라 인장 방향이 변화하기 때문에 미리 변화량을 생각하여 인장 방향을 정하지 않으면 안된다.

유압을 이용하는 인장 도구에는 타워가 있고, 또한 램이 밀어서 체인을 당기는 타입도 있다. 이러한 종류의 인장 도구는 지렛대 원리를 응용할 수 있기 때문에 보다 큰 힘을 얻을 수 있다. 단, 힘뿐만 아니라 크기도 커지기 때문에 설치할 수 있는 수는 제한된다.

체인 풀러는 그다지 큰 힘을 얻을 수 없기 때문에 다수를 설치하지만 소형이기 때문에 취급하기 쉽다. 당김 방향은 어느 정도 힘이 걸린 상태 이후는 일정하기 때문에 당김 방향은 알기 쉽다. 단, 반대측에서 잡아주는 지주 등이 필요하다.

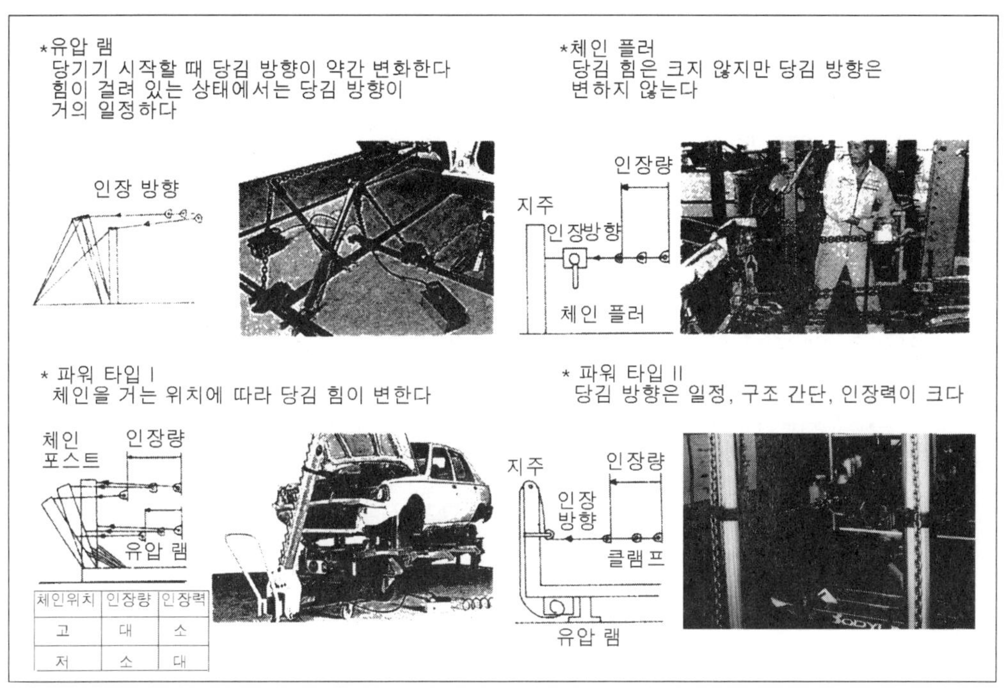

그림 4-3 여러 가지 인장 도구

4.3.3 유압에 의한 힘의 상승

유압기를 이용하면 큰 힘을 얻을 수 있다.

파스칼의 원리

$10cm^2$의 피스톤으로 1kg의 힘을 가하면 힘은 액체 전체에 같은 힘이 걸리기 때문에 $10cm^2$의 10배 $100cm^2$ 피스톤에는 1kg의 10배의 힘이 걸린다. 즉 힘과 단면적인 비율은 언제나 같다.

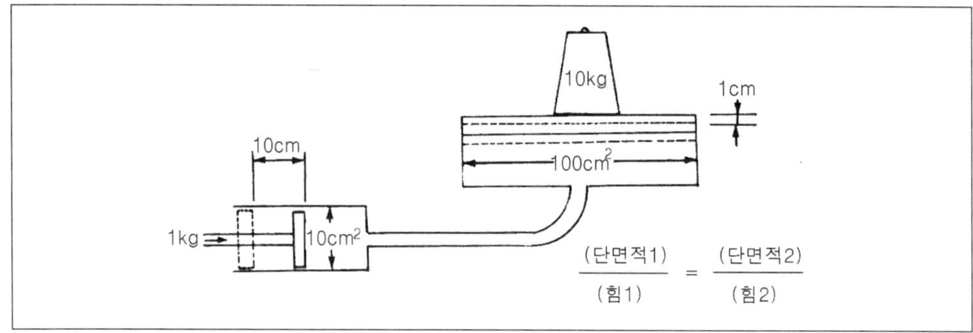

그림 4-4

유압기기는 「파스칼의 원리」에 기본으로 하여 힘을 증대시키고 있다. 자동차의 브레이크도 같은 구조이다. 즉 「액체일부에 가한 압력은 액체 전체에 같은 압력이 걸린다」는 것으로 예를 들어 면적이 10cm^2 피스톤으로 액체를 밀고 반대측 면적이 100cm^{2}이라면 힘은 10배로 커진다는 것이다. 단 힘이 커진 만큼 이동량은 줄어든다. 앞의 예에서 힘이 10배가 되었기 때문에 이동량은 $\frac{1}{10}$이 된다.

유압 거리는 파스칼의 원리로 힘을 크게 전달하고 있다. 유압 유니트는 판넬을 늘려 펴고, 늘리고 지지하는 역할을 한다. 기름이 새는 것과 접속부의 취급에 주의해야 한다. 또 무리한 힘을 걸지 않는다.

4.3.4 유압 유니트의 역할

유압기기는 바디 수리의 각 부에서 활약하고 있다. 자동차를 들어올리는 리프트, 잭, 바디 수정 장치의 동력 등이 있지만 수정 장치의 보조적인 역할을 하는 유압 유니트가 그 대표적이라 할 수 있다. 이것은 유압에 의해 신축하는 램을 중심으로 각종 어테치먼트가 준비되어 있는 것으로 「포토 파워」나 「OX 파워」라고 불려 지고 있다. 찌그러진 판넬 사이에 넣어 밀어 넓히거나 힘이 걸리는 부분이 찌그러지지 않게 지지하는 등 용도가 넓다. 극히 가벼운 바디 손상이라면 이것만으로도 수정할 수 있다.

유압을 작용하게 하는 것은 작은 세트에서는 손으로 상하 작동시키는 핸들 잭이 있고, 큰 힘을 발휘하는 타입은 압축 공기를 이용하여 피스톤을 움직이고 있다. 이러한 종류의 공구는 일상적인 정비가 필요 없다. 호스접속 등에서 기름이 새지 않는가 점검하고 기름이 새는 것이 심한 유압기기는 제대로 움직여 주기는커녕 작업자를 다치게 하기 때문에 사용상에 주의는 유니트를 연결하는 호스에 상처를 내지 않도록 해야 한다. 또 무리한 힘을 가하지 말아야 하며, 그 외에도 각 기기의 설명서를 읽고 지시에 따르는 것이 좋다.

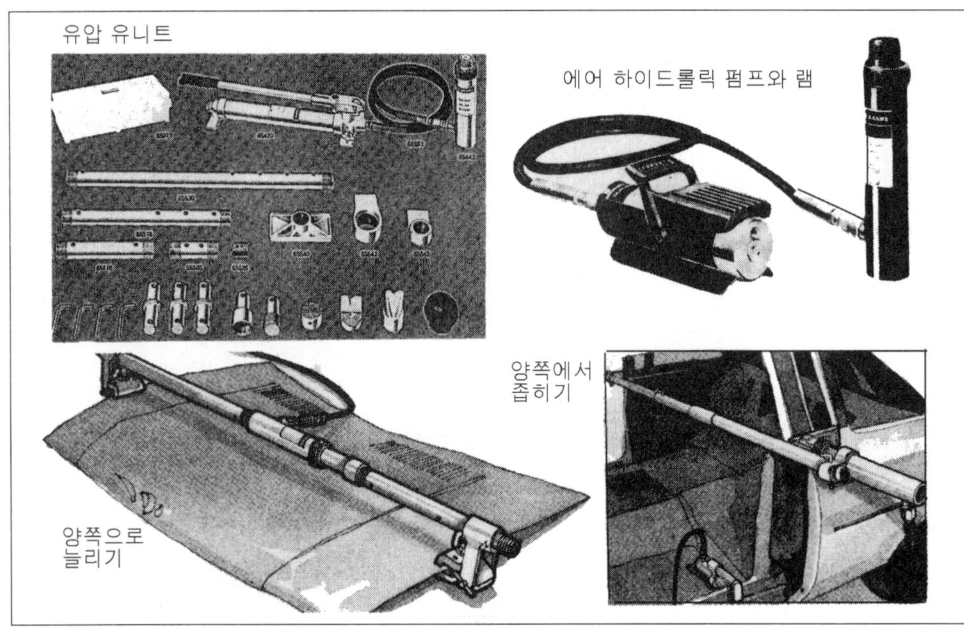

그림 4-5

유압 유니트 사용법

① 설치각도는 30~90°의 범위(45~60° 가 효율적)
30° 이하에서는 앵커부와 램의 접속부가 벗겨지기 쉽고, 90° 이상에서는 체인이 앵커에서 벗겨질 위험이 있다.

② 램의 커플러는 위로 오게 한다.

③ 램의 연장은 최소의 수로 한다.
짧은 램을 여러 개 연결하면 연결 부위에 유격이 많이 발생해서 힘을 가하면 휘어질 수 있다.

4.3.5 클램프의 조건

클램프가 약하면 생각하는 대로 인장 작업을 할 수 없다. 바디를 끼우는 부분에는 이빨이 붙어있고 힘을 가해도 잘 미끄러지지 않는 구조로 되어 있다. 또 인장 작업의 힘의 방향은 판넬에 물리는 톱니 중심을 지나는 일직선이 되어야 한다.

이 두 가지가 클램프의 조건으로 어느 쪽이 빠져도 인장 작업에는 사용할 수 없다. 클램프에는 단순한 모양인 것부터 만력형, 바디의 특정 부위에 사용하는 전용형 등 여러 가지 타입이 시판되고 있다. 가능하면 많은 종류를 준비해 두는 것이 좋다.

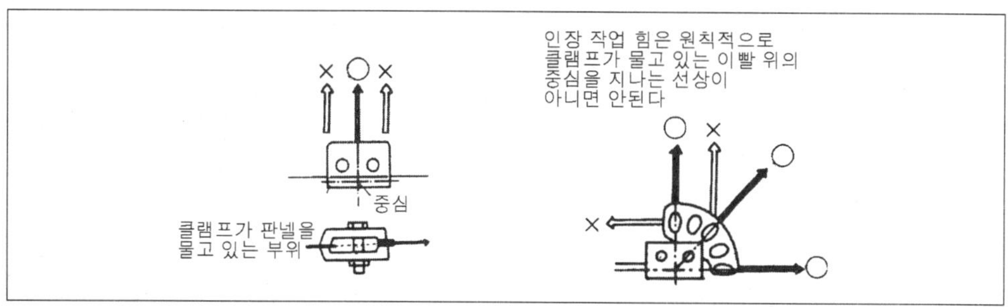

그림 4-6 클램프와 당김 방향

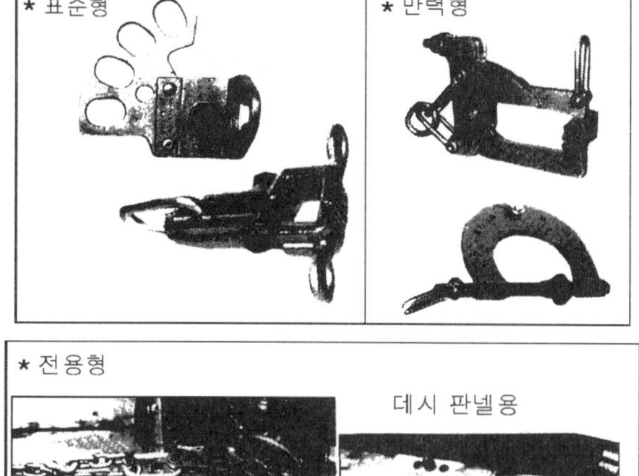

그림 4-7 클램프의 분류

4.3.6 체인도 무시해서는 안된다

인장 도구와 클램프를 연결하는 체인은 특수한 것은 아니지만 외관이 비슷하다고 해서 아무 것이나 사용하지 않는 것이 좋다. 수정 장치에 부속되어 있는 체인을 사용하는 것이 제일 좋다. 추가 시에는 같은 것을 갖추든지, 메이커와 상담하여 동일 규격의 것을 사용한다. 사용함에 있어서는 녹이 슬거나 꼬인 상태로 사용하지 말아야 한다. 가끔 엷게 기름을 칠해주는 것도 좋을 것이다.

체인 사용법

① 비틀인 체인을 바로 편다.
② 차체에 고정한 훅에 체인의 흑을 직접 걸지 말 것
③ 차체에 고정한 훅에 체인을 걸 때에는 여유가 있게 한다.
④ 체인을 해머로 두들기지 말 것
⑤ 변형된 체인을 사용하지 말 것

4.4 바디를 고정하는 도구

4.4.1 충분한 힘에는 확실한 고정을 해야함

바디 고정에는 자동차를 수정 장치에 단단하게 묶어 두기 위한 기본 고정과 어떤 특정의 장소에 힘이 너무 걸리지 않게 하는 부위별 고정 두 가지가 있다. 여기서는 수정 장치에 관계하는 기본 고정을 중심으로 설명하고 부위별 고정에 대해서는 수정 작업에서 하도록 한다.

충분한 힘을 가하기 위해서는 대상이 단단하게 고정되어 있을 필요가 있다. 인장 작업 시에도 자동차 고정이 불충분하면 힘을 가해도 효과가 없는 것뿐만 아니라 생각지도 않던 곳에서 정상인 장소를 변형시켜 버리는 일조차도 있다. 바디와 수정 장치를 연결하는 기본 고정은 라커 판넬의 하(下)면 플랜지에서 행하는 경우가 많다. 플랜지를 물고 있는 것은 언더 바디 클램프라고 불려지는 특수한 구조의 클램프로서 수정 장치의 기종에 따라 독자적으로 만들어져 있다.

언더 바디 클램프는 벤치 및 드라이브 온식에서는 직접 벤치 위에 부착되어 있고 바닥식에서도 전용 어테치먼트를 통해 또는 체인에 의해 바닥 면에 고정된다. 체인을 사용하는 방법에서는 체인이 느슨하면 고정이 불충분해지기 때문에 단단하게 당기는 것이 중요하다. 직접 고정하는 방법은 이점에서 보다 안심할 수 있다. 튼튼하다고 해서 충분한 고정이라 말할 수 없다. 자동차의 바디는 주행중에 받는 힘에 대해서는 강하게 만들어져 있으나 그 외의 힘에는 의외로 약하다. 로커 판넬 네 곳에서 고정을 해도 각각 불균등한 힘이 걸리면 간단히 바디가 꼬여 버리는 경우가 있다. 이러한 현상을 방지하기 위해 네 곳의 고정점끼리 확실하게 연결하고, 일체가 되어 힘을 받도록 한다.

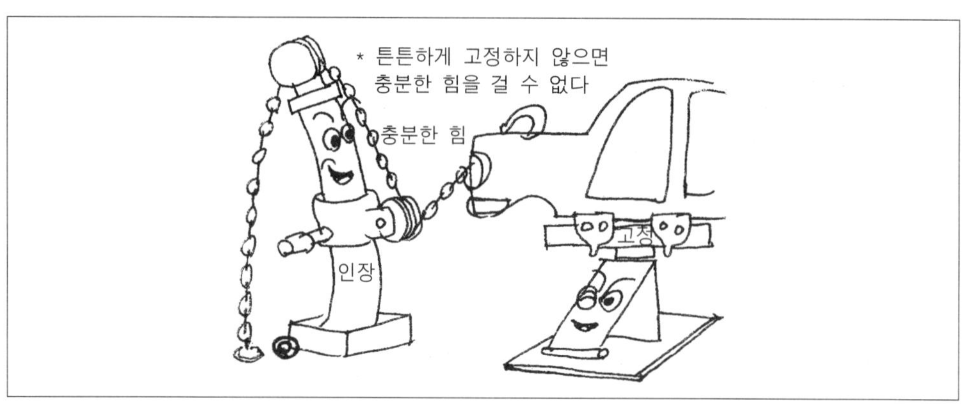

그림 4-8 고정의 중요성

- 고정에는 기본 고정과 추가 고정이 있다.
- 고정이 불충분하면 인장 작업을 할 수 없다.
- 기본 고정은 주로 라커 판넬에 하며 플랜지 하부의 네 곳에서 행한다.
- 확실한 고정에서는 비뚤어짐이 없고 수평 상태를 유지한다.

4.4.2 고정 장치란?

바디 수정 장치의 고정 부위만 떼어내어 판매를 하던 때가 있었다. 이것은 구형 바닥식 수정 장치에서 고정에 체인을 사용하는 타입의 교체용으로 인기를 모았다. 이 종류의 고정 장치는 체인을 사용하지 않고 고정할 수 있는 것이 특징이다. 비교적 저 가격으로 신형 수정기에 대체하는 것으로 효과를 노렸던 것이다. 그후 전용 인장 도구나 계측기기가 세트화되어 명실공히 바디 수정 장치로 발전한 것이다.

4.4.3 고정 도구의 조건

바디 수정 작업 내용만으로 한 권의 책이 되고, 고정에 관한 내용만으로도 또한 권의 책을 만들 수 있을 정도의 바디 고정은 중요한 작업이지만 간단하게 살펴보면

① 어떤 차종이라도 고정할 수 있을 것.
② 힘을 가해도 비뚤어지거나 풀어지지 않을 것.
③ 수평으로 고정할 수 있을 것.
④ 고정점을 연결하여 일체화할 수 있을 것.

이상 네 가지가 바디를 고정하기 위한 도구에 있어 빼놓을 수 없는 조건이라 할 수 있다.

4.5 올바른 고정이 바디 수정의 비결 I

타이어를 부착한 자동차를 체인 풀러나 유압 램으로 당기면 당긴 방향으로 이동해 버린다. 타이어를 떼어 내어도 거의 비슷한 현상이 일어난다. 이런 상태에서 바디 수정을 할 수 없기 때문에 인장 작업에서는 바디를 확실하게 고정한다. 그러나 움직이지 않는다고 어디든 좋다는 것은 아니다. 인장 작업에서 가한 힘은 고정한 장소에도 걸려오기 때문에 확실하게 고정하지 않으면 그 부분을 파손시키는 경우도 있다. 또 인장 작업에 의해 모멘트(회전력)가 발생하므로 엉뚱한 곳에 힘이 작용하여 바디를 변형 시켜 버리는 경우도 있다.

4.5.1 기본적인 고정

고정에는 기본적인 고정과 인장 작업에 따라 추가하는 고정이 있다. 기본적인 고정은 바디를 수정 장치에 거치하기 위해 하는 것으로 측면의 손상을 제외하면 대부분의 사고 차에 대해 기본 고정으로 작업이 가능하다.

고정 부위는 라커 판넬 아래 면의 플랜지에서, 좌측과 우측의 전・후면 4곳이 원칙이 며, 이는 베이스의 확보 지점과 같다. 4개의 고정용 클램프는 가능하면 고정점에 가까운 위치를 파이프 등으로 우물 정(井)자 형태로 서로 연결한다. 이것은 4곳의 고정용 클램프가 일체가 되어 인장 작업의 힘을 받아 내기 위한 것이다.

원래 자동차의 라커 판넬은 인장 작업의 힘에 견디어 내게 설계되어 있지 않기 때문에 고정부에 각각 다른 크기의 힘이 걸리면 라커 판넬을 변형시켜 버린다. 4곳이 일치가 되어 있으면 그러한 염려는 필요가 없다.

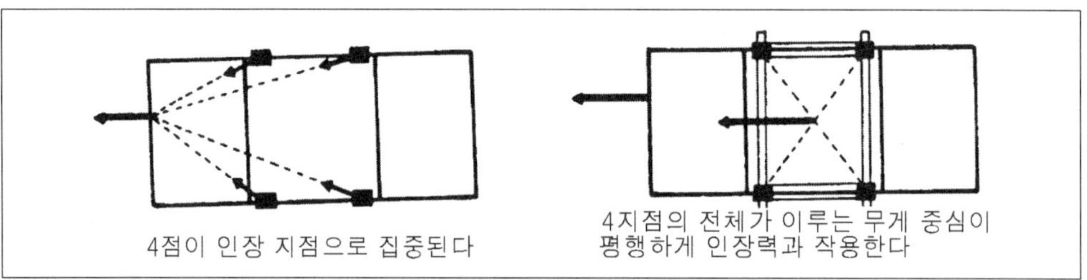

그림 4-9 기본 고정은 우물 정(井)자 형태로 연결한다

요점정리

- 고정에는 기본적인 고정과 추가 고정이 있다.
- 기본적인 고정은 라커 판넬 아래의 플랜지 네 곳에서 한다.
- 고정용 클램프는 우물(井)자 형태로 연결한다.
- 라커 판넬 아래 면의 플랜지가 없는 자동차는 스텝 상단부의 플랜지를 고정한다.

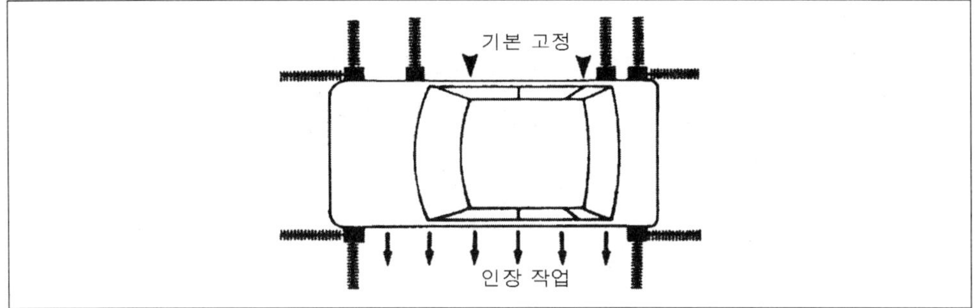

그림 4-10 사이드 손상의 고정 예

4.5.2 기본 고정의 특수한 예

라커 판넬을 포함한 측면 파손에서는 4곳의 기본 고정이 어렵게 된다. 이런 경우 변형이 없는 곳은 원래대로 고정하고, 손상된 곳은 손상 범위에 따라 조치해야 한다. 손상이 미치지 않는 전후에 클램프를 붙여 당겨 놓고, 반대측에도 고정을 추가하는 방법도 있다.

라커 판넬 아래 면에 플랜지가 없는 차종은 상부 스텝의 몰딩을 떼어내고 그 아래에 있는 플랜지에 고정용 클램프를 상하 거꾸로 하여 물리기도 한다(그림 4-12 참조). 대부분의 수정 장치는 이 방법으로 고정할 수 있게 되어 있다. 프레임 조립형을 갖는 자동차는 바디와 프레임을 별도로 고정한다. 프레임 측에는 고정용 클램프를 부착할 수 없기 때문에 얇은 판을 용접하여 클램프를 물리든지, 전용 어테치먼트를 이용한다(그림 4-11 참조).

라커 판넬의 플랜지가 곡선 형태로 되어 있는 차종은 조금 어렵다. 고정은 클램프의 부착 부품이 움직이는 형태로 되어 있으면 별다른 문제는 없지만 움직이지 않는 타입이면 일시적으로 플랜지를 변형시켜 강제적으로 클램프를 붙이든지 그것이 안되면 별도로 얇은 판을 용접하여 그곳에 클램프를 세트한다. 밴이나 상용차도 고정이 어렵다. 잘 사용되는 방법으로서, 프론트측은 서스펜션 멤버 등의 강도가 높은 장소에 체인을 걸거나, 프론트 사이드 멤버 뒤끝에 붙여 당겨 주고 리어측은 휠 아치 내의 플랜지에 클램프를 붙여 체인과 리지드잭으로 고정하는 등이다. 어느 쪽도 인장 작업에 있어서 보조적인 고정이 추가된다(그림 4-13 참조).

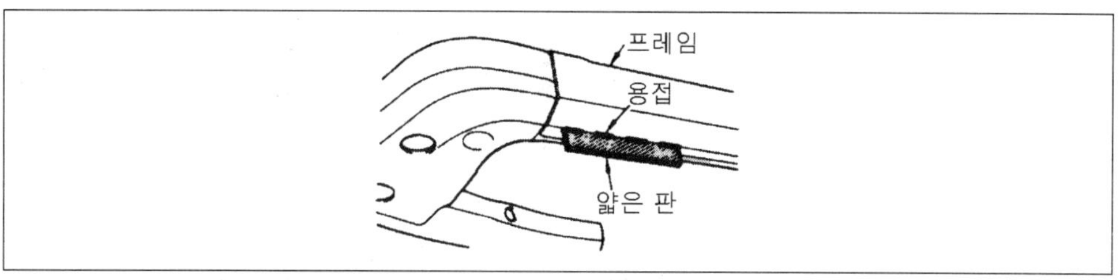

그림 4-11 프레임 부착 차의 고정

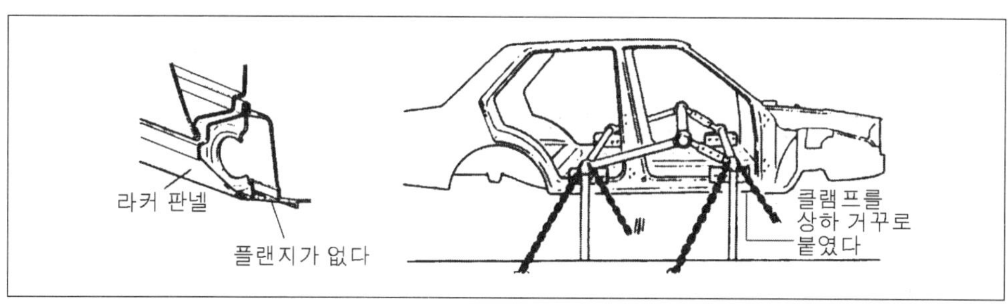

그림 4-12 라커 판넬에 플랜지가 없는 자동차의 고정

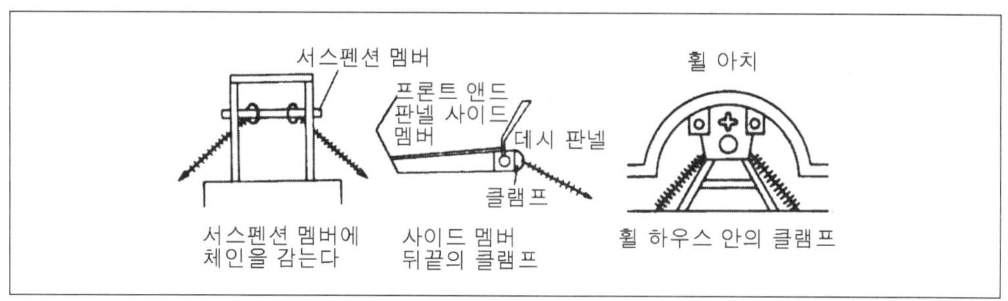

그림 4-13 박스 카의 고정 예

4.6 올바른 고정과 바디 수정의 비결 II

4.6.1 고정 작업의 순서

기본적인 고정 작업이란 사고 차의 바디를 수정 장치에 고정하는 일이기도 하다. 수정 장치의 기종에 따라 세부적으로는 다르지만 전체의 흐름은 거의 공통적이다. 바닥식 수정 장치에서는 먼저 사고 차를 장치의 중앙으로 옮기고 손상 부위

(앞, 뒤)에 따라 작업하기 쉬운 방향을 전방으로 둔다.

고정에 필요한 클램프 등은 자동차 주위에 나열해 두고 나서 처음에 고정용 클램프를 부착한다. 그리고 각 클램프를 파이프 등으로 연결한다. 여기까지 작업을 끝내고 나서 잭으로 자동차를 들어올린다. 먼저 자동차를 들어올려 버리면 나중 작업이 순조롭지 않기 때문이다.

고정대에 고정하든지, 리지드 잭으로 지지하고 체인을 거는 방법은 수정 장치에 따라 다르다. 벤치식 수정기에서는 리프트식인가, 틸트식인가에 따라 차이는 있지만 어느 쪽도 벤치 위에 자동차를 올리기 전에 고정용 클램프를 올려 두는 것이 좋을 것이다. 물론 구체적으로는 각종 수정 장치의 지시에 따르는 것이 중요하다.

4.6.2 인장 작업으로 추가되는 고정

추가하는 고정은 인장 작업과 유사한 형태로, 체인과 클램프, 체인 풀러나 유압 램을 사용하여 당겨 둔다. 이것은 가벼운 손상을 별도로 해 두고 어느 정도 큰 힘을 걸 때는 수정(고정) 장치의 기종에 상관없이 필요하다. 주된 목적은 아래와 같다.

1) 불필요한 회전 모멘트를 없앤다

사고 차량을 수정하기 위해 기본 고정을 하고 인장 작업을 해도 인장하는 방향이 차체의 중심과 평행한 방향이 아닐 경우 회전하려고 하는 모멘트가 생기는데, 이를 방지하기 위해 인장하는 반대 편에서 인장하는 각도만큼 반비례하여 추가 고정한다(그림 4-15 참조).

2) 과도한 인장을 방지한다

예를 들어 후드레치(카울 사이드 판넬)를 좌측으로 당길 경우, 우측의 후드레치에도 힘이 걸리기 때문에 필요 없을 때는 반대 방향에 추가적으로 고정한다. 후드레치 부착부 근처에 큰 힘이 걸리는 때는 프론트 필러를 고정하여 둔다(그림 4-16 참조).

3) 용접부를 보호한다

신차의 용접이 튼튼해도 용접부 근처에 큰 힘이 가해지면 손상이 올 때도 있다.

스포트부분이 떨어지는 것을 막기 위해 용접부 바로 앞에 고정을 추가한다(그림 4-17 참조).

4) 힘의 범위를 한정한다

인장 작업의 힘은 고정한 부분까지 전달된다. 그래서 좁은 범위에 힘을 가할 때는 필요한 범위의 바로 뒤를 고정하면 그 이상 뒤로는 힘이 전달되지 않는다(그림 4-18 참조).

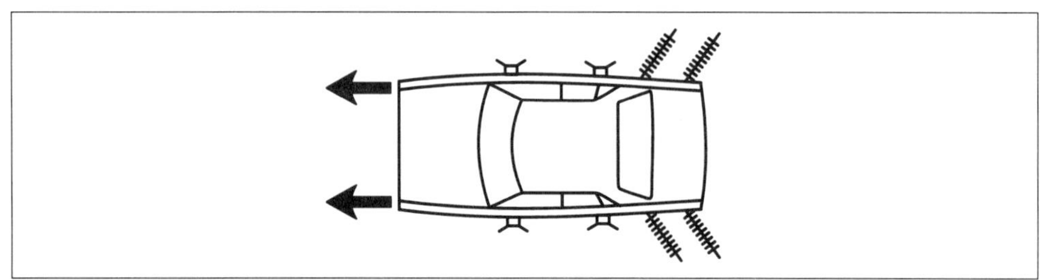

그림 4-14 기본 고정의 보강

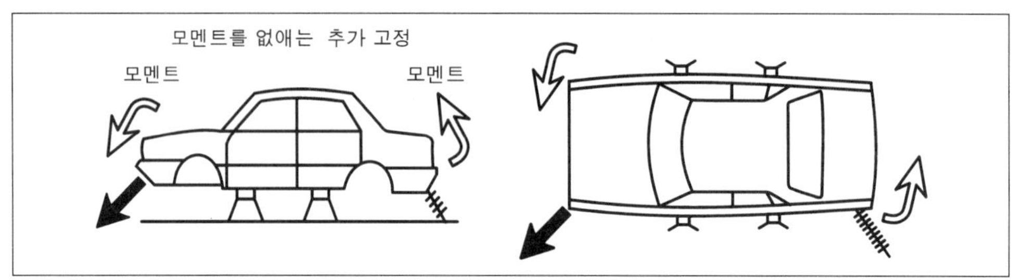

그림 4-15 불필요한 모멘트를 없애는 추가 고정

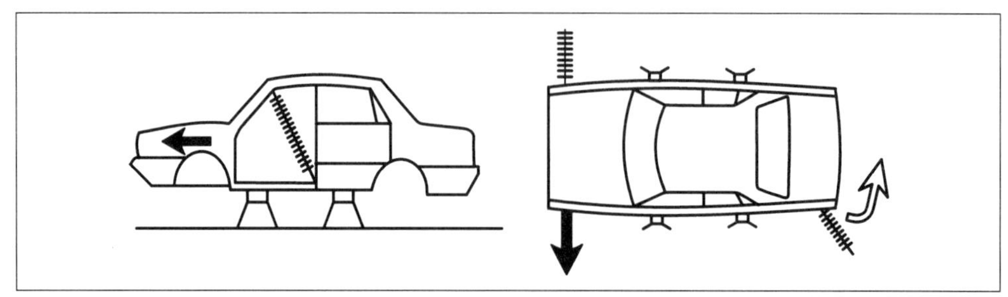

그림 4-16 너무 당기는 것을 막는 추가 고정

그림 4-17 용접부를 보호하는 추가 고정

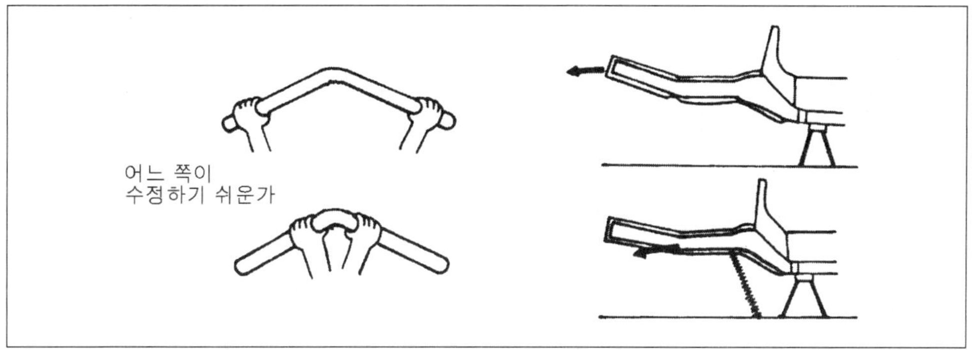

그림 4-18 인장 작업의 힘을 좁은 범위에 집중시킨다

요점정리

- 자동차를 들어올리기 전에 고정용 클램프 등은 준비하여 둔다.
- 체인을 사용하는 고정에서 큰 힘을 걸 때는 추가 고정을 한다.
- 모멘트 등의 불필요한 힘을 없애기 위한 추가 고정도 있다.
- 용접부는 바로 앞에서 고정하여 용접부가 떨어지는 것을 막는다.

4.6.3 엔진을 별도로 지지해 둔다

FF차(에 제한되지는 않지만)는 프론트부에 엔진이나 트랜스 미션 등 무거운 것이 집중되어 있기 때문에 그대로 수정 장치에 거치하면 프론트 바디가 무게에 밀려 앞이 내려가 버린다. 이래서는 계측 작업이 부정확하기 때문에, 수정 작업을 할 때는 잭류로 들어 올려놓는 것이 좋다. 트렁크룸이 큰 차종은 리어측에서 같은 보강이 필요하다.

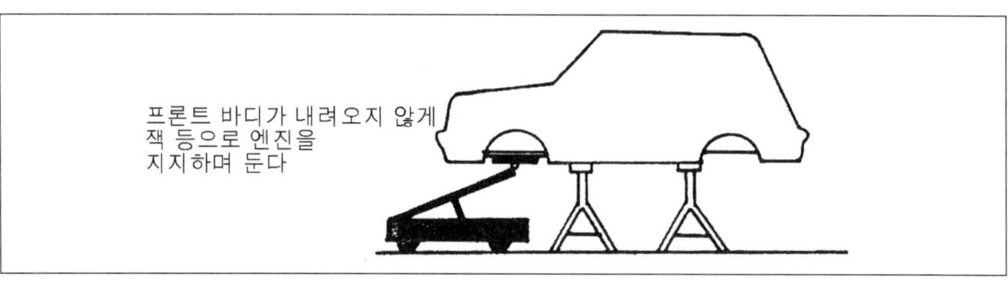

그림 4-19

4.7 클램프 설치의 테크닉

4.7.1 클램프의 능숙한 취급법

인장 작업의 힘은 클램프가 바디를 확실하게 고정하면서 효과가 나타난다. 클램프가 힘에 견디어 내지 못하고 틀어져 버리면 작업이 진행되지 않는 것은 물론이고 위험을 부를 수도 있다. 어느 방향으로 당길 것인가, 어디에 클램프를 붙일 것인가를 결정하기 이전에 클램프 취급에 알아두어야 할 사항이 몇 가지 있다.

첫째, 클램프의 이빨을 소중하게 다루어야 한다. 클램프가 바디를 잡는 부분에는 삼각 단면의 이빨이 붙어 있고 인장 작업에서 힘을 가하면 이 이빨이 판넬에 죄어들게 되어 있으므로 톱니가 둥글게 되고, 틈새에 먼지 등이 차 있으면 미끄러지기 쉽다. 정기적으로 점검 청소하는 것이 중요하다.

둘째, 볼트를 너무 세게 조이지 않는다. 미끄러지면 곤란하기 때문에 클램프의 볼트를 힘을 주어 조여 사용하는 것이 기술자의 심리이지만 좋은 클램프라면 힘을 가하면 가할수록, 죄어 들어가는 힘은 커지게 되는 구조를 갖고 있다. 필요 이상의 힘을 가해 조이면 클램프 수명을 단축시켜 버린다. 또 정기적으로 점검하여 홈 안에 먼지 등을 제거하고 엔진 오일을 발라 두는 것이 좋다.

셋째, 체인이 꼬이지 않게 한다. 인장 작업의 힘은 물론 체인에도 걸려 있다. 여유가 있는 강도로 만들어져 있기 때문에 작업 중에 잘라지는 일은 거의 없지만 꼬이거나, 녹이 슬어 있으면 위험하다. 가끔 오일을 발라두는 것이 좋다.

4.7.2 인장 방향과 클램프

클램프를 당기는 방향은 구조에 따라 결정된다. 어느 방향이든 내키는 대로 당기는 것이 아니라 클램프에 힘을 가했을 때 반드시 힘의 방향은 클램프가 바디를 죄고 있는 이빨 부분의 중심을 지나는 선상에 겹치게 되어야 한다. 인장 방향과 톱니 중심이 틀어져 있으면 모멘트 즉 이빨 부분을 틀어지게 하는 힘이 발생하고 미끄러지거나, 풀어지기 쉽게 된다. 힘도 충분하게 가할 수 없게 된다. 이것은 일반적인 클램프에 제한하지 않고 어떤 타입도 마찬가지이다. 예를 들면 스트럿 부착부에 볼트 고정하는 원반 위의 플레이트도 인장 방향은 각 볼트를 연결하는 중심을 지나지 않으면 안된다.

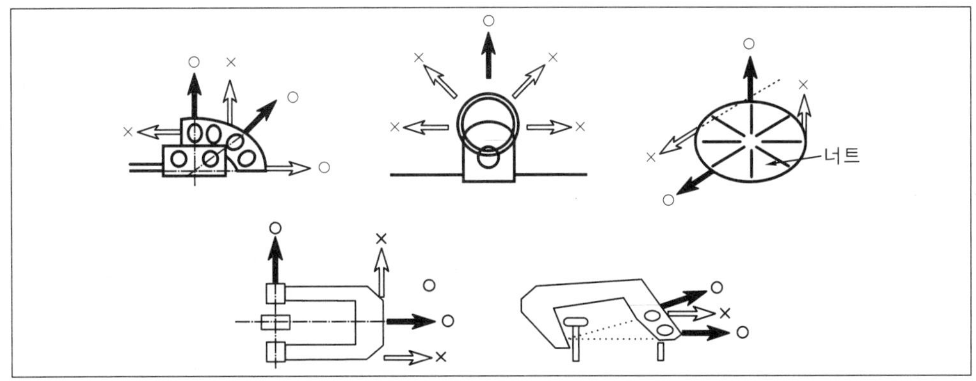

그림 4-20 클램프의 올바른 당김법

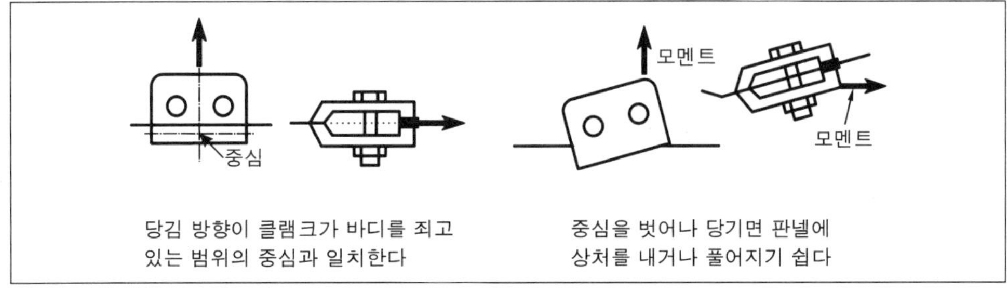

그림 4-21 클램프의 당김 방향

요점정리

- 클램프 이빨 틈새에 먼지 등이 차 있으면 안된다.
- 볼트는 너무 세게 조이지 않는다.
- 꼬인 상태에 체인은 바로 하고 나서 사용한다.
- 클램프의 인장 방향은 톱니 중심을 지나는 선의 위를 겹치게 되어 있다.
- 인장 방향이나 부위에 따라 클램프의 사용을 분류한다.

4.7.3 클램프는 목적에 따라 사용

클램프는 어디에 붙여 사용해도 좋은 것과 특정 부위에 맞추어 만들어진 것이 있다. 예를 들어 좁은 장소용 클램프는 큰 힘에 견디어 내지 못하고, 틈이 큰 만력형 클램프는 일반 클램프보다 미끄러지기 쉬우므로 필요한 때 이외는 사용하지 않는 것이 좋다. 또 이빨 형태에 따라 특정 방향으로밖에 힘을 가할 수 없는 클램프도 있다. 클램프류는 가능하면 많은 종류를 준비하여 부착 부위나 인장 방향에 따라 구분하여 사용하는 것이 좋다.

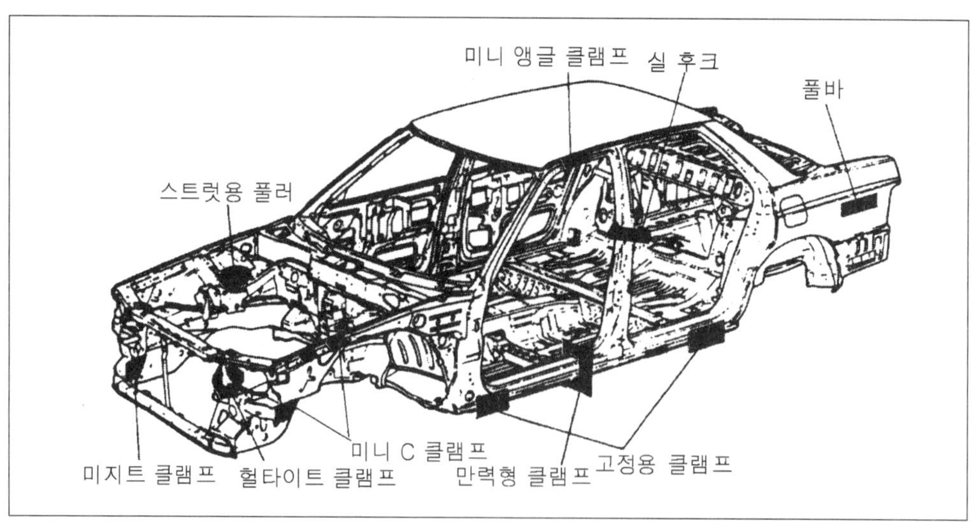

그림 4-22 부위에 따른 클램프의 사용 분류

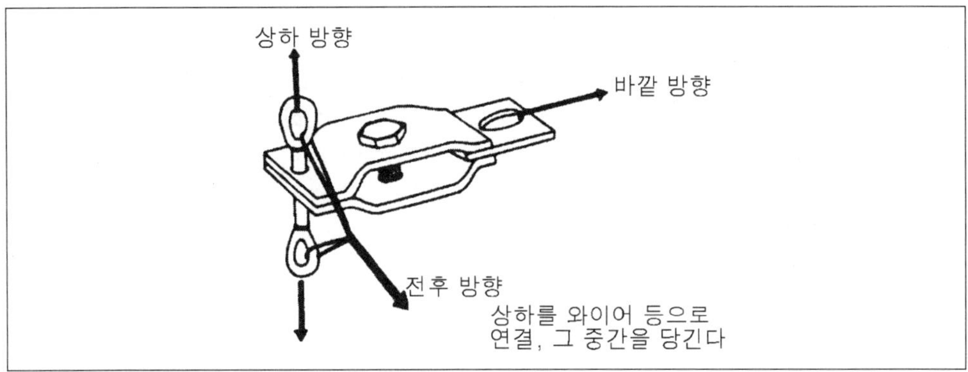

그림 4-23 다중 인장법의 예

4.8 효과적인 프레임 교정술이란 ?

4.8.1 인장 작업의 순서

사고시에 받은 힘과 같은 크기로 반대 방향의 힘을 가하면 바디는 복원된다는 것은 잘못된 이야기다. 어떤 힘을 받았는지를 정확하게 아는 것도 어렵고 만약 알아도 사고시의 힘은 순간적인 힘이므로 바디 수정의 힘과는 전달 방법도 다르다. 그리고 한번 변형된 판넬은 가공 경화가 일어나 있기 때문에 같은 힘을 받아도 변형은 복원되지 않는다. 바디가 어긋나 있을 정도로 큰 충격을 받아 손상된 자동차를 보아도 어디를 어느 방향, 어떤 순서로 당기면 좋을지의 판단이 바로 서지 않는다.

먼저 필요한 것은 바디의 센터, 그리고 힘을 받은 곳으로부터 가장 먼 손상부의 순서로 판넬을 복원해 간다. 이것은 어떤 경우의 사고 차에도 해당되며 순서가 틀리면 복원이 잘되지 않는다.

4.8.2 힘의 성질

바디 수정 작업을 할 때 필요한 크기의 힘을 필요한 장소에 가하기 위해서는 힘의 성질을 이해해 두지 않으면 안된다.

자동차의 바디는 통상의 운행 시 강성과 내구성을 유지하게끔 설계되어 있다.

만일의 충돌 사고 시에는, 차체가 변형되어 차체 자체가 충격을 흡수함으로써 차체에 가해진 충격으로부터 안전성을 확보하고 있다. 즉, 바디의 앞부분과 뒷부분은 격심한 충돌에서도 승객에 대한 피해를 최소화하기 위해서 최대량의 충격을 흡수해야 하며, 객실부위는 승객의 안전을 제공하기 위해 쉽게 변형되지 않는 구조로 되어 있다.

1) 힘의 5요소

힘의 요소에는 일반적으로 방향, 크기 그리고 작용점이라는 힘의 중요한 3요소들이 있으나 바디 수리 작업에 있어서는 다음 5가지 요소들이 고려되어야 한다.

① 힘의 방향
② 힘의 크기
③ 힘의 작용점
④ 가해진 힘의 수
⑤ 가해진 힘의 순서

2) 벡터는 힘의 기본

어떤 특정의 힘을 표현할 때 크기만으로는 불충분하다. 힘은 크기와 방향 두 가지 요소로 표현된다. 이와 같이 방향과 크기를 벡터라고 부른다. 힘 이외에도 바람(풍향과 풍속) 속도(진행 방향과 속도) 물의 흐름(흐르는 방향과 강도) 등에도 적용된다. 그리고 벡터는 화살표를 사용하여 그림으로 그릴 수도 있고, 화살표로 나타내고, 또한 합성 분해가 가능하다.

보통은 화살표 길이가 힘의 크기이고 화살표 방향이 힘의 방향이 된다. 물론 힘의 크기나 방향으로만 바디 수리의 모든 것을 얻을 수 없기 때문에 대략적인 것에 지나지 않지만 인장 방향을 생각할 때 표현 기법이 된다. 바디에 가한 힘이 어떻게 작용하는지, 어느 방향으로 힘을 가하면 효과가 있는가 등을 알 수 있다.

예를 들어 바디 코너부는 어느 방향에서 당기면 효과적일까, 경사 방향의 힘을 적용하기에는 어떤 방법이 좋을까 등이다.

요점정리

- 힘의 방향과 크기는 벡터의 화살표로 나타낼 수 있다.
- 관성이란 움직이는 것은 계속 움직이고, 멈추어 있는 것은 계속 멈추는 힘의 법칙.
- 형태나 면적이 변화하는 장소에는 응력이 집중하고 파손되기 쉽다.
- 중심을 벗어난 장소에 힘을 가하면 회전되려 하는 힘, 즉 모멘트가 발생한다.

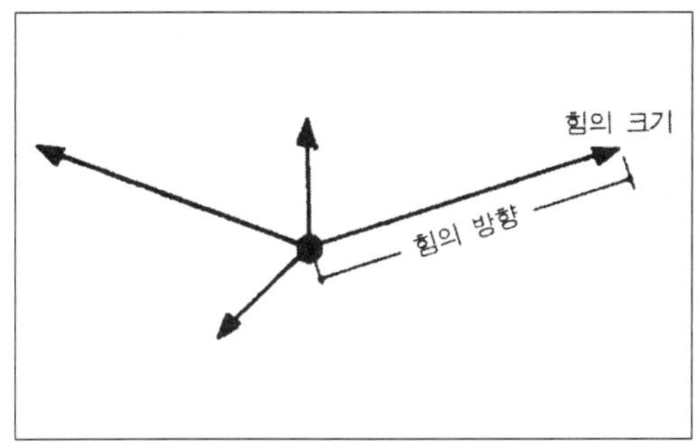

그림 4-24 힘의 크기와 방향

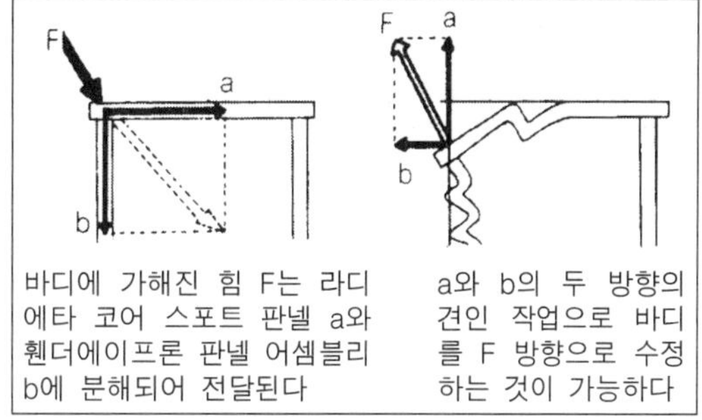

그림 4-25 벡터의 응용

3) 관성의 작용

무엇인가에 힘을 가하는 경우 순간적으로 힘을 가하는 경우와 천천히 힘을 가하는 경우에는 같은 힘이라도 결과가 다를 때가 있다. 이것은 어떤 물건에도 관성이라는 성질이 있기 때문으로 관성이란 물건의 위치변동에 대한 저항을 나타내고, 그래서 무거운 것일수록 움직이기 어렵고 멈추기 어렵게 된다.

예를 들어 사고시 충격은 순간적이기 때문에 멈춰있는 자동차라도 관성에 의해 지지되고, 바디에는 손상이 발생한다.

인장 작업은 천천히 당기는 힘으로 고정되어 있지 않는 자동차에 힘을 가하면 자동차가 이동하기만 하고 변형 수정은 이루어지지 않는다. 힘이 전달되는 범위도 순간적인 힘은 비교적 좁은 범위에, 천천히 가해진 힘은 전체로 퍼지게 된다.

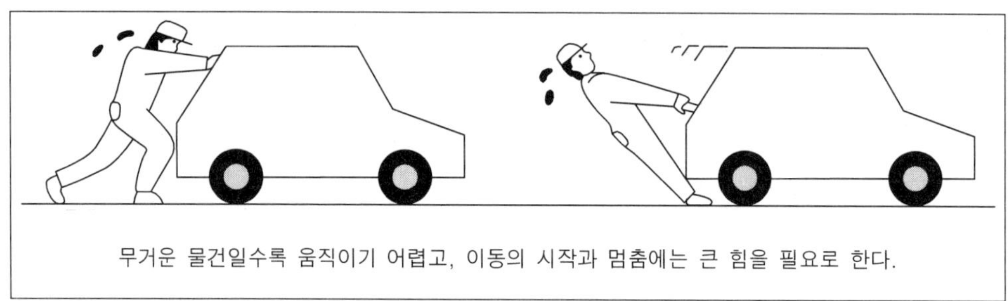

그림 4-26 관성의 작용

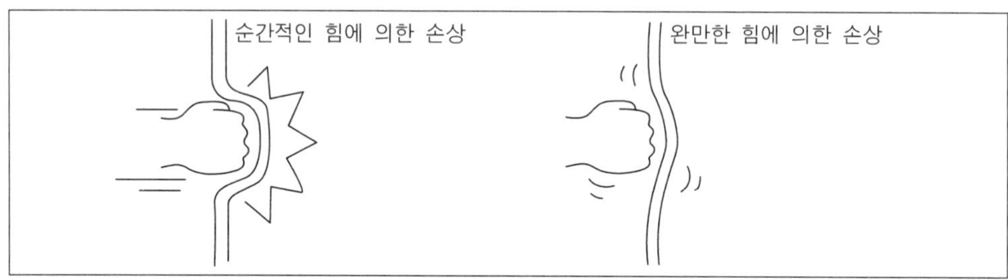

그림 4-27 힘을 가하는 방법과 손상 상태

4) 응력의 집중

패널 부분의 홀이나 단면적이 적은 부분은 힘의 분배가 일정치 않으므로, 그림에서 보여준 것처럼 힘은 부분적인 형태가 변하는 곳에 집중한다. 따라서 이러한 부분에 힘(외력)이 가해지면 이 부분에서 변형이 쉽게 일어나며, 이러한 원리를 이용하여 차체의 패널 등의 디자인에 사용되어 진다.

즉, 응력이 집중되기 쉬운 장소를 임의로 만들어 외부의 충격력을 흡수하도록 설계하였으며, 따라서 외부의 충격 발생 시 이러한 부분이 먼저 손상을 받아 충격을 흡수함으로써 충격력의 전파를 막는다.

[응력이 집중되기 쉬운 장소]

- 홀(구멍)이 있는 부분
- 패널과 패널이 겹쳐진 부분
- 단면적이 적은 부분
- 곡면이 있는 부분(코너 부분)

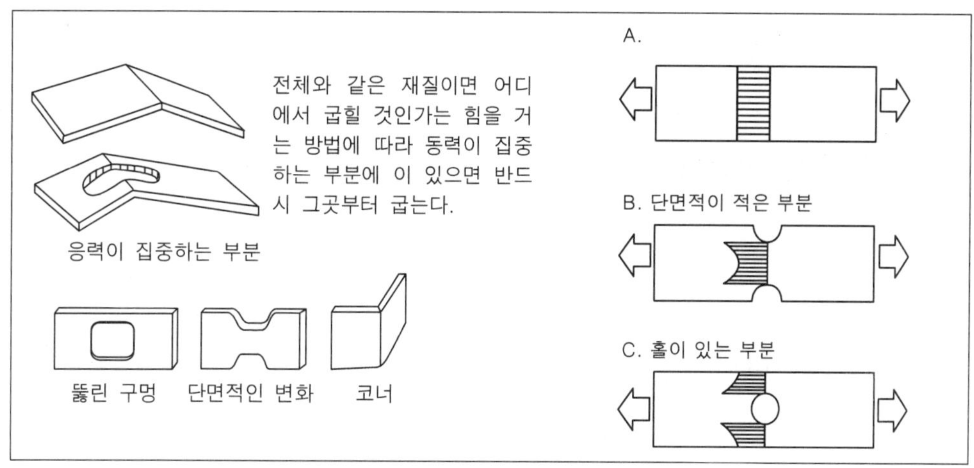

그림 4-28 응력의 집중

5) 모멘트의 발생

물건의 중심에서 벗어난 곳에 힘을 가한 경우, 가한 힘은 똑 바르게 작용하지 않고 회전하려고 하는 힘이 발생한다. 이것이 모멘트이고 옳지 않는 인장 작업을 하면 바디 전체를 회전시키거나 틀어지게 하는 힘이 발생하여 생각하지 않던 장소를 변형시켜 버릴 수도 있다.

다음의 그림에서와 같이 충격력이 차체의 중심을 벗어나 가해지면, 충격력을 흡수하는 회전 모멘트가 발생한다.

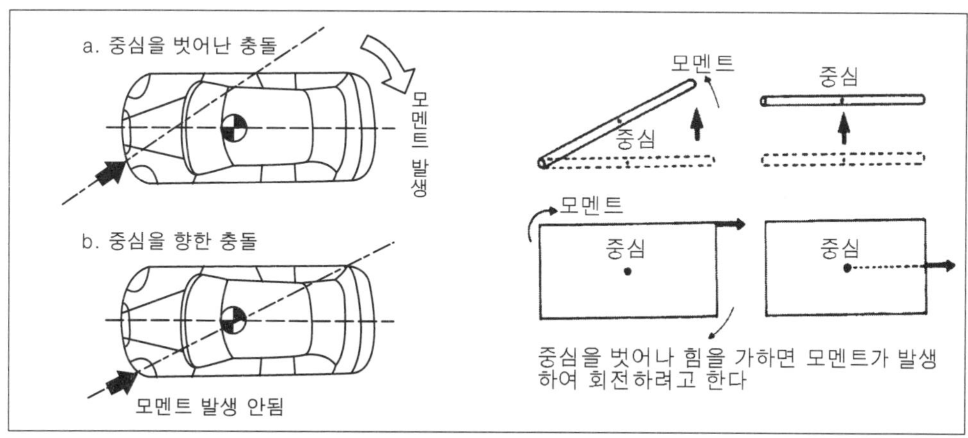

그림 4-29 모멘트의 발생

그러나 충격력이 중심을 향한다면, 회전 모멘트는 일어나지 않는다. 그렇지만 결과적으로 차체가 입는 손상은 더욱 커진다.

4.8.3 인장 작업의 단순화

1) 단순한 봉 수정

복잡한 구조를 갖는 자동차 바디를 취급하기 전에 단순 균일한 구조를 갖는 봉이나 판넬, 입체물의 수정을 통해 인장 작업시에 작용하는 힘에 대하여 생각해 보자.

① 만일 균일한 재료로 만들어진 봉이 굽어 있다고 하자.

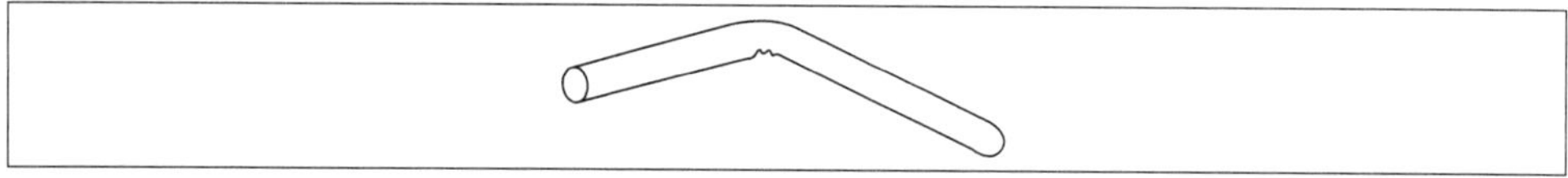

② 한 방향에서 힘을 가한 것만으로 봉이 슬슬 이동할 뿐 굽어진 것을 수정할 수는 없다.

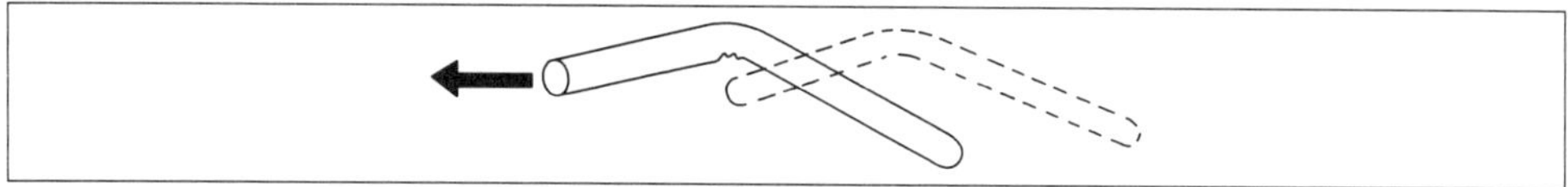

③ 한쪽을 고정하고, 한쪽을 당기면 똑 바르게 펴는 것이 가능

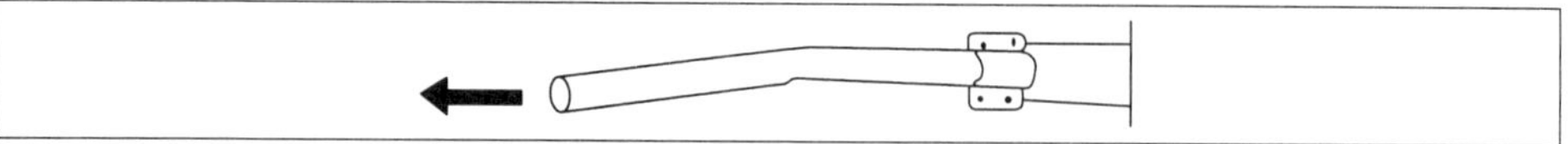

④ 당김 방향과 고정을 반대로 해도 같다.

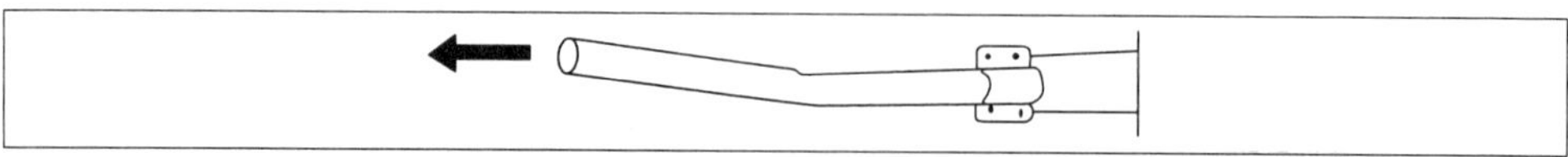

⑤ 봉 양끝을 고정하고 굽어 있는 부분에 힘을 가해도 수정할 수 있다.

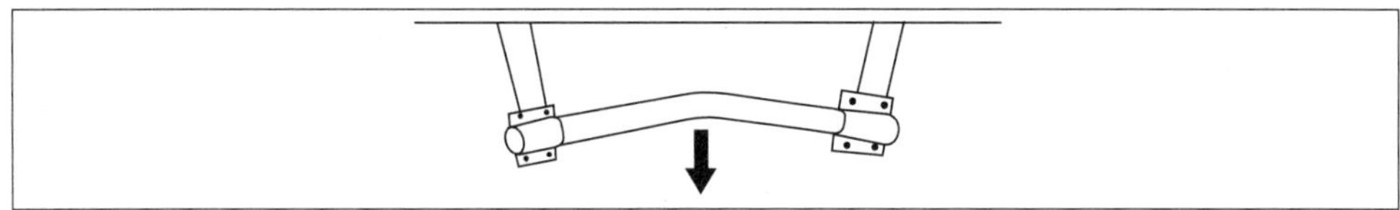

⑥ 어느 것도 같다면 한번에 세 가지 힘을 가하는 것이 가장 빠르다. 힘을 3분의 1로 나누고 3방향 직각 힘을 가해도 수정이 가능하다.

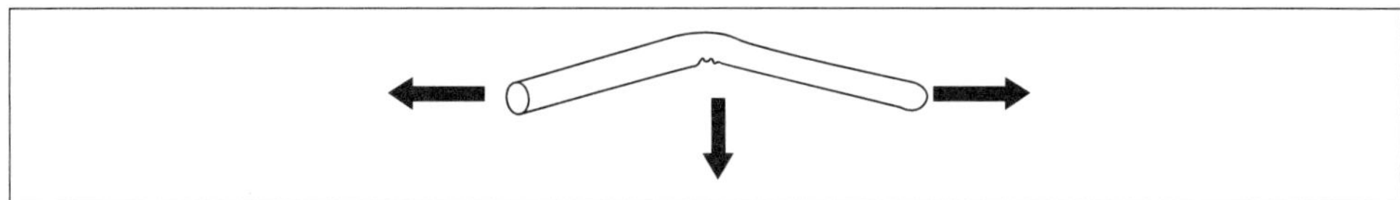

힘이 3분의 1로 된다면 힘을 가하는 도구는 간단한 것으로 가능하고 봉이 약해도 당겨 끊어지지 않는 등 한 곳에서 모아 당기는 것 보다 유리한 점이 있다. 그러나 당기는 횟수는 늘어난다. 이것이 다중 인장의 장점이다.

- 힘을 여러 개로 나누어서 가하는 것이 모노코크 바디 인장 작업의 기본이다.
- 모멘트를 없앨 수 있는 인장 방향을 생각한다.
- 파이프로 조립된 것은 하나의 파이프를 교정하면 원래대로 된다.

2) 평면적인 판넬 수정

① 같은 재료로 균일하게 만들어진 판넬이 변형되어 있다고 가정한다.

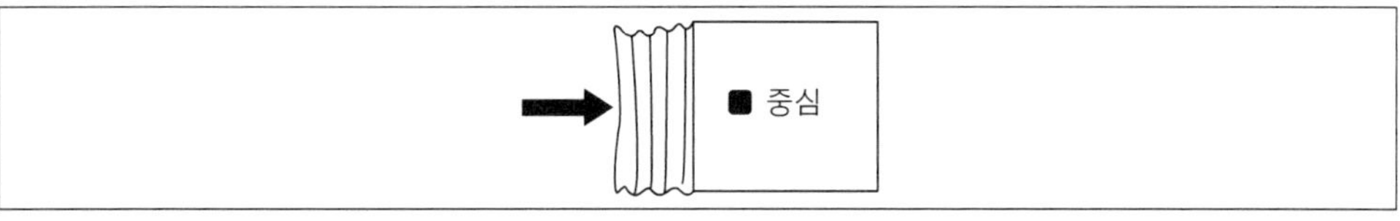

② 판넬의 한쪽만 당기면 모멘트가 발생하여 판넬이 회전한다.

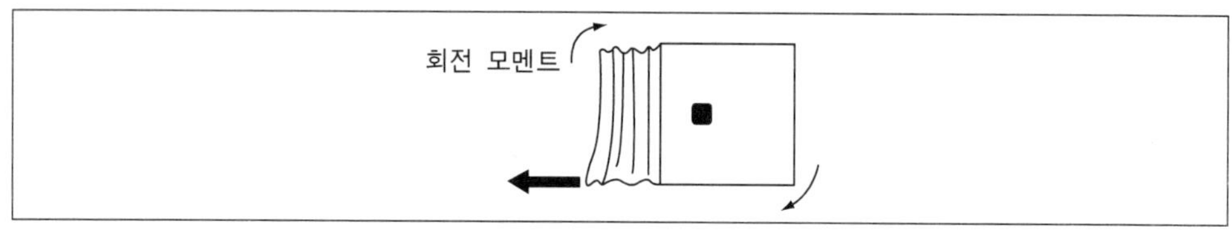

③ 중심에서의 연장선상을 당기면 모멘트는 발생하지 않지만 원래대로 복원시키는 당김 방향과 일치하지 않는다.

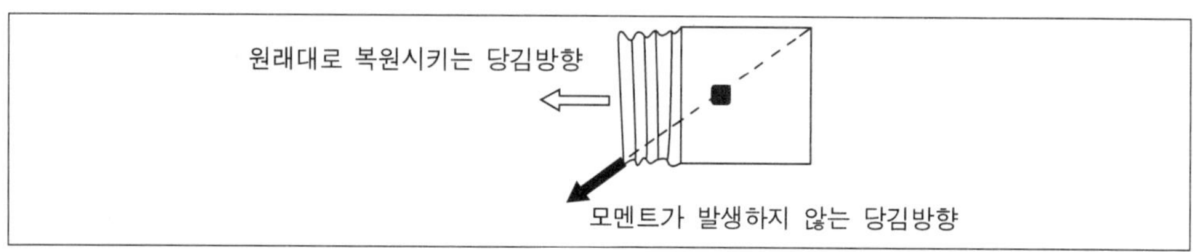

④ 위와 아래 두 곳에서 동시에 당기면 모멘트는 없어지기 때문에 원래대로 복원시키는 일이 가능하다.

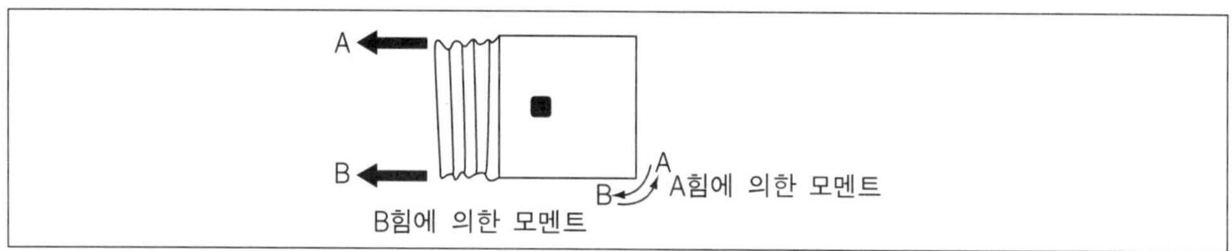

3) 파이프로 된 면의 수정

① 파이프를 조합시켜 만든 면으로 생각하면 실제 바디구조에 조금 가까워진다. 실제 바디 구조와 가까워지기 위해서 파이프를 조합시킨 면을 생각한다.

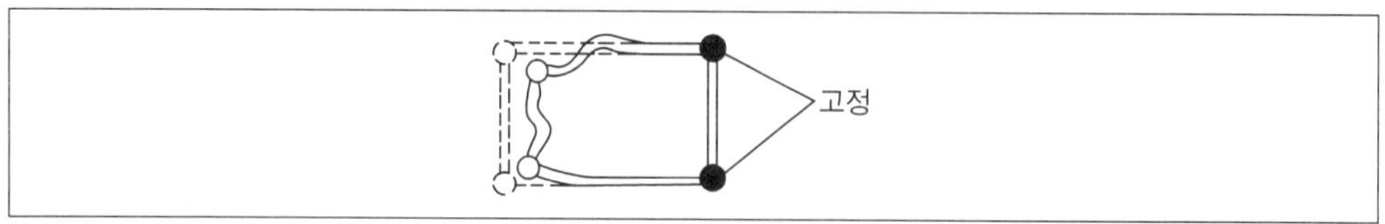

② 어느 방향으로 당기면 수정 가능한가, 바로 판단하기 어렵기 때문에 변형된 파이프를 별도의 봉으로 생각하면 그림과 같다. 즉 A와 C의 파이프는 앞으

로 당기고, B 파이프는 양끝에서 당겨 늘린다. 각각의 파이프를 똑 바르게 하면 전체의 형태도 원래대로 돌아오게 된다.

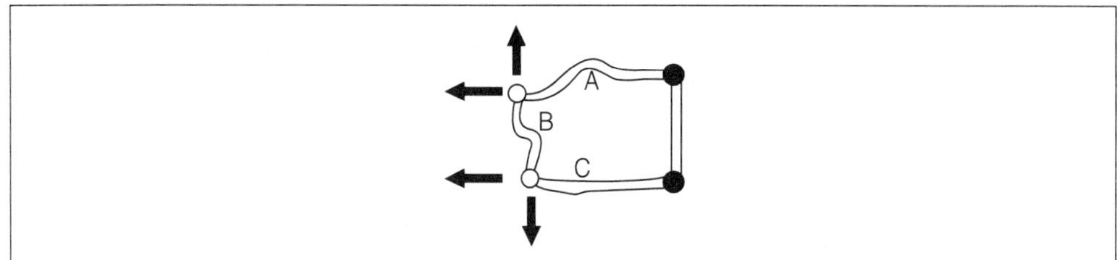

4) 입체물의 수정

① 이번에는 파이프로 만든 입체물을 생각해 보자. 변형은 단순하게 되어 있지만 이것도 A, B, C 3개의 파이프를 똑 바로 하는 것으로 생각하면 전체를 원래대로 복원할 수 있다. 그래서 차체 원복시키는 힘은(원복력) 충격력의 확산 방향의 역방향이다.

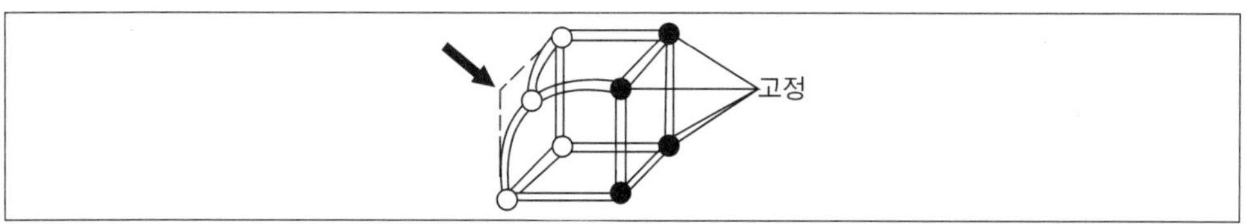

② A, B, C의 파이프는 각각 a, b, c의 힘(확산의 역방향)으로 원복시킬 수 있다.

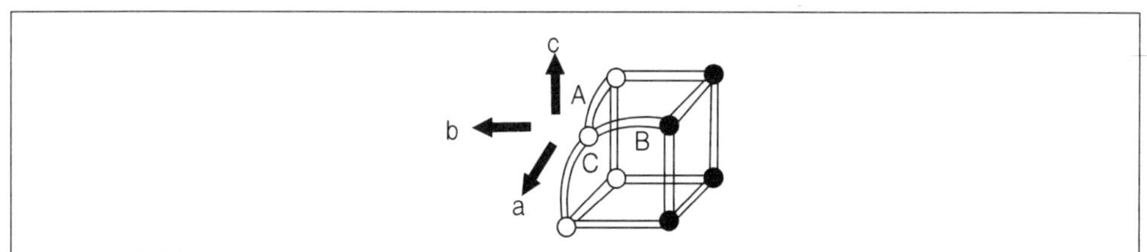

4.8.4 바디에 대해 똑바르게 당긴다

바디 수정 작업의 신속함을 위해 인장 작업의 힘을 효과적으로 바디에 전달하는 것이 중요하다. 예를 들어 10의 힘으로 당겨도 4~5정도밖에 바디에 전달되지 않는다면 시간만 걸릴 뿐이다.

효율적으로 힘을 가하는 방법은 원칙적으로 바디 구조에 대해 똑 바르게 힘을 전달해야 한다. 즉, 앞에서 당길 때는 수직 방향으로만 인장 작업을 한다. 이것은 멤버나 레인포스먼트 등 강성이 높은 부위를 당길 때에는 무시할 수 없는 사항이다. 경사진 방향에서의 힘은 약한 힘밖에 걸리지 않고 클램프도 미끄러지기 쉽다(그림 4-30 참조).

그림으로 그리면 바디의 변형은 과장되기 때문에 경사지게 하여 당기지 않으면 복원되지 않을 듯 보이지만 실제로는 원래의 바디 라인에서 그렇게 크게 벗어나 있지 않기 때문에 똑바르게 당기면 문제는 없다.

요점정리

- 충격력에 반대로 복원력(수정력)을 가하면 헛일이다.
- 힘을 받은 곳에서 먼 곳부터의 순서로 복원한다.
- 인장 작업은 바디 구조에 대해 수평하게, 또는 직각 방향만 행한다.
- 2곳 이상의 힘을 합쳐 수정 작업을 해야한다(다중 인장 방식).
- 인장 작업중 클램프에 안전 고리 등을 부착하여 풀어졌을 때 사고를 방지한다.

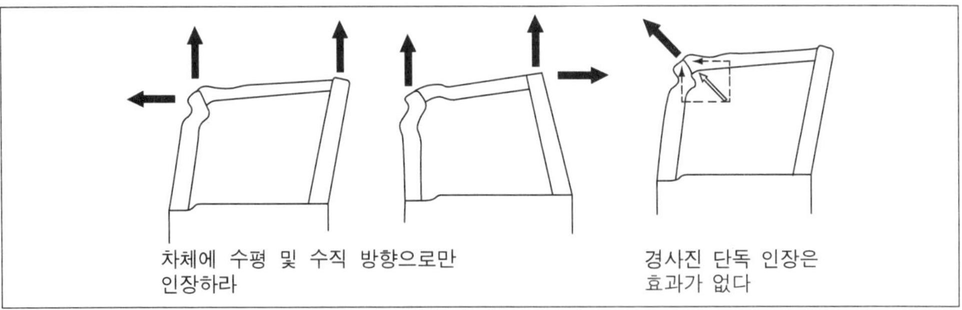

그림 4-30 인장 작업의 원칙

그림 4-31 힘이 가해진 장소로부터 먼 곳의 순서로 복원한다
(간접 2차 파손, 즉 존2부터 복원한다)

이는 몇몇 교재에서 제일 먼저 생긴 파손은 제일 마지막에 수정하고 제일 나중에 생긴 파손을 제일 먼저 수정한다는 원리를 정의했는데 복합적인 파손에서 제일먼저 생기는 파손은 사이드 스웨이고 제일 나중에 생기는 파손은 다이아몬드이어서 아래와 같은 수정 우선 순위로 작업을 한다(그림 4-32 참조).

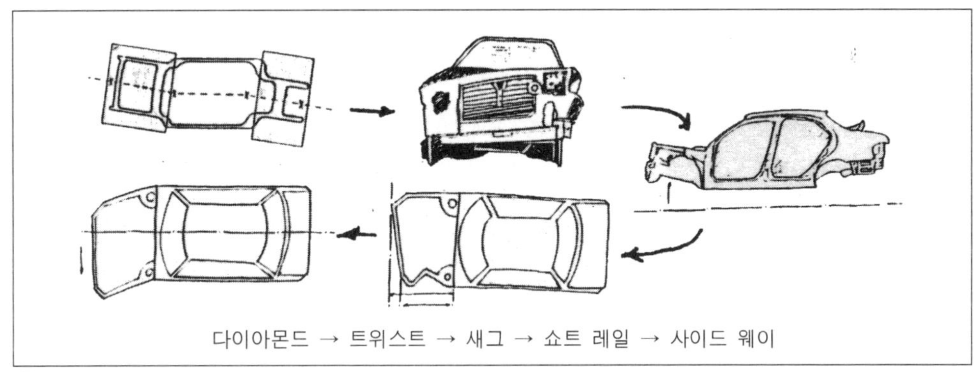

그림 4-32 수정 작업의 순서

4.8.5 다중 인장이 최고다

손상 범위가 넓을 경우, 손상부 강성이 높을 경우 등은 1곳에서만이 아니라 2곳 이상에 클램프를 붙여 당기는 것이 좋다. 예를 들어 후드레치가 전방에서 밀려들어가 있을 경우 사이드 멤버를 20의 힘으로 당기는 것 보다 사이드 멤버와 후드레치 리인 포스먼트 즉, 상하의 끝을 동시에 10씩의 힘으로 당기는 것이 빨리 복원할 수 있다. 또 사이드 멤버가 "<" 의 형태로 굽어있을 때 앞에서의 힘

에 옆에서의 힘을 더하면 보다 빠르다. 프론트 필러의 변형에서는 앞에서 당기면서 실내 측에서 밀어내는 동시 작업을 하면 좋다.

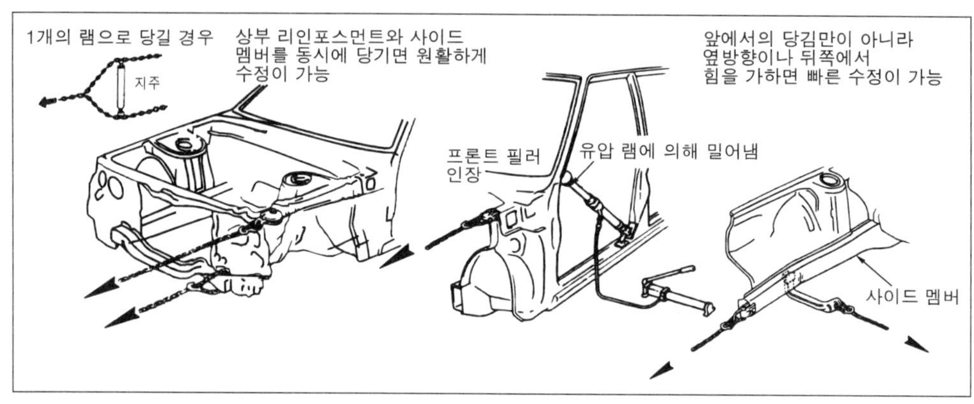

그림 4-33 다중 인장 작업

4.8.6 인장 작업의 맹점

유압 램으로의 인장 작업은 처음에 힘을 가한 단계에서 방향이 변화한다. 체인이나 램의 유격의 량이 늘어나기 때문이지만 미리 그 변화량을 예상하여 거치하는 것이 중요하다. 힘이 충분하게 가해진 상태에서는 거의 방향 변화는 없다. 또 주의하여도 갑자기 클램프가 풀어져 흉기로 변하는 일도 있기 때문에 체인이나 클램프와 바디 사이를 안전 고리로 연결하여 두는 등 안전 대책을 하여 두는 것이 좋다.

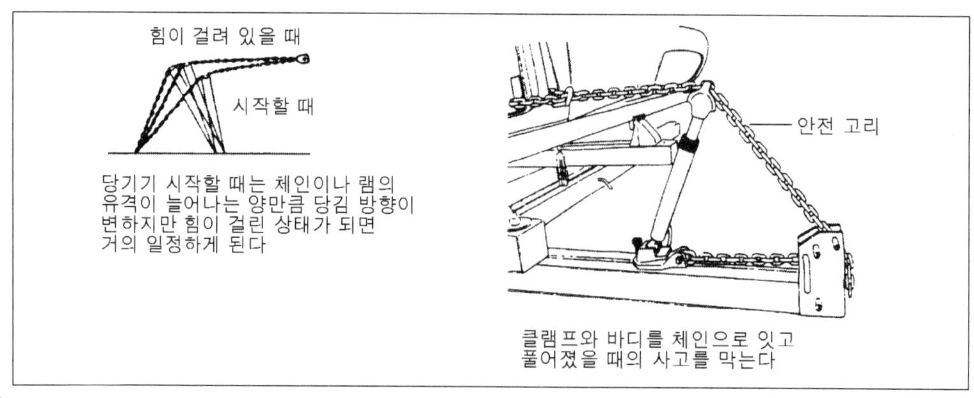

그림 4-34 유압 램의 인장 작업

1) 수정 순서는 손상순서의 반대

사고차량의 손상 형태는 휨이나 비틀림 현상이 단독으로 발생하는 일이 적고, 대부분은 중복된 형태로 나타난다.

엔진 룸에 일어난 손상의 경우는 운전자가 장애물을 발견해서 충돌을 피할 수 없다고 판단했을 때는 먼저 자동차의 방향을 전환해서 정면 충돌을 피하려고 하는 행동을 일으킨다. 이 결과 최초의 손상은 휨(스웨이)의 현상이 발생하는 것이 일반적이다.

두 번째의 행동으로서, 차를 멈추려고 급 브레이크를 작동시킴으로 인해, 급격하게 차륜이 록크(lock)된 차량은 미끄러지면서 차의 앞 부분이 밑으로 숙여져 충돌을 일으킨다.

이 때 발생하는 손상은 종으로 휨이 발생하고, 더욱 변형이 진행되면 찌그러짐이 발생한다. 일반적으로 사고차라도 그 손상 형태는 지금까지 설명된 사례와 닮은 형태가 많고, 몇 개의 현상이 중복되어 나타나는 경우가 많다.

따라서 손상개소의 수정은 손상이 발생한 순서의 역이다.

① 찌그러짐의 수정

② 종으로 휨의 수정

③ 횡으로 휨의 수정이 기본적인 작업 수순이다.

2) 인장 방향은 손상된 방향의 역방향

손상패널을 견인할 경우에는, 손상 방향의 역방향에서 견인하는 것이 원칙이고, 작업시에는 특히 다음의 작업에 유념을 할 것

① 클램프와 패널의 고정은 확실하게 한다.

인장 시 발생되는 인장력은 5000kg의 큰 힘을 가해야 할 경우도 있다. 때문에 클램프와 패널의 고정은 이 인장력을 견딜 수 있어야 한다. 패널에 물림이 불완전한 상태에서는 작업 중에 클램프가 이탈되어 생각지도 않은 큰 사고를 발생시키는 원인이 되기 때문에 주의가 필요하다.

② 인장력의 확인

인장 작업을 위해 체인의 설치가 끝난 후, 설치한 앵커 레일과의 고정 위치나 인장 높이, 인장 방향 등이 자신이 의도한 대로 작업이 이루어 질 것인가를 확인하기 위하여 유압 램을 가볍게 작동시켜 체인이 약간의 장력을 유지하도록 한다.

3) 수축된 부위의 인장 작업

패널이 외부의 힘을 받아 변형되면, 패널 뒷면의 일부는 늘어나고 반대 부위는 수축현상이 일어난다. 이러한 현상은 폐 단면 구조의 사이드 멤버 등의 꺽임 변형의 경우도 마찬가지라고 생각되어 진다.

아래의 그림은 안쪽으로 접혀진 사이드 멤버로서, 변형이 큰 우측은 쭈그러 들고 외측은 미세하지만 늘어나 있다.

이처럼 꺽인 멤버의 수정은 수축(쭈그러 듦)되어 치수가 짧게 된 우측에 클램프를 고정해서 인장 작업을 실시한다. 클램프의 고정을 외측으로 해서 인장 작업을 실시하면 내측 부분의 수정이 곤란해지고 늘어나는 양이 증가해서 변형이 커지는 원인이 되기 쉽다.

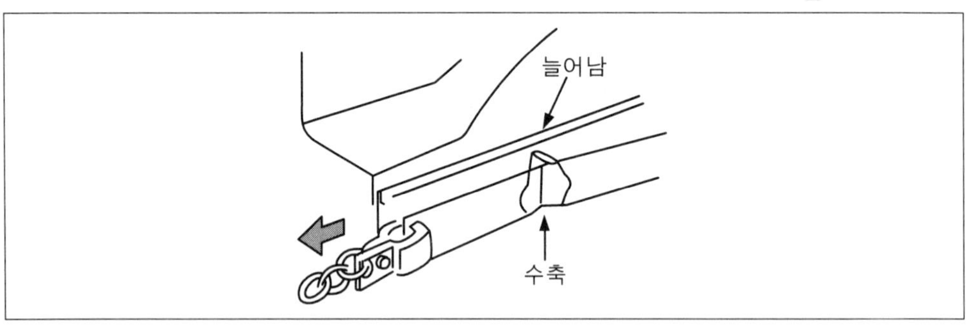

그림 4-35

4) 급격한 인장 작업은 금물

① 단계적인 인장, 수정

패널을 가공하면 가공경화가 생기는 것은 앞에서 다룬 바 있지만, 충격에 의해 발생한 변형 부에도 마찬가지로 가공경화가 발생한다.

경화한 부분은 연신율이 저하되어 있기 때문에 인장력을 과도하게 증가시키면 패널이 찢어지는 현상이 발생한다.

따라서 작업을 실시 할 때에는 변형된 부분을 한번에 원래대로 수정하려 하지 말고, 패널의 형태를 관찰하면서 인장 작업을 서서히 실시하여야 한다.

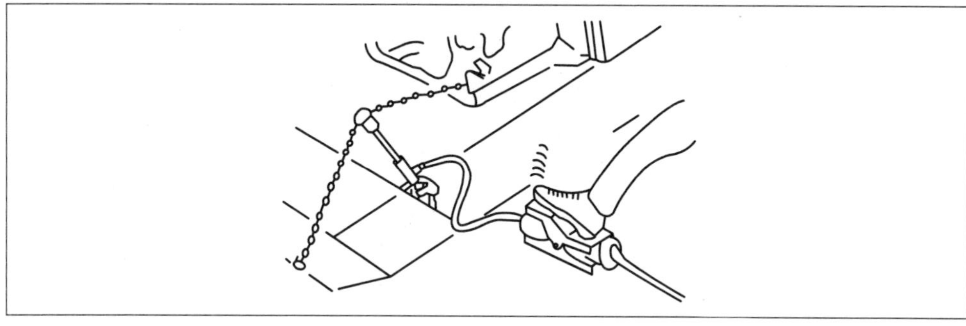

그림 4-36

② 가공경화의 제거

가공경화의 제거 방법은 자연 냉각법을 응용한다.

그러나 이 경우는 고운(7000℃ 이상) 가열은 재료가 갖고 있는 기계적 성질을 저하시킬 위험이 있기 때문에 400~500℃ 정도의 온도로 국부적인 가열 범위로 한정시켜야 할 주의가 필요하다.

주의 : 사이드 멤버는 고장력 강판을 사용하고 있기 때문에 상기의 주의 사항을 지킬 것

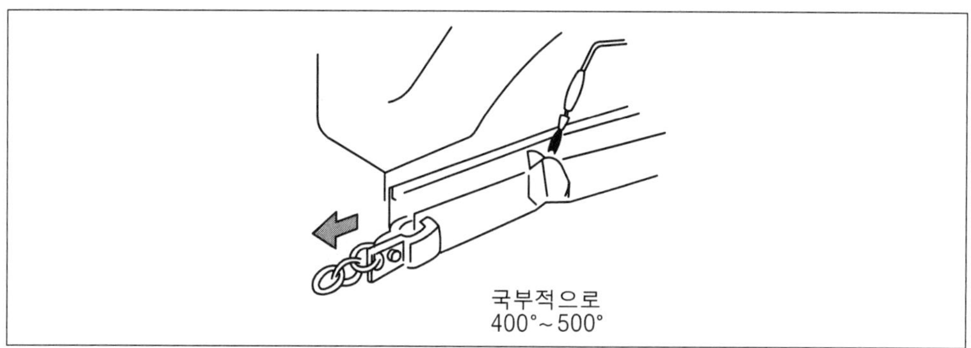

그림 4-37

③ 파열의 보정

작업 중 과도한 인장력으로 인하여 손상이 발생한 경우는 작업을 중지하고 신속히 손상부위를 수정한다.

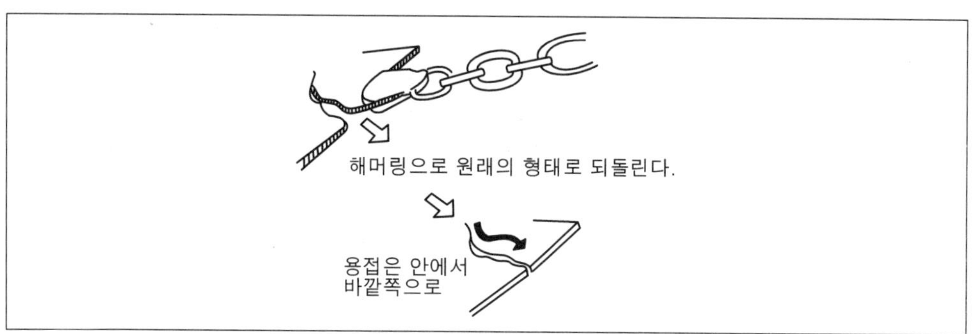

그림 4-38

5) 스프링 백 현상을 예견해 둔다

강판을 가공할 경우 잔여응력의 작용에 의해 스프링 백 현상이 발생한다. 변형된 패널을 원래의 형상으로 되돌릴 경우에도 스프링 백이 일어나기 때문에 이것을 예견해서 작업을 진행할 필요가 있다.

스프링 백을 예견한 작업 및 스프링 백을 억제하는 방법으로서 다음과 같은 것들이 있다.

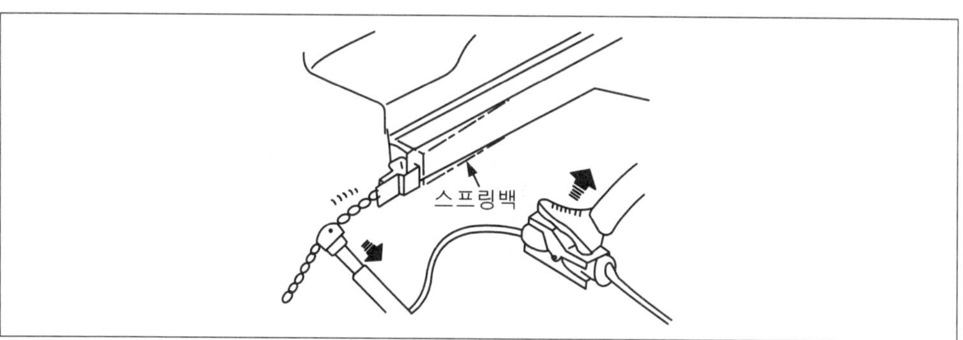

그림 4-39

① 인장하려고 하는 수치보다 조금 더 당긴다

인장작업을 실시할 때 규정 치수보다 2~3mm 정도의 범위에서 더 당겨내어 복원되는 상태에 따라 인장력을 증가시켜 나간다.

② 해머링을 병행한다.

인장력이 작용하고 있는 상태에서 손상부위를 해머링한다. 이 목적은 외력에 의해 변형된 부위는 충돌에 의한 충돌 에너지가 잔류 응력의 형태로 내부에 남아있기 때문에 해머링으로 이 잔류응력을 제거한다.

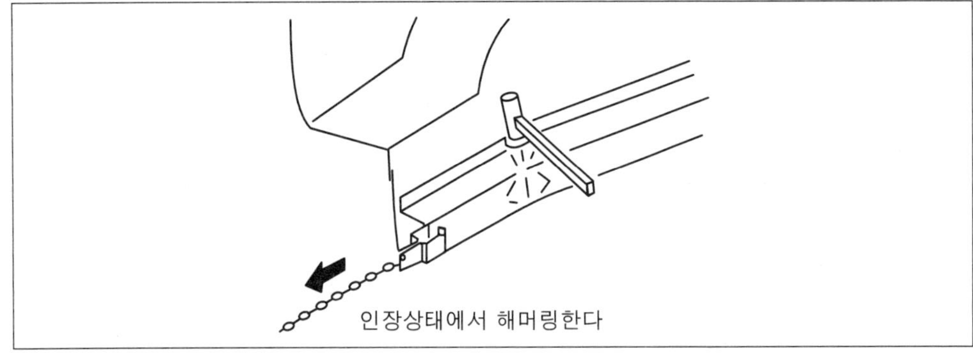

그림 4-40

6) 인장 작업은 수정 작업이 주된 목적

인장 작업에서 중요한 것은 교환 할 부품을 수정하는 것이 아니라, 수정해서 재사용할 부품을 바른 위치로 수정하는 것이 주된 목적이다. 이 때문에 외력을 받은 부분을 손상의 반대 방향으로 견인하는 작업에 의해, 주위에 파급된 손상을 원래의 상태로 되돌려 주는 보조 작업이라 생각할 수 있다.

4.9 다양한 프레임 교정술

4.9.1 손상을 패턴화한다

다른 모양으로 보이는 사고차도 잘 살펴보면 어느 정도 정해진 패턴으로 나타난다. 경험이 쌓이면 자연스럽게 머리 속에 떠오르게 되고 어떤 사고 차에도 신속하게 대응 가능하게 된다. 손상의 상태와 작업 순서를 분류하고, 미세한 부분도 각각의 손상에 따라 수정하는 순서를 취하면 큰 문제는 없다.

4.9.2 가벼운 정도의 전면부 손상

라디에이터 서포트의 왼쪽 반이 밀려들어가고, 후드레치의 앞에서 3분의 1정도가 변형되어 있는 상태. 우측 후드레치는 거의 변형이 없다. 이러한 경우 라디에이터 서포트와 후드레치의 용접부에 클램프를 붙여 앞방향 ①과 좌방향 ②로 조금씩 당긴다. 후드레치의 손상이 미약하면 옆방향으로의 힘을 생략할 수도 있다. 심할 때는 그림의 우측처럼 상하로 당긴다. ③라디에이터 서포트의 변형이 큰 경우는 내측 앞에서의 힘 ④를 가한다. 추가 고정은 우측 후드레치가 당겨지지 않게 하기 위한 ⑤와 후드레치 후반에 힘이 미치는 것을 막기 위한 ⑥을 보강한다.

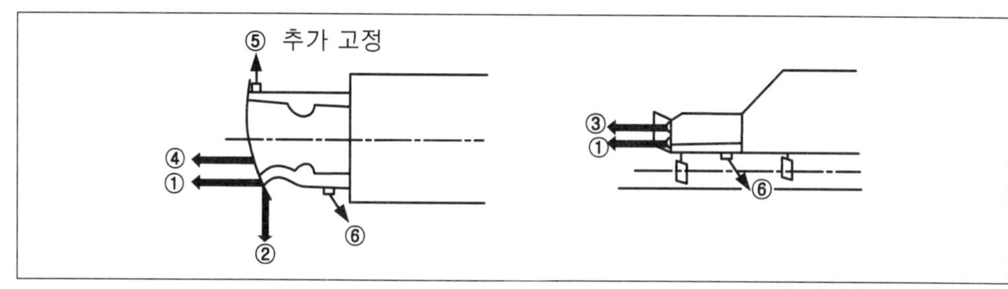

그림 4-41

4.9.3 기둥에 충돌되어 파손 변형된 전면부

라디에이터 서포트가 "<" 형태로 변형되고 후드레치는 그것에 따라 내측으로 밀려들어가 있다. 이런 때 변형량이 많은 라디에이터 서포트 중앙을 당기고 싶겠지만 그것으로는 잘되지 않는다. 여기에서는 라디에이터 서포트의 길이가 짧아졌다고 생각하여 좌우에서 당겨 늘리는 것과 같은 힘을 ①과 ④에 가한다. 동시에 이것은 후드레치를 복원하는 힘이 된다. 후드레치가 밀려있을 때는 손상에 따라 좌우 상하 네 곳의 힘 ②를 추가한다. 고정은 후드레치 후단 ③을 세트한다.

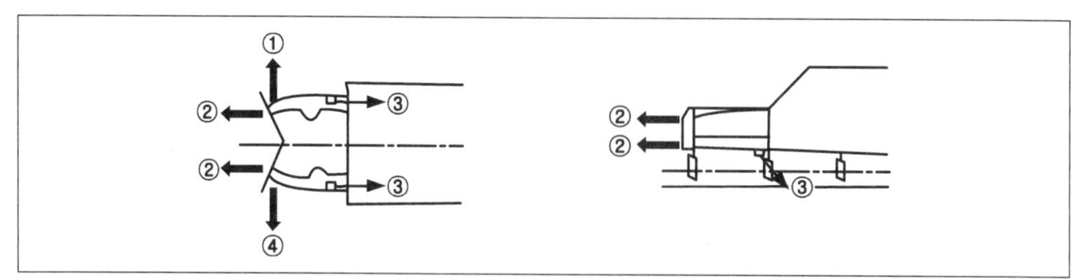

그림 4-42

4.9.4 조금 큰 전면부 손상

엔진룸 전체가 밀려들어가 있고 충격의 중심이 되는 좌측 후드레치 앞 끝이 올라와 있다. 인장 작업의 중점은 후드레치와 라디에이터 서포트의 용접부 앞방향을 상하를 당기고 ①, 좌방향은 손상 상태에 따라 2~3곳에 힘 ②를 가한다. 우측 후드레치는 앞에서 ③ 좌측 프론트가 올라갔을 때는 아래 방향 ④를 추가한다.

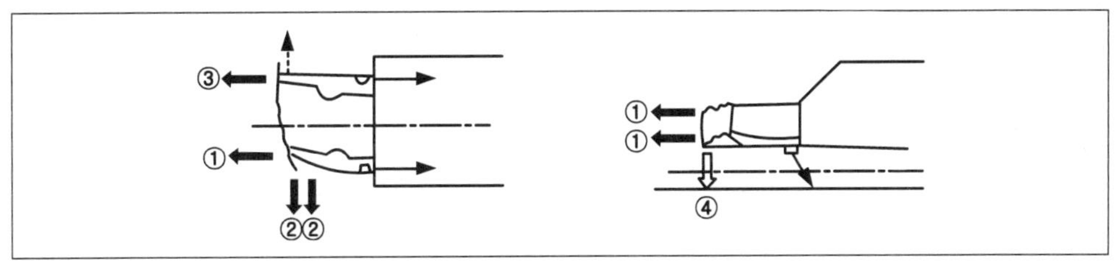

그림 4-43

4.9.5 큰 전면부 손상

프론트 바디 전체가 크게 변형되고, 좌측 프론트 필러가 밀려들어가 있다. 큰 사고, 이러한 경우는 프론트 코너 부근뿐만 아니라 후드레치 부착부에서 ①로 앞으로 당기면 효과적이다. ②로 실내 쪽에서 필러를 밀어내면 보다 빨리 복원 가능하다. 이것은 데시 판넬이 밀려들어가 있을 때도 마찬가지다. 바디 앞부분은 좌우 모두 상하를 ③으로 인장 작업한다. 옆방향이 쏠려 있는 경우는 ④도 필요하다. 큰 힘이 걸리기 때문에 도어 열림부의 어긋남을 막기 위한 고정 ⑤를 행한다.

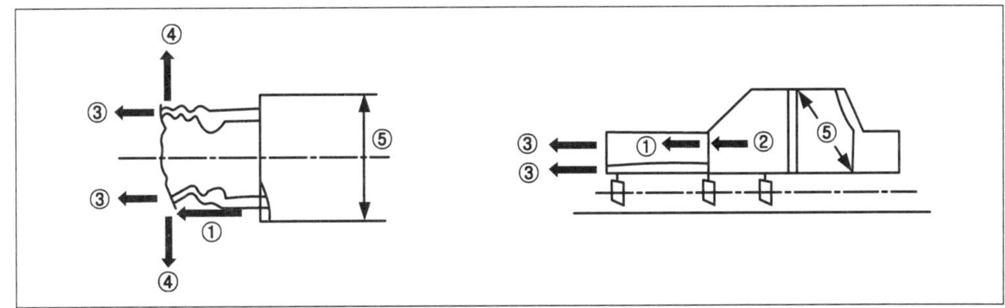

그림 4-44

4.9.6 가벼운 정도의 측면부 손상

센터 필러를 중심으로 한 휠 베이스에 어긋남이 나오지 않는 정도의 손상이라면 기본 고정을 그래도 행할 수 있다. 수정은 센터 필러와 로커 판넬의 중심 클램프를 부착할 수 있는 장소가 작기 때문에 얇은 판 등을 용접하거나 센터 필러에 고무 등을 대고 체인을 감는 등의 작업이 필요하다.

구체적으로는 변형 중심의 바로 ① 양측을 좌방향으로 당기고 ② 동시에 실내측에서 밀어낸다. 루프가 당겨져 아래로 내려져 있는 경우는 ③처럼 위에서 당긴다. 로커 판넬측도 올라가 있는 가능성도 높다. 이것에 대해 ④ 아래 방향의 힘도 가한다.

로커 판넬의 손상이 적은 경우는 ⑤ 로커 판넬 양측을 고정해 준다. 우측의 변형을 막기 위해 바디의 높은 위치에서 ⑥을 고정한다.

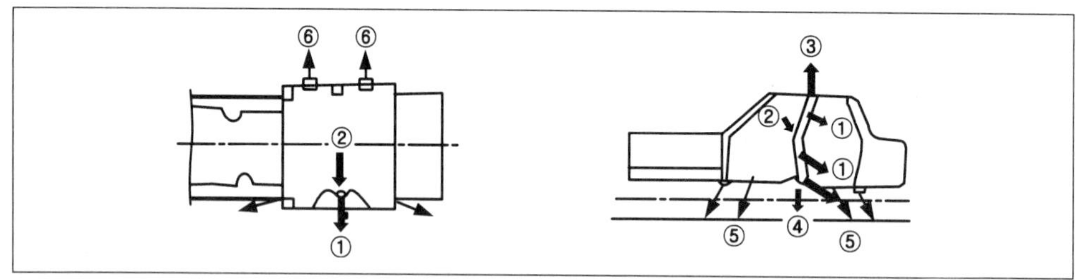

그림 4-45

제 5 장

판넬 교환

제 5 장 판넬 교환

5.1 용접 판넬 교환 방법 I

용접 판넬 교환 부품은, 예를 들면 라디에터 코어 서포트와 같이 어퍼, 사이드, 로워의 각 단품 부품 외에 이것들을 일체로 조립한 Assy 부품이 설정되어 있어 손상의 정도에 따라 선택할 수 있도록 되어 있다.

따라서 차체로부터 부품을 떼어낼 때 서비스 부품의 단위가 어떤 형태로 되어 있는가, 교환할 범위는 어디까지인가를 바르게 판단해서 효율적인 작업이 되도록 한다.

서비스 부품의 형태에 따르지 않는 탈거는 여분의 부분까지 부품을 확보하지 않으면 안되고, 이것에 따른 작업부분이 많아진다든지 해서 합리적인 작업이 되지 않음은 물론 고객에게는 적절한 수리비 보다 많은 요금을 청구하게 되는 결과까지도 발전하게 된다.

5.1.1 떼어내는 시기

팬더나 도어 같이 볼트로 고정되어 있는 판넬이라면 볼트를 풀고, 잠금으로서 비교적 간단하게 붙이거나 떼어 낼 수가 있지만 용접되어 있는 판넬은 간단하지 않다. 대개의 경우 한번 떼어낸 판넬은 다시 사용할 수 없고 붙여 버리면 다시 수정할 수 없다. 그래서 신중한 작업을 필요로 하지만 기본 순서에 따라 행하면 큰 문제는 없다. 용접 판넬의 교환은 대개 바디 수정 작업과 연관이 있다.

인장 작업에 의해 바디가 복원되면 손상을 입은 판넬을 떼어 내지만 실제로 그 시기를 맞추기는 결코 쉽지 않다. 너무 빠르면 딱 맞지를 않고, 세밀한 부분까지 완전히 복원하고 나면 재작업해야 하는 번거로움이 있다.

바디의 센터가 지나는 언더 바디와 어퍼 바디의 주요 부분, 그리고 교환할 부착 부분이 데이터북 대로 복원된 시점에서 낡은 판넬을 떼어낸다. 세밀한 부분은 신품 판넬을 맞추어 보고 나서 세부 조정을 하면 된다.

5.1.2 판넬의 절단

용접 판넬을 떼어낼 때에는 성급히 스포트 용접부에 드릴 날을 대지 말고 먼저 용접된 부분을 가늘게 남겨두고 판넬을 잘라 내면 나중 작업이 편해진다. 그러나 차종 부위에 따라 절단해서는 안되는 부분도 있고, 뒤쪽에 전기 배선, 파이프 등이 통하고 있을 때도 있으므로 주의하지 않으면 같이 잘라 버릴 수도 있다.

이러한 점은 바디만 보아서는 모르기 때문에 자동차 메이커의 설명서를 참고로 하는 것이 좋다. 또 부위에 따라서 용접부만을 잘라내는 것만 아니라 판넬 그 자체를 잘라 내고 신품과 이어버리는 경우도 있다. 이때에도 어디에서 자르는 가를 설명서의 지시에 따르는 것이 안전하다.

요점정리

- 손상 판넬을 떼어내는 시기는 바디의 센터, 주요 부위와 부착부의 치수가 맞고 나서이다.
- 스포트 부를 깎기 전에 판넬을 잘라낸다.
- 판넬 뒤에 배선이나 파이프를 주의해야 한다.
- 스포트 용접부는 정확하게 깎는다.
- 판넬 분리에 무리한 힘을 가하지 말아야 한다.

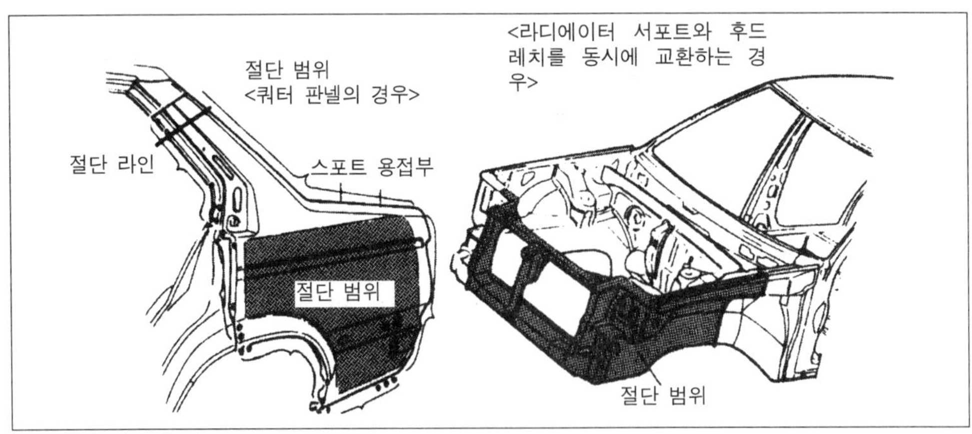

그림 5-1 절단 범위의 예

■ 드릴 날의 종류와 깎이는 모양

	칼끝	깎이는 모양
일반 드릴 (drill)	보통 드릴 날	아래 판에 상처를 낸다.
스포트 커트 (spot cutter)	스포트 커트 날	
홀소 타입 (hole saw)	홀소 타입 커트 날	이 부분이 남는다

5.1.3 스포트 부는 정확하게 깎아낸다

스포트 용접부를 깎아내는 데에는 전용의 스포트 커트 드릴을 사용하는 것이 가장 편리하다. 스포트 커트 날을 일반적인 드릴에 사용하면 아래 측의 남길 판넬에 상처를 내는 등 익숙지 않으면 꽤 어렵다. 그 외에 홀소나 전기 용접기의 원리로 판넬 용접부를 녹이는 도구도 있지만 어느 쪽도 스포트부 중심은 그대로 남아 있기 때문에 나중에 그라인더 등으로 깎아내어야 하는 번거로움이 있다. 스포트 커트 드릴은 처음에 판 두께를 조정하여 두는 것 외에는 준비가 필요없다.

스포트 용접부를 깎아내는 요령은 가능하면 신 차의 스포트부를 정확하게 깎아내야 한다. 조금 귀찮더라도 그렇게 하지 않으면 나중에 더 큰 번거로움이 오게 된다. 용접부가 잘 보이지 않는 경우는 가스 용접기로 약하게 가열하여 와이어 브러시로 도막을 문지르거나 맞춤점에 가볍게 정으로 쳐보면 쉽게 할 수 있다.

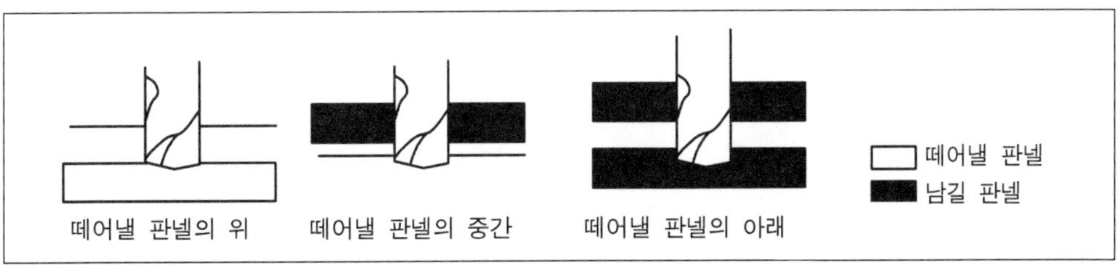

그림 5-2 스포트 부를 깎아내는 방법

5.1.4 정은 가벼운 힘으로 취급한다

스포트 부를 깎아도 판넬은 그대로 붙어 있는 것이 많다. 이것을 분리하는 것이 정과 해머의 역할이다. 정을 사용하는 방법에는 칼이 있는 쪽(얇게 되어 있는 쪽)을 남아 있는 쪽 판넬에 댄 다음 스포트부가 정확하게 깎여져 있는지를 확인하고 필요하면 조금 더 깎아낸다. 그래도 잘 떨어지지 않는 곳이 있으면 이곳은 실링제가 확실하게 붙어있는 부분으로 조금씩, 무리한 힘을 가하지 않고 천천히 떼어내면 남긴 판넬에 상처도 내지 않고 떼어낼 수 있다.

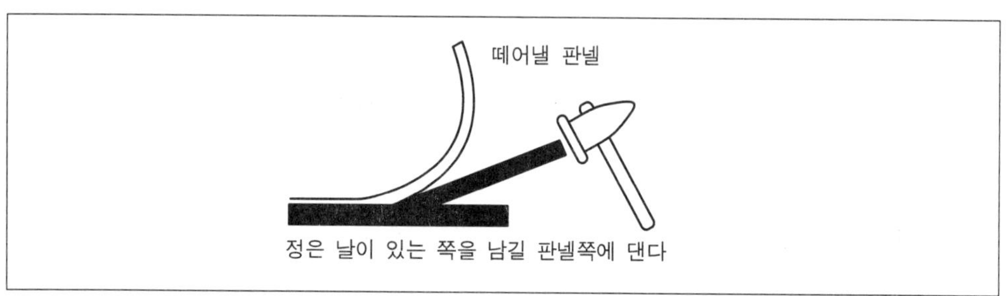

그림 5-3 정의 사용법

5.1.5 자동차 차체 판넬 수정 교환 작업 비율

1) 손상 개소의 부위별 비율

아래의 그림은 사고자의 손상 개소를 부위별로 표시한 것이다. 조사결과에 의하면, 발생 비율은 프론트, 리어, 사이드의 순으로 프론트 부분의 발생비율은 전체 사고의 약 절반을 차지함을 볼 수 있다.

2) 부품별 수리작업 비율

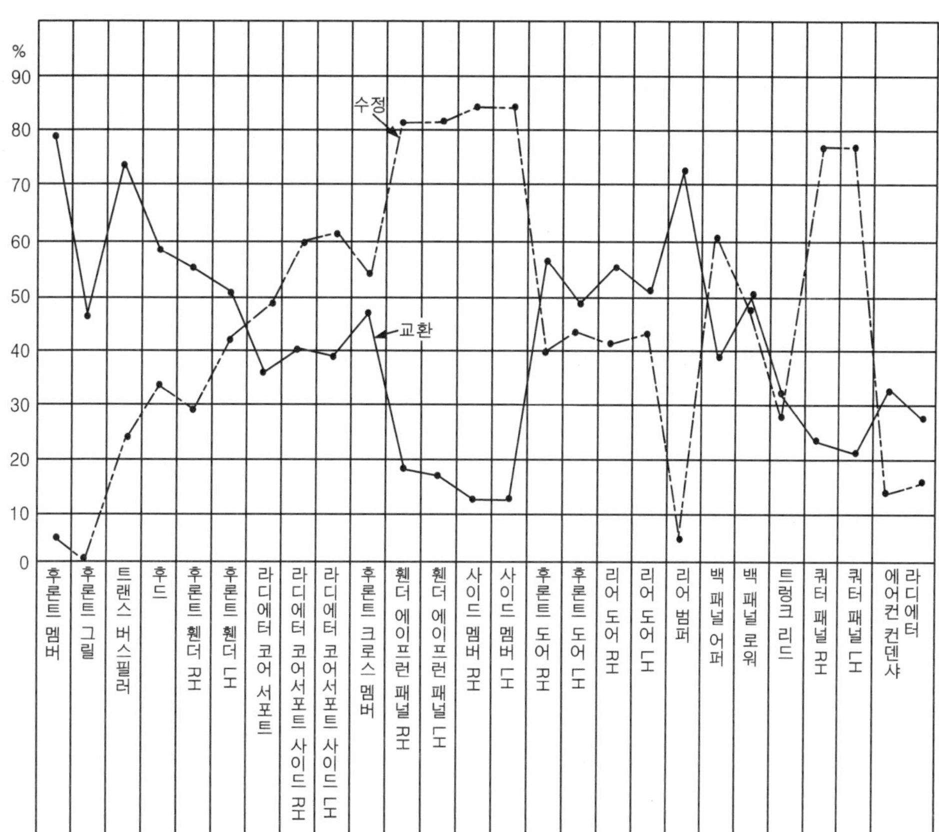

5.2 용접과 접합의 지식

5.2.1 부품에서 완성품으로

많은 공업 제품은 단순한 부품 재료를 합쳐 특정의 기능을 갖는 부품을 만들고, 이러한 부품을 모아 완성품이 된다. 예를 들어 실린더, 피스톤, 캠축 등으로 엔진이 조립되고 엔진, 서스펜션, 바디 등이 모여 한 대의 자동차가 된다.

물건과 물건을 붙이는 방법, 접합 방법에는 기계적 접합 방법, 화학적 접합 방법, 야금식 접합 방법 등이 있다.

5.2.2 기계적인 방법

기계적인 접합 방법에는 어떠한 소도구를 이용하여 이어 맞추는 방법으로 볼트, 너트, 나사, 리벳트류 등이 포함된다. 일반적인 특징은 탈착이 비교적 간단하며 몇 번이고 반복이 가능하다. 단, 연결되는 재료(모체)에는 볼트 구멍을 내고, 나사를 내는 가공이 필요하며 접합 강도는 접합제(볼트, 나사)의 강도에 따라 정해진다. 이러한 점들로서 기계적 접합 방법은 교환 등의 빈도가 높은 기능 부품이나 외장 부품에 많이 이용되지만 구조적 부위에는 그다지 사용되지 않는다.

5.2.3 화학적 접합 방법

간단히 말하면 풀이나 접착제를 사용하는 방법으로 특수한 것을 제외하면 모재의 가공은 불필요하고 특별한 설비나 공구가 없어도 간단히 할 수 있다. 그러나 한번 붙여 버리면 떼어 내거나, 교환하는 것은 어렵다. 접합 강도는 접합제의 능력에 따라 결정된다. 자동차에는 트림, 몰딩 접착 외 후드, 루프의 레인포스먼트, 글래스(유리) 등의 부착에 사용된다. 바디 수리에 사용하는 실링제도 접착제의 하나이다.

요점정리

- 물건과 물건을 붙이는 데는 기계적인 접합 방법, 화학적 접합 방법, 야금식 접합 방법이 있다.
- 자동차의 바디는 야금식 접합 방법(용접), 기능 부품과 외장 부품은 기계적 접합 방법(볼트), 장식의 일부는 화학적 접합 방법(접착제)이 이용되고 있다.
- 용접에는 압접(스포트 용접), 용접(미그 용접), 납접(동용접)이 있다(괄호 안은 바디 수리에 사용되는 것이다.)

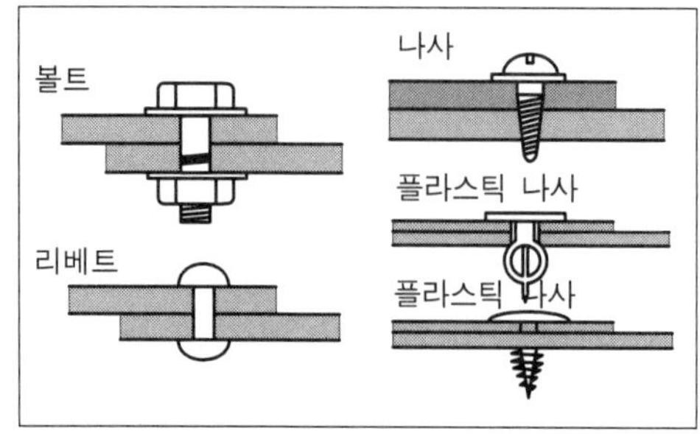

그림 5-4 각종 기계적 접합 방법

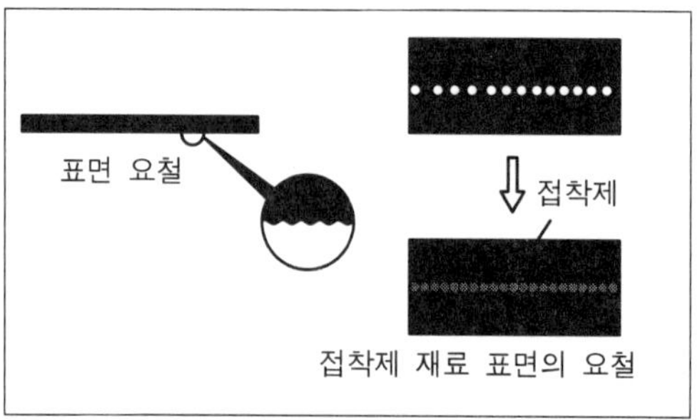

그림 5-5 접착제 부착의 구조

5.2.4 용접식 접합 방법

용접을 말한다. 자동차의 바디는 많은 판넬류로 구성되어 있지만 거의가 용접에 의해 연결되고 있다. 용접이란 문자 그대로 모재의 접촉부의 일부를 녹여 일체화하는 것으로 주로 금속의 접합 방법으로써 사용되고 있다. 용접의 특징은 연결부의 형태가 자유이고, 강도도 모재의 강도와 수밀성 기밀성이 우수하다. 단, 다른 방법과 비교하면 어느 정도의 설비와 경험을 필요로 하며 탈부착의 반복은 거의 불가능하다.

■ 각종 결합 방법의 비교

구 분	기계적 방법	화학적 방법	용접적 방법
주요 예	볼트, 너트, 리베트	접착제	각종 용접
강도	결합도구의 강도에 따라 결정된다.	접착제의 성능에 따라 결정된다.	방법에 따라 다르지만 모체 강도에 가깝다.
필요 공구	간단한 수공구	거의 불필요	용접기가 필요하다.
가격	싸다.	싸다.	비싸다.
탈착성	방법에 따라 가능	방법에 따라 가능	불가능
작업성	간단	간단	약간 훈련이 필요
단점	결합점이 많고, 중량이 증가한다.	냄새나 용접기에 따른 피해가 나오는 경우가 있다.	열에 의한 변형이 나오는 경우도 있다.
주요 사용 부위	탈착이 많은 외장 판넬, 기능 부품, 전장 부품	내장 트림, 몰딩, 밴프렘	대부분의 판넬

5.2.5 여러 가지 용접 방법

용접을 크게 나누면 융접, 압접, 납접 세 가지로 나눌 수 있다. 융접과 압접의 차이는 압력을 가하는 방법에 따라 다르다. 납접은 납 붙임 용접을 의미하며 화학적 접합 방법에 가깝다.

자동차 분야로 한정하여 보면 압접의 대표적인 것으로 전기 저항 스포트 용접이 있으며, 신 차의 바디 용접은 이 방법으로 많이 조립되어지고 있다. 융접에는 탄산가스와 반자동 아크 용접(미그 용접)과 탄산 아세틸렌 용접이 있지만 판넬 교환에 이용되는 것은 미그 용접에 한정된다. 납접은 모재는 거의 녹지 않고 녹인 납재를 접착제와 같이 사용하여 붙이는 방법이다. 용접 강도는 납재 강도에 의하기 때문에 힘이 걸리는 부분에는 사용할 수 없다. 판넬 맞춤의 틈이나 단차를 메워 순조로운 모양을 낼 목적으로 사용된다.

바디 판넬 교환 작업에서는 원칙적으로 스포트 용접을 대부분 사용하지만 구조에 따라서 스포트 용접이 불가능한 장소나 특별히 보강이 필요한 부분, 두 장의 판넬을 맞대어서 용접하는 경우에 한해 미그 용접을 이용한다. 가스 용접이나 납접에 의한 판넬 교환은 하지 않는 것이 좋다(부식 방지 효과가 좋지 않기 때문이다).

■ 여러 가지 용접

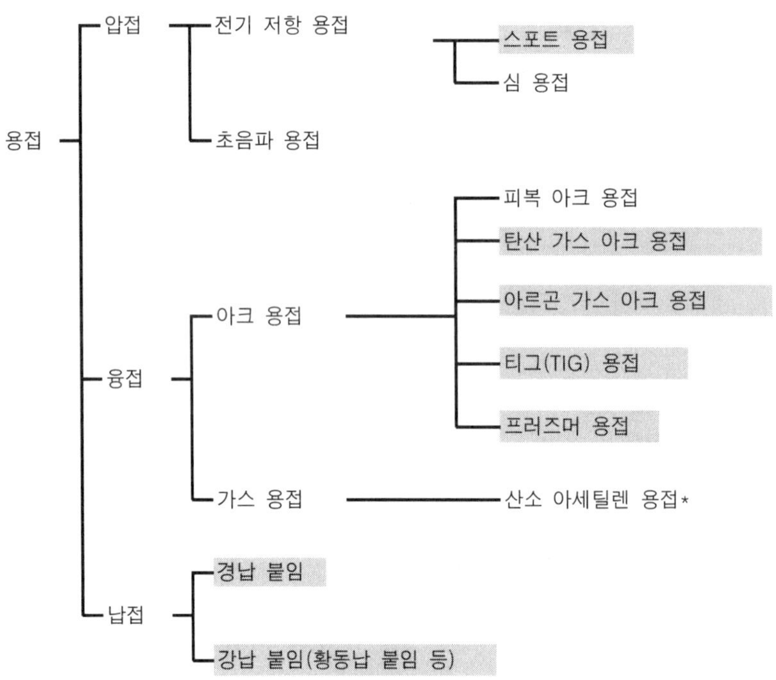

* 산소 아세틸렌 용접은HSS강이나 모노코크 차체 수리에 사용을 권장하지 않는다.

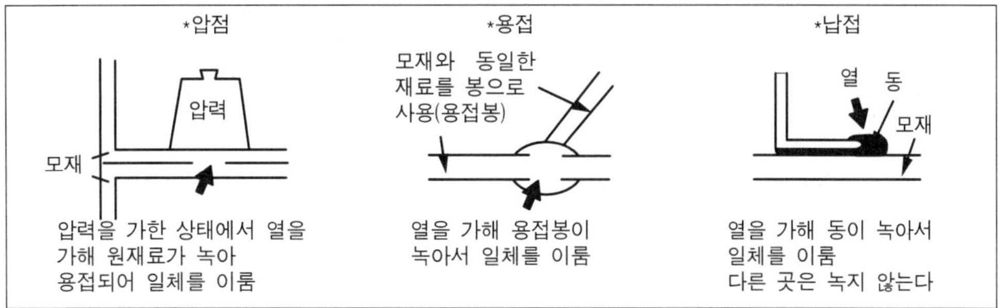

그림 5-6

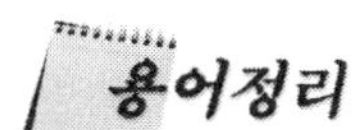

납재

납접시에 접착재와 같은 역할로 이용된다. 동과 아연, 은과 동 등 저온에서 용해하는 합금으로 모체의 재질에 따라 적당한 것을 고른다. 납재가 녹는 온도가 450℃ 이하인 경우를 경납 붙임이라 부른다. 그 이상의 온도에서 녹는 납재를 강납 붙임이라 하고 바디 수리에서 납 붙임이라고 하는 것은 이것을 가리키는 것이다.

5.2.6 용접의 종류와 특징

구 분	용 접		압 접	납 접
방법	산소 아세틸렌 가스 용접	탄소 가스 아크 용접(MIG)	전기 저항 스포트 용접	납 붙임
용접 열	높다.	높다.	낮다.	낮다.
용접 시간	길다.	길다.	짧다.	짧다.
용접 재료	산소 아세틸렌 가스 용접봉	탄산가스 용접 와이어	불필요	아세틸렌가스 산소 납재
사용전력	---	대	소	---
작업성	숙련 필요	다소 훈련 필요	간단	숙련 필요
용접 강도	작업성에 따라 차이가 크다.	가장 강하다.	강하다.	약하다.
용접 흔적	거칠다.	조금 거칠다.	작은 흔적만 남는다.	거칠다.
열에 의한 비틀림	나기 쉽다.	잘 나지 않는다.	잘 나지 않는다.	잘 나지 않는다.

녹	나기 쉽다.	잘 나지 않는다.	잘 나지 않는다.	나기 쉽다.
주로 사용하는 범위	절단, 도막 벗김 (판넬 교환에는 사용하지 않는다.)	스포트를 사용할 수 없는 부위, 세 장 이상 겹친 경우, 특히 강도를 필요로 하는 장소, 맞붙이기 용접	거의 판넬 교환	용접부의 단차를 메운다. 소부품 부착

5.3 산소 아세틸렌 가스 용접기

5.3.1 용접에 사용하지 않는 용접기

용접기는 산소가스 용접, 아세틸렌 용접, 토치 등 여러 가지로 분리되지만 모두 같은 것을 지칭한다. 용접의 대명사격인 이 용접기는 현재 정비공장에서는 본래의 목적대로 사용되는 일이 거의 희박하다. 원래는 절단, 도막 벗기기 등에만 사용되어야 한다. 산소 아세틸렌 가스 용접기는 말 그대로 산소와 아세틸렌 가스를 혼합하고, 이것을 태운 열(약 3,000℃)을 이용해 금속을 녹여 용접한다. 노출된 불을 사용하기 때문에 열을 좁은 범위로 집중시키기가 어렵고 주위의 강판에 비틀림 현상을 일으키게도 하고, 강도를 저하시키기도 한다. 또한 쉽게 녹이 발생할 수도 있다.

눈에 보이는 정도에서만 조정이 가능하므로 숙련된 기술이 아니면 능숙한 용접이 어렵다. 바로 이런 점이 가스 용접으로 판넬 부착 및 교환에 사용해서는 안되는 이유이다.

5.3.2 가스 용접에 의한 절단 작업

가스 용접기를 사용하는 절단은 속도가 빠르고 복잡한 손상부도 간단히 자를 수 있지만 정밀한 절단이 어렵고 절단된 면이 깨끗하지 못하며 실링재나 도막이 타버릴 수도 있기 때문에 열에 약한 기기나 배선류가 가까이 있을 때는 별도의 방법을 선택하는 것이 좋다. 작업 순서는 다음과 같다.

① 산소탱크의 코크를 좌로 돌려 풀고, 레귤레이터로 압력을 4~5kg/cm^{3}으로 설정한다.

② 아세틸렌의 코크를 우로 풀고 레귤레이터로 0.3~0.5kg/cm^{3}으로 설정한다.

③ 토치의 아세틸렌 밸브를 반 바퀴 정도로 돌려 열고, 산소 밸브를 아주 조금 열고나서 용접용 라이터로 점화한다.

④ 불의 강약조정은 아세틸렌 밸브를 고정해 둔 채 산소 밸브로 조정한다.

⑤ 불을 절단부에 대고 녹기 직전에 절단용 밸브를 열어 산소 제트를 보낸다.

⑥ 절단부가 확실히 녹아 잘려 떨어져 나간 것을 확인하면서 토치를 진행한다. 토치의 각도는 절단부가 두꺼울 때는 조금 세워서 얇게 되는 것을 보면서 서서히 눕히는 것이 요령이다.

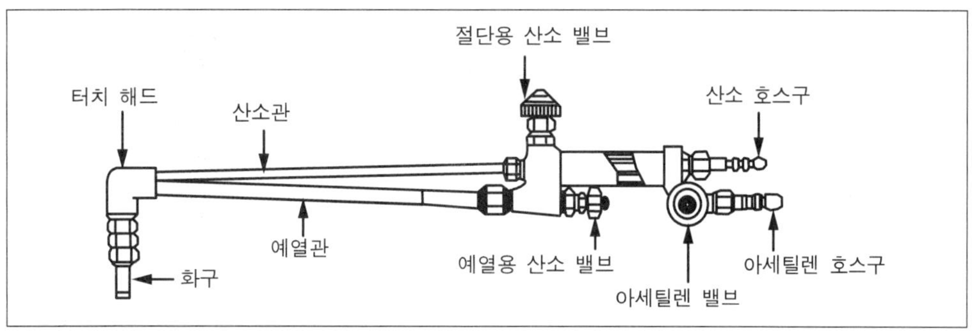

그림 5-7 절단용 토치의 구조

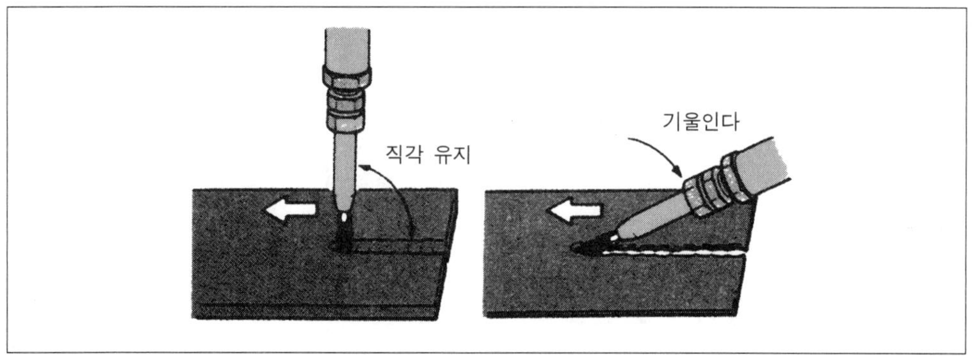

그림 5-8 토치의 각도

요점정리

- 산소 아세틸렌 가스 용접기는 산소와 아스텔렌 가스를 혼합, 연소시켜 그때의 열로 금속을 녹여 용접한다.
- 판넬 교환시 용접에는 사용하지 않는다.
- 납붙임에서는 온도가 너무 올라가게 되면 주위가 비틀리게 되므로 장소에 따라 2~3회로 나누어 작업한다.

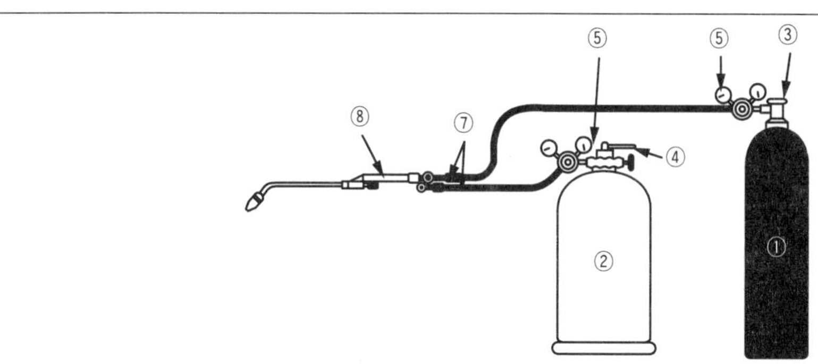

① 산소 탱크 : 약 150㎏/cm^2로 압축한 산소가 들어 있고 탱크는 녹색으로 칠해져 있다.
② 아세틸렌 탱크 : 아세틸렌은 위험하기 때문에 다른 약품에 녹여 다공성 물질에 섞은 상태로 채워져 있다.
③ 산소 코크 : 우 나사의 코크로 시계 방향으로 돌리면 잠긴다.
④ 아세틸렌 코크 : 좌 나사의 코크로 반시계 방향으로 돌리면 잠긴다.
⑤ 산소용 레귤레이터 : 탱크에서 나온 산소의 압력을 떨어뜨리고 일정하게 유지시킨다.
⑥ 아세틸렌용 레귤레이터: 탱크에서 나온 아세틸렌의 압력을 떨어뜨리고 일정히 유지시킨다.
⑦ 원터치 조인트 : 호스의 색이 산소는 녹색, 아세틸렌은 적색이다.
⑧ 토치 : 산소와 아세틸렌의 양을 따로 따로 조정하도록 되어 있는 것이 많다.용도에 따라 용접용과 절단용으로 나뉜다.

그림 5-9 산소 아세틸렌가스 용접기의 구조와 취급

5.3.3 납 붙임의 포인트

납을 붙이는 곳은 미리 먼지나 유분 등을 청소해 두어야 한다. 또한 디스크 샌더로 도막이나 녹 등을 제거해 두어야 하며, 토치 측의 점화까지의 순서는 절단 작업과 동일하나, 불의 조정에서 산소를 약간 적게 한다. 먼저 납 붙임부를 가열하여 충분히 온도를 올려놓고 나서 납재를 가열해서 녹으면 필요한 부위에 흐르게 한다. 장시간 동안 같은 부위를 가열하면 주위 판넬에 비틀림이 발생할 수도 있기 때문에 2회로 나누어서 작업하는 등 열을 식히는 방법을 실시해야 한다.

납 붙임부가 식어 있으면 납이 잘 붙지 않기 때문에 항상 전체적으로 균일하게 가열한다. 단, 온도를 너무 올려도 안된다. 납 붙임부가 식고 나서 디스크 샌더 등으로 불필요하게 붙은 납을 제거한다. 납 붙임 시는 온도를 너무 올리지 않고, 가깝게 대지 않는 것은 어렵다. 따라서 부위에 따라 2~3회로 나누어 행하는 것이 좋다.

용어정리

가스 용접기에서의 도막 벗김

스포트 용접, 미그 용접을 할 때는 용접 부위의 도막을 벗겨 놓을 필요가 있다. 낮은 온도의 불로 벗겨내야 할 도막을 뜨겁게 하여 타기 시작하기 직전에 불을 치우고 와이어 블러시 등으로 긁어낸다. 작업 속도가 빠르고 깨끗하게 벗겨낼 수 있는 장점이 있으며, 강판에 상처를 내기도 하고 나중에 녹이 생기기도 하는 단점이 있으므로 긁어내는 작업에는 가능한 벨트 샌더 등으로 작업하는 것이 좋다.

불의 상태와 조정에 대하여

가스 용접기의 불은 산소와 아세틸렌의 비율에 따라 상태가 변화된다. 산소와 아세틸렌 비율이 1대 1(최적)일 때가 표준이며 중성 불이라고 부르고, 회백색의 하얀 심과 주위에 파란색을 약간 띠고 있다. 아세틸렌이 많으면 탄화 불이 되고, 이는 하얀 심과 바깥 불 사이에 담백색의 아세틸렌 흔적을 볼 수 있다. 반대로 산소를 많이 한 것이 산화 불로 외관은 표준 불과 비슷하지만 하얀 심이 짧고 약간 보라색을 띠고 있는 것이 특징이다. 각각 불의 사용 목적은 다르지만 절단에서는 중성에서 약간 산화불 상태로, 납 붙임에서는 탄화불로 한다.

구 분	탄화불	중성불	산화불
불의 상태			
산소	적다	같은 양	많다
아세틸렌	많다		적다
사용 목적	알루미늄, 니켈 등의 용접, 납 붙임, 도막 벗김	철판이나 주로 금속의 용접 작업	황동, 청동 등의 용접, 절단

5.4 탄산가스 실드 반자동 직류 아크 용접기(CO_2 용접기의 원리)

5.4.1 어떤 용접기인가?

필요 이상으로 이름이 긴 용접기이지만 정식적으로 부르면 "탄산가스 실드"이다. 즉 고온이나 산화물 발생으로 녹이 나기 쉬운 용접부를 지키기 위해 용접 중에 탄산가스를 불어내 바깥과 접촉하는 것을 막고 있다. 용접 작업에 따라 용접봉의 역할을 하는 와이어가 자동적으로 보내지지만 용접 토치는 작업자의 손에 의해 다루어지기 때문에 완전자동이 아니라 반자동임을 의미한다. "직류 아크"는 전기가 불꽃 방전(아크)의 열을 이용한 용접기로서, 사용하는 전기는 직류이다. 일반적으로 직류 아크 용접기는 바디 판넬 등의 얇은 금속판에 사용하고 반대로 두꺼운 강판을 다룰 때는 교류 아크 용접기를 사용한다.

5.4.2 미그 용접기와 매그 용접기(MIG and MAG)

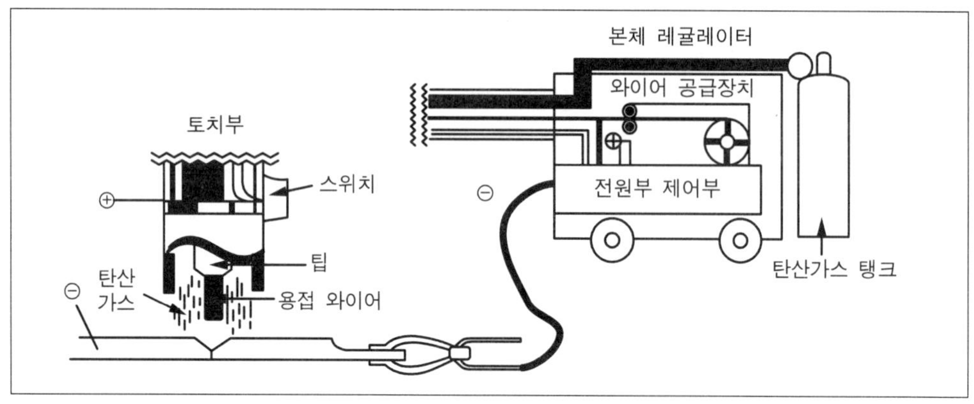

그림 5-10 미그 용접기의 구조

이렇게 긴 이름으로는 불려지지 않고 현장에서서는 CO2 용접기나 미그로 줄여서 불려진다. 우리가 익숙하게 듣는 미그 용접기의 미그는 "Metal Inert Gas = MIG"의 약자로 우리말로 고치면 "금속에 화학 반응을 일으키지 않는 가스"라는 의미이다. 여기서 화학 반응이라는 것은 녹의 원인이 되는 산화 반응을 말한다. 세상의 어떤 물질과도 거의 반응하지 않는 알곤 가스를 사용하는 것이 미그 용접기이지만, 알곤 가스는 가격이 비싸기 때문에 정비공장에서서는 탄산가스를 사용하고 있다. 따라서 면밀히 따져보면 "Metal Active Gas = MAG" 즉 "금속과 화학 반응하는 가스"라고 하는 것이 맞다. 그러나 이런 종류의 용접기는 통상 미그 용접기라고 부르고 있기 때문에 이 책에서의 표기도 미그 용접기라 한다.

요점정리

- 미그 용접기는 탄산가스로 용접부가 바깥공기와 접촉되는 것을 방지하면서 불꽃 방전(아크)의 열로 금속을 녹여 용접한다.
- 얇은 강판에도 나쁜 영향을 입히지 않으며 녹이 생기는 것도 막아 준다.
- 알곤 가스(argon gas)를 사용하는 것이 미그 용접기이며, 텅스텐(tungsten) 전극을 사용하는 것이 티그 용접기이다.
- 아크는 일시 멈춤과 작동이 반복되어 용접부 온도가 필요 이상 올라가지 않는다.

5.4.3 아크 용접기의 유사 용접기

불꽃 방전을 이용한 아크 용접기의 동료에는 미그 용접기 외에 "교류 아크 용접기"와 "TIG 용접기"가 알려져 있다. 교류 아크 용접기에는 일시적으로 정비공장에서 사용되었지만 바디 판넬같이 얇은 판넬에는 적당치 않기 때문에 곧 자취를 감추었다. TIG(Tungsten Inert Gas) 용접기는 미그 용접기와 같고 알곤 가스가 용접부를 산화 방지하지만 와이어 대신에 텅스텐 전극이 있고 용접봉은 별도로 손으로 들고 한다.

용어정리

불꽃 방전
전기는 금속선이나 금속 등을 통해 전기가 통하는 성질을 갖고 있는 물체 안을 흐르지만 거리에 대비해 전류, 전압이 크면 아무 것도 없는 공간을 뛰어넘어 흐르는 일이 있다. 이러한 현상을 불꽃 방전이라 한다. 실제로 통할 수 없는 곳을 무리해서 흐르기 때문에 큰소리와 빛, 열이 발생한다. 엔진 안에서 점화 플러그에 불꽃이 튀는 것도 모두 불꽃 방전에 의한 것이다.

알루미늄이나 스텐레스 등의 용접이 깨끗하게 되는 것이 특징이지만 정비공장에서는 그다지 필요가 없다. 이러한 종류의 금속 용접은 깨끗하게 되진 않지만 알곤 가스를 사용하는 미그 용접으로 할 수도 있다. 미그 용접기를 닮았으나 용도가 다른 것 중에 플라즈마 절단기가 있다. 이것은 텅스텐 전극을 갖고 있고 아크 열로 금속을 녹이기 때문에 주변에 나쁜 영향도 주지 않고 깨끗하게 절단한다.

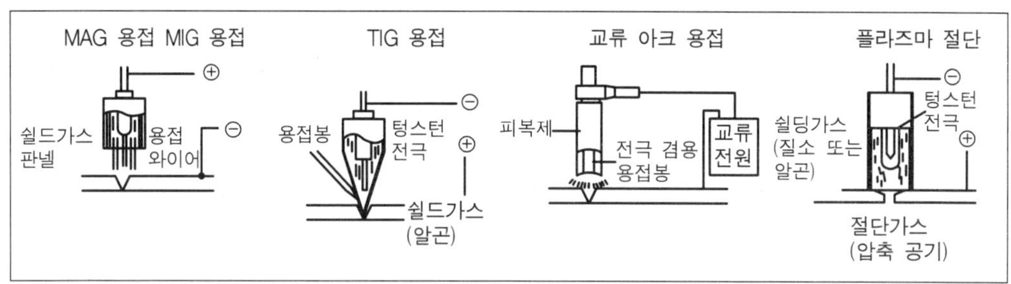

그림 5-11 아크 용접기의 동료들의 구조

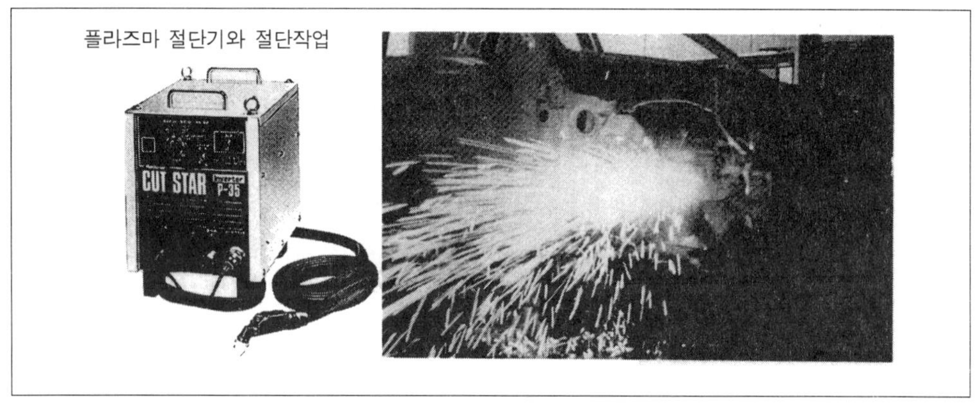

그림 5-12 플라즈마 절단기와 절단 작업

5.4.4 불꽃은 일시적으로 튄다

미그 용접기는 와이어 용접봉과 동시에 전극 역할을 하고 있고, (−)측 배선이 접속된 바디와 사이에서 불꽃 방전을 발생시킨다. 그러나 용접 작업 중에 불꽃이 계속적으로 튀는 것은 아니다. 그림과 같은 회전주기를 갖고 일시적인 방전이 반복된다. 온도가 필요 이상으로 올라가는 것을 막아 주고 얇은 강판을 용접해도 주위에 나쁜 영향을 주지 않고 깨끗하게 용접할 수 있다.

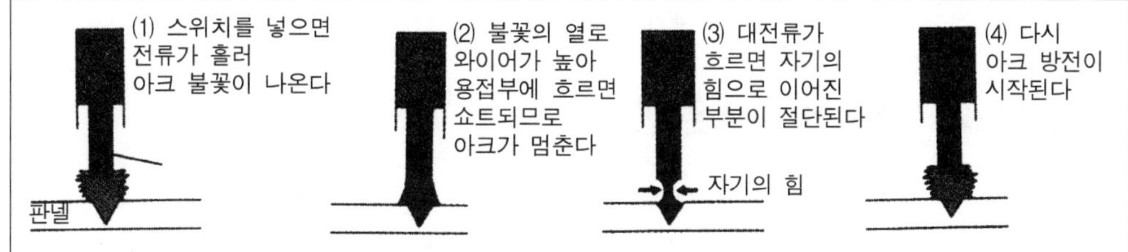

그림 5-13 미그 용접기의 원리

5.5 CO_2 용접기의 취급

5.5.1 용접기의 설치

용접기는 유니트의 파손을 막기 위해 1차 터미널과 입력 코드가 연결되어 있다. 그래서 공급 볼트를 맞춘다. 다른 중요한 것은 용접기의 사이클이다. 한 예로 60%의 사이클이라 하면 매 10분마다 가동되는 것이 6분 정도라는 의미이며, 남은 4분 동안 유니트는 냉각을 위해 정지한다는 것이다. 유니트는 적정온도를 유지하기 위해서 반드시 가동 시간이 필요하다. 과도한 사이클 비율은 용접기 제너레이터를 파손시킬 수 있다.

몇몇 용접기의 유니트는 냉각을 위해 내부 팬이 있다. 용접기의 암페어를 줄이면 사이클을 증가시킬 여유가 생긴다. 일반적으로 60%용접 사이클이면 정비공장에서 경작업용으로 적절하다. 판 두께의 범위가 좁기 때문에 와이어 경도는 0.6㎜인 것 하나로 충분하다. 중요한 것은 공급 롤러와 토치 접촉 팁이 같은 규격이어야 하며, 와이어의 롤러가 와이어에 걸리는 장력을 조절해 주어 쉽게 풀려 나오도록 해야 한다.

롤러의 장력이 케이블과 토치 연결 부위를 통하여 와이어가 풀려나올 정도로 조절되어야 하며, 너무 많은 장력이 걸려 와이어가 납작해지거나 모양이 뒤틀렸을 때는 용수철과 같은 성질로 변해 와이어 공급이 잘 안될 수도 있다.

어떤 용접기는 스프링 클립으로 장력이 결정되어 올바른 와이어 장력과 와이어 사이즈에 맞는 드라이브 롤이 자동적으로 작동한다. 또 완전한 와이어 공급 및 정지가 안되면 드라이브 롤이나 케이블 입구 사이에 새둥지처럼 엉킨다. 많은 케이블 어셈블리는 팩킹이 포함되어 있는데, 이 기능은 와이어가 공급되기 전 쉴딩 가스가 새는 것과 와이어가 꼬이는 것을 방지한다.

5.5.2 기본적인 취급은 간단

"반자동"이라고 할 정도이기에 미그 용접기 본체의 취급은 간단하다. 전류의 설정은 판 두께에 다이얼을 맞추면 되는 타입이 많고 탄산가스의 유량은 레귤레이터로 매분 10~15ℓ 정도로 조정한다. 자동차의 판넬 두께는 외판 0.6~0.8mm이다. 멤버 등 안쪽의 판넬은 0.8~1mm가 일반적이다.

연습이 필요한 것은 "토치 이동 방법". 먼저 토치는 판넬에 대해 수직에서 조금 앞으로 당겨 용접 부에 향하게 한다(약 10~15° 정도).

판넬과 거리는 플라스틱 커버 앞에서 10mm 정도가 표준이다. 이 상태에서 스위치를 누르면 방전이 시작되고 용접이 시작한다. 이 아크는 와이어와 모재 둘다 용해시켜 흘러내리고 마침내 용접 살이 되는 것이다. 한번 용접 살이 형성되면 올바른 위치와 와이어 속도가 가장 중요하다. 토치를 움직이는 속도는 1분간에 1m 정도로 빨라지거나 느려지거나 하면 안되고 또 토치와 용접부의 거리가 떨어졌다가 하지 않은 것이 중요하다. 와이어가 용접부 이전에서 타 버리면 와이어 스피드와 건의 각도를 더 증가 시켜야 한다. 즉 일정하게 움직이는 것이 좋다. 토치의 진행 방향으로 용접 완성 상태가 조금씩 다르다.

요점정리

- 토치는 판넬에 대해 수직에서 10~15°정도 기울이고 거리는 10mm 전후로 유지해야 한다.
- 토치 이동 속도는 1분간 1m 정도이고, 전진법은 녹은 상태가 얇고 평평하며 후퇴법은 깊고 약간 올라온 상태이다.
- 맞댐 용접은 단속적으로 용접한다.
- 플러그 용접은 토치를 움직이지 않는다.
- 작업자는 방호면을 하고 자동차에 방호 시트를 덮는다.

앞으로 전진하면 녹은 상태가 얇고 평평하기 때문에 쿼터 판넬, 로커아웃터 등의 외판 판넬을 맞댐 용접할 때 사용하고, 후퇴시키면 녹임 상태가 깊게 되기 때문에 멤버나 후드레지 등을 확실하게 고정시키고 싶을 때 사용한다.

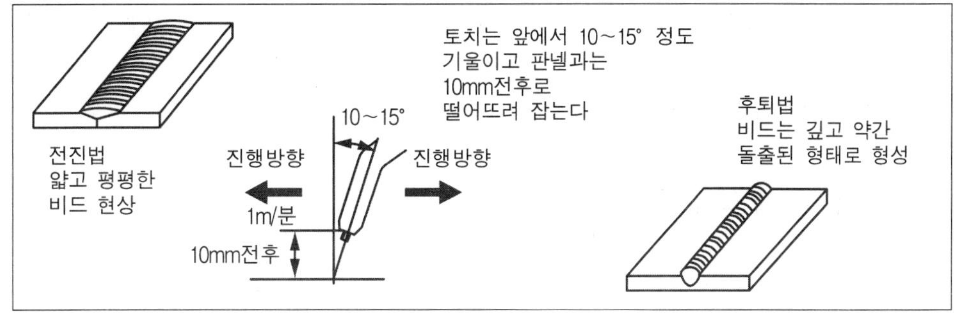

그림 5-14 토치의 용접시 사용 방법

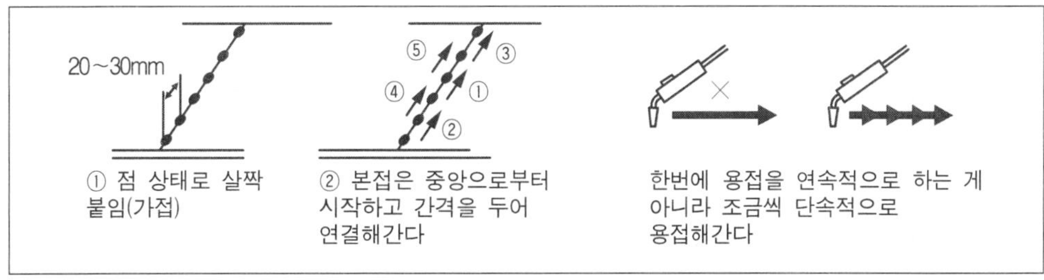

그림 5-15 맞댐 용접의 순서

5.5.3 용접 토치와 작업 위치

그림 5-16은 용접 토치의 작업 위치를 보여준다. 수직 용접은 거의 수평 용접과 유사하게 할 수 있다. 오버 헤드 용접을 할 때는 뜨거운 용접 불순물이 떨어질 위험이 있다. 이때 용접 불순물이 접촉 팁 혹은 토치의 노즐에 들어가면 와이어 공급이 되지 않기 때문에 주의해야 한다.

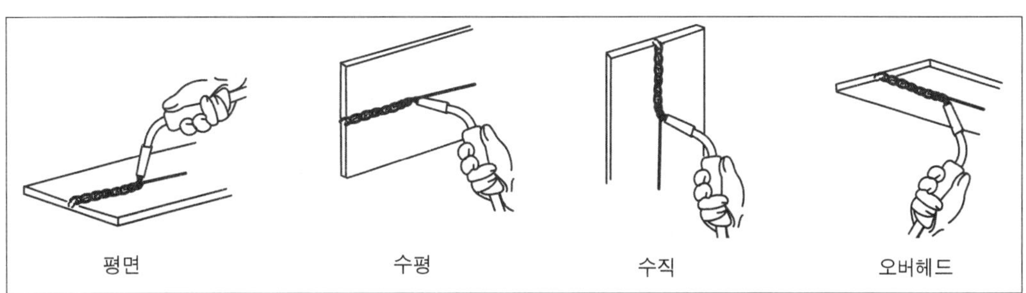

그림 5-16 용접 토치와 작업 위치

그래서 오버 헤드 용접시에는 와이어 공급 속도를 높게 해야 하며 아크를 짧게 해야 한다. 어째든 이들은 기술자의 손 감각에 많이 의존한다. 능숙한 용접은 많은 숙달 반복에서 나온다.

5.5.4 플러그 용접

모재를 겹쳐서 한쪽 모재에 구멍을 뚫어 구멍에 비드를 채우는 용접을 플러그 용접이라고 한다. 용접 부위는 절대 오염이 되면 안된다. 때때로 오염되면 샌더로 갈거나 샌드블라스팅을 해서 용접면을 가공해야 한다. 그러나 용접하지 않을 부분을 표면 처리할 필요는 없다. 되도록 그라인더를 사용하지 말아야하며 만약 표면처리를 했다면 용접하지 않은 부위에도 부식방지 처리를 해야 한다. 플러그 용접은 판넬 교환시 많이 사용된다. 이 플러그 용접이 얇은 판넬에 적당하다. 그 이유는 열에 의한 휨이 없기 때문이다.

5.5.5 플러그 용접의 포인터

5~8mm 구멍을 교환용 철판에 뚫고 그 철판과 충분히 밀착시키고 노즐의 용접 와이어를 조절한다. 미리 뚫어 놓은 구멍에 90도 각도로 노즐을 세우고 20~30mm 간격의 점 상태로 살짝 용접해 간다. 이 경우에도 스위치를 누른 상태 그대로 하지 말고 조금씩 단속적으로 용접을 진행하는 것이 깨끗하게 완성하는 방법이다.

용접 중 토치 앞은 구멍 중심을 향해 들고 움직이지 않도록 하며 익숙하지 않다면 조금 가까운 것 같은 느낌 정도가 좋다.

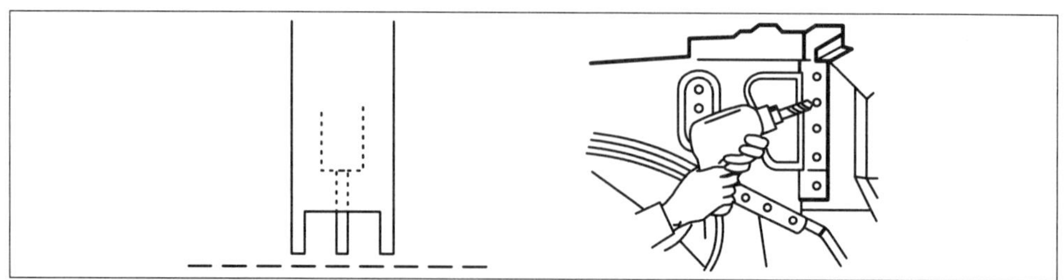
그림 5-17 플러그 용접기의 와이어 조절과 드릴 구멍

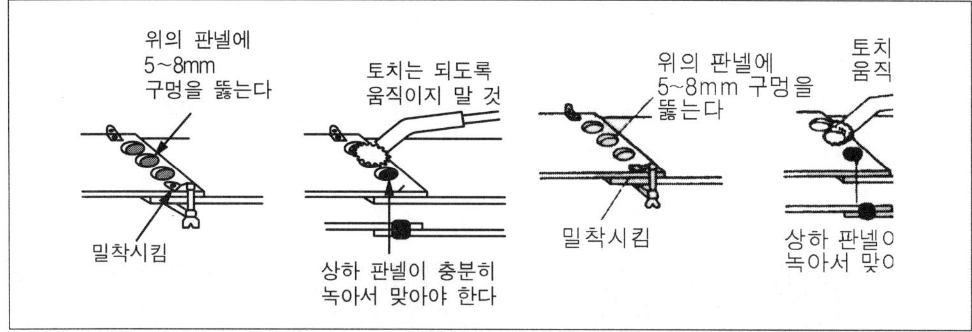

그림 5-18 미그 플러그 용접의 순서

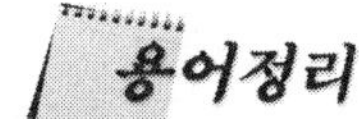

비드(bead)

용접 흔적. 물론 언뜻 보아 깨끗한 비드는 용접 강도가 확실하다고 하지만 두껍거나 가늘거나 약간 휘어졌다면 믿을만한 용접이라고 말할 수 없다. 또 비드 폭이 두꺼울 때는 녹은 상태가 얇고, 가늘 때는 녹은 상태가 깊은 경향이 있지만 토치 이동이 빠르거나 토치와 모재 간격이 너무 멀거나, 전류가 저하될 때는 폭이 좁아도 녹은 상태는 얇게 된다.

5.5.6 플러그 용접시 세부처리 사항

어떤 철판의 용접이든 아연 도금 보호막을 충분히 태워버린다. 그리고 과도한 열은 철판 강도를 떨어뜨린다. 그러나 분명한 것은 차체를 용접할 때는 어쩔 수 없이 과도한 열을 사용해야 한다. 아래 그림은 미그 용접기의 열로 인한 파손을 보여준다(용접한 뒷면).

그래서 인접 판넬의 열 확산을 최소화해야 나중에 별도의 부식 도막 처리를 해줄 필요가 없다. 모재에 덩어리나 불순물이 있으면 그라인더로 처리해야 한다. 하지만 용접부위만 하라. 필요 없이 전체를 그라인딩 해버리면 제조업에서 해놓은 부식 방지 처리를 손상시킨다. 그러므로 손상 부위만 또는 필요 부위만 용접해야 한다.

다시 강조하지만 어느 부위든 부식처리가 파손되면 다시 부식방지 처리를 해주어야 한다. 전체적으로 최대한 부식 처리된 도막이나, 아연 도금 코팅 등을 보호하려면 카터를 사용해서 플러그 용접부를 제거하고 되도록 스포트 용접을 하라. 그라인딩은 또한 철판을 과도히 깎는 경우가 있다. 그래서 그라인딩은 신중히 잘 해야 부식 방지 처리를 하기도 좋고, 교환용 신판넬이 잘 맞으며 아울러 용접한 후 구조의 정립이 양호해진다.

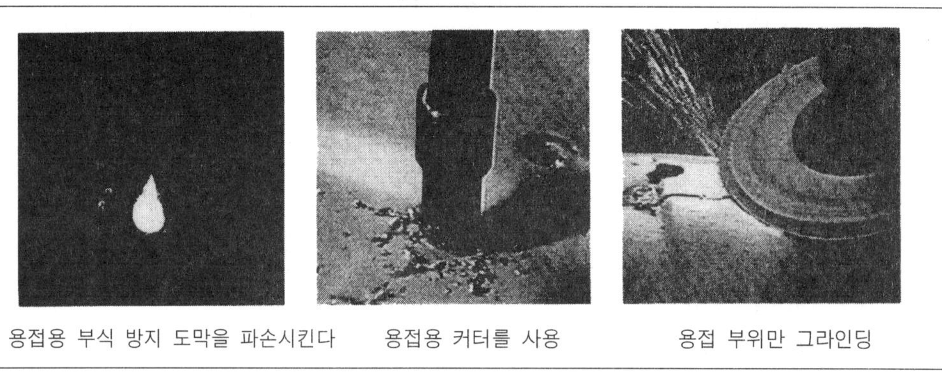

용접용 부식 방지 도막을 파손시킨다 / 용접용 커터를 사용 / 용접 부위만 그라인딩

그림 5-19

5.5.7 용접된 판넬 표면 용입

판넬 교환시 많이 사용되는 용접은 CO_2 플러그 용접이다. 이 작업의 준비 과정은 볼트-온 판넬 준비 과정과 동일하다. 대신 조립 방법이 플러그 용접이라는 것이다. CO_2 용접의 계속 용접 방법을 활용할 때 판넬의 부착 부위에서 320번 샌드 페이퍼를 사용하여 전착 도장면을 제거하는데 귀퉁이를 따라 1인치 폭으로 제거한다. 그래서 전기 전도를 좋게 해야 하고 주의할 점은 너무 과도히 그라인딩 하지 말아야 한다는 것이다.

각 판넬의 전기 저항 용접은 제조 메이커 공장에서 이루어지는데 정비공장에서는 CO_2 플러그 용접을 판넬 교환시 사용한다. 그림 5-21은 판넬이 떨어져 있어서 용접할 경우인데, 0.8mm 직경의 구멍을 뚫어서 CO_2 플러그 용접을 한다. 이때 플러그의 간격은 제조업에서 전기저항 스포트 용접한 간격만큼 해주면 된다.

그림 5-20 CO_2 용접의 접지 지역에 도장막을 제거(25mm 폭)

그림 5-21 플러그 용접용 드릴 구멍

그림 5-22 판넬의 CO_2 용접

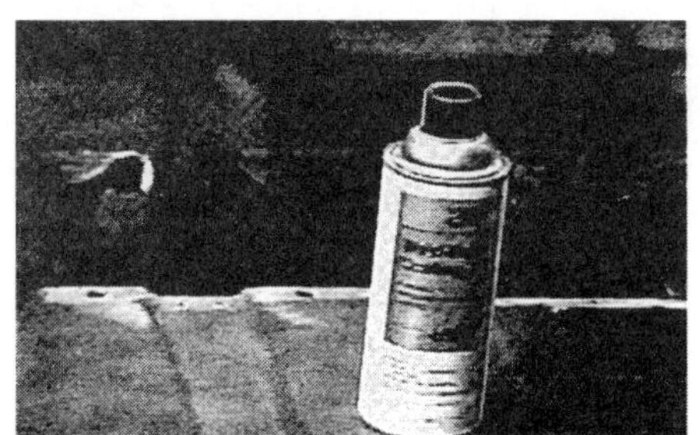
그림 5-23 용접용 프라이머

판넬들을 클램프로 고정시키고 때때로 샌드 블라스트를 할 필요가 있을 때 샌드 블라스트는 구멍에만 해야 한다. 샌드 블라스팅은 판넬의 전착 도장의 제거가 필요 없다. 샌드 블라스터가 없다면 용접할 부위만 샌드페이퍼를 사용해야 한다. 용접용 프라이머(그림 5-23)를 전체에 뿌리고 용접을 한 후 표면을 깨끗이 처리해야 한다.

5.5.8 능숙한 용접을 위해

사용 전에는 와이어의 끝부분을 점검한다. 만약 끝이 구슬 모양으로 되어 있으면 잘라 버리고 토치 내부에 용접 가스가 들어 있는지의 여부도 확인해야 한다. 필요하면 와이어 브러시 등으로 청소한다. 용접부나 (−)측 클램프를 잡는 부분의 도막은 깨끗하게 제거해 두는 것도 잊어서는 안된다.

작업에는 관계없지만 아크 불꽃은 강렬하므로 직시하면 눈에 상처를 줄 수 있기 때문에 반드시 짙은 색 유리가 붙어 있는 방호면을 이용한다. 또 용접시의 불꽃은 때때로 넓은 범위까지 튀는 경우가 있기 때문에 주위 판넬이나 유리에도 방호 시트를 덮어두는 것이 중요하다.

그림 5-24 작업자는 방호면, 자동차는 방호 시트를 덮는다

5.5.9 스포트 노즐과 플러그 노즐

두 타입의 CO_2 용접 노즐이 있는데 스포트 계속 용접용과 플러그 용접용으로 나눌 수 있다. 스포트 용접 노즐은 얇은 판을 용접할 때 유용하다. 이 노즐은 90도 각도로 노즐을 세워 용접한다.

용접을 할 때는 표면이 깨끗해야 하며, 와이어 끝의 접촉이 좋게 해야 한다. 스포트 용접 노즐을 사용할 때 용접 부위를 더 크게 하려면 구멍의 중심을 기점으로 하여 원형으로 계속 옮겨서 넓힐 수 있다.

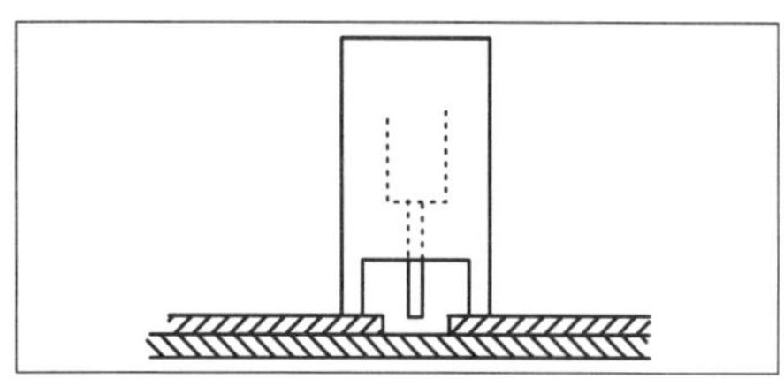

그림 5-25 스폿 노즐

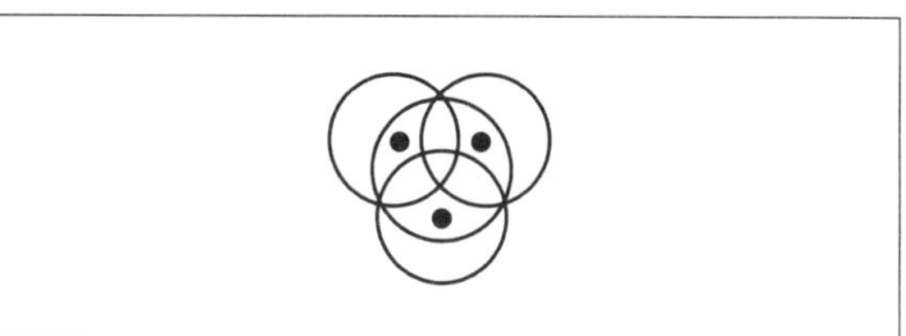

그림 5-26 구멍에서 플러그 용접을 넓히는 방법

계속 용접용 노즐은 이동이 자유롭다. 스피드의 조절과 팁의 이동에 의해 용접 시간에 신축성이 있다. CO_2 용접 와이어를 조절하고 노즐의 끝을 청결히 해야 한다.

CO_2 용접 와이어의 조절과 노즐의 끝을 청결히 하고 노즐의 각도를 30~90도로 하여 계속 용접을 한다. 이때 구멍을 뚫고 구멍 주위를 계속 용접하며 용접 와이어를 철판 뒷면과 접촉을 충분히 해서 구멍에 용접살이 찰 때까지 용접을 한다.

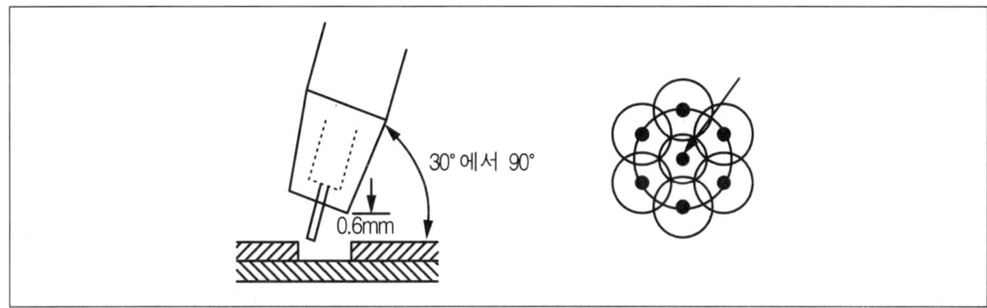

그림 5-27 플러그 용접과 계속 플러그 용접

5.5.10 단속 용접

그 밖에 다른 용접 방법에는 단속 용접, 또는 미국에서는 심 용접(seam welding)이라고 하는 방법이 있다. 이는 금속의 뒤틀림을 방지하고 계속적으로 용접을 할 때 3~4mm의 구간으로 용접을 할 수 있다.

1. 노즐에서의 와이어를 0.6mm까지 연장시킨다.
2. 용접기 팁은 30~45도까지로 한다.
3. 1.8mm 이상 용접을 계속하지 말 것(철판 뒤틀림 방지).
4. 용접 살이 자연히 식도록 시간을 조절할 것.
5. 단속 용접이 형성되도록 계속 반복하라.

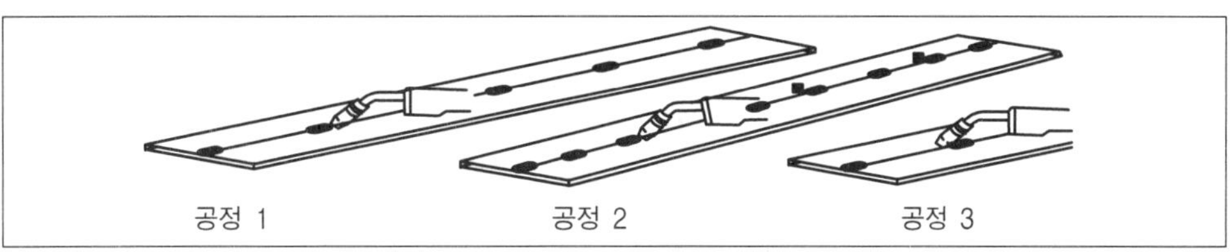

그림 5-28 단속 용접 공정

5.5.11 Co_2 용접 상태 시험

보기 좋은 용접이 반드시 구조적으로 튼튼한 것은 아니다. 실질적인 용접 작업에 들어가기 전 기술자는 용접의 질, 내구성, 안전성 등을 확인을 해야 한다. 좋은 상태의 용접을 하기 위한 최선의 방법은 연습이다.

1. 적정 열 온도 상태와 와이어 공급 속도를 정해야 한다.
2. 금속판이 얇은 것으로 연습하라.
3. 용접 후 떼어보라.(용접 상태가 좋으면 철판이 찢어지고, 용접 너게트가 뽑혀 나온다.)

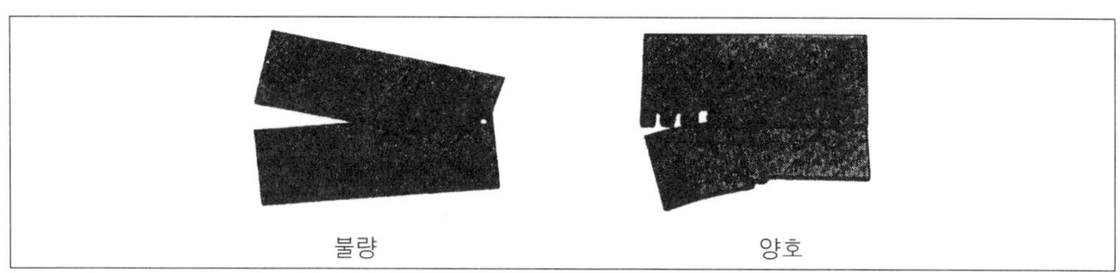

그림 5-29 용접 불량 상태와 용접 양호 상태

5.5.12 용접 불량과 수정

용접중 흔히 일어나는 용접 불량과 그에 해당하는 수정 방법을 설명하는데, 수정 방법은 먼저 전기 관계 연결이 잘되어 있어야 하고, 건물 내부 전압이 용접기와 일치해야 하며 용접기의 기능이 올바르게 되어 있어야 한다. 이러한 요인들이 처방약처럼 수정 방법으로 만들어졌는데 다음 도표와 같다.

■ 용접 불량과 수정

불 량	원 인 수 정
용입 불량	a. 용접 겹침이 너무 좁다. b. 용접 전류가 낮거나 와이어가 엉킴 c. 와이어 공급률이 너무 빠르다.
용융 불량	a. 용접 전압 및 전류가 너무 낮음 b. 전극이 잘못되었음. DC를 사용해야 한다. c. 와이어 공급률이 너무 빠르다 d. 모재에 과도한 산소가 공급되었다.
용접이 되지 않고 타버림	a. 용접 전류가 너무 높다. b. 와이어 공급률이 너무 느리다. c. $ArCo_2$ 혹은 ArO_2가스를 Co_2대신 사용한다.
불규칙 아크	a. 실드가스를 점검한다. b. 와이어 공급 시스템을 점검한다.
과도한 불꽃 튀김	a. 아크 전압이 너무 낮다. b. Co_2 대신 $ArCo_2$나 ArO_2를 사용한다.

시동 불량 및 와이어가 토막남	a. 용접 전압이 너무 낮다. b. 과도히 와이어가 엉킨다. c. 모재의 산소를 깨끗이 제거한다.
금이 감	a. 와이어 성분이 다른 것을 사용했다. b. 용접 비드가 너무 작다. c. 모재의 품질이 나쁘다.
기포의 과다	a. 기름, 녹, 스케일 등이 모재에 존재한다. b. 실드개스의 문제 : 바람, 혹은 막힘, 가스 노즐이 너무 작거나 가스 호스 파손, 과도한 가스의 유출
비드면의 요철 발생	a. 용접 압력과 전류가 낮다. b. 와이어가 꼬여 있다. c. 전극이 잘못되어 있다. DC를 사용한다. d. 용접 겹침이 너무 좁다.

5.5.13 안전 보호구

미그 용접의 열은 매우 위험하다. 항상 안전 마스크와 다른 안전 보호구를 착용해야 한다. 또 아연 도금이 녹으면서 아연에서 유독성 가스가 발생하여 조심해야 한다.

그림 5-30 미그 용접에 필요한 안전한 용구

5.6 전기 저항 스포트 용접기

5.6.1 스포트 용접기의 원리

좁은 곳에 큰 전류를 집중시키면 큰 열이 발생한다. 전기 저항 스포트 용접기는 그 열을 이용하고, 또 열이 가해지는 부분에 압력을 가해 용접시킨다. 전기 저항

용접기의 구조는 전원부와 전기가 흐르는 시간을 조정하는 타이머, 용접부에 전류를 보냄과 동시에 압력을 가하는 암(arm)부로 되어 있다. 발열부가 바깥 공기와 접촉되지 않기 때문에 녹이 잘 슬지 않고 취급도 간단하며 작업 속도도 빠르다.

자동차 생산 라인에는 용접부가 거의 스포트 용접으로 되고 있기 때문에 정비공장에서의 판넬 교환도 원칙적으로 이 방법을 채택해야 한다. 가압하는 것은 용접부에 보다 큰 전류를 흘러 보내기 위함과 녹은 상태에서 밀착시켜 용접 강도를 높이기 위해서이므로 효과적인 가압을 행하기 위해 암에는 지렛대의 원리가 이용된 배역 기구가 있어 손아귀 힘의 한계를 보완하거나 압축 공기의 힘으로 보완하기도 한다.

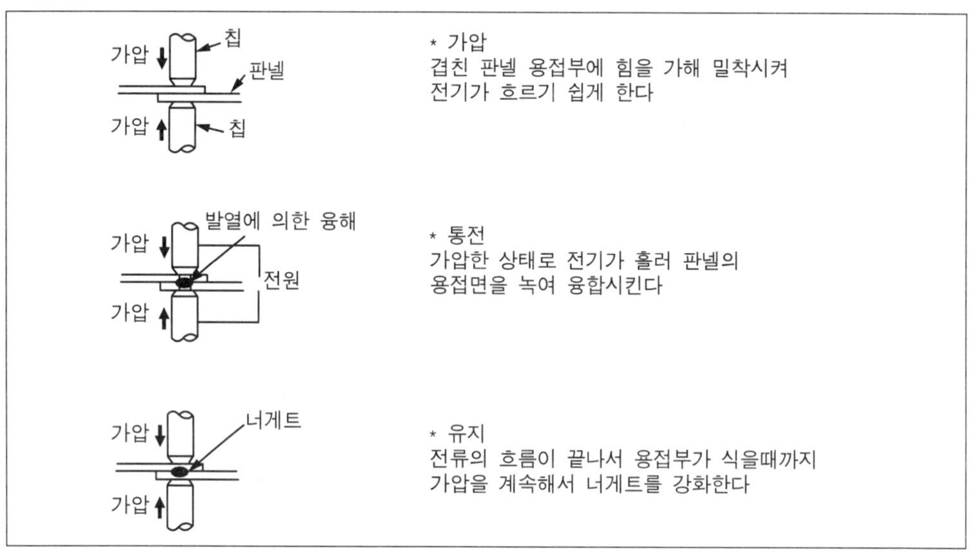

그림 5-31 스포트 용접기의 원리

5.6.2 전류는 한순간만 통한다

전기가 흐르는 시간은 1초의 1/10에서 1/5(0.1~0.2초)로 한순간이기 때문에 주변에 주는 열의 영향도 적고 얇은 강판을 깨끗이 용접할 수가 있다.

단, 그 만큼 전류가 크다. 스포트 용접에 필요한 전류는 판넬 두께에 따라 다르고, 전류의 크기에 따라 용접 강도가 결정된다.

자동차 생산 라인에서 사용되는 스포트 용접에는 7,000~10,000(A)으로 강력하게 용접하지만 정비공장에서는 이렇게 할 수 있는 설비가 없기 때문에 전류치는 조금 작다. 그 대신 생산라인 보다 스포트 점수를 늘리고(10~20%), 전기를 흐르게 하는 시간도 길게 하여 강도를 보완하고 있다.

요점정리

- 한 점에 압력을 가해 전류를 집중시켜 그때의 열로 용접한다.
- 자동차 제조 라인의 판넬 용접방법을 정비공장 스포트 용접 판넬 교환에서도 원칙적으로 채용한다.
- 여러 가지 암(arm)을 사용하면 사용 범위가 넓어진다.
- 트랜스가 암측에 있는 트랜스 분리형과 본체에 포함되어 있는 내장형이 있다.

5.6.3 여러 가지 스포트 용접기 암

스포트 용접은 두 장 이상의 판넬을 겹쳐서 앞, 뒤에서 확실하게 한다. 잡고 하는 것이 기본이기 때문에 보다 넓은 범위의 작업을 가능하게 하기 위해서 암 부분에는 여러 가지의 종류가 있다. 여러 가지 종류를 이용하여 가능하면 스포트 용접만 사용하여 판넬 교환을 하는 것이 바람직하다. 용접기 본체 구조는 전류의 크기를 바꾸는 변압기가 암과 함께 있고 본체에서 떨어져 있는 트랜스 분리형과 굵은 배선으로 암만이 접속된 트랜스 내장 타입 두 종류가 있다.

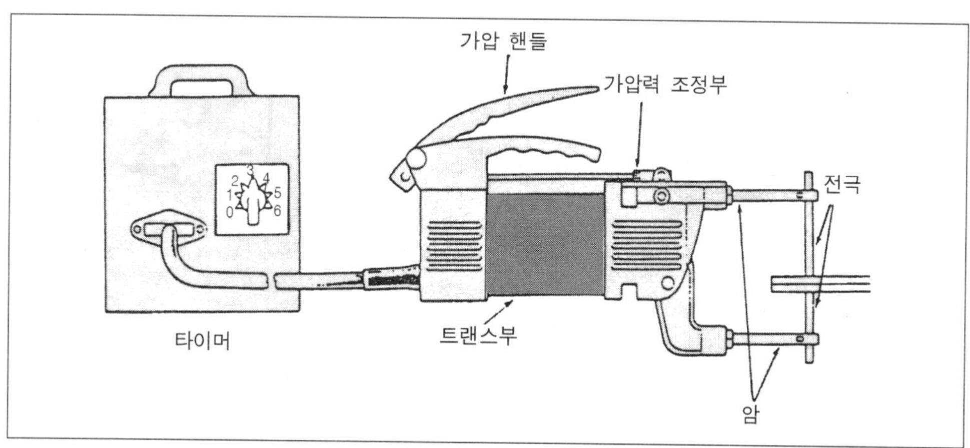

그림 5-32 용접 암의 명칭

트랜스 분리형은 본체에서 코드를 길게 뽑고 있기 때문에 용접 각도가 많은 때는 편리하지만 트랜스 부착 암은 꽤 무겁기 때문에 조금은 불편하다. 트랜스가 본체에 내장 되어 있는 타입은 전류의 낭비를 막기 위해 암 사이에 굵고 짧은 코드로 연결되어 있다. 때문에 한번에 넓은 범위의 작업을 하는 것은 불가능하지만 암의 중량은 트랜스 일체형과 비교하여 가볍고 워샤 용직이나 패취(patch) 작업 등에도 이용할 수 있다. 그래서 멀티 기능 부착 타입이 많다. 압축 공기를 이용해 암을 개폐하는 총 타입도 시판되고 있다.

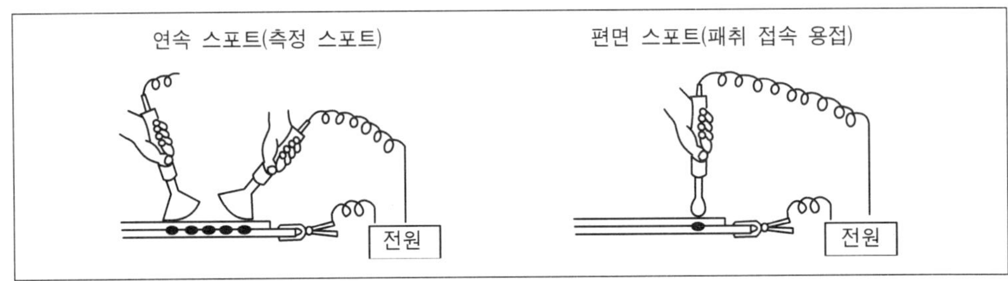

그림 5-33 스포트 용접의 종류

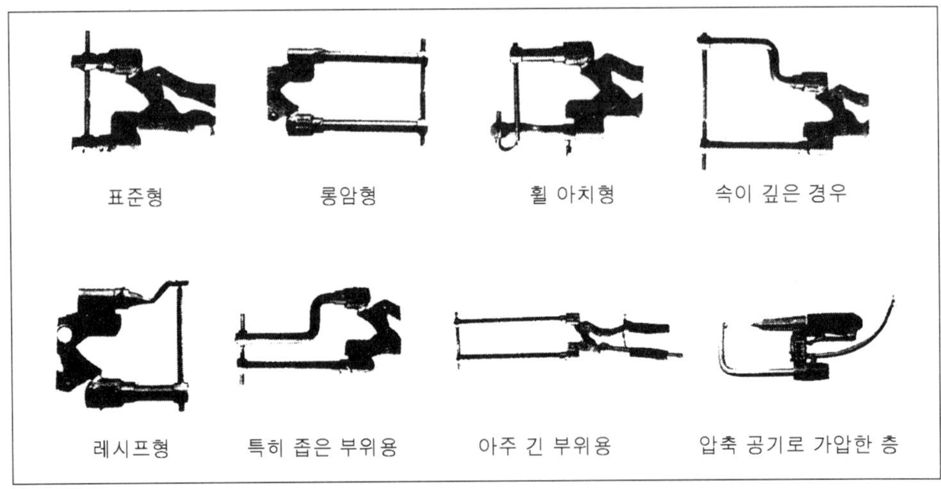

그림 5-34 여러 가지 암

용어정리

스포트 용접과 전류

스포트 용접을 하는 판넬은 전체의 강판에 전류를 통하게 하기 때문에 전기를 집중시키려고 하여도 전체로 펴져 약하게 된다고 생각할 수 있다. 그러나 전기는 가장 저항이 적은 두 점 사이를 거의 직선상으로 흐르는 성질이 있고, 용접부는 암에서 가압되어 전기가 흐르기 쉬운 상태로 되어 있기 때문에 고열이 발생할 정도의 큰 저항이 있어도 주위로 펴지는 저항이 작고 이 부분에 전류가 집중된다.

5.7 전기 저항 스포트 용접기 취급 방법

5.7.1 판넬 전 처리

스포트 용접기에서 흐르는 전류는 수천 A라는 큰 것이지만 전압은 10[V]이하이다. 그래서 판넬 표면이 더럽거나 도막이 남아 있으면 그것으로 인해 전기가 흐르지 않는다. 제품에 따라서는 일시적으로 고압의 전류를 흘러 보내 도막을 태워 버리는 기능을 갖고 있는 것도 있지만 작업 시간이 길어지기 때문에 미리 용접부의 도막을 벗겨 청소를 해두는 것이 좋다. 도막을 벗겨낸 후에는 녹 방지제를 바르고 이때 제일 좋은 방법은 전기를 잘 통하게 하는 성질을 갖는 스포트 용접용 실러를 이용한다.

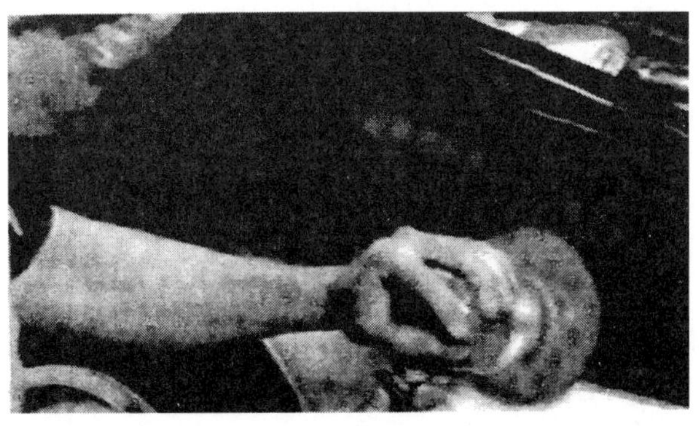

그림 5-35 용접하는 부분의 도막을 벗긴다

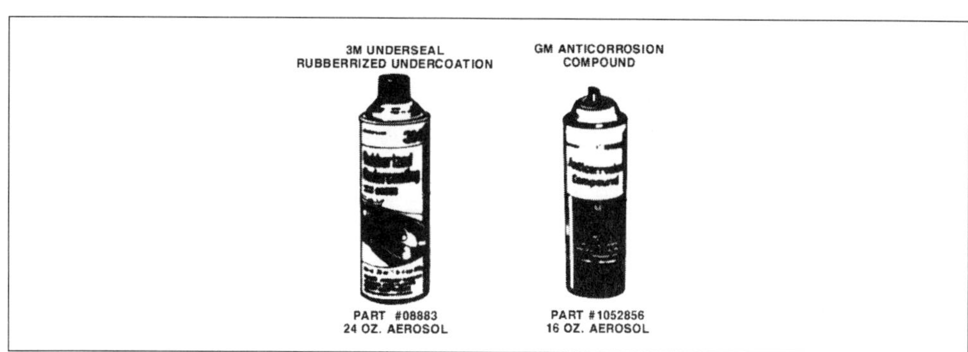

그림 5-36 용접용 녹 방지제

5.7.2 용접기 측의 준비

본체 세트는 전원을 넣고 전류 조정 다이얼을 판의 두께에 맞게 또는 사용용도(멀티 기능 타입)에 맞추면 좋다. 전류를 바꿀 수 없는 것은 타이머를 맞추어 설정한다. 암은 전극 선단이 중요하기 때문에 더러워지거나 하얗게 산화되는 것은 방지하기 위해 선단 형태로 잘 정비해 두는 것이 필요하다. 바디 수리에 사용되는 스포트 용접기는 직경이 10mm 정도, 선단이 가늘게 된 곳에서 5mm 정도의 전극을 사용한다.

전극의 청소와 정비를 동시에 할 수 있는 팁 연마기가 시판되고 있다. 암에 끼워서 라체트 렌치처럼 돌리면 전극 앞이 깨끗하게 깎이게 된다. 전극 선단은 각도를 붙여 사용할 수 있게 만들어진 전용 전극 외에는 상하로 일직선상으로 되는 것이 원칙이다.

판넬을 끼울 때 기울어져 있으면 전류가 충분히 흐르지 않고 용접 강도도 저하한다. 스포트 용접 작업에 들어가기 전에는 전극 선단의 상태를 확인하고 필요하면 수정, 조정하는 습관이 필요하다.

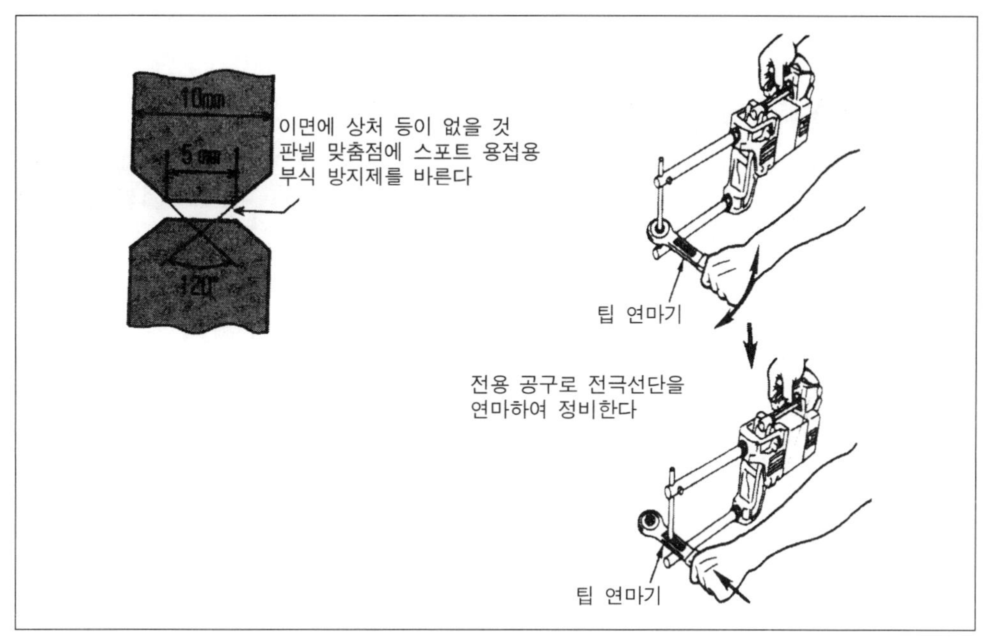

그림 5-37 전극 전단부의 형상과 팁 연마기

용접부의 도막이나 더러운 것은 깨끗하게 제거하고 전극 선단은 상처나 더럽힘이 없고 형태도 잘 정비되어 있어야 한다. 상하 전극은 어긋나거나 기울어지면 안된다. 스포트를 치는 점은 판넬 끝에서 5mm 이상이다. 이웃 스포트점에서는 15mm 이상 떨어 뜨려야 한다. 새 차일 때 보다 10~20% 늘린 점수만 스포트를 한다.

5.7.3 스포트를 치는 위치의 조건

용접 작업은 가벼운 힘으로 진행해 가지만 스포트를 치는 위치에도 주의를 해야 한다. 너무 판넬 끝에 가깝게 하거나 스포트끼리의 간격이 좁으면 전류가 도망가 버려, 확실한 용접이 불가능하다. 적어도 판넬 끝에서 5mm 이상 떨어뜨리면 좋을 것이다. 스포트 점수는 신차 보다 10~20% 정도 늘려야 한다.

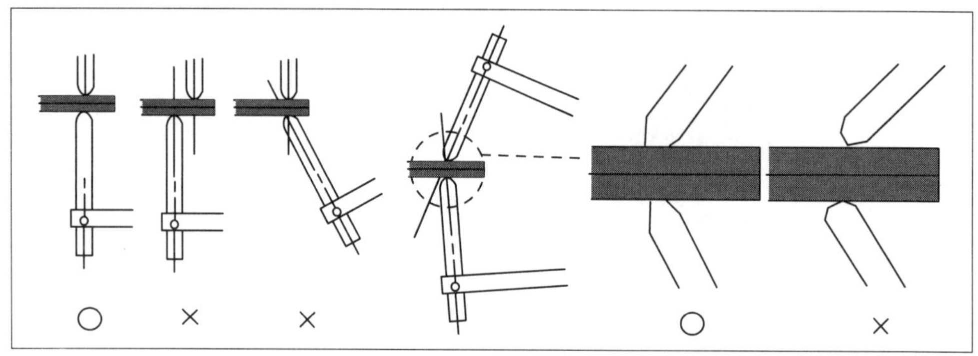

그림 5-38 판넬과 전극의 관계

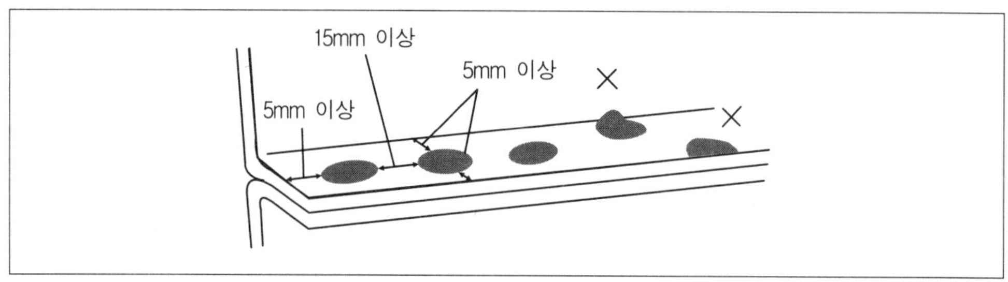

그림 5-39 스포트를 치는 위치를 결정하는 방법

5.7.4 스포트 용접 상태 시험

스포트 용접은 겹쳐 맞춘 판넬 내부에서 용접이 진행되기 때문에 밖에서 용접의 양부를 구별하는 것은 어렵다. 비숙련 기간 동안은 시험 용접을 하고 그것이 잘 붙어 있으면 같은 조건으로 실 용접을 한다. 시험 용접 방법은 판넬과 같은 두께의 얇은 판을 직각으로 맞추어서 용접한 후 떼어내고 그 떼어낸 곳의 용접 흔적을 보고 판단한다. 어느 한쪽의 구멍이 파인 것처럼 되면 용접이 잘되었다고 보면 된다. 스포트 용접에서 중요한 것은 암의 가압력, 용접 전류, 통전 시간 등 세 가지이지만 이것은 스포트 후의 용접 흔적(너게트)을 보고 확인할 수 있다. 어느 것도 크거나 작거나 해서는 안되기 때문에 잘된 상태를 기억해 두고 이상이 있으면 각각의 항목을 점검해야 한다.

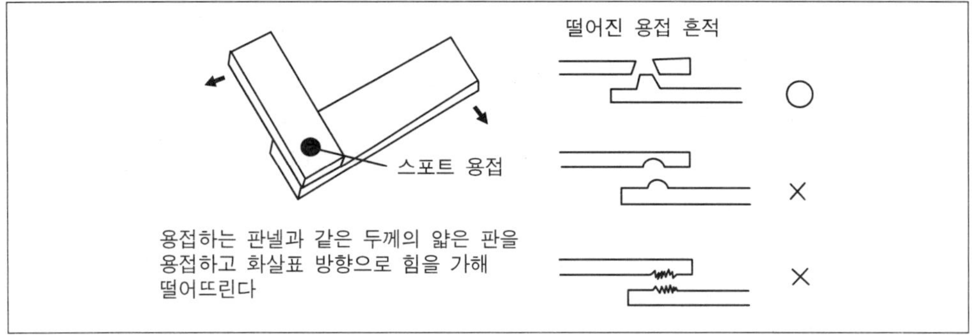

그림 5-40 스포트 용접의 시험법

■ 용접 조건과 너게트 크기

	소	대
너게트		
가압력 용접 전류 통전 시간	크다. 작다. 짧다.	작다. 크다. 길다.

(단, 정확히 수치적으로 크다, 작다의 기준은 없다. 하지만 일정 한도 내에서이다.)

5.8 용접에 필요한 공구와 재료

용접 작업에는 용접기 외에 없어서는 안될 것과 있으면 편리한 것 등 필요한 공구나 재료가 상당히 있다. 지금까지 소개한 것과 일부 중복되기도 하지만 여기서 다시 한번 정리를 해 두자.

5.8.1 판넬을 가공하는 공구

스포트 용접이나 Co_2에 의한 맞댐 용접에서 관계되는 판넬에 특별히 가공할 필요는 없지만 용접 부위나 방법에 따라서는 강도, 완성 상태 등이 좋아질 때가 있

다. 예를 들어 라커 판넬, 프론트 필러 등 강도가 필요한 부분에서는 맞댐 용접이 아니라 판넬에 판을 만들어 겹쳐 용접하는 것이 좋다. 판넬 끝에 단을 만드는 것을 플랜징이라 한다. 이것은 해머나 드릴로 할 수도 있지만 전용 플랜징 공구를 사용하면 보다 간단하게 빠르게 가공할 수 있으며 또 판넬의 끝을 별도 판넬로 덮어서 꺾어 굳히고 나서 용접하는 방법도 있고, 이것도 헤밍(hemming) 공구를 사용하면 깨끗하게 완성할 수 있다. 단, 처음부터 공구를 사용할 수 없다. 해머와 드릴로 어느 정도 굳히고 나서 최종 완성에 이용한다. 도어의 외판만 교환할 때 이용되는 방법이다.

Co_2 플러그 용접에는 판넬 구멍 뚫기를 빼 놓을 수 없다. 물론 드릴로도 가능하지만 펀칭 공구를 사용하면 작업도 빠르고 주변에 쓸데없는 영향을 주지 않게 된다.

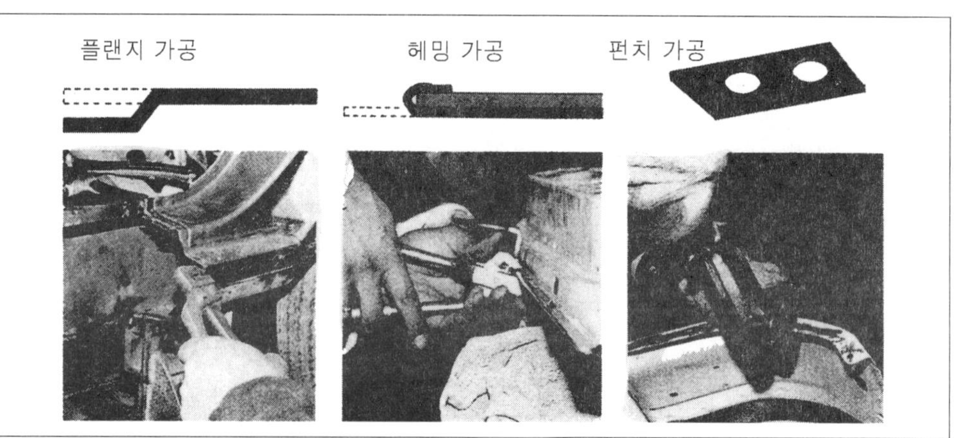

그림 5-41

- 판넬 가공에는 플렌징(단 부착) 공구, 헤밍 공구, 펀칭 공구가 이용된다.
- 용접부는 녹이 나기 쉽기 때문에 스포트 용접 실러, 녹 방지 실링제 등으로 녹 방지 처리를 한다.
- 용접용 클램프는 가능하면 많이 준비하고 각 부위에 따라 선택 사용한다.
- 방호면(마스크)은 작업자 눈을 보호함과 동시에 용접부가 잘 보이도록 하고 있다.

5.8.2 부식을 방지하는 재료

강판을 고온에 접촉시키면 녹이 슬기 쉽다. 그뿐만 아니라 한번 붙였던 판넬은 떼어내고 새로운 판넬로 바꾸었을 때 판넬 맞춤부에서 부식이 나타나기 시작한다.

용접 작업은 부식이 생기기 쉬운 작업이기 때문에 부식 방지 처리도 염두해 두어야 한다. 먼저 스포트 용접에서는 판넬 맞춤 부에 전기를 잘 통하게 하는 스포트 용접 전용 부식 방지제(실러)를 바른다. 용접 후에는 판넬을 맞춘 후에 실링제를 바르고 수분의 침투를 방지한다.

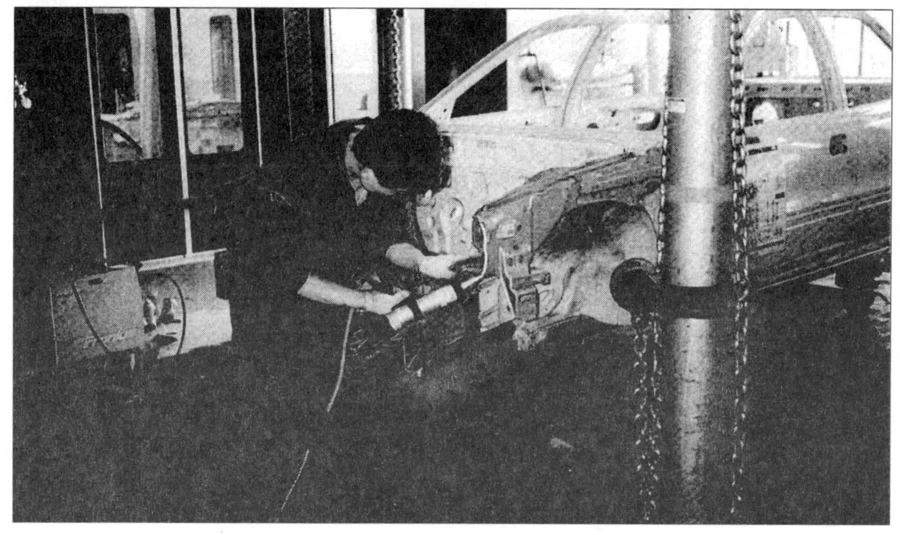

그림 5-42 판넬 맞춤 속에 실링제를 바른다

휠 하우스, 루프 등 특히 수분과 관계 깊은 곳은 용접 전에 판넬 내측에도 실링제를 바르는 것이 좋다.

상자 모양인 곳, 라커 판넬, 멤버류 등은 용접후 내부에 녹 방지제를 충분하게 넣어 둔다. 이것은 침투성이 강하고, 녹 방지 효과가 강한 것을 사용한다. 자세한 것은 금속마감 공정에서 설명했다.

5.8.3 판넬을 고정하는 도구

위치 결정된 신품 판넬은 적어도 임시 고정 용접이 끝날 때까지는 확실하게 고정을 해 둔다. 이때 사용되는 것이 각종 용접용 클램프류(바이스그립류)이다.

형태나 고정 방법에 따라 여러 가지가 있으며 가능한 한 많은 종류를 준비하여 부위에 따라 적절하게 사용하면 효과적이다.

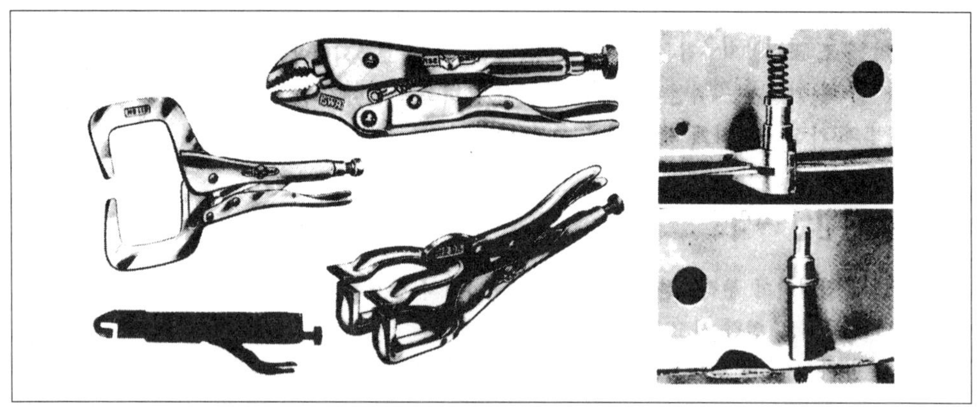

그림 5-43 용접용 클램프

5.8.4 열, 빛으로부터 보호하는 도구

용접 작업 중에는 고열과 함께 강한 빛이 나온다. Co_2 용접의 강렬한 아크 빛을 그대로 보면 눈에 피로가 오며 용접이 잘되고 있는지 용접 상태를 알 수가 없다. 짙은 색유리가 부착된 방호면을 사용하면 눈을 보호할 수 있으며 용접 상태도 잘 볼 수 있다. 용접이나 절단 작업시에 불꽃이 주위로 튀는 경우가 많다. 작은 불꽃이라도 도장한 판넬, 유리, 내장재의 위에 떨어지면 탄 흔적이 남는다. 큰 피해를 방지하기 위해서도 위험한 곳에 방호 시트를 덮는 것이 좋다. 그리고, 시트는 부위에 따라 전용 시트를 준비하는 것이 좋다.

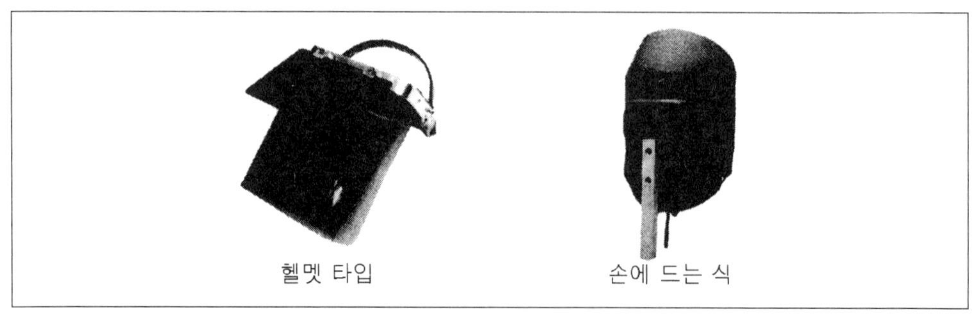

헬멧 타입　　손에 드는 식

그림 5-44 방호면

5.9 용접 작업시 지켜야 할 안전 사항

차량의 구조 조립 및 용접은 프레임 교정 작업 중에는 보류되어야 한다. 구조체를 수리하거나 교환 할 때 기술자는 위험에 노출되는 경우가 더욱더 많아진다. 그래서 용접 방법은 제조업의 방법과 가장 근접하게 해야 하고 중복되어야 한다.

사고는 용접기기의 부적절한 사용, 잘못된 관리에서 발생한다. 용접기의 적용 및 숙련도가 향상되면 부주위로 인한 사고 발생률이 줄어든다. 용접기는 마치 불을 취급하듯이 각별한 주의가 요망된다. 사용자들에게 그만큼 가치가 있는 만큼 심각한 부상, 치사, 사고까지 유발된다.

■ 용접 작업시 안전 수칙

① 코팅된 용접 장갑을 착용할 것과 옷깃의 단추 및 소매 단추는 반드시 채우고 긴소매 옷을 입는다.

② 기름 및 그리스로 더러워진 옷을 입지 말아야 한다. 더러워진 옷은 불꽃에 의해 점화될 위험이 있다.

③ 아크 용접의 밝은 불빛이 눈을 손상시킬 위험이 있다. 또 방사능이 얇은 옷감을 통과하고 피부까지 통과한다. 그래서 항상 안전모 혹은 안전 작업복을 입어야 한다. 제 삼자가 서 있을 때도 그 사람은 지정된 마스크를 써야 한다.

④ 습기가 많은 지역을 피하고 옷은 항상 건조한 상태로 유지하여야 한다. 용접할 때는 젖은 표면에 앉거나, 눕거나, 손대지 말아야 한다.

⑤ 전기 충격의 위험에서 벗어나기 위해서 그라인더 작업한 부위에 신체적인 접촉을 하지 말아야 한다.

⑥ 중고 드럼, 탱크 및 깡통을 용접하지 말아야 한다. 폭발의 위험이 예상된다.

⑦ 환기 시설이 없는 작업장에서 아연 도금된 것이나 카드늄 및 베릴늄, 납 등을 용접하지 말고, 배기 환풍이 작업자에게 직접 작용해야 하며 용접 유독가스가 밖으로 배출되어야 한다. 만약 눈, 코, 목에 거부감이 느껴지면 환기가 충분하지 않은 것이다.

⑧ 용접기기들을 거칠게 사용하지 말아야 한다. 케이블이 가열되면 화재 위험이 있다.

⑨ 페인트 도장 작업을 하는 곳 근처에서 용접하지 말 것. 이때 염산안개

(chlorinated hydro carbon)가 발생하는데 열이나 아크열 선이 안개와 반응하여 파스진 가스(독일 나치가 유태인을 학살할 때 쓴 가스)나 유독성이 강한 가스, 그 밖에 여러 형태의 가스가 발생한다.

⑩ 전선 등이 올바르게 설치되었나 확인을 철저히 하고 항상 어스선이 제대로 접지 되어 있나 확인을 해야 한다.

⑪ 케이블이 벗겨진 곳, 금간 곳, 파손된 곳이 있나 확인을 해야 한다.

⑫ 케이블을 항상 건조하게 하고 기름 및 그리스와의 접촉을 피한다.

⑬ 용접공이 자리를 비우거나 작업을 중지할 경우에는 모든 전원을 단절시켜야 한다(스위치를 꺼라).

⑭ 아래와 같은 사항이 생기면 즉시 가스 레귤레이터를 제거하고 조치하라.

a. 가스가 샐 때.
b. 압력 밸브가 닫혀 있는데도 압력이 전달될 때.
c. 압력을 넣기 시작할 때나 압력을 껐을 때 게이지가 불규칙한 작동을 할 시 이들 a, b, c 사항은 수리하려고 시도하지 말고 A/S 센터에 보낼 것.

⑮ 가스 실린더들은 새는 것이 없고 파손되지 않게 잘 관리해야 하며 밸브나 안전장치에 특히 유의해야 한다. 실린더들은 서로 부딪히지 않게 세워야 한다.

⑯ 탱크에 있는 가스는 그 표시대로만 사용하라. 가스 상태를 판단할 때 탱크의 색깔로만 판단하지 말라. 탱크에 표시가 불명확한 공급기는 항상 염두에 두어야 한다.

⑰ 안전 보호구 착용으로 자신의 몸은 자신이 보호하라.

⑱ 당신의 몸이 노출되는 지역에 용접 작업시 안구 보호용 안경 가글, 장갑, 안전화, 안전모 등을 착용한다.

⑲ 팬 등을 써서 유독 가스와의 접촉을 피하라.

⑳ 차체를 용접할 때 연료 탱크를 제거해야 한다.

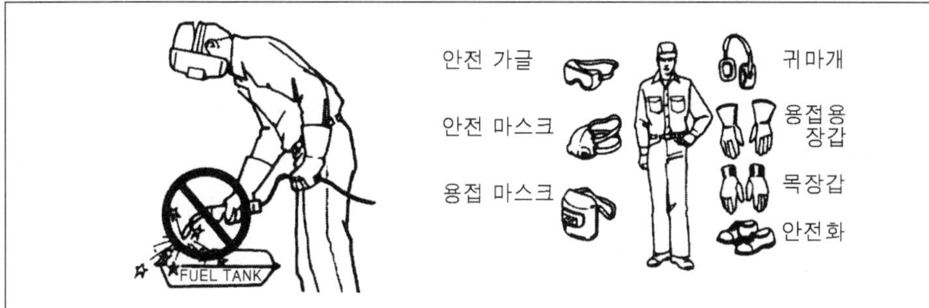

그림 5-45 연료 탱크의 제거와 안전 보호구들

① 아크 용접은 피부와 눈에 극도로 해롭다. 오랫동안 쐬면 실명 및 화상의 위험이 있다. 안전복 및 안전 안경을 쓰기 전에는 작업하지 말아야 한다.
② 아연 도금강은 부식방지가 필요한 자동차 구조에 사용함으로 아연 도금강이 용접 온도까지 열이 올랐을 때 아연가스가 방출된다. 이 가스에 오래 노출되면 안된다. 충분한 환기가 되어야 하며 환기 시설은 철저해야 한다.

그림 5-46 차체의 보호와 배터리 해체

5.10 용접 판넬 교환 방법 II

5.10.1 임시 고정으로 위치를 결정한다

손상 판넬을 떼어내면 신품 판넬을 용접용 클램프 등으로 바디에 고정하여 맞추어 본다(임시 고정). 대개는 한번에 딱 맞는 장소를 찾기 어려우므로 신품 판넬을

몇 번이고 붙였다 떼어 냈다 하면서 부착부 주변을 조정한다.

판넬을 떼어내 버리면 강판의 지지력이 없어지기 때문에 지금까지 이상 없던 곳이 굽거나, 무게를 지지할 수 없게 되어 아래로 처지는 일도 있으므로 이러한 변형을 수정하고 보강하지 않으면 신품 판넬을 부착할 수 없다. 특히 엔진, 변속기 등 무거운 부품이 집중되어 있는 프론트 부는 미리 잭 등으로 각 부를 지지해 두고 교환 작업에 들어가는 것이 좋다. 무리한 힘을 가하지 않고도 신품 판넬이 바디측에 잘 맞을 때까지 조정한다. 잘 맞아 있는지는 판넬 위치 결정 마크(작은 구멍이나 자른 흔적)를 참고로 한다.

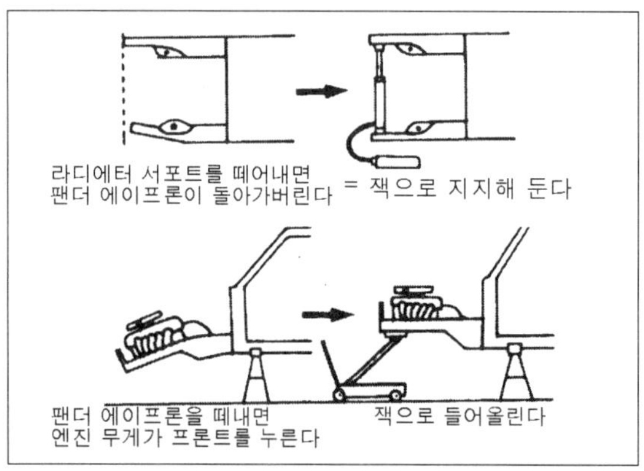

그림 5-47 판넬을 떼어내면 바디가 변형한다

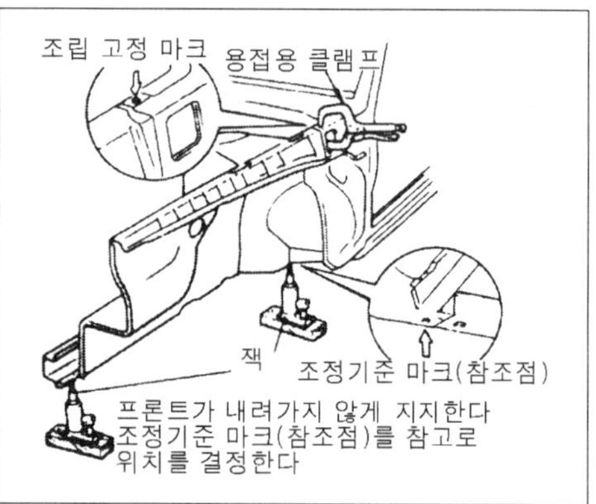

그림 5-48 임시 고정의 포인트

요점정리

- 용접 전에 신품 판넬을 임시 고정하고 주위 판넬이나 볼트 온 판넬 등과의 위치 관계를 확인한다.
- 스포트 용접부는 도막을 벗기고, CO_2 플러그 용접을 할 경우이면 직경 8mm 정도의 구멍을 뚫는다.
- 도막을 벗겨낸 흔적에는 용접용 실러 외에 실링제나 부식 방지제를 바른다.
- 스포트 용접에서는 5~6점 칠 때마다 2~3분의 냉각 시간을 둔다.

5.10.2 용접 전에 끝내야 할 일

판넬을 떼어내면 바디측의 용접부는 다소 변형되어 있기 때문에 해머나 돌리로 깨끗하게 고른다. 이것이 불충분하면 임시 고정도 잘되지 않는다. 그리고 용접부의 도막은 방해가 되므로 스포트 용접에서는 신품 판넬과 바디 측은 용접부의 앞뒤 도막을 벗겨내고, 미그 플러그 용접에는, 신품 판넬에 직경 8mm 정도의 구멍을 낸다(바디 측이 앞면이 될 때는 바디 측에 구멍을 낸다.).

도막을 벗겨낸 흔적에는 반드시 용접용 실러(녹 방지제)를 바른다. 각 부에 따라서 내측에 실링제를 바르지 않으면 안될 때도 있다. 도막을 벗기는 것은 스포트를 치는(용접하는) 부분만으로 되지만 스포트 점수는 신차시의 10~20% 정도 추가하는 것이 좋다. 생산 라인의 용접기와 정비공장에서 사용하고 있는 것과는 능력의 차이가 있기 때문이다.

용접 작업에 대해서는 앞장을 참고하고, 단 순서적으로는 끝에서부터 적당하게 용접해 가는 것이 아니라 먼저 요소를 고정하고 다시 한번 다른 판넬과의 관계를 점검하고 나서 본 용접에 들어간다. 이 경우에도 처음에는 넓은 간격으로 쳐 나가고 나중에 간격을 메워 가는 방향이 좋다. 그리고 스포트 용접기는 계속해서 사용하지 않는 것이 좋다.

열에 의한 고장이나 능력 저하를 막기 위해서는 5~6점 칠 때마다 2~3분간 쉬고 전극을 식힌 후 작업을 진행해 간다.

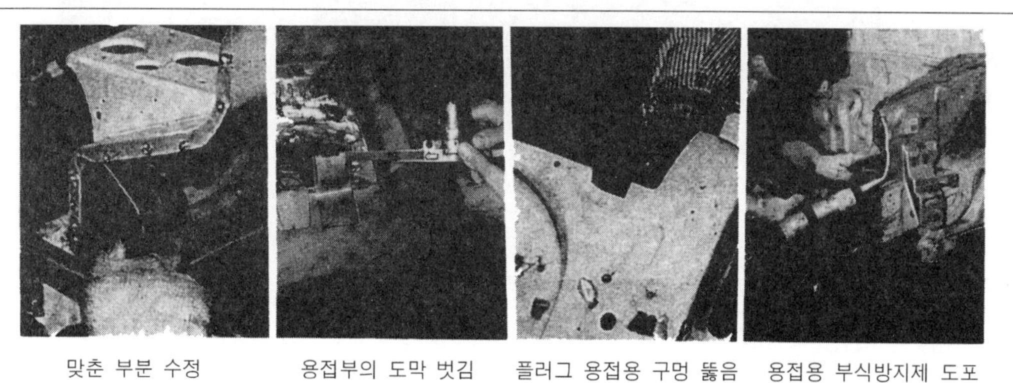

맞춘 부분 수정 / 용접부의 도막 벗김 / 플러그 용접용 구멍 뚫음 / 용접용 부식방지제 도포

그림 5-49 용접 전 처리

5.10.3 용접하고 나서 필요한 일

이것으로 용접 판넬 교환이 끝난 것은 아니다. 스포트 용접이라면 더할 것이 없지만 미그 플러그 용접부분은 용접 흔적이 부풀어 있다. 이것도 그라인더로 하나씩 깨끗하게 깎아 낸다. 또 용접한 장소는 나중에 부식이 발생하기 쉽기

때문에 실링제를 바르고 방수 처리한다. 상자 형태로 되어 있는 내부에는 부식 방지제를 충분하게 집어넣어 둔다. 이러한 일을 확실하게 해 두는 것에 따라 완성후의 신뢰성이 상당히 쌓인다. 상세한 것은 부식 방지 처리에서 설명한다.

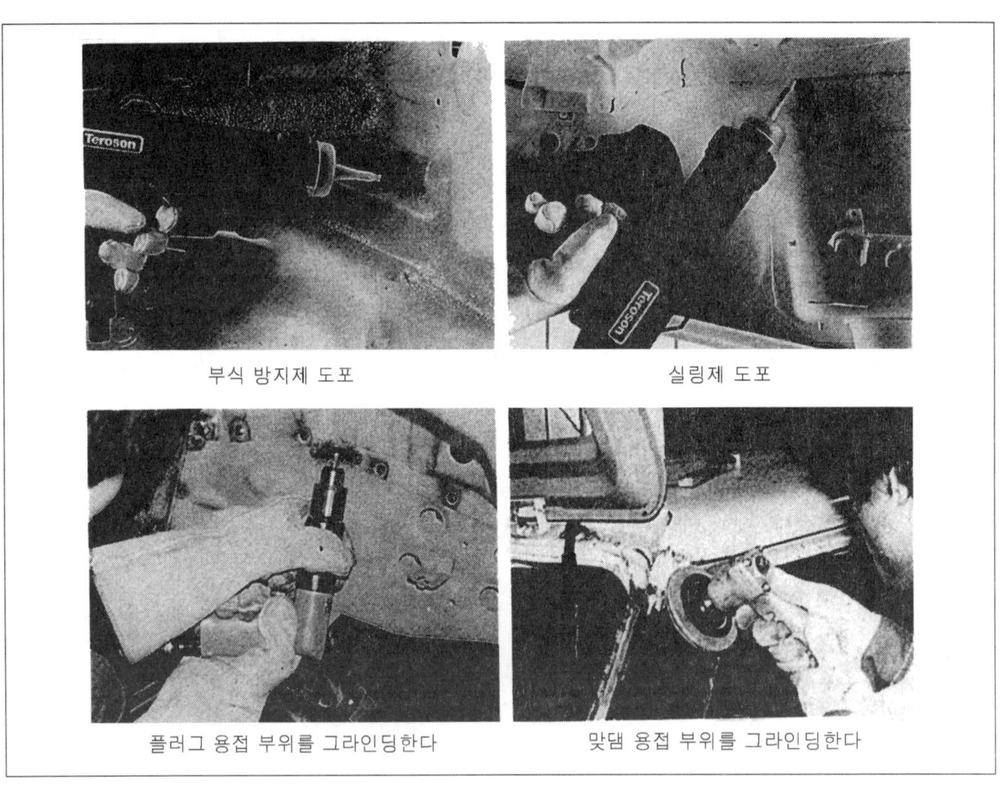

부식 방지제 도포 / 실링제 도포 / 플러그 용접 부위를 그라인딩한다 / 맞댐 용접 부위를 그라인딩한다

그림 5-50 용접 후 처리

5.10.4 심을 다시 조사하는 공정

수리가 끝났다 하더라도 심 전체를 통해 충돌의 영향이 남아있나 면밀히 조사해야 한다. 충격력이 차체 전체를 지나가면 판넬이 휘고 아울러 심 실러를 파손시킨다. 파손된 실러를 재실링하지 않으면 심각한 차체 부식이 일어난다. 그래서 이 심(seam)들을 실링처리해야 하고, 인접 부위에도 부식 방지 처리를 해야 한다. 부식 방지 코팅 처리를 하려면 다음과 같은 사항이 필요하다. 접촉 부위와 그 주변까지 넓게 처리를 해야 한다.

신축성 있고 성능이 좋은 바디심 실러(body seam sealer)를 사용해 지정된 심에 바른다.

그림 5-51 부서진 심에서 물이 샌다

실러의 적용이 잘 안되었을 때나 혹은 기술상으로 조악하면 작업 전체를 망친다. 접촉부(joint)에 실을 칠하지 않으면 물이 새는 것이 그 즉시 발견되지 않고 나중에야 부식이 심각히 되어 있는 것을 발견할 수 있다. 만약 전면부 전반에 파손을 입으면 모노코크 차체에서 인장작업을 해야하고 그 다음은 부식 방지 해줄 부위가 많다. 그 중 라커 판넬 파손(rocker pannel cavities)의 경우에서 제조업체 자체의 부식처리가 조악하면 기술자가 부식 처리를 해주어야 한다. 이때 별도로 부식 처리를 하지 않으면 반드시 방수에 문제가 생긴다(그림 5-52 참조).

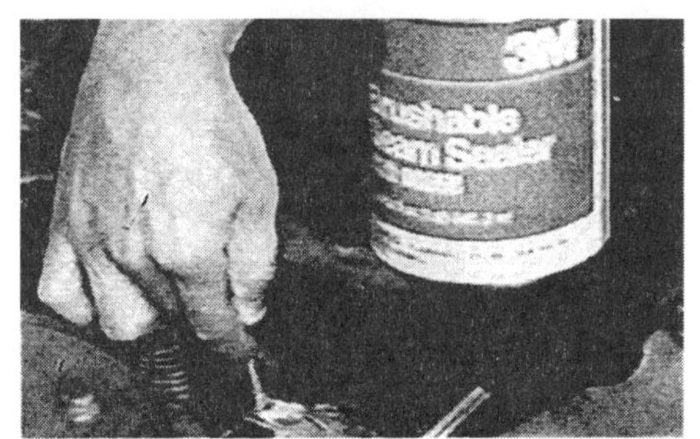

그림 5-52 대형 차량용 심 실러를 사용

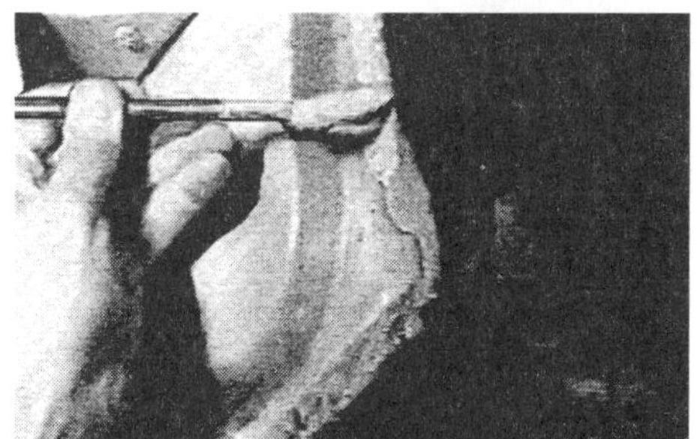

그림 5-53 라커 판넬 파손의 재실링

5.10.5 판넬 교환용 에어 공구(Air Tool)

바디 수리에서는 파손된 용접 판넬을 교환하는 일이 많다. 이러한 작업에도 에어 공구의 사용 빈도는 높다.

먼저, 낡은 판넬을 잘라내기 위한 절단용 에어 공구가 있다. —절단용 에어 공구는 하나만 있으면 어떠한 상황에도 다 대처할 수 있는 만능 공구가 아니기 때문에 반드시 절단 목적이나 부위에 따라 구별해서 사용하는 것이 좋다.– 판넬 교환에 이용되는 또 하나의 에어 공구는 구멍을 내기 위한 도구 중 대표적인 것으로 드릴이 있다.

■ 절단 작업용 에어 공구의 종류

종류	장점	단점	주된 사용 목적
에어 치즐 (에어 정)	• 직선과 곡선이 자유 • 절단 속도가 빠름	• 자르는 부분이 거칠고 자르는 여유 값을 고려해야 한다. • 소음이 크다. • 절단부 주위에 뒤틀림이 일어나기 쉽다.	• 파손 판넬의 절개
에어 쉐어 (에어 가위)	• 절단선 조절이 간편 • 자름 여유 값의 고려가 필요 없다. • 곡선이 쉽게 잘림 • 자르는 부분 깨끗함	• 절단부 주위에 다소 뒤틀림이 생긴다. • 프레스라인을 옆으로 자르는 것은 어렵다. • 두꺼운 판이나 2~3장 겹치면 자르기 어렵다.	• 자를 때 준비 가공(구멍 등)이 필요하기 때문에 사용 범위가 제한되지만 절단 속도와 절단 부위 상태가 좋다.
에어 니퍼 (절곡기: 에어 사용, 소형)	• 자르는 부분 깨끗함 • 소음이 적다. • 곡선 절단은 비교적 간단하다.	• 자름 여유 2~3mm 정도 필요하다. • 울퉁불퉁한 면이나 판넬이 겹쳐진 장소는 자르기 어렵다.	• 파손 판넬 절단 • 판넬 가공을 위한 절단
에어 소우 (에어 톱)	• 자르는 부분이 깨끗하고 뒤틀림 없다. • 자름 여유 필요없음 • 필러부도 한번에 절단 가능하다.	• 톱날 수명이 짧다. • 절단 속도가 느리다 (저속 운동형). • 곡선 절단은 다소 어렵다.	• 필러부, 리어 팬더부 등의 절단 • 비교적 사용 범위가 넓다.
로타리 소우 (에어 회전톱)	• 둥근칼의 절단 깊이 조정으로 판넬 사이 틈이 좁아도 하판에 손상을 주지 않음 • 자르는 부분 깨끗함	• 곡선은 어렵다. • 얼, 프레스 라인 등은 자르기 어렵다.	• 초보자가 사용하기 편하다. • 루프, 쿼터필러의 점

신차종의 용접 판넬 대부분은 스포트 용접으로 고정되어 있기 때문에 파손된 판넬을 떼어 내기 위해서는 용접된 부분만 떼어내야 한다. 단순히 구멍을 내는 것만으로는 용접된 다른 한 장의 판넬까지 손상을 입게 되므로 스포트 커트라고 불리는 앞이 평평한 드릴 칼을 이용해 필요한 깊이 만큼 구멍을 내어 판넬을 떼어

낸다. 단, 이 방법은 숙련되지 않으면 잘되지 않기 때문에 스포트 용접을 깎는 전용 드릴인 스포트 커팅 드릴도 시판되고 있어 이를 이용하면 비교적 간단히 작업할 수 있다. 또 용접 방법에 따라 미리 판넬에 구멍을 내두는 일도 있다. 이런 경우는 뚫기 전용 도구나 펀칭 공구를 사용한다. 이것은 겹친 용접에 필요한 프랜지 가공을 하는 공구와 같이 되어 있는 경우가 많다.

요점정리

- 판넬 교환용 공구에는 절단용 에어 공구와 구멍 뚫는 에어 공구가 있다.
- 절단용 에어 공구는 절단의 목적, 부위에 따라 사용법이 구별된다.
- 구멍 뚫는 드릴은 다용도로 사용되지만 작업 내용에 따라 전용 공구를 사용하면 작업이 훨씬 손쉬워진다.
- 에어 공구는 일상의 정비를 제외하고는 함부로 취급하지 않는 것이 좋다.

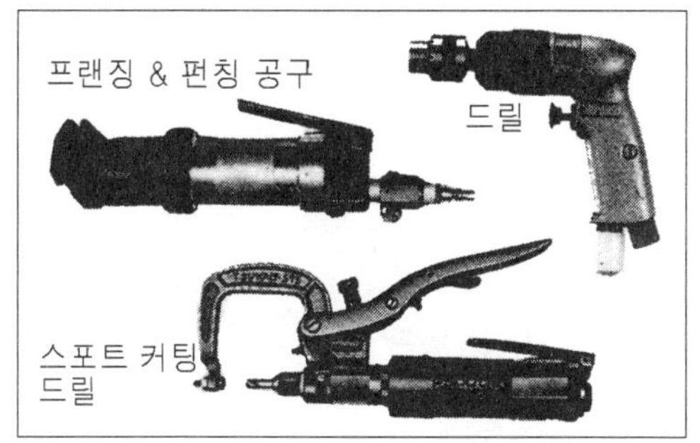

그림 5-54 드릴과 전용 공구

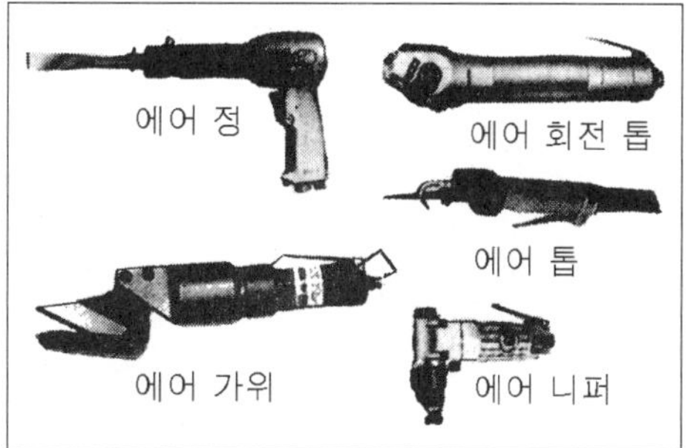

그림 5-55 절단 작업용 에어 공구

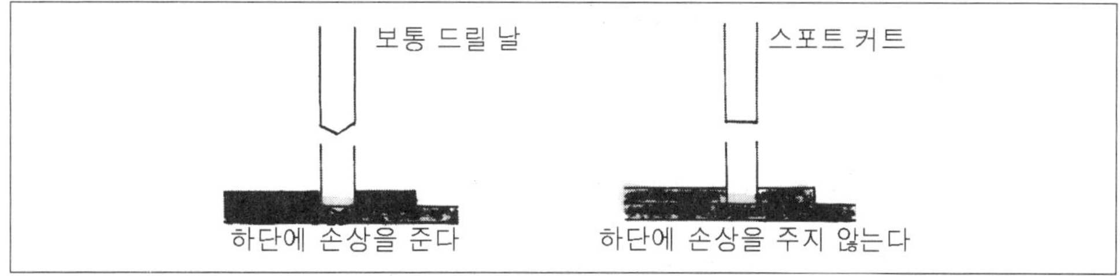

그림 5-56 드릴 날과 스포트 커트의 차이

5.10.6 연마용 에어 공구

연마용 에어 공구는 주로 도장 분야에서 많이 쓰인다. 이 교재에서는 그다지 상세히 설명하지 않지만 디스크 센더나 그라인더는 판금 작업에서 빼놓을 수 없는 중요한 도구이다. 중요한 역할은 도막을 벗겨 내거나 강판 표면을 갈 때, 녹제거, 용접 살을 깎아 낼 때 사용한다. 단, 에어 공구가 중심인 정비공장에서는 그라인더만은 전동으로 사용할 때가 많다. 이것은 사용 빈도가 제한되어 있는 것과 힘을 걸었을 때의 회전 변동이 적은 것 등이 그 이유이다.

■ 연마 작업용 에어 공구

기종	타입	회전 수(RPM)	주된 용도
그라인더	고속 회전형	1만~2만	용접부 수정, 전동식이 많다.
	저속 회전형	5천~3천	도막 벗겨내기, 연마
디스크 샌더	고속 회전형	1만 전후	도막 벗겨내기, 부식 제거
	저속 회전형	2천~3천	도막 벗겨내기, 퍼티의 대략적인 연마
벨트 샌더		1000m/분 (벨트 속도)	스포트 용접부의 도막 벗겨내기, 좁은 장소의 퍼티 연마

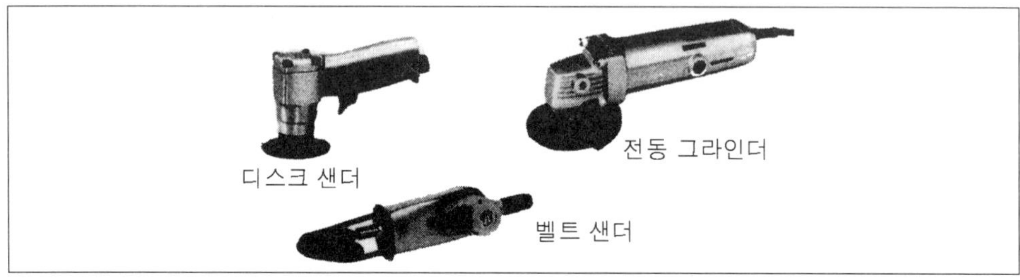

그림 5-57 연마 작업용 에어 공구의 종류

5.10.7 에어 공구의 능숙한 사용 방법

에어 공구는 기본적인 조작 방법만 익히면 숙련자나 초보자에 관계없이 사용할 수 있다. 능숙하게 사용할 수 있는 방법은 평상시에 유지, 보수를 확실히 해두는 것이 제일 중요하다. 먼지나 수분 등의 불순물이 섞여 있지 않는 압축 공기를 동력으로 사용하고, 에어 공구에 설정된 적정한 압력을 사용하여야 하며, 매일 사용

전후에 공기 주입구에 전용 오일을 몇 방울 넣어 주는 것 등이다.

진동이 큰 탈착용 공구는 에어 호스를 직접 공구에 연결하지 말고 20~30cm 정도의 호스를 부착해 두면 에어 체크나 호스의 손상도 줄일 수 있다.

용어정리

에어 체크

에어 호스와 에어 호스, 호스와 배관, 호스와 에어 공구 등을 접속시키기 위한 기구, 내장된 밸브의 작용으로 접속되면 통로가 열려 압축 공기가 흐르고, 떼어내면 자동적으로 차단된다.

플라스틱 제품과 금속 제품이 있지만 어느 쪽도 소모품이기 때문에 조금 빠른 시기에 교환하는 것이 현명하다.

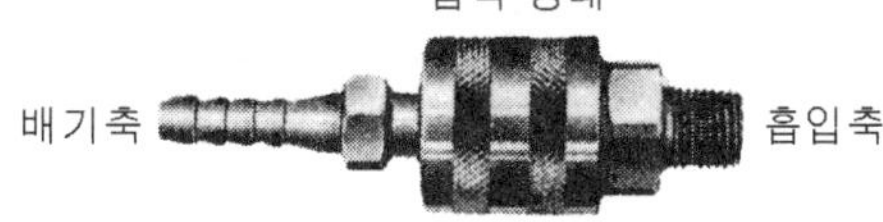

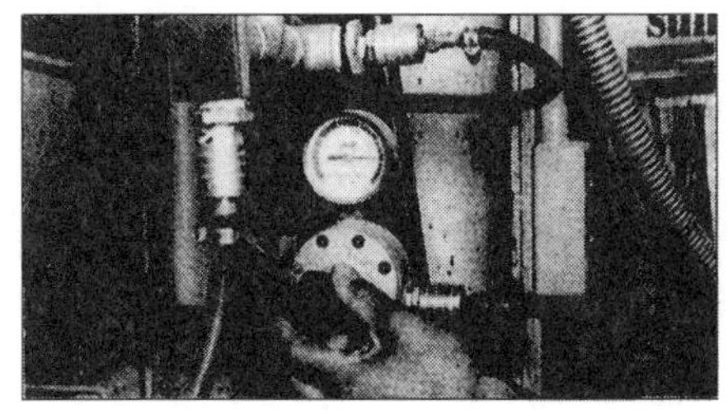

깨끗한 압축 공기를 올바른 압력으로 사용한다

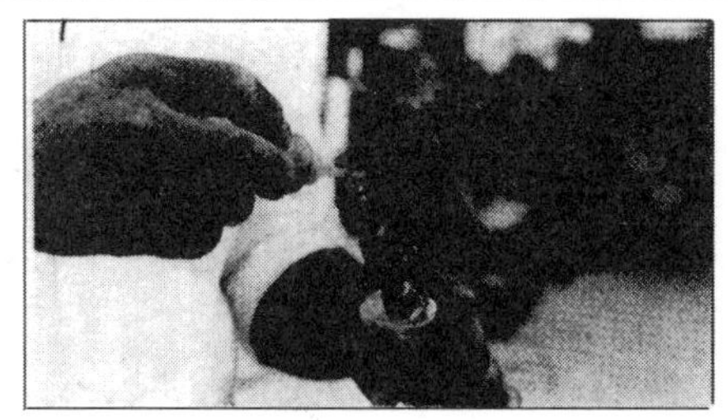

사용 전후에 주유해 준다

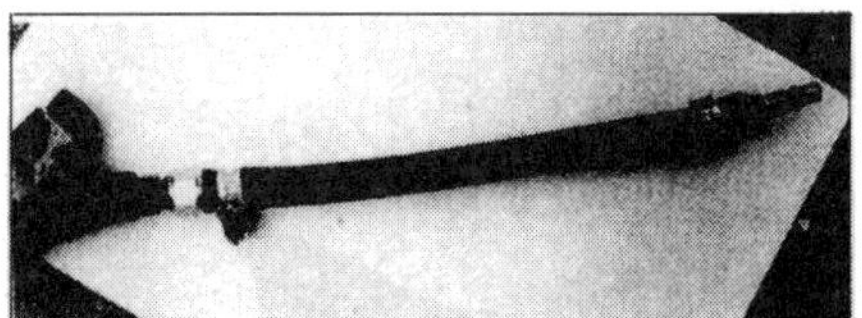

탈착용 에어 공구에는 리드 호스를 부착해 둔다

그림 5-58 에어 공구의 유지 보수

요점정리

정비공장에서는 전동식 콤프레샤로 공기를 압축하여 분사 도장이나, 에어 공구의 동력으로 이용한다. 단, 금방 압축된 공기는 먼지나 수분이 포함되어 있기 때문에 각종 필터나 드라이어 등을 통과시켜 건조하고 청결한 압축 공기를 사용해야 한다. 또 압축력도 콤프레샤로부터 나온 그대로는 너무 높기 때문에 각각의 작업과 공구에 따른 압력으로 조정해야 한다.

5.10.8 절단 이음 교환 요령

용접 판넬 교환에서 언제나 신품 판넬이 그대로 부착된다고 할 수 없다. 용접부에 여러 장의 판넬이 겹쳐져 있을 수도 있고, 교환하는 판넬이 제일 위에 있으면 문제는 없지만 사이에 들어 있거나 아래쪽에 있으면 떼어내는 것도 어렵다. 쓸 때 없이 관계없는 판넬에 구멍을 내서는 안된다. 그래서 용접부는 그대로 놓아두고 떼어 낼 판넬의 손상이 미치지 않는 곳에서 절단 교환을 한다. 이 경우 아무데서나 절단해서는 안된다.

판넬 코너부에서는 50~100mm정도 띄워서 뒤쪽에 작은 판넬이 없는 곳을 골라, 용접부는 가능하면 짧은 길이로 끝낼 수 있게 한다. 절단 이음부의 용접은 맞댐 용접과 겹침 용접 두 종류가 있다. 맞댐 용접은 글자 그대로 커트한 판넬 끝과 끝을 맞추어서 용접하는 방법으로 쿼터 판넬의 아우터 교환 등 큰 힘이 필요치 않는 곳에 이용된다. 판넬을 절단할 때에는 바디측에 하고, 신품과 함께 조금 길게 잘라두고 겹친 부분에서 두 장을 한꺼번에 자른다. 겹침 용접은 한쪽 판넬 끝에 단을 가공하고, 바디측에 끼워놓은 상태로 용접한다. 맞댐 용접에서는 미그 용접밖에 할 수 없지만 겹침 용접은 스포트 용접도 가능하다.

요점정리

- 판넬 부착 상태에 따라 일부를 절단하여 절단 이음 교환을 할 때가 있다.
- 절단 이음부는 맞댐 용접이나 겹침 용접을 한다.
- 강도가 필요한 부위는 겹침 용접이나 보강판을 넣어서 맞댐 용접을 한다.
- 어셈블리 교환, 분할 교환은 부품의 결합 상태나 작업의 용이함 등으로 선택한다.
- 절단 공법은 가능한 좁은 범위인 손상 부분만을 교환하는 방법이 좋다.

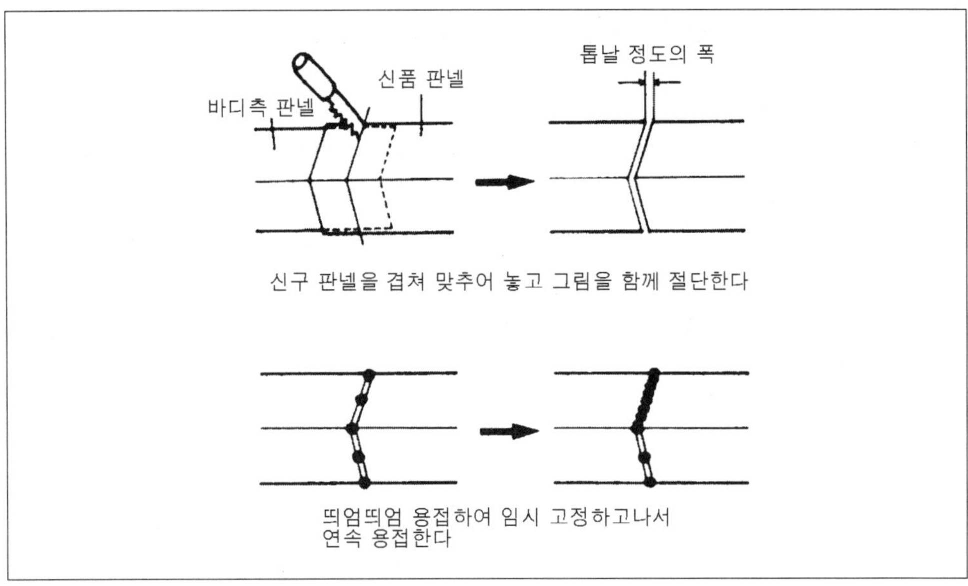

그림 5-59 절단 이음 교환과 판넬 절단

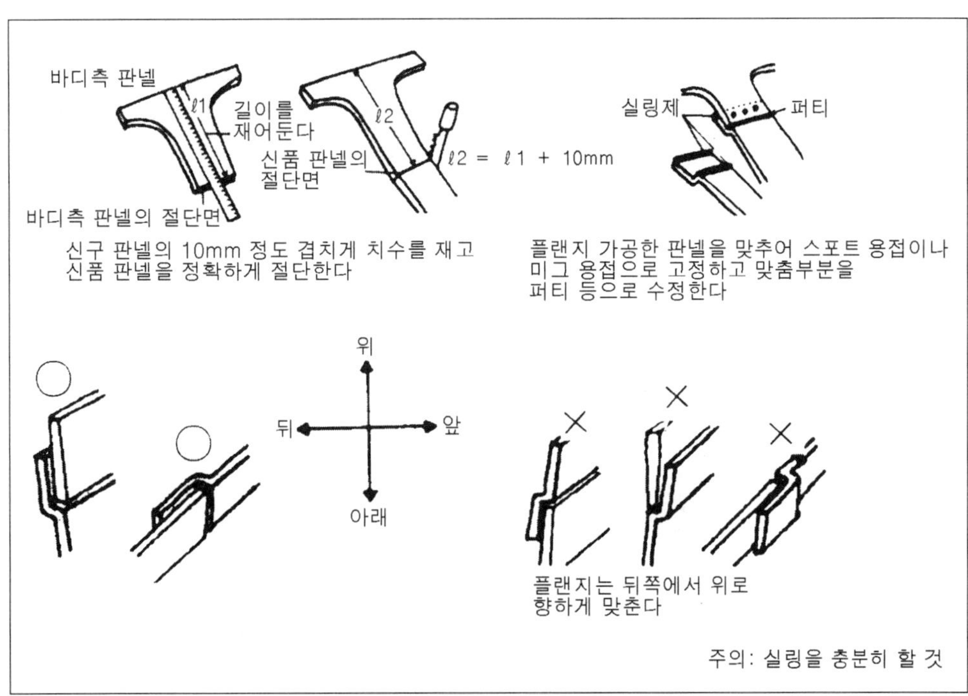

그림 5-60 겹침 용접과 판넬 절단

5.10.9 어셈블리 교환과 분할 교환

판넬 교환 범위를 어떻게 할 것인가는 정비공장에서 간단하게 결정할 수 있는 문제가 아니다. 기본적으로는 판금에 필요한 공임이 교환 공임(신품 판넬 가격+교환 공임)을 상회할 때가 있지만 사고 차라 해도 차종이나 구조, 공장 방침 등에 좌우된다. 한 장의 판넬로 보아도 어셈블리 교환이냐, 분할 판넬 교환이냐를 선택해야 한다. 이러한 판단은 경영자에 맞기는 것도 좋을 것이다. 판금이냐, 교환이냐, 어셈블리 교환인가, 분할 교환인가는 신품 판넬이 어떤 형태로 판매되고 있는가에 따라 결정된다. 메이커에서 들어오는 판넬들은 어셈블리 판넬과 분할 판넬 두 종류가 있다.

예를 들어 프론트엔드의 라디에이터 서포트의 경우 전체가 한 장으로 되어 있는 어셈블리 판넬과 좌우 사이드버플, 어퍼와 로어 서포트의 네 장이나 그 이상의 것 중에서 필요한 부분을 고를 수 있다. 각각의 범위나 분할 형태는 메이커나 차종, 부위에 따라 다르기 때문에 주문할 때는 부품 가격표 등으로 확인한다.

부품 가격이나 교환 공임을 포함한 수리 비용은 물론 분할 판넬로 교환하는 쪽이 저렴하다. 판넬을 절단할 때는 정확한 계측이 필요하고 플랜지 가공측 판넬은 10mm정도 길게 절단한다. 이 방법은 프론트, 센터 필러, 라커 판넬 등 강도를 필요로 하는 곳에 채용한다. 단 뒤쪽에 보강판을 넣고 절단 이음을 할 때는 맞댐 용접도 상관없다. 단 장소에 따라서는 위치 결정이 어렵기도 하고 부착부를 보강할 필요가 있기도 하는 등의 기술적인 면이 요구되는 경우도 있다.

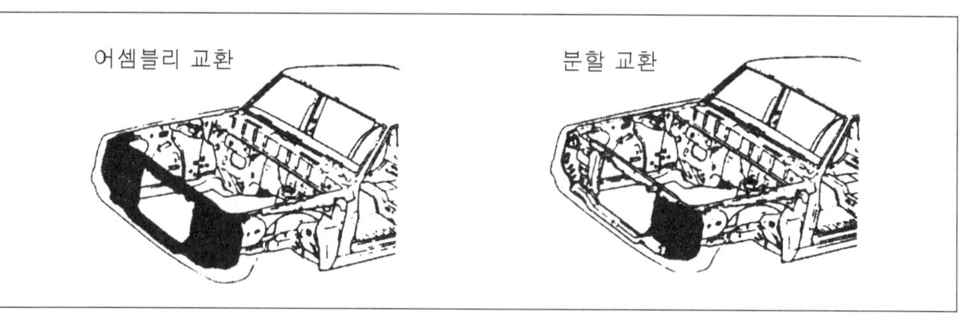

그림 5-61 어셈블리 교환과 분할 교환

5.10.10 절단 기법

자동차 메이커의 교환용 판넬에 국한 않고도 손상된 부분만 좁은 범위로 교환하는 절단 공법이 있다. 국내에는 절단 공법에 필요한 절단 판넬이 시판되지 않는 것이 일반적이다. 또 절단 이음에 접착제를 사용하는 방법도 개발되었지만 지금은 이용되지 않고 있다. 아직은 미래의 기술이라 말할 수 있다.

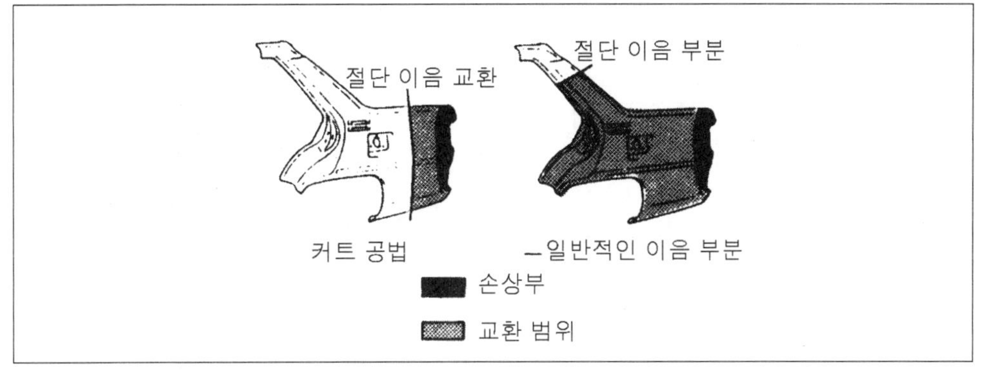

그림 5-62 절단, 이음, 교환 기법

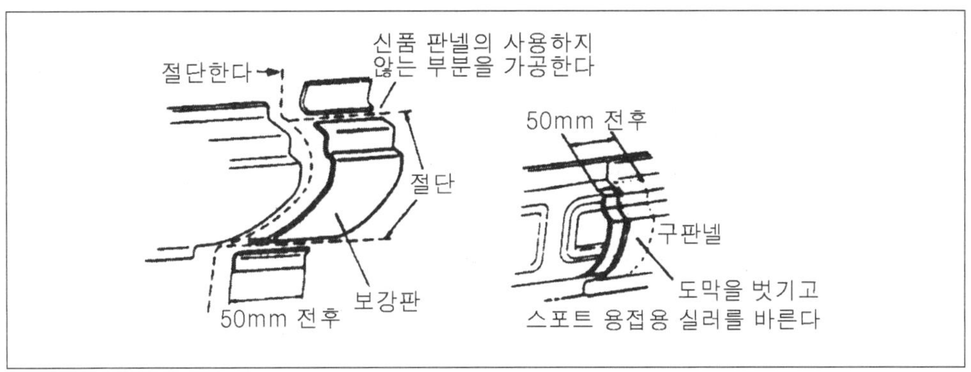

그림 5-63 보강판을 끼워 넣은 용접

5.11 부위별 판넬 교환 요령

■ 판넬 교환 순서

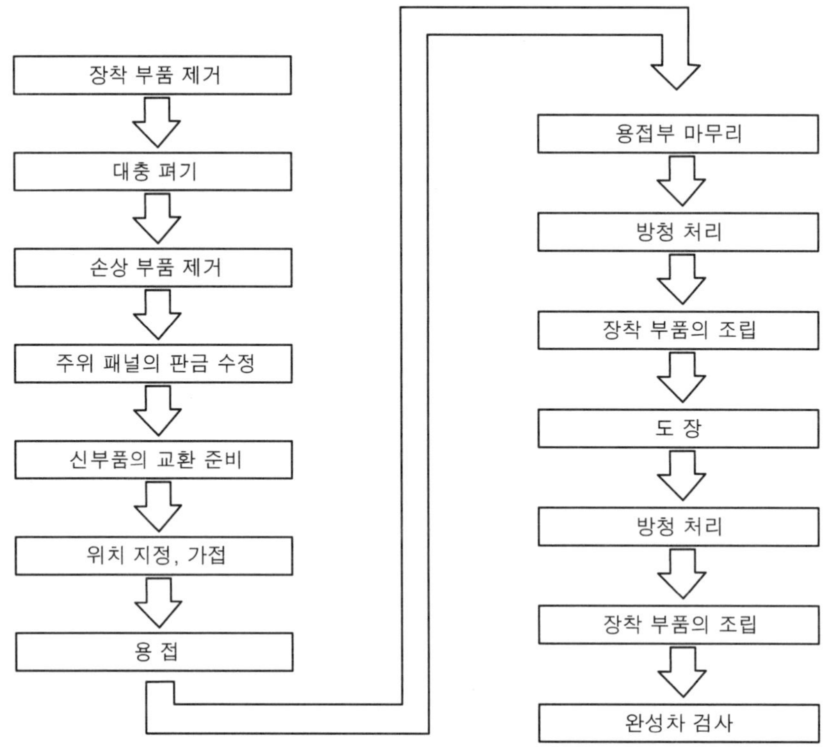

5.11.1 전면부(프론트) 바디 판넬 교환

전면부(프론트) 바디는 엔진, 변속기 등의 중량물이 집중되어 있고, 주행성에 영향이 있는 프론트 서스펜션의 위치 결정에도 관계가 있기 때문에 치수, 위치, 용접은 특히 주의를 해야 한다. 교환용 판넬도 어셈블리뿐만 아니라 분할 판넬도 있기 때문에 확실한 치수를 고르는 것이 좋다. 부착시 위치 결정에는 판넬에 설정된 마크 외에 서스펜션 부품 라디에이터 스포트 등 각종 볼트로 부품을 활용하면 정확도를 높일 수 있다. 주의해야 할 것은 사이드 멤버, 후드레치와 데시 판넬, 플로어 판넬 용접부의 스포트 깎기이다. 가능하면 스포트 제거시 드릴 구멍을 관통하지 않게 한다. 또 용접시는 미그 플러그로 확실하게 고정하지만 내장에 열이 전달되는 것을 막기 위해 압축 공기나 젖은 헝겊 등으로 식혀 가면서 용접하는 것이 좋다.

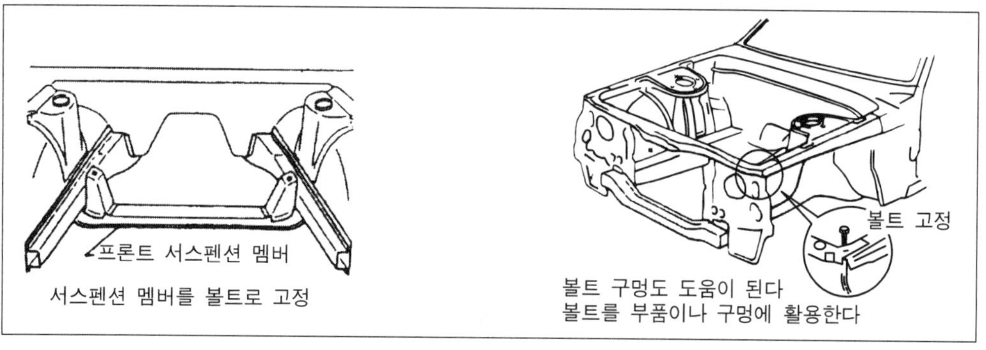

그림 5-64 프론트 바디 판넬의 임시 고정

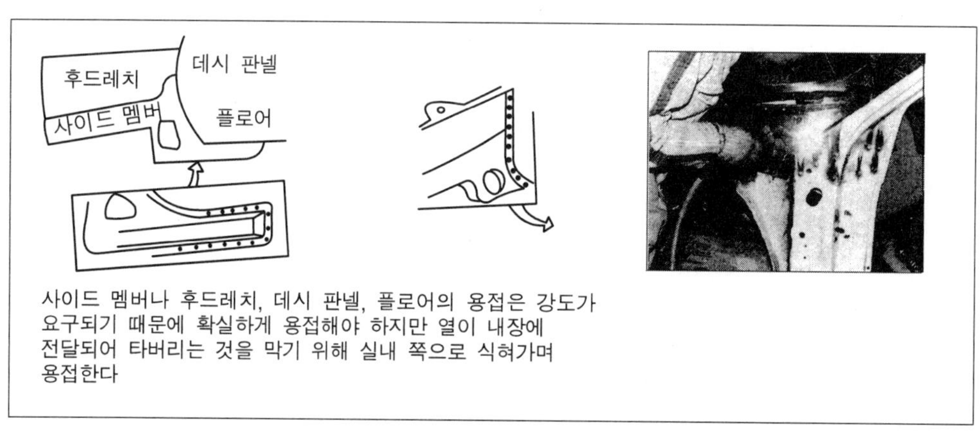

그림 5-65 데시 판넬에 관계하는 용접

요점정리

- 프론트 바디는 치수, 위치, 용접에 특히 주의해야 한다.
- 데시, 플로어 판넬에는 구멍을 뚫지 않는다.
- 라커 판넬, 필러의 절단에서는 남길 판넬에 흠집이 나지 않도록 한다.
- 면적이 넓은 판넬은 작업중 변형에 주의해야 한다.
- 쿼터 판넬의 절단 이음 내측에 작은 판넬이 있는 곳은 피한다.
- 리어엔드 판넬은 판넬 맞춤 방향을 확인한다.

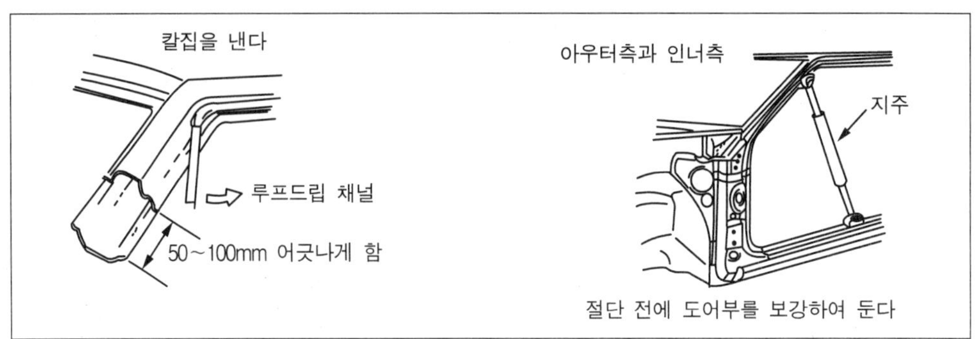

그림 5-66 프론트 필러 교환 포인트

5.11.2 중앙부(센터) 바디 판넬 교환

신차의 판넬은 겹친 순서에 조금씩 차이가 있고, 프론트와 센터 필러, 라커 판넬 등 절단 이음 하는 곳이 많다. 그리고 상자 형태 단면 구조로 되어 있기 때문에 외부만 교환할 것인지, 외부와 안쪽 모두 교환할 것인가에 따라 작업 방법도 달라진다. 양쪽 모두 교환하는 경우는 반드시 절단 이음 위치를 50~100mm정도 어긋나게 해야 한다.

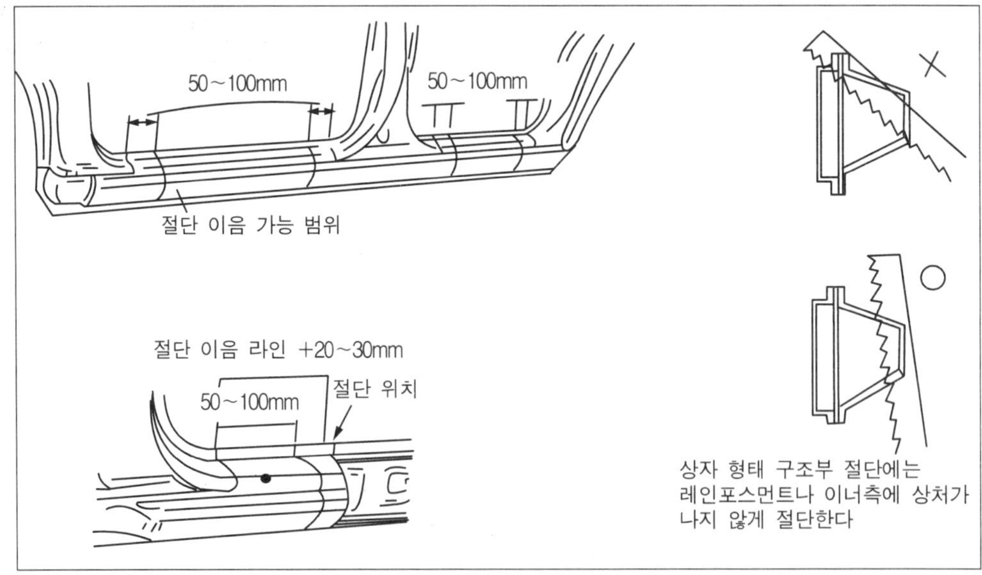

그림 5-67 라커 판넬의 절단 이음 가능

이것은 강도를 확보하기 위함이다. 또 플랜지를 떼어낸 겹친 용접으로 절단 이음을 하는 것이 좋다. 상자 형태로 된 부분의 바깥쪽만 할 때에는 안쪽 측과 내부속의 레인포스먼트에 흠집이 나지 않도록 날의 방향에도 주의해야 한다. 루프 판넬은 면적이 넓기 때문에 작업중 변형시키지 않는 것이 요령이다. 한쪽만 먼저 용접하거나 부착부의 치수가 맞지 않는데 무리하게 용접하면 위험하다. 네 모퉁이 필러와의 접속부는 납 붙임을 하여 단의 차이를 메워야 하고 한 곳을 2~3회로 나누어서 납 붙임을 하거나 젖은 헝겊을 놓고 식혀가면서 작업하는 등의 열에 의한 변형을 방지하는 방법을 선택한다.

5.11.3 후면부(리어) 바디 판넬 교환

쿼터 판넬을 리어 필러 상부에서 절단 이음을 하는 것이 일반적이다. 맞댐 용접도 관계는 없지만 절단 이음부는 판넬 코너부로부터 50mm 이상 이격시켜야 한다. 또 내측에 도어 아우트레트나 가닛쉬 부착용 작은 판넬이 들어 있을 수도 있으므로 절단하기 전에 잘 살펴보아야 한다. 이 판넬도 면적이 넓기 때문에 작업중 변형되지 않게 취급해야 한다.

리어엔드 판넬은 일체형과 상하 2분할 타입이 있다. 두 타입 모두 교환시에는 바디의 트렁크 룸 측에서 부착되어 있는지 외측에서 확인하고 나서 작업을 진행한다. 절단 이음 교환을 해서는 안된다. 부착시에는 쿼터 판넬, 트렁크리드(백도어)와의 위치 관계를 잘 점검한다.

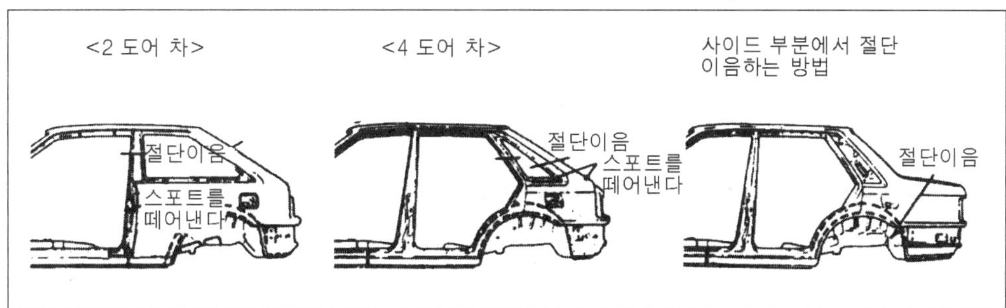

그림 5-68 쿼터 판넬 교환 방법

5.12 부식 방지 처리

부식 방지 작업을 함에 있어서 어떤 방해물(플로어 팬이나 스페이스 프레임 등)이 있을 때 귀찮다고 작업을 등한시하면 시간이 지나면서 부식을 초래한다. 충분한 작업이 이루어지지 않아도 마찬가지이다. 그러므로 부식 방지용 기자재 용품이 필요하다. 또 이들은 차후 도장 공정(하도, 중도, 상도)에 좋은 영향을 미쳐야 한다.

5.12.1 실러

접착 연결 부위에 올바른 실링 작업을 하는 것이 품질을 향상하는 것인데, 실러는 방수효과·불순물·배기 가스의 차내 진입을 막고 부식을 방지하는 벽 역할을 해준다.

실러를 적용시키는 부위는 도어의 철판과 철판 사이, 트렁크 리드 헴 플렌지, 휠 하우스, 쿼터 판넬 아우터, 플로어(차 바닥), 카울, 로프, 여러 가지 다른 판넬과 판넬 사이 등이다.

1) 브러셔블 심 실러(brushable seam sealer)

이 실러의 색깔은 회색이며 스포트 용접된 부위에 틈새를 막는데 주로 쓰인다(플로어 팬, 카울 트렁크 심 등등).

2) 조인트 심 실러(joint and seam sealer)

신축성이 많은 성분이며 한번 작업하면 영구히 남아있는 형태이다. 적용 부위는 내부와 외부의 조인트와 심 등이다(라커 판넬과 센터 필러의 연결 부위 등).

3) 드립-체크 실러(drip-check sealer)

조인트 심 실러보다 얇다. 패널의 접촉 부위에 사용(도어 하단부의 햄플렌지 접합 부분)

만약 심 처리를 한 후에도 약간의 틈새가 있다면 다시 메워야 하는데 구조용 접착제로 작업을 한다. 만약 작업이 방해물로 힘들 때는 실러 혹은 바디 코크(body caulk)를 적용하며 반드시 그 외의 맨 철판에는 부식 방지처리가 되어야 한다.

실러는 도장 공정중 열 처리 후에도 말랑말랑한 상태가 되어야 하고 도장 작업이 가능해야 한다. 다음 사항은 실러 제조업체에서 권장하는 작업 체계이다.

■ 실러 작업 요령

- 교환 판넬의 접촉 부위는 반드시 재실링 작업을 해야 한다.
- 조인트의 플렌지 부위, 오버 랩 조인트(over lap joint), 심(seam) 등은 고품질 실러를 사용해야 한다.
- 틈새가 존재하게 되어 있는 오픈 조인트(open joint)는 항상 대형 차체용 실러를 사용해야 한다. 그리고 본래의 실링이 파손되면 반드시 재실링 작업을 해줘야 한다.

5.12.2 판넬 수리에서의 실런트 작업을 위한 재료

판넬 수리에서 실런트 작업을 위한 재료들은 적절히 규정대로 사용한다면 영구히 보존되는 것이다. 실런트 재료들에는 솔벤트, 클리너, 프라이머 등이 있다.

가. 실런트의 재료

1) 솔벤트(solvents)

솔벤트는 가스 켓, 실, 웨더 스트립(weather strip) 등의 작업을 하기 전, 준비작업에 쓰이는 용재이다. 솔벤트는 접착제나 실런트의 접착성에 영향을 미치는 오염물을 제거하는 역할을 한다. 몇몇 솔벤트는 웨더 스트립*을 위해서 만든 것이 있다. 이를 명명하기를 릴리즈 솔벤트(release solvent)·릴리즈 에이전트(release agent)라고도 부른다.

주) 웨더 스트립(Weather strip) - 바디 수리 용어 사전 참조

2) 세척제(cleaners)

세척제는 도장 면에 과도히 나온 실런트를 제거하는 역할을 한다. 이들은 특수용으로 제작되는데 도막 파손 및 내부 카페트 파손 등을 하지 않도록 주의해야 한다.

3) 접착제(adhesives)

여러 가지 접착제가 있는데 특히 본드 비닐(bond vinyl) 또는 헤드라이닝(head linning) 등인데 이들은 속성 건조, 고강도의 특성을 갖고 있다.

웨더 스트립을 작업할 때 쓰는 접합제는 강하고, 방수 효과가 있어야 하고 신축성이 있고 진동도흡수하고 온도의 변화에도 강해야 한다.

그림 5-69 웨더 스트립 접착제

에폭시(epoxy) 접착제는 강하고 내구성이 강하다. 특히 유리, 금속, 플라스틱, 고무, 유리 섬유에 접착을 위해서 생산된다. 우레탄 접착제는 삼각 유리 등을 부착하는데 쓴다(쿼터 글라스, 윈드 쉴드, 백 윈도우).

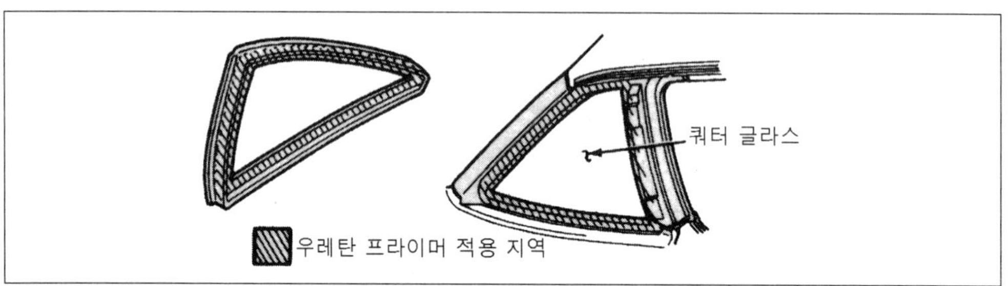

그림 5-70 삼각 유리창(stationery glass)

4) 실러(sealers)

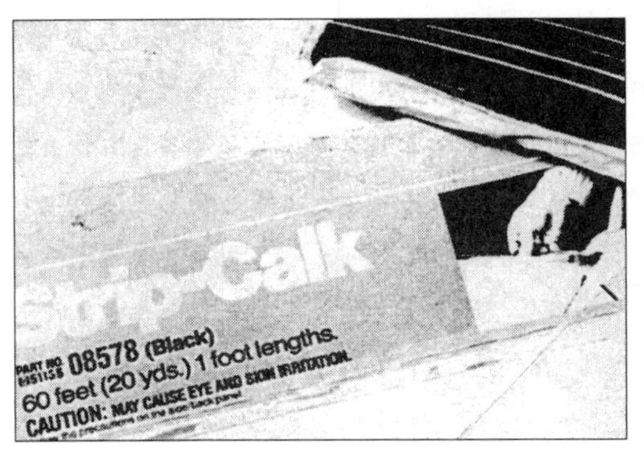

그림 5-71 스트립 코크(strip caulk)

그림 5-72 바디 실러

5) 코크(caulk)

스트립 코크와 바디 코크는 용접심, 조인트 등 틈새가 큰 부위를 메우며 아울러 실링까지 하는 역할을 한다. 상당히 고성능이며 굳어도 젤(Gel : 반유동체) 상태를 유지하며 방수 효과와 좋은 접착성이 있다.

6) 컴파운드(compound)

컴파운드는 유리를 부착할 때 쓰며 도장작업을 해서는 안될 부위의 실링제 역할을 한다. 이 역시 굳어도 젤 상태에서 차체의 움직임을 흡수한다.

7) 바디 실러(body sealers)

바디 실러는 각각 다른 등급의 종류가 있는데 조인트와 바디심이 있다. 이때 작업은 브러쉬(brush)에 묻혀 사용한다. 중간 등급은 튜브용으로 많이 사용하는데 이들은 도색 작업이 가능하다.

8) 프라이머(primer)

프라이머는 탑 코트 상도 도장(top coat)의 부착성 향상과 녹을 방지하기 위해서 적용한다. 통상적으로 에폭시(epoxy)와 에칭 프라이머(eching primer)가 가장 많이 쓰이는 종류인데 각 제품마다 제조회사의 지시에 따라야 한다.

9) 부식 방지 컴파운드

부식 방지 컴파운드는 가벼운 승용차용으로 외장 판넬 내부 표면(inner surface)과 같은 노출이 되지 않는 곳이나 판넬 겉면의 노출이 되는 부분까지 코팅해서 부식을 방지한다. 또 모노코크 바디의 토크 박스(일체화시키기 위한 카울 지역의 보강 구조물)나 펀치 웰드(pinch weld) 부분(사이드 실(side sill)이라고도 함) 등의 철판과 철판이 맞닿는 곳을 침투해 부식 방지할 필요가 있는 곳에 쓰인다.

그림 5-73

※ 사전 준비 사항

(1) 외부(휠 하우스, 플로어 팬 등등)
- ① 방수처리 지역 주위를 청소할 것
- ② 철판 표면을 준비 작업할 것
- ③ 해당 플라이머를 철판에 적용할 것
- ④ 해당 실러를 철판에 적용할 것
- ⑤ 소음 방지제(sound deadner)와 방호 코팅을 적용할 것

(2) 내부(트렁크, 데크리드 등등)
- ① 수리할 지역 주변을 청소할 것
- ② 철판 표면을 준비 작업할 것
- ③ 해당 실러를 적용할 것
- ④ 부식 방지 컴파운드를 적용할 것
- ⑤ 도장작업

(3) 부식 방지제 적용이 힘든 부위(토크 박스 지역 등등)
- ① 가능한 범위 내 청소할 것
- ② 부식 방지 컴파운드를 적용할 것

10) 언더 실 고무성 언더 코팅

요즘은 한번에 쉽게 뿌려서 처리하는 부식 방지제가 많이 개발되었다. 특히 도어의 소상수제, 소음제거제 등인데 쿼터 판넬, 펜더, 에이프롱에도 사용한다.

나. 실런트 작업을 위한 재료의 적용

1) 소음제거제의 적용

사고에 의해 소음 제거제가 파손되어 새 판넬을 갈았을 때, 이 소음 제거제를 반드시 재적용해야 한다.

2) 부식 방지 컴파운드의 적용

부식 방지 컴파운드는 노출 부위와 노출이 안되는 부위(토크 박스, 핀치 웰드(pinch weld) 등 철판 겹침 사이를 침투해 들어가는 부위) 그리고 헴플렌지 부위에 적용시킨다.

3) 부식방지제의 적용

판넬을 갈거나 차체 수정을 하면 자연히 고유 부식 방지제의 손상이 이루어지는데 재부식 방지 작업이 필수이다. 그리고 항상 고성능, 왁스 성분*의 부식 방지제를 써야 한다.

주) 왁스 성분 : 밀납계 부식 방지제를 말한다.

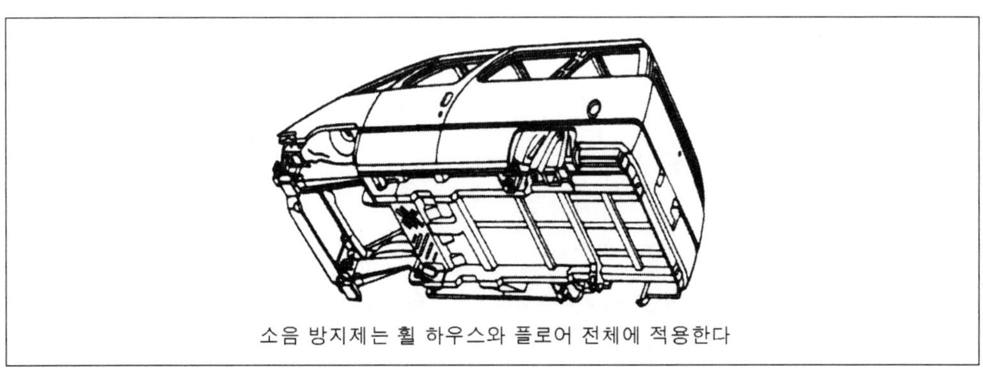

소음 방지제는 휠 하우스와 플로어 전체에 적용한다

그림 5-74 차체 하부 소음 방지 지역

그림 5-75 브러셔블 심 실러, 조인트 심 실러(brushable seam sealers, joint seam sealers)

랩 조인트, 핀치 웰드와 헴 플렌지 등은 습기가 많이 모이며, 그 때 부식이 형성된다(그림 5-76, 5-77, 5-78). 그래서 이를 방지하려면 실링을 해야 한다. 파손의 심각성에 따라 다르지만 파손되지 않은 부위에서 본래 심 실러가 적용된 형태를 본다.

그림 5-76 랩 조인트(lab joint)

그림 5-77 핀치 웰드(pinch weld)

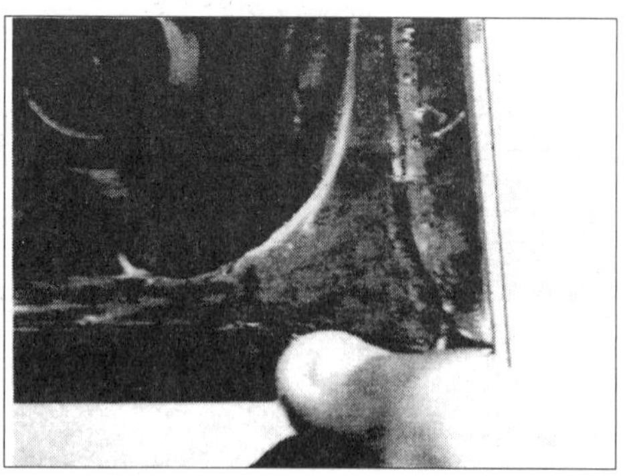

그림 5-78 햄 플랜지(hen flange)

부식 방지 처리제의 주된 목적은 심을 실러로 처리해 주는 것이다. 헴 플랜지의 실링 처리로 물이 흘러내린다. 그래서 판금 작업에는 최고급품의 실러 및 반부식 컴파운드를 써야 한다.

5.12.3 실런트 작업

1) 라커 판넬 케비티

스프레이 컴파운드는 특히 접근하기 힘든 깊은 부위에 적용한다. 예를 들면 라커 판넬 케비티이다(cavity : 중앙이 빈 벽).

먼저 라커 판넬 케비티 안에 부식 방지 스프레이 노즐을 끼워 넣는다. 조심스럽게 뿌린다. 이런 공정을 채택하면 쉽게 모든 표면에 부식처리가 된다(그림 5-79 참조).

부식 방지 코팅이 흘러내리거나 조인트 안으로 퍼져 들어가기도 한다. 왁스 스프레이만 접근 곤란 지역을 부식 방지 처리하는 방법이다. 하지만 배수 구멍은 막지 않고 그대로 둬야 한다.

2) 엔진 부위 레일의 부식

상단 및 하단 사이드 레일의 엔진 부위 지지대 부식 처리는 판넬 케비티와 동일하다(그림 5-80 참조).

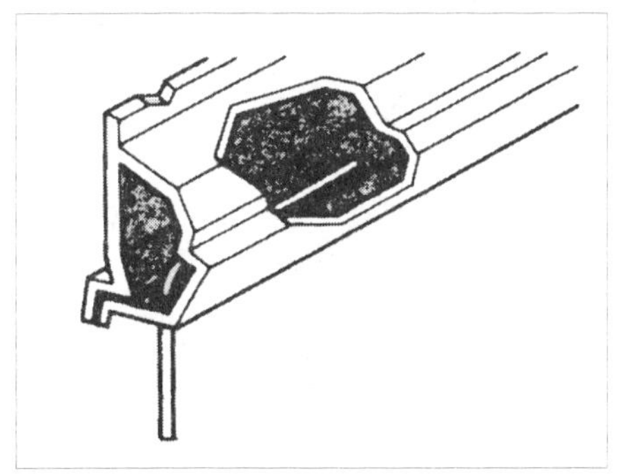

그림 5-79 라커 판넬 왁스 적용

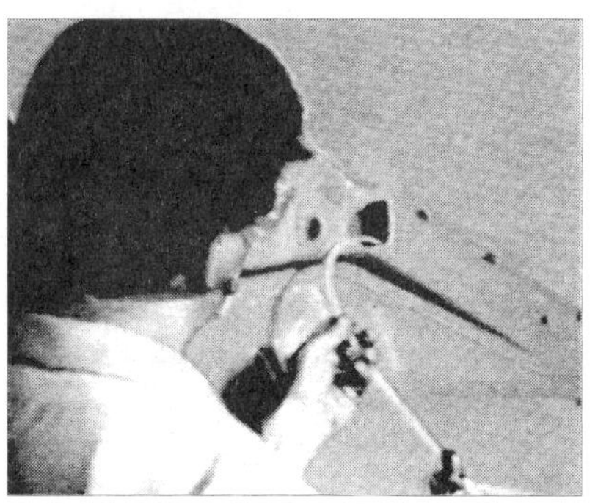

그림 5-80 프레임 레일의 부식 처리 적용

3) 도어 내부

도어 내부의 부식 방지제는 왁스 베이스 컴파운드다. 이 부식 방지제는 침투력이 우수해서 도어 헴 플렌지 내부에 침투한다(그림 5-81 참조).

다음은 밖에서 도어 헴 플랜지를 실링하므로 본래 어셈블리의 부식 방지제 부분과 중복된다.

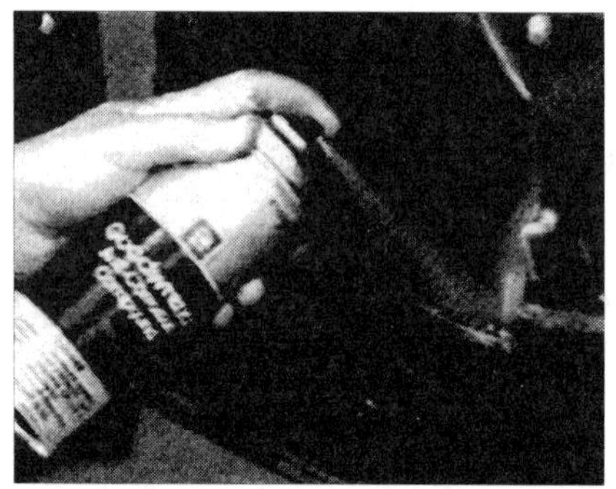

그림 5-81 도어 내부에 굳렌치 부식방지제를 뿌림

5.12.4 실러 적용 부위의 예

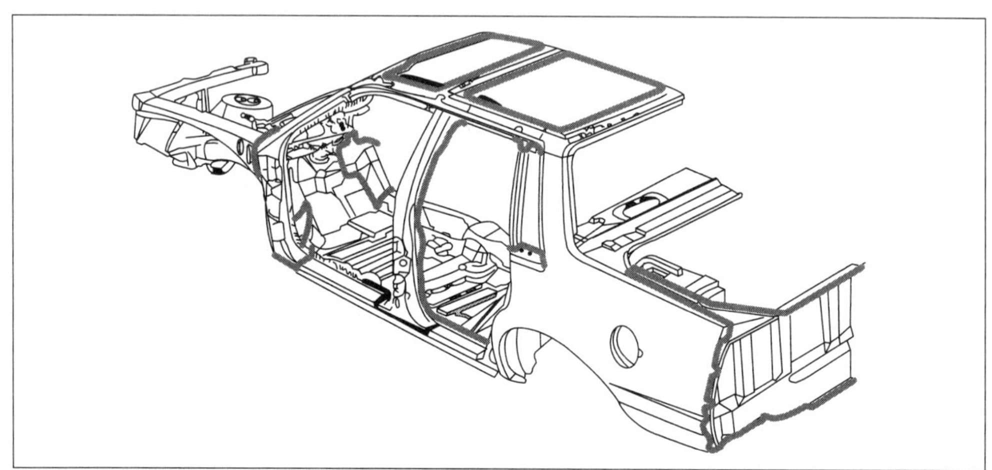

그림 5-82 조인트 심 실러

- 교환 신품 판넬 접촉 부위는 재실링해야 한다.
- 플렌지 조인트와 오버랩 조인트와 심들은 양질의 실러로 실링 작업을 해야 한다.

- 오픈 조인트(틈새가 넓은)는 대형 차체용 실러를 사용해야 한다.
- 어떠한 파손이든 실링 조인트의 파손은 다시 실링해야 한다.

5.12.5 트렁크 리드와 도어의 교환에서 헴 플랜지 (hem-fla- nge) 지역의 실링 작업

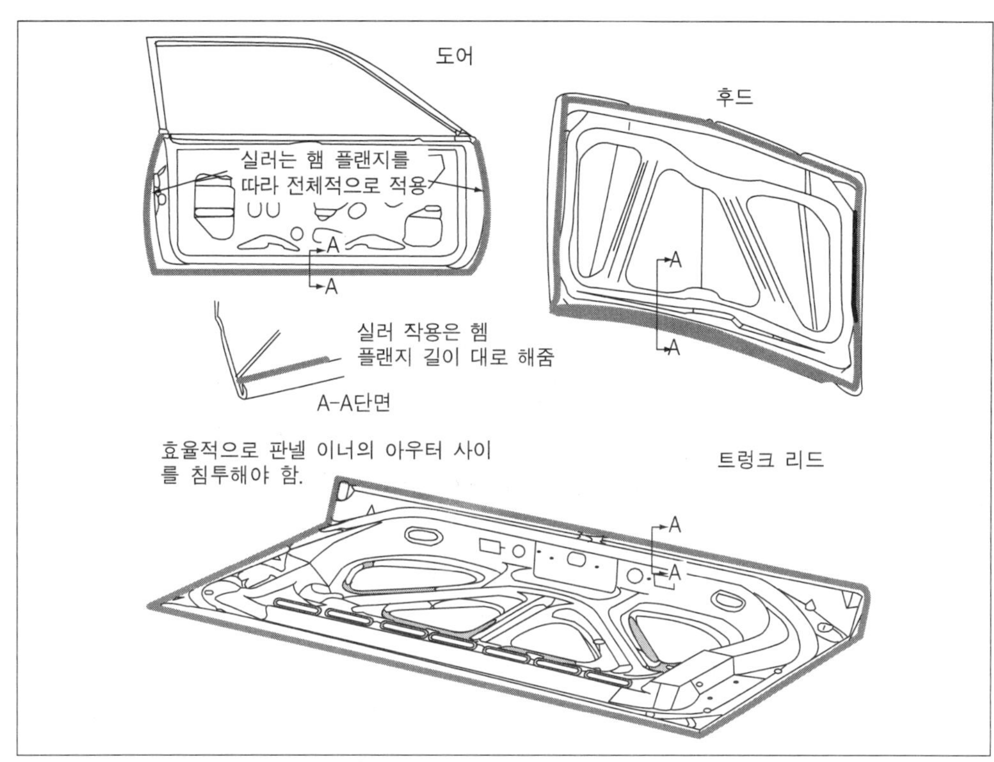

그림 5-83 드립-첵 실러

5.12.6 소음 방지제가 파손에 의해 망가지거나 새 판넬을 교환할 때 소음 방지제를 재처리하는 방법

1) 소음 방지제 적용 부위

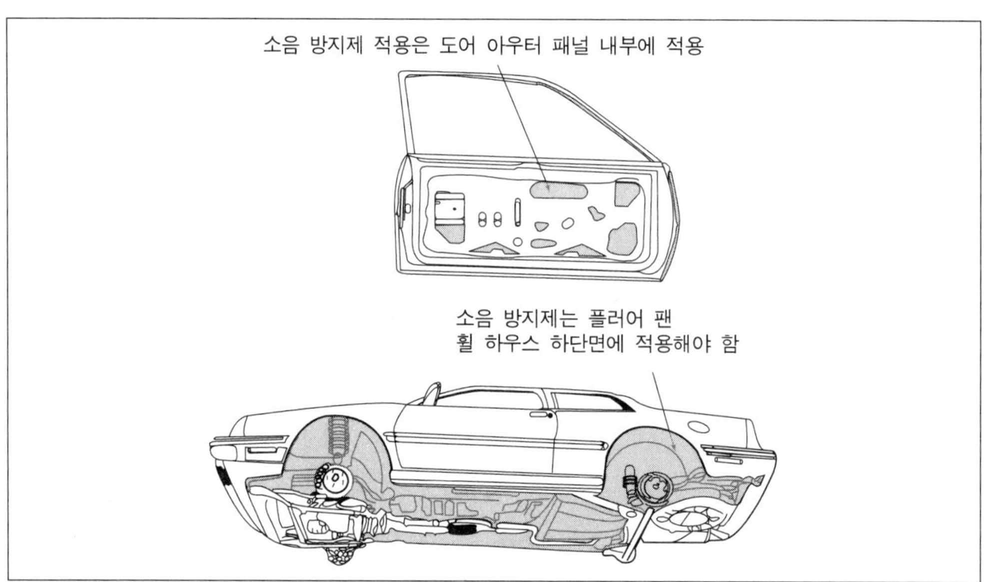

그림 5-84

주의 : 소음 방지제를 적용할 때 쿼터 판넬 및 도어에 뿌려지지 않게 정확히 측정해서 해당 부위만 뿌려줘야 할뿐만 아니라 도어나 유리 부착 채널, 윈도우 레귤레이터, 안전벨트 자동장치, 혹은 움직이거나 회전하는 기계 부위에 현가 장치 부위에도 뿌려서는 안되며, 작업을 마치고 배수 구멍은 반드시 열린 상태에 두어야 한다.

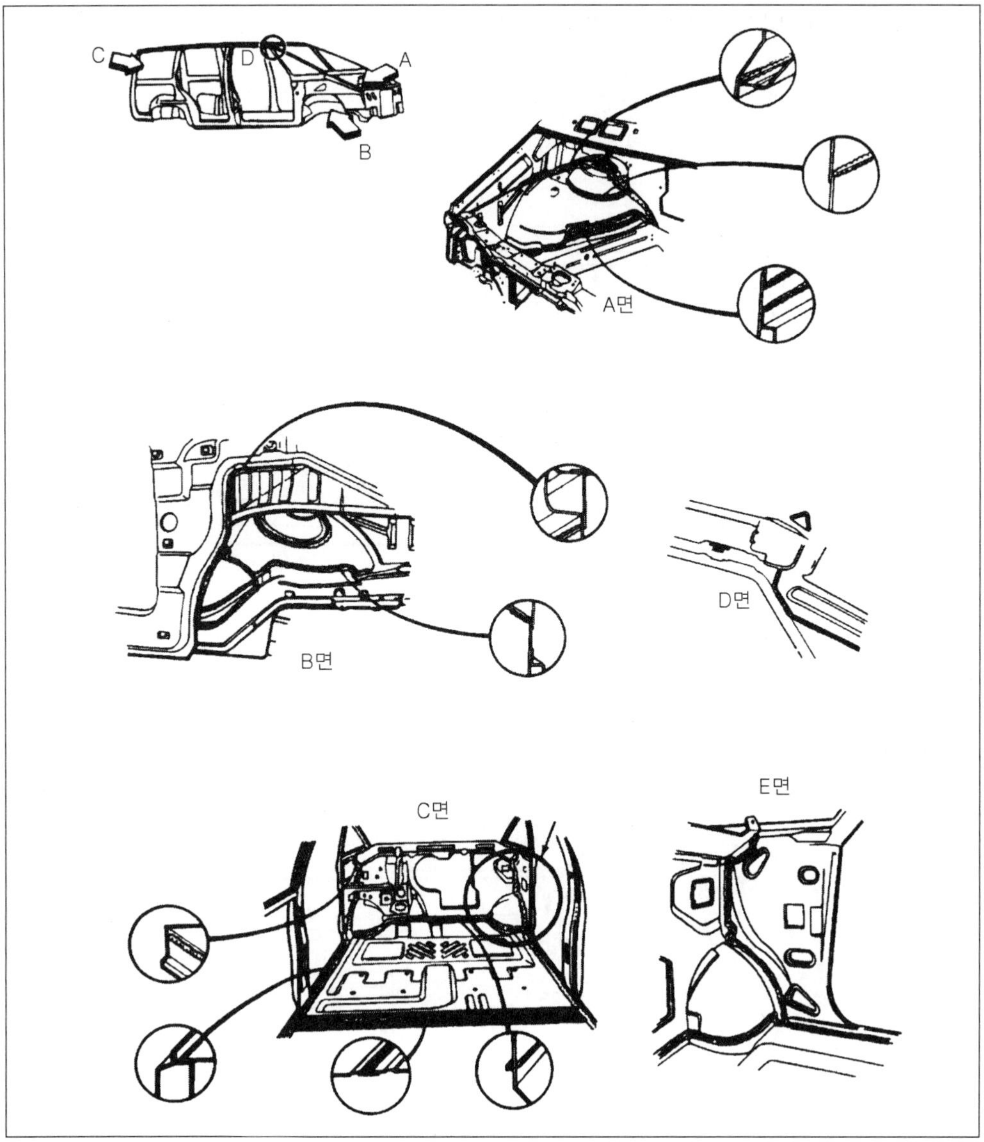

그림 5-85 실러/소음 방지제 적용부위

5.12.7 부식 방지제 적용의 예

판넬 교환 및 차체 수정 작업 등에서 부식 방지 처리가 훼손된 작업 등은 반드시 부식 방지 코팅을 해줘야 한다.

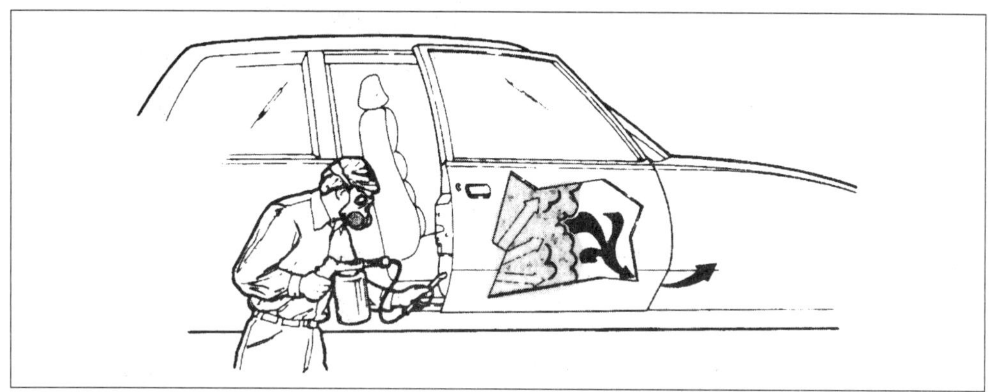

그림 5-86 차체 구멍을 이용하여 부식 방지 처리 작업하는 법

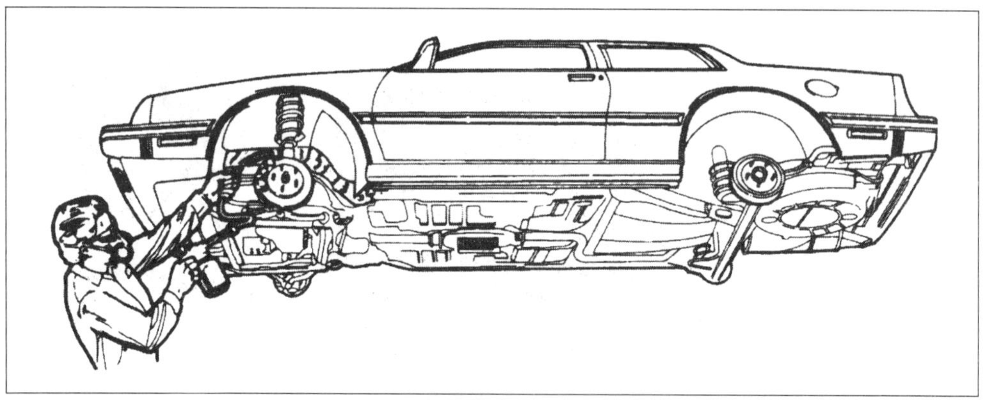

그림 5-87 유동적 호스와 차체 구멍으로 구조적 레일과 토크 박스 지역에 부식 방지 처리 하는 법

5.12.8 부식 방지 강판의 적용

금속 철판 판넬의 내·외장 면에는 부식 방지 처리를 해주는데 아연 크롬판에는 한면, 양면 도금이 있고, 아연 도금, 크롬 도금 강이 있다.

이들 도금면이 망가지면(판넬 교환 및 차체 수정 작업) 재코팅을 해야 한다. 프라이머와 탑코드(top code) 적용을 페인트 제조업 등이 아래와 같이 권장한다.

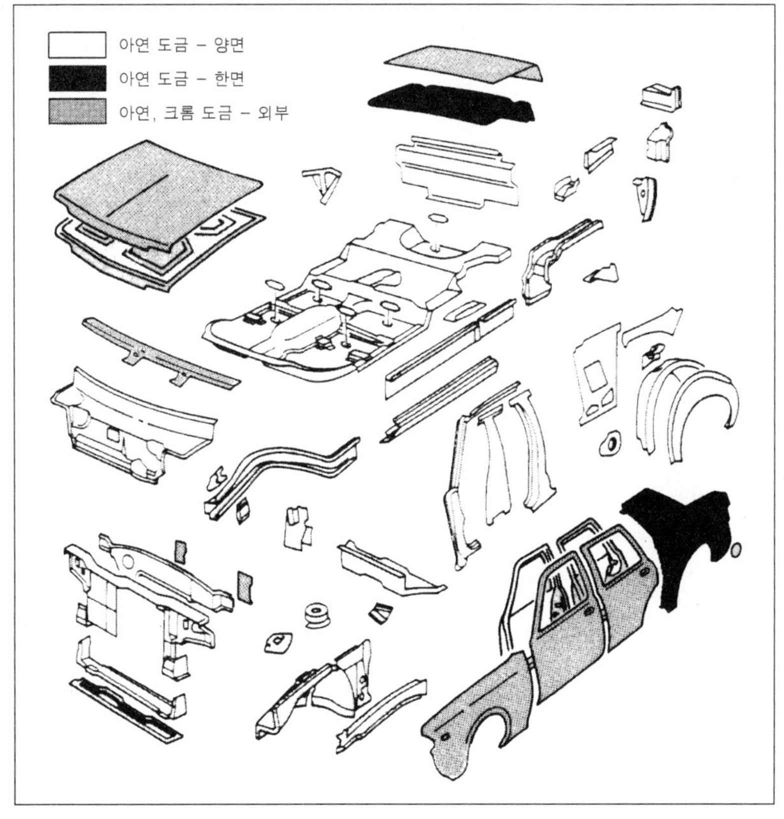

그림 5-88

5.12.9 부식 방지 강판의 구조

철의 가장 큰 결점은 "부식"이지만 철 덩어리인 자동차 바디에는 부식을 방지하는 피막이 되어 있다. 하도, 중도, 상도 도장을 하고 중복해서 칠하는 것이 그 중의 하나다.

그러나 강판 그 자체가 잘 녹슬지 않으면 그것이 가장 좋은 것이다. 부식 방지 강판은 보통 강판의 뒷면 또는 앞·뒷면에 아연 도금을 해서 녹을 방지하고 있다. 아연은 강판 녹의 원인이 되는 수분, 산소로부터 보호할 뿐만 아니라 녹이 발생할 상황이 되면 강판을 대신해서 녹이 슬어 버린다. 아연의 녹은 철의 녹과 달리 표면만 녹슬고 내부까지 진행되지 않기 때문에 녹을 방지하는 효과를 갖는다.

부식 방지 강판이라고 해서 바디 수리에 특별한 영향은 없지만 전기를 흐르게 하는 특성이 조금 다르기 때문에 스포트 용접시에는 전류를 1~2할 높게 하거나 통전 시간을 조금 길게 하는 것이 좋다. 또 샌더로 도막을 벗겨 냈을 때는 아연도 같이 벗겨져 버리는 일이 있기 때문에 도장면의 표면 처리를 주의해야 한다.

■ 부식 방지 강판의 종류

앞면
<한쪽 표면 부식 방지 강판>
뒷면

강판
아연 도금

전기 아연 도금 강판 : 표면은 깨끗하지만 도금층은 조금 얇다.

강판
아연 도금

용융 아연 도금 강판 : 표면은 조금 거칠어도 도금층이 두껍다.

앞면
<양면 부식 방지 강판>
뒷면

아연 도금 A
아연 도금 B
강판
아연 도금

액세라이트 강판 : 철 성분이 많은 도금층 A(도장성이 좋다)와 아연 성분이 많은 도금층 B(녹 방지에 강하다)의 2층 구조로 되어 있다.

아연 도금
강판
아연 도금
유기 피막

진 듀러 스틸 : 뒷면에는 아연 도금층을 보호하는 유기 피막이 코팅되어 있다.

스포트 용접
전기 저항 스포트 용접이 정식 명칭이며 겹쳐 맞춘 강판의 극히 좁은 범위에 힘을 가해 고전류를 집중시켜 발생하는 열을 이용하여 강판을 용접한다. 바디 생산시의 용접은 대개 이 방법을 이용, 바디 수리시도 가능하면 스포트 용접을 하는 것이 좋다. 자세한 것은 용접 부분을 참조할 것.

5.13 볼트 온 판넬 붙임

5.13.1 부착 조정으로 틈새를 조정한다

도어, 팬더, 본네트 등 주위 판넬과 사이에 간격이 있는 외장 판넬은 그 간격을 조정하거나 단의 차이를 없애기 위해 부착 위치를 조금씩 조정할 수 있게 되어 있다. 그러므로 이러한 종류의 볼트 온 판넬을 한번 떼어 내어 다시 부착할 때에는 주변 판넬과의 위치 관계를 조정하지 않으면 안된다.

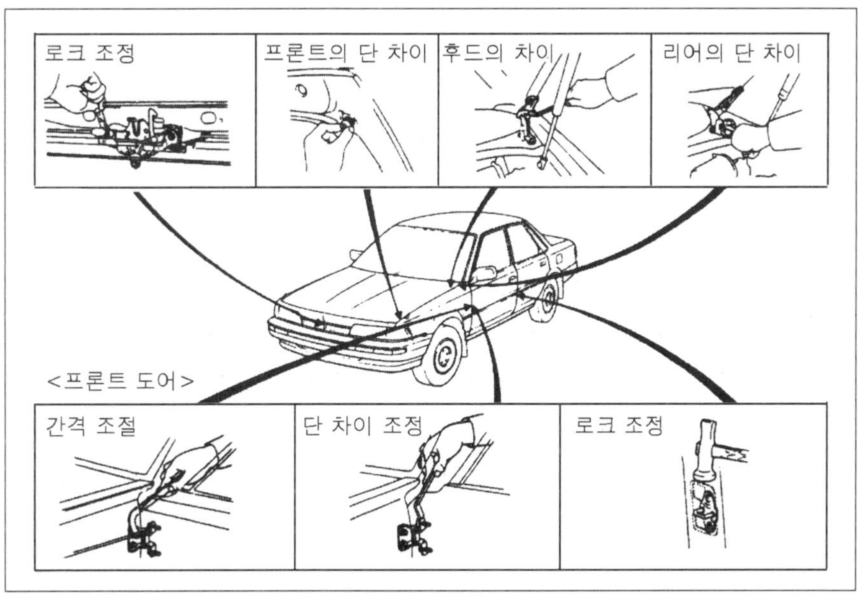

그림 5-89 부착 조정 방법의 예

이러한 조정을 부착 조정이라 부르고 있다. 바디 수리 결과의 좋고 나쁨은 판넬 간격과 단 차이의 유무로 판단되는 경향이 강하다. 때문에 부착 조정은 바디 수리 중에서도 중요한 작업이다. 그러나 각각의 조정 범위는 그다지 크지 않다. 조정 범위도 넘지 않고, 간격이 맞지 않을 때는 바디 수리 작업이 불량하다는 증거이다. 구멍을 크게 하거나 강제로 판넬을 휘게 하는 등 외장만을 맞추는 일은 절대로 해서는 안된다. 용접 판넬 교환 시에는 외관 판넬도 포함한 부착 조정을 염두에 두고 행하는 것이 중요하다.

요점정리

- 외장 판넬은 부착 조정하여 간격과 단 차이를 맞춘다.
- 부착 조정을 위해 판넬을 임의로 가공해서는 안된다.
- 아주 작은 범위이면 판넬이나 부착부를 변형시킴으로서 부착 조정이 가능하다.
- 탈착한 부품, 볼트, 너트 정돈에 주의하고 작업중에 흠집이 나지 않게 주의한다.

5.13.2 부착 조정의 순서

올바른 순서로 바디 수정을 했으면 아주 작은 조정으로 판넬 간격을 맞추는 일은 가능할 것이다. 부착 조정은 바디 중앙부에서 하는 것이 기본이다. 즉 전면 바디의 수리라면 먼저 프론트 도어와 리어 도어의 간격 단 차이를 맞추고 다음에 프론트 팬더와 프론트 도어 끝으로 후드(=본네트)의 순서이다. 이것으로도 맞지 않으면 처음으로 다시 돌아가 조금씩 고쳐 나간다.

본네트와 도어는 간격, 단 차이뿐만 아니라 원활하게 개폐가 되는 지도 확인하고 필요하면 로크 스트라이커의 위치도 조정한다. 바디 수치가 정확하면 비교적 간단히 수정되지만 어딘가에 조금이라도 오차가 있으면 여기에 와서야 앞서 한 작업의 실패가 나타난다. 특히 최근의 자동차는 간격이 작아지는 경향이 있기 때문에 부착 조정에 애를 먹는 일이 많다. 조금 틀리는 것도 눈에 바로 띄기 때문이다.

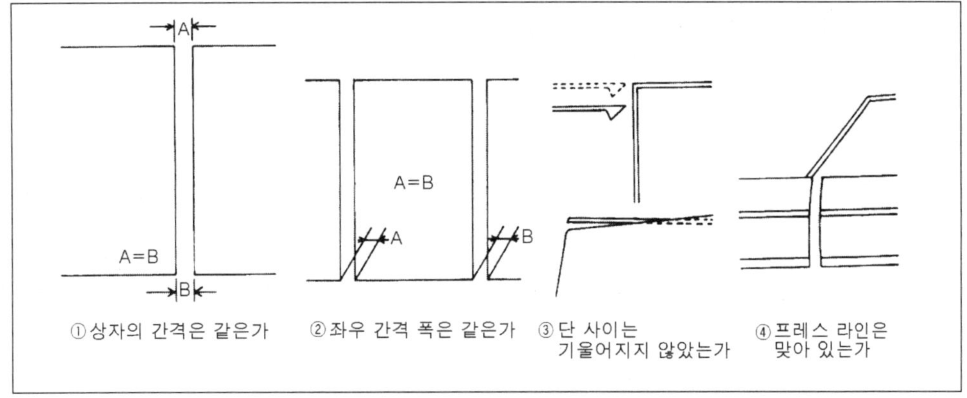

그림 5-90 부착 조정 포인트

5.13.3 부착 조정의 비법

부착부의 조정만으로 잘되지 않을 경우 아주 조금 판넬을 변형시켜서 위치를 맞추는 경우도 있다. 도어 판넬을 약간 틀거나 본네트 앞에 나무를 끼워 굽히는 방법이다. 도어 주변에서 힌지의 한쪽이 용접되어 있는 차종은 부착 조종의 범위가 좁기 때문에 힌지를 조금 굽힘으로서 위치를 바꾸는 경우도 있다. 그러나 이런 수정에도 한계가 있어 너무 변형시켜 버리면 눈에 띄는 경우도 있다. 상당히 곤란한 경우에 최후의 수단으로 남겨 두는 것이 좋을지도 모른다.

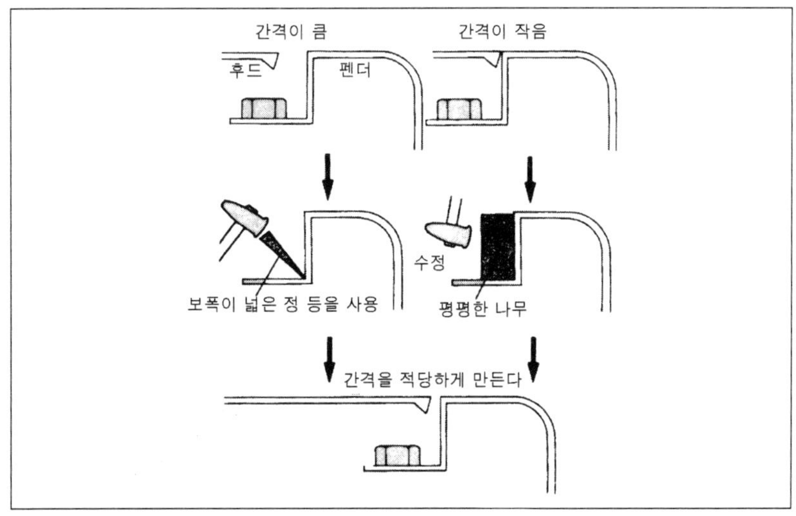

그림 5-91 부착 조정의 비법 예

5.13.4 볼트 온 부품의 탈착

범퍼, 그릴, 시트, 전장 부품 등은 부착 위치가 정해져 있어 움직일 수 없다. 그래서 특별히 설명한 것도 없지만 볼트 온 부품의 탈착 전체에 관계되는 요점은 ① 떼어낸 부품은 한 대씩 정리 ② 볼트, 너트류는 떼어낸 부품에 조립하여 둔다. ③ 복잡한 부품의 분해는 메모를 해 둔다. ④ 전장품을 떼어 낼 때는 축전지 케이블을 떼어놓는다. ⑤ 큰 판넬은 코너부에 테이프를 붙여 보호하는 방법 등이다.

5.13.5 탈착용 에어 공구

스패너와 렌치가 있으면 대개의 볼트, 너트를 다룰 수 있지만, 에어 공구를 사용하면 보다 빠른 시간에 확실하게 일을 할 수 있다. 탈착용 에어 공구로는 임팩 렌치와 라쳇트 렌치를 주로 사용한다.

임팩 렌치는 볼트에 타격을 주면서 회전시키기 때문에 세게 잠긴 볼트도 간단히 풀 수 있고, 반대로 일정한 힘으로 빠르게 볼트를 잠글 수도 있다.

볼트에 걸린 박스 부착부의 크기에 따라 몇 개로 나뉘지만 정비공장에서 주로 이용하는 것은 12.7mm(½인치)와 9.5mm(⅜인치) 두 가지가 있다. 그 중 12.7mm은 휠 너트, 바디 수리용 클램프 등에 이용된다.

볼트 온 부품과 판넬 탈착에 위력을 발휘하는 것은 9.5mm이다. 사용하기 쉬운 크기이며 회전부의 각도를 바꿀 수 있는 부속품을 더하면 작업 범위는 더 넓어진다.

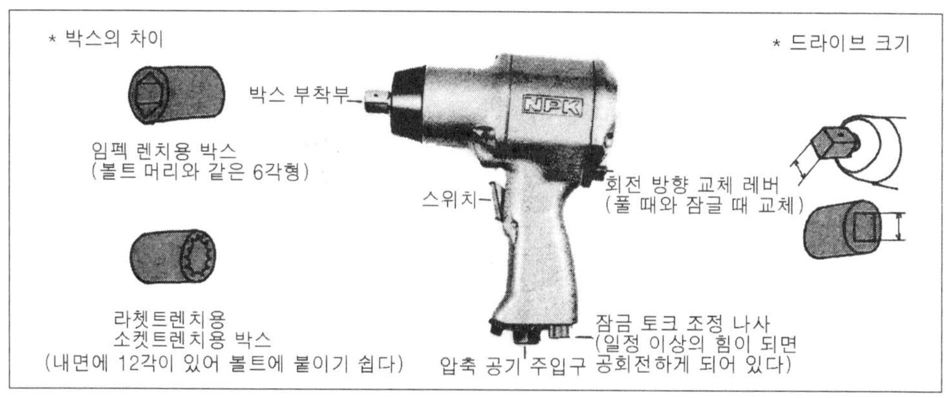

그림 5-92 임팩 렌치의 지식

요점정리

- 동력을 이용한 공구는 사람의 손보다 힘과 속도가 좋다.
- 압축 공기를 이용한 에어 공구가 중심적으로 사용된다.
- 임팩 렌치는 강한 힘으로 볼트, 너트를 풀고 잠근다.
- 라쳇트 렌치는 작은 회전에 효과적이며 작업 속도도 향상된다.

라쳇트 렌치는 잠그거나 푸는 힘은 그다지 크진 않지만 연장 계수(깊숙한 곳의 볼트에 닿게 함), 자재 계수(박스부와 본체의 각도를 바꿀 수 있음) 등 소켓 렌치 세트의 부속품을 함께 사용할 수 있기 때문에 사용 범위가 넓고 탈착 작업에 효과적인 속력 향상이 가능하다. 최대 허용 토크는 12.7mm(½인치), 9.5mm(⅜인치), 6.35mm(¼인치) 세 가지가 있고 이 중 9.5mm가 가장 많이 사용된다. 라쳇트 렌치는 부속품뿐 아니라 볼트에 거는 박스도 소켓 렌치와 공통으로 사용할 수 있으나, 임팩 렌치는 반드시 전용품을 사용해야 한다. 또 박스 대용으로 (+), (−)의 형태로 된 부속품을 붙여 임팩 드라이브로 사용할 수도 있다.

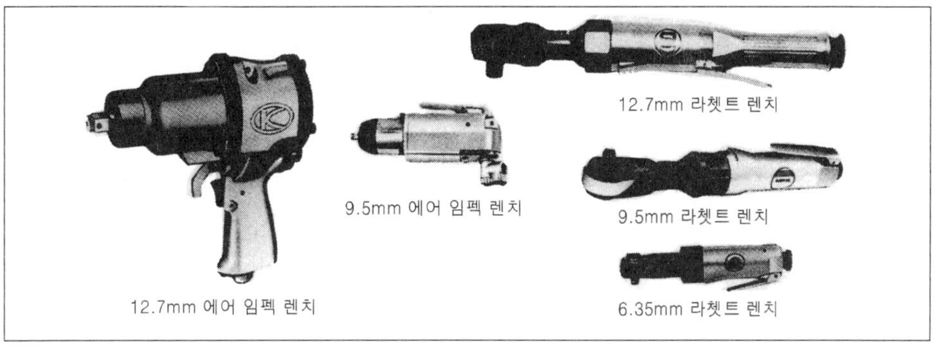

그림 5-93 탈착 작업용 에어공구

■ 탈착 작업용 에어 공구

종 류	드라이브 크기	적용 볼트 2면폭(mm)	주요한 사용 범위
임팩 렌치	½(12.7mm)	14~23	소형차의 휠 탈착, 클램프 부착
	⅜(9.5mm)	8~17	소형차의 부품 탈착, 분해 정비
라쳇트 렌치	½(12.7mm)	14~21	2륜차, 대형차의 분해 정비
	⅜(9.5mm)	10~17	소형차의 부품 탈착, 분해 정비
	¼(6.35mm)	8~14	소형차의 내장, 전장 부품 탈착

MEMO

제 6 장

판넬 수정

제 6 장 판넬 수정

6.1 강판의 성질

6.1.1 바디 판넬의 재료

자동차 바디의 재료 중 플라스틱과 알루미늄이 사용되기도 하지만 양(糧)적으로는 철을 사용하는 경우가 많다. 철은 지구상에 많이 존재하고 가공성도 좋으며 가격도 싸다. 원래 철광석을 녹여 분리한 철(선철)은 딱딱하고 부서지기 쉬워서 사용하는데 어려움이 있다. 이 때문에 그 중에서 불필요한 성분을 제거하고 필요한 성분을 추가, 조정하여 강(鋼)으로 만든다. 이 강을 몇 단계로 나누어 얇게 당겨 늘린 강판이 바디의 재료가 된다.

강판에는 사용 목적에 따라 몇 개 종류로 선택되지만 승용차의 모노코크 바디에 사용되는 것은 어느 정도 두께가 있는 강판이 사용된다. 상온 상태에서 당기고 늘려서 만든 "냉간 압연 강판"이라고 불려지는 강으로 두께는 바디 외판에서 0.6~0.8mm, 또 멤버, 필러, 플로어 판 등 용접 판넬에서는 0.8~1.4mm정도가 표준이라고 보면 된다.

6.1.2 소성 변형과 탄성 변형

자동차 한 대당 중량 비의 약 65~70%를 강판이 차지하고 있다. 물론 방금 만들어진 강판이 바디 판넬로 되는 것이 아니라 프레스 기계로 금형 제작을 통해 평평한 강판을 굽히는 등의 가공을 해서 원하는 형태로 만든다.

움푹 들어간 팬더를 두들겨서 원래대로 수리할 수 있는 것은 강판에 "소성"이라는 성질이 있기 때문이다. 이 소성은 강판에 또 하나의 중요한 성질인 탄성에 반대되는 성질이다.

처음에 강판에 힘을 가해서 굽히면서 도중에 힘을 빼면 용수철과 같이 원래대로 돌아가게 되지만 어느 정도 이상의 힘을 가하면 강판은 굽은 그대로 있게 된다.

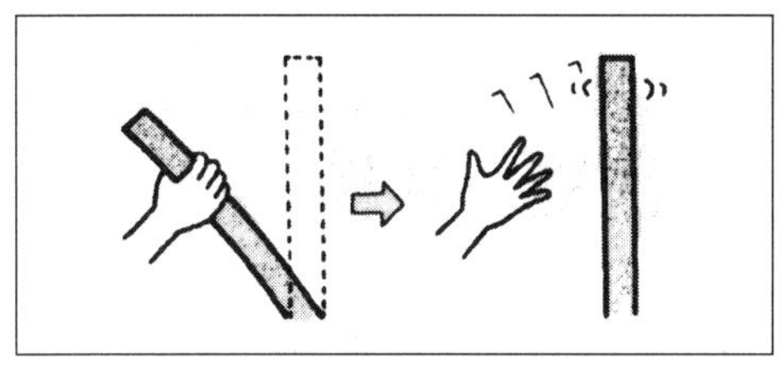
그림 6-1 (a) 탄성 변형

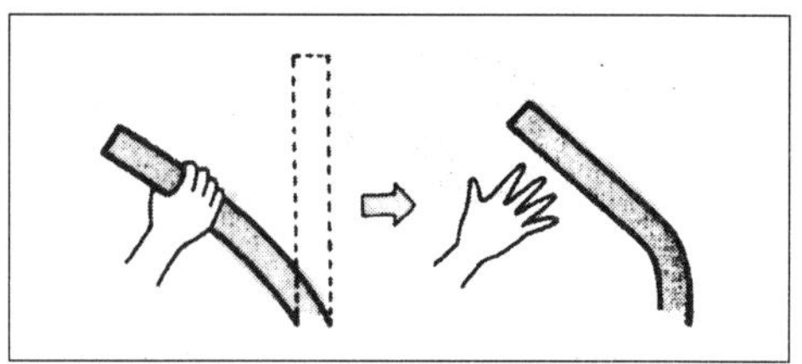
그림 6-2 (b) 소성 변형

6.1.3 가공 경화와 열처리

한번 굽은 강판은 원래대로 돌리려고 역방향으로 힘을 가해도 좀처럼 돌려지지 않고 다른 곳이 굽게되는 경우가 많다. 예를 들어 가는 바늘을 몇 번이고 굽혔다 폈다 했을 때 굽혀지는 장소가 딱딱하게 되어서 나중에는 그곳이 끊어져 버린다. 이것은 강판과 바늘이 탄성 한계를 넘어 변형함에 따라 그 부분 내부의 구조가 변화하여 탄성을 잃고 그만큼의 경도가 늘어났기 때문이다. 이러한 성질을 가공 경화라고 부른다. 이것은 강판이 소성 변화할 때 반드시 일어나는 현상으로 생산시 프레스 가공에 따른 경화는 바디 판넬의 강도를 유지하기 위해서 효과적이지만 사고 손상에서의 가공 경화는 복원 수리를 어렵게 한다. 가공 경화에 의해 강판이 잃은 탄성을 열처리 즉, 약 600~800℃의 열을 가한 후 서서히 식히면 복원이 가능해진다.

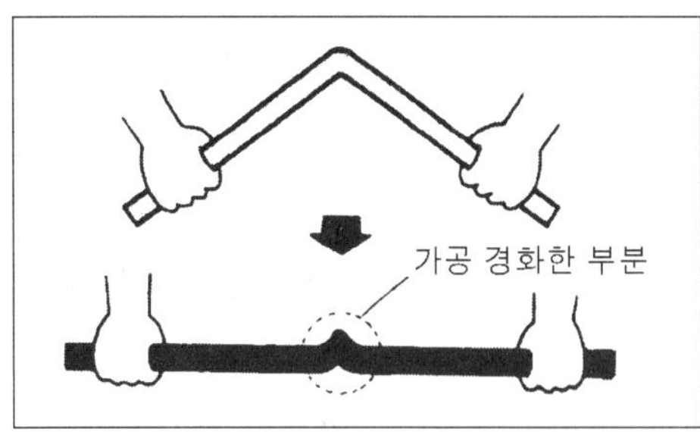

그림 6-3 가공 경화란?

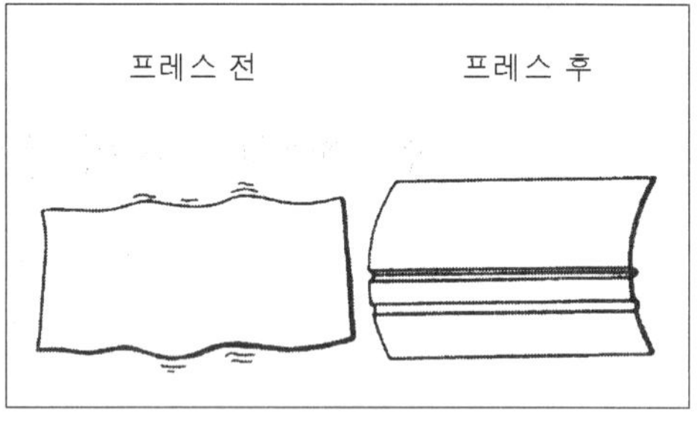

그림 6-4 가공 경화의 효과

판넬 복원 작업에서 열을 가하는 이유가 바로 이것 때문이지만 이 방법은 경화된 부분의 탄성을 되돌리지만 강판 내부 조직을 파괴하여 강도를 떨어뜨릴 염려가 있기 때문에 멤버, 필러 등 특히, 강도를 필요로 하는 곳에는 이 방법을 사용할 수 없다. 또 열에 따른 부식 발생 등의 문제도 있기 때문에 외판 판넬에도 될 수 있는 한 사용하지 않는 것이 좋다.

원래대로 돌아가는 변형을 탄성 변형, 굽은 그대로의 변형을 소성 변형, 탄성에서 소성으로 옮겨가는 점을 탄성 한계라고 부른다. 강판을 변형시켜 어떤 모양을 만들기도 하고 역으로 원래의 모양으로 돌리기 위해서는 탄성 한계를 넘는 힘을 가하지 않으면 안된다. 이런 경우에도 힘을 빼 버리면 탄성 변형 부분만이 원래대로 돌아오기 때문에 미리 그것을 예상하여 충분하게 변형시켜 두는 것이 필요하다. 단, 사고 등에 따른 손상은 소성 변형이 탄성 변형을 훨씬 넘었을 경우도 있다. 이런 경우에는 소성 변형만을 수정하면 탄성 변형 분은 자연적으로 원래대로 돌아온다.

6.1.4 차체 강판

자동차의 차체는 생산성이나 외관, 안전성, 가격 등의 시장성 등 여러 가지 조건을 만족시키기 위해 여러 종류의 재료로 구성되고 있다. 차체에 사용되는 강판은 0.6~2.5mm 정도(승용차)의 박강판이고, 주된 재료의 종류는 아래 표와 같다.

1) 강판의 종류

자동차용 강판은 일반적으로 냉간압연강판(냉연강판)과 열간압연 강판(열연강판)의 두 종류로 나누어진다. 이들은 강도, 표면처리의 종류에 따라서 더욱 자세하게 분류할 수 있다.

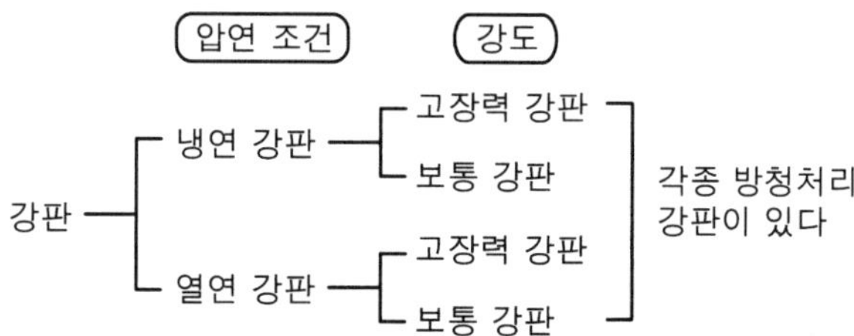

2) 냉간압연 강판

강을 열간압연 한 후 다시 냉간압연 시키면 판 두께의 정밀도 및 표면 품질 등이 우수하고, 프레스 가공성이 우수하기 때문에 0.6~1.2mm 정도까지 바디 부품에 대부분 사용되고 있다.

3) 열간압연 강판

재결정온도 이상(800~900℃)에서 열간가공된 것으로 표면조직이 거칠고 판의 두께도 1.6~6mm가 표준범위이고, 자동차에는 프레임, 멤버 등 비교적 두꺼운 부품에 사용되고 있다.

4) 고장력 강판

고장력 강판은 보통간판에 비교해 인장강도가 크고 항복점이 높다는 특징을 가지고 있다. 따라서 박판(얇은 판)이라도 같은 정도의 강도를 얻을 수 있고 경량화가 가능하다.

6.2 고장력 강판

6.2.1 강도와 강성

바디의 강함을 나타낼 때에 강도와 강성이라는 말이 많이 사용된다. 이 두 개의 말은 비슷한 의미이고 혼용하여 사용되는 경우도 많으나 실제적으로는 조금 다르다. 학술적인 의미로는 자동차 바디에 관해 사용되는 경우엔, 강도는 부서지지 않는 정도 즉, 압력이나 인장력에 의해 끊어지거나 쭈글쭈글해지지 않는 것을 나타내는 말로써 주로 재료 특성(바디에서는 강판)을 일컫는다.

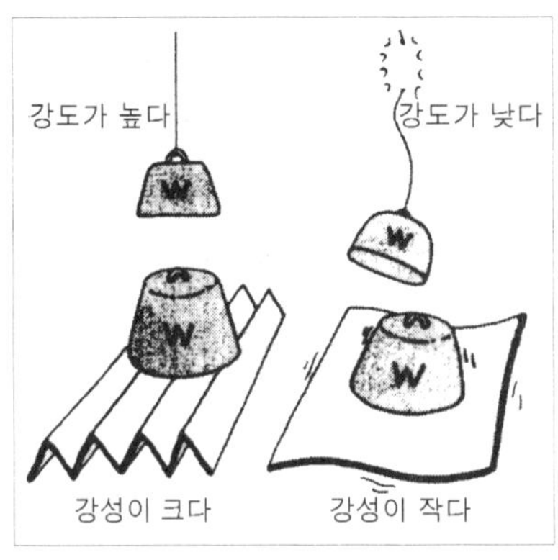

그림 6-5 강도와 강성의 차이

강성이라는 것은 일정한 힘에 대해 변형하는 양이 많은지, 적은지를 나타내며 강판뿐만 아니라 바디 전체에 대해서도 사용된다. 같은 강판에서도 가공형태, 조합형태의 차이에 따라 강성은 변화하지만 강도는 재료가 같으면 동일하다. 일반적으로 강판의 강도는 인장 강도로 나타낸다. 이것은 일정 면적의 강판을 양단에서 당겨 어느 정도 힘까지 버티어 내는가를 나타내는 것으로 단위는 kg/mm^2이다. 강성은 감각적인 용어이므로 엄밀한 측정은 어렵지만 일정량의 힘에 대해 변화량으로 나타낼 수는 있다.

- 강판의 강도는 인장 강도(㎏/㎟)로 나타낸다.
- 강성이란 일정량의 힘에 대해 변화량의 대・소를 말한다.
- 고장력 강판은 보통 강판과 비교해 인장강도는 강하지만 강성은 변하지 않는다.
- 부식방지 강판은 보통 강판 표면에 전기도금, 용융처리로 얇은 아연층을 만든다.
- 아연은 표면에만 녹이 슬고 내부까지 녹이 스는 것을 방지한다.

6.2.2 고장력 강판과 보통 강판

승용차 바디에 사용되는 강판은 인장강도 28~30kg/mm^2인 것이 대부분 이였으나 지금은 일부에서 40~50kg/mm^2이상인 것도 사용되고 있다. 이러한 종류의 강판을 고장력 강판이라 한다. 고장력 강판은 같은 두께의 보통 강판에 비해 인장강도뿐만 아니라 탄성 한계도 높다. 무게는 그다지 변하지 않으므로 강한 만큼 같은 강도를 유지할 수 있다. 그리고 얇게 만든 만큼 경량화가 가능하다. 하지만 강성은 두께를 얇게 하면 저하된다.

그래서 프레스 가공, 판넬의 조합 등으로 부족한 강성을 보충하는 방법이 사용되고 있다. 또 고장력 강판이라고 해도 바디 수리가 특별히 어려워지는 일은 없지만 가열(600℃)하게 되면 고장력의 특성을 잃어버리는 것도 있기 때문에 판금시의 인장 작업에는 열을 가하지 않고, 스포트 용접으로 해야 하는 주의가 필요하다.

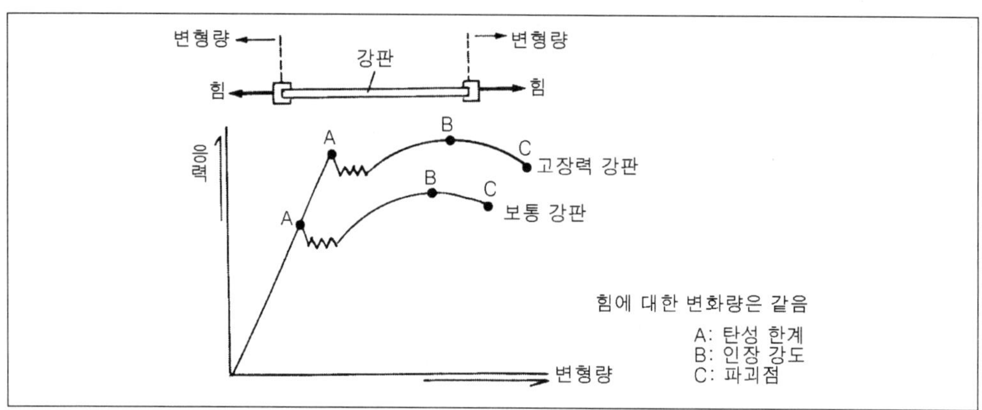

그림 6-6 보통 강판과 고장력 강판의 강도

■ 고장력 강판의 종류

구분	특징과 주요한 사용 부위
석출 강화형 강판	티탄(Ti), 니오브(Nb), 버나디움(V) 등의 금속을 탄소(C), 질소(N)와 결합시켜 첨가하고 강의 내부 구조를 변화시킨 것, 가공성이 그다지 좋지 않기 때문에 범퍼의 레인포스먼트, 빔 등 평면적 부품 재료에 사용된다.
고용 강화형 강판	탄소를 포함하는 양이 적은 강에 인(P), 규소(Si), 망간(Mn) 등을 첨가한 강판으로, 가공성이 좋고 가격도 낮기 때문에 내외 판의 판넬에 사용된다.
복합 조직형 강판	생산시 열처리 방식의 변경으로 한 장의 강판에 딱딱함과 부드러움 두 가지 성격을 갖게 한다. 생산시 가공성이 좋고 태우면서 도장할 때 열로 전체 강도가 좋아진다. 내외 판넬에 사용된다.

6.2.3 고장력강판의 사용 목적

① 경량화

사용 목적의 최대 목적은 경량화이다. 같은 강도를 필요로 한다면 사용하는 강판을 얇게 할 수 있고 얇게 한 만큼 차체는 가벼워진다.

② 내구강도의 확보

장기적인 사용에 견딜 수 있는 자동차로 만들기 위해 항상 힘을 받기 쉬운 부분에 사용된다.

③ 큰 충격강도의 확보

사고가 발생한 경우 승객을 보호하기 위해 차체의 골격으로 된 부분에 사용된다.

④ 외부패널의 국부변형 방지
외부패널과 같이 외부에서 힘을 받고 변형되기 쉬운 장소에 사용되며, 국부적인 외부의 힘에 대해서 소성변형의 발생을 방지한다.

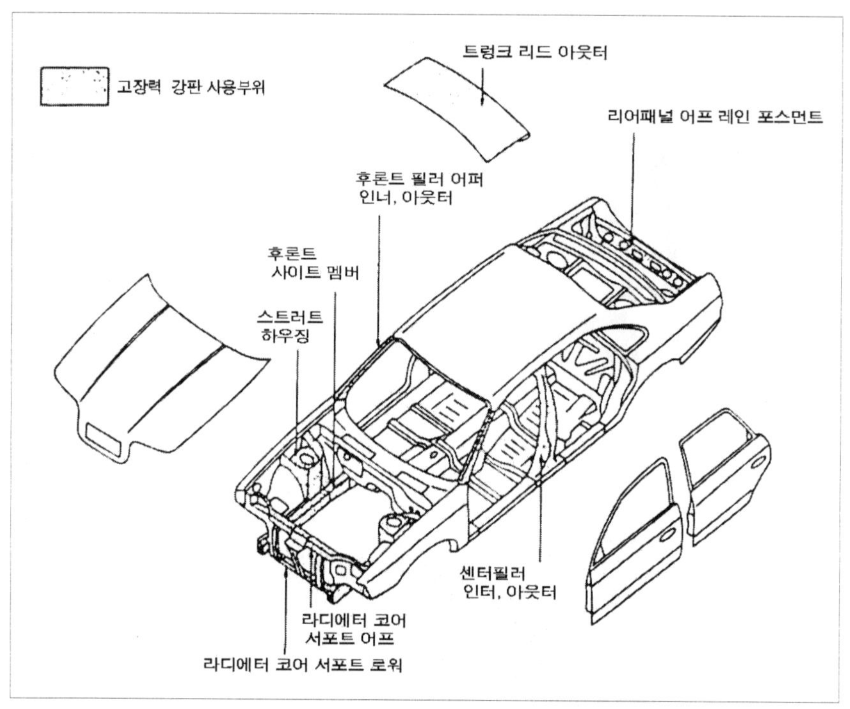

그림 6-7 고장력 강판의 사용 부위

6.3 해머, 돌리, 스픈

6.3.1 해머는 타격 면이 중요성

해머, 돌리, 스픈은 예전부터 바디 수리에는 빼놓을 수 없는 기초적인 도구로 그 중에도 해머는 판금 기능공의 상징이라고 말할 수 있을 정도로 중요하다.

판금에 사용되는 해머는 다양한 종류가 있지만 타격 면이 평평한 것과 곡면인 것, 약간 큰 것과 여기에 나무 해머를 추가하는 정도가 필수품이 된다. 그리고 이러한 해머는 판넬 수정 이외의 용도로 사용해서는 안된다.

판금용 해머의 생명은 타격 면으로 이 면에 조금이라도 상처가 있거나, 일그러짐이 있으면 사용할 수 없게 된다. 따라서 타격 면은 항상 이물질, 흠집 등이 없는 상태로 유지하는 것이 좋다. 오래 쓰면 면의 중앙부가 움푹 들어가기도 하고 주위의 각이 날카롭게 되는 일도 있기 때문에 가끔씩 가는 줄로 수선해 주는 것도 중요하다.

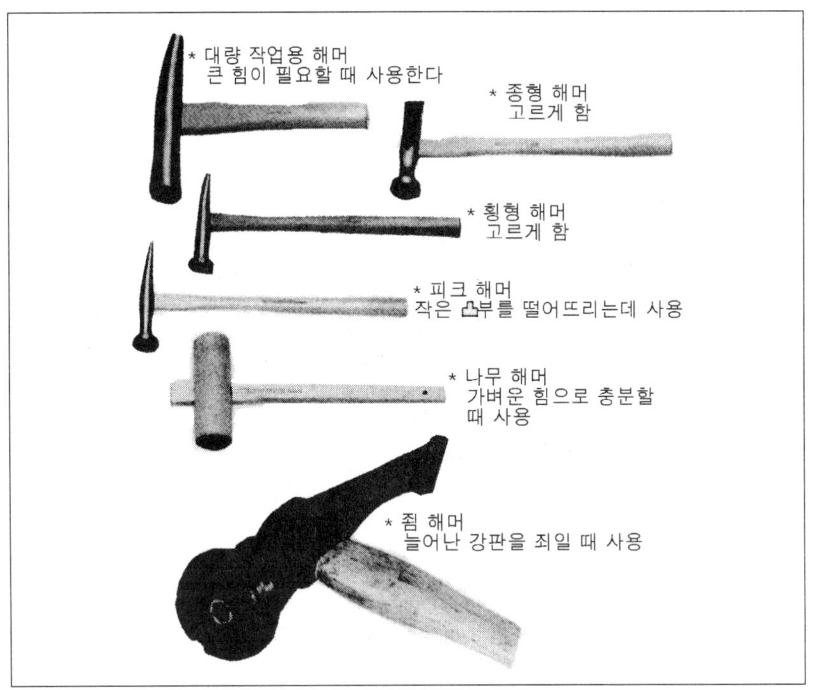

그림 6-8 여러 가지 해머

요점정리

- 판금용 해머는 판넬 수정 이외의 용도로 사용해서는 안된다.
- 해머는 가볍게 잡고 판넬면과 평행으로 때린다.
- 돌리는 판넬 모양에 맞추어 꼭 맞는 것을 골라 사용한다.
- 스픈은 좁은 틈 사이에 집어넣어 판넬을 밀어내는 역할을 한다.
- 해머, 돌리, 스픈 모두 판넬 접촉면의 부착물이나 흠집을 제거하고 항상 매끄러운 상태를 유지한다.

6.3.2 가볍게 쥐고 친다

해머는 힘만으로 휘둘러서는 안된다. 그렇게 하면 피곤하기만 할 뿐 작업 능률은 오르지 않는다. 또한 내려치는 위치도 정확하지 않게 된다.

손잡이 끝부분을 가볍게 쥐고 머리부분의 무게를 이용하여 자연스럽게 내려치는 것이 중요하다. 판넬에 가하는 힘을 주로 해머의 무게로부터 얻어지기 때문에 쓸데없이 힘을 주지 않는 것이 좋다.

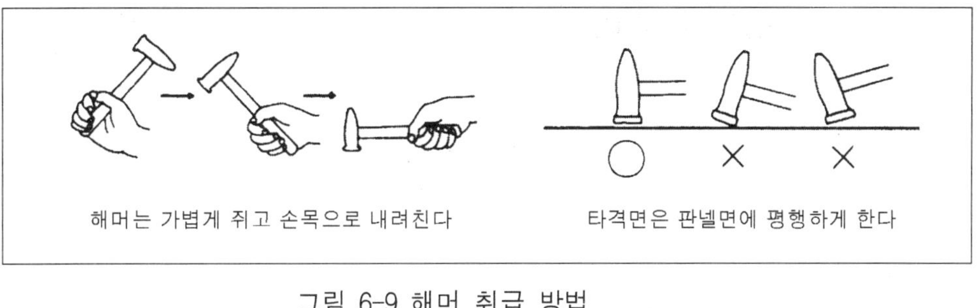

그림 6-9 해머 취급 방법

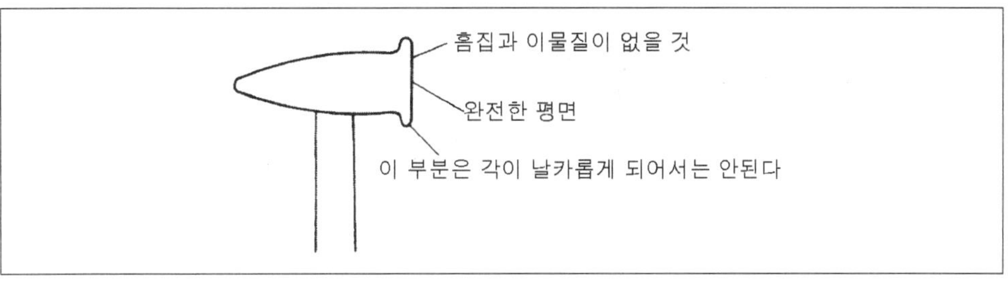

그림 6-10 좋은 해머의 조건

해머의 타격 면은 반드시 판넬과 평행하도록 해야 한다. 기울어지게 내려치면 판넬과 해머 양쪽에 흠집을 내게 된다. 잘 사용하면 타격 면은 균등하게 마모되기 때문에 수정이 필요 없어진다. 해머의 면이 비스듬히 마모되는 현상은 치는 방법이 잘못되었음을 입증한다.

6.3.3 돌리

돌리는 해머와 앞뒤에서 관련성 있게 사용된다. 즉 판넬 뒷면에 돌리를 대고 앞면에서 해머로 치는 것이다. 이것도 여러 모양이 있지만 사용하는 부위의 판넬 곡면에 맞는 것을 골라 사용한다. 이것도 해머의 타격 면과 같이 표면이 생명이므로 이물질이나 흠집이 있어서는 안된다. 단, 돌리는 표면 전체를 사용하기 때문에 서툴게 수정하는 것보다 어느 정도 소모품으로 생각해 두는 것이 좋다.

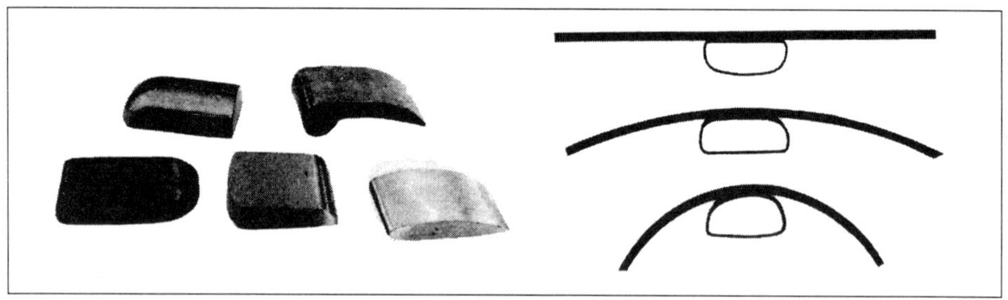

그림 6-11 여러 가지 돌리와 돌리를 대는 방법

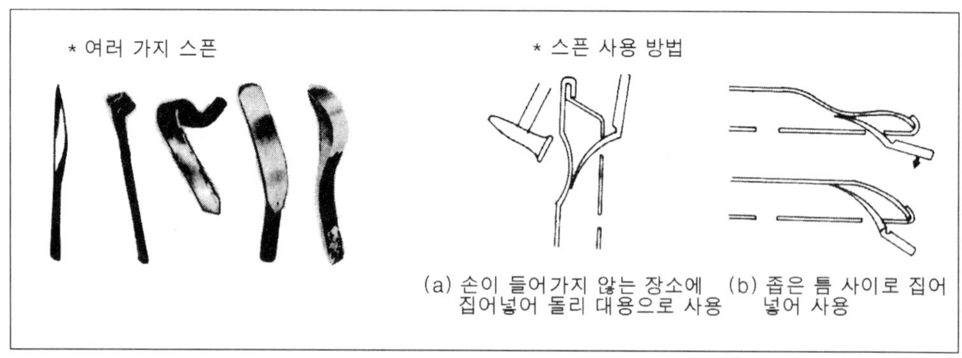

그림 6-12 여러 가지 스픈과 사용 방법

6.3.4 스픈의 다용도성

스픈은 손잡이가 붙어 있는 돌리라고 생각하면 된다. 사람의 손은 한계가 있기 때문에 좁고 긴 공간에는 잘 들어가지 않는다. 이런 경우 스픈이 쓰인다. 사용 부위에 따라서는 스픈을 집어넣어 지렛대의 원리로 판넬을 밀어내는 것과 같은 사용 방법을 쓸 때도 있다.

판넬에 대는 면의 정도가 중요한 것은 해머나 돌리와 마찬가지이다.

여기에서 예를 든 세 가지 도구 외에도 숙련자가 되면 여러 가지 공구를 이용해 판금 작업에 사용할 수 있다. 굵은 볼트, 철 파이프, 철도의 레일 등이 바로 그

것이다. 이러한 것은 숙련자의 경험에서 나온 것이기 때문에 시판품에 관계없이 편리한 것을 찾아 사용하면 뛰어난 작업이 이루어질 것이다.

6.4 판넬 수정 작업

판넬 수정을 크게 분류하면 다음의 작업으로 나누어진다.

판넬 수정 : 해머, 돌리, 바디치즐 등으로 사용하여 요철부를 수정한다.

인출 수정 : 핀용접기, 슬라이딩 해머 등으로 凹 부위를 인출, 복원시키는 작업

판금 퍼티 도포 : 패널의 요철(凹 凸) 부분에 퍼티를 도포하여 평평한 면으로 수정하는 작업

차체수정 : 차체 수정기를 사용하여 차체의 프레임이나 멤버 및 판넬의 변형부를 복원, 수정하는 작업

용접 : 전기저항 스포트 용접, 탄산가스 아아크 용접 등으로 2개 이상의 강판을 녹여서 접합하는 작업

6.4.1 대략 작업부터 시작한다

판넬 수정의 실제 작업에 들어가기 전에 작업 전체의 흐름과 사용되는 용어에 대하여 이해해야 한다. 먼저 손상의 상태에 따라 다르지만 면적이 넓은 것과 또는 깊고 움푹 패인 것 등은 처음에 큰 힘으로 어느 정도 원래 상태로 돌려놓는다. 이러한 작업을 대략 작업이라 한다.

어떻게 하면 강판의 탄성을 살리며 무리 없게 복원할 수 있을까, 판넬에 손을 대기 전에 충분히 생각하는 것이 좋을 것이다. 그리고 대략 작업은 바디 수정에도 사용되지만 이것도 작은 변형은 별도로 하고 판넬 위치 관계를 정상으로 복원시키는 작업으로 얼라이닝이라고도 불려진다. 범위는 다르지만 큰 뜻으로 보면 같다.

6.4.2 해머링 테크닉

해머로 판넬을 두들겨서 형태를 잡아가는 작업을 해머링이라고도 부른다. 해머링에는 돌리와 함께 사용하여야 하는데 사용 방법에 따라 두 가지 방법이 있다. 변형 상태나 작업 단계에 따라 사용 방법이 나누어지기 때문에 양쪽 모두 습득하지 않으면 안된다.

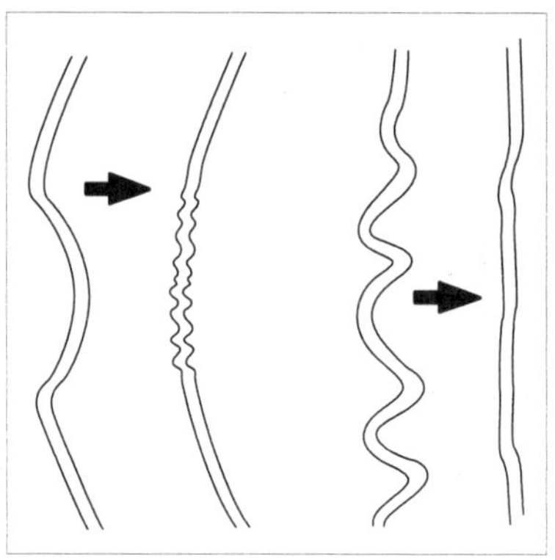

그림 6-13 대략 작업

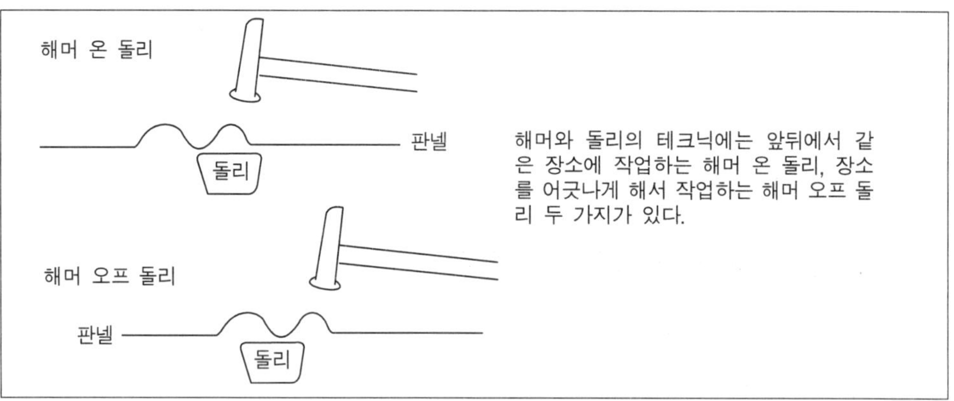

그림 6-14 해머 온 돌리와 해머 오프 돌리

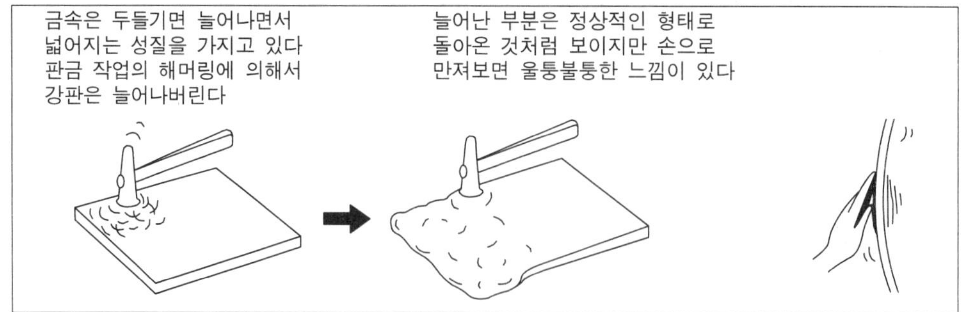

그림 6-15 강판 늘림

요점정리

- 대략 작업은 손상된 판넬 위치만 복원하는 작업이다.
- 해머로 판넬을 수정하는 작업을 해머링이라고 부른다.
- 돌리 위를 해머로 치는 것이 해머 온 돌리, 치는 위치와 돌리가 어긋나 있는 것이 해머 오프 돌리이다.
- 강판을 해머링하면 늘어나고 넓어진다. 이것을 강판이 늘어난다고 하며 늘어난 강판을 줄이기 위해서는 압축 작업이 필요하다.

6.4.3 판넬에서 늘어남과 줄어듬

얇은 금박도 원래는 딱딱한 덩어리로 이것을 특수 해머로 두들겨서 늘리고 넓힌 것이다. 철도 금처럼 얇게 되지는 않지만 역시 두들기면 늘어나는 성질(전성)이 있다.

판금 작업에서 철은 계속해서 해머링하면 두들긴 부분의 철이 늘어나 버리기도 한다. 그러나 주변은 그대로 이기 때문에 늘어난 부분만큼 철이 남아 약간 퉁퉁한 모양이 되어 버린다. 그렇게 되면 두들기면 두들길수록 늘어나기만 하고 퍼티도 바를 수 없기 때문에 작업을 끝낼 수밖에 없다. 가능하면 판넬 강판을 늘이지 말고 헤머링하는 것이 판금 작업의 방법이기 때문에, 두들길 때 힘을 그다지 넣지 않고 가능하면 두들기는 회수를 줄이는 등의 주의가 필요하다.

그렇다고 해도 강판을 전혀 늘리지 않고 판금 작업을 할 수는 없다. 충분히 판금에 주의를 해도 손상을 받는 시점에서 늘어나 버리는 경우가 많다. 그래서 늘어난 강판을 압축시키는 기준도 알아두지 않으면 안된다. 이 작업을 압축 작업이라 한다. 압축 작업은 금속을 가열하면 팽창하려고 하지만 주위는 차갑고 딱딱한 상태이기 때문에 넓어지지는 않고 반대로 중심으로 모여든다. 그리고 가열한 부분을 급냉하면 이번은 수축하기 때문에 늘어난 여분의 철을 극히 좁은 범위로 모아 버리는 일도 가능하다. 이 작업을 늘어난 장소 몇 곳에서 행하면 늘어남을 해소할 수 있는 것이다. 압축 작업에는 그 외 카본 봉이나 해머 등을 사용하는 방법도 있다.

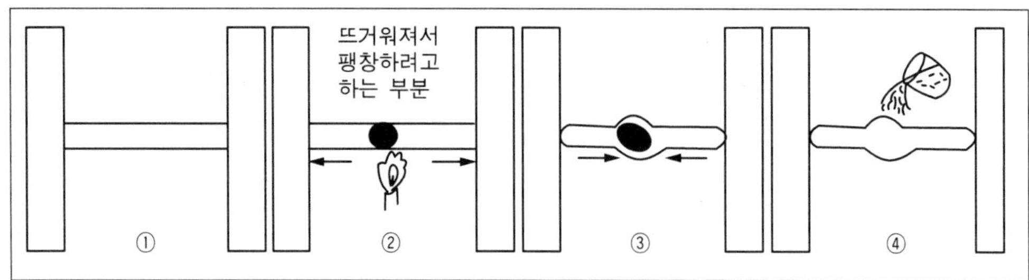

그림 6-16 압축 작업의 원리

① 양끝이 벽에 막힌 철봉을 생각해 보자.
② 봉 중앙을 가열하면 뜨거워진 부분은 약하게 되고 전체는 팽창하여 길어지려고 한다.
③ 양끝이 벽면에 막혀 있어 늘어 날 수 없기 때문에 중앙에 약하게 된 부분으로 집중하게 된다.
④ ③의 상태로 급냉하면 철봉은 원래의 길이로 돌아가지만 중앙에 모인 부분은 고정되기 때문에 전체의 길이는 짧아진다.

6.5 수정 작업과 변형 확인

6.5.1 해머와 돌리 취급 방법

해머와 돌리를 생각하는 대로 취급하지 못하면 판넬 수정을 할 수가 없다. 의도하는 장소에, 적당한 힘으로 해머를 취급할 수 있기 위해서는 반복 연습이 필요하다. 특히 해머 온 돌리의 경우는 해머와 돌리를 동시에 움직이면서 작업을 하는 일이 많고 잘못 내려치는 것이 없어야 한다. 또 돌리의 위나 해머 머리에 흔들림이 없어야 하는 것도 주의점이다. 해머를 잡는 방법은 손잡이 끝부분을 가볍게 잡고 팔이 아닌 손목의 스냅을 이용한다. 돌리는 손 전체로 쌓는 듯이 잡지만 가벼운 느낌 정도가 좋다. 힘을 너무 넣으면 움직임이 부드럽지 않기 때문이다. 해머 온 돌리에서 돌리 위를 두들기면 반동으로 돌리가 판넬로부터 떨어진다. 이때 타격 방향에 대해 전후 좌우로 흔들리지 않게 한다. 해머가 그대로 연장하듯이 자연스럽게 움직이면 된다.

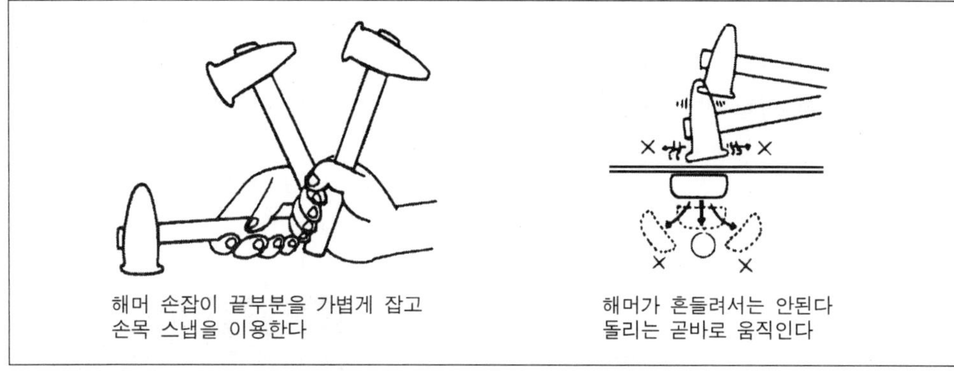

그림 6-17 해머를 내리치는 방법과 해머와 돌리의 관계

6.5.2 손바닥으로 변형을 판별한다

확실하게 크게 움푹 들어간 경우는 아주 작은 변형이나 수정을 해 가며 완성이 가까워질 때 등은 어느 부분이 변형되어 있는가 알기 어렵다. 도막이 남아 있는 부분을 밝은 곳에서 기울여서 보면 알 수 있지만 작업을 진행해 가면 그렇지도 않다. 이럴 때 손바닥의 감각을 이용해서 판넬을 손으로 더듬어 보아 높은 곳과 낮은 곳을 판별한다. 그러나 이것이 익숙지 않으면 맨손보다 장갑을 끼는 것이 알기 쉽고, 앞쪽으로 당기는 방향으로 더듬어 보는 것이 좋다고 하고 있지만, 감각적으로 높은 곳에서 낮은 방향으로 가는 것 보다 낮은 곳에서 높은 곳으로 가는 것이 알기 쉽다.

손상은 받은 시점에서는 강판이 늘어나 있고 수정 작업 중에도 늘려 버리기 쉽다. 해머링만으로 복원하는 것은 어렵기 때문에 워샤 등을 용직하는 인장 판금을 중심으로 행하지만 중심을 당기면 주변부도 들어 올려 버리기 쉽기 때문에 신중한 작업이 필요하다. 변형량에 비해 인장에 큰 힘을 걸지 않으면 잘되지 않을 때가 있다.

6.5.3 변형을 육안 분석하는 법

디스크 샌더를 가볍게 대어 전체를 연마했을 때 도막이 남아 있거나 연마 흔적이 없는 부분이 있으면 그곳도 낮은 부분이라 할 수 있다.

평면에 가까운 곳에서는 정규를 대보아도 알 수 있다. 문지르면 색이 나타나는 것과 같은 전용정규도 시판되고 있기 때문에 사용해 보아도 괜찮을 것이다. 변형이 남아 있을 것 같은 장소에 가볍게 대고 곡면이 강한 방향으로 이동시킨다. 색이 짙게 나타나면 높은 것이고 색이 나타나지 않으면 낮은 곳이다. 이 방법은 퍼티의 연마 정형시에도 사용할 수 있다.

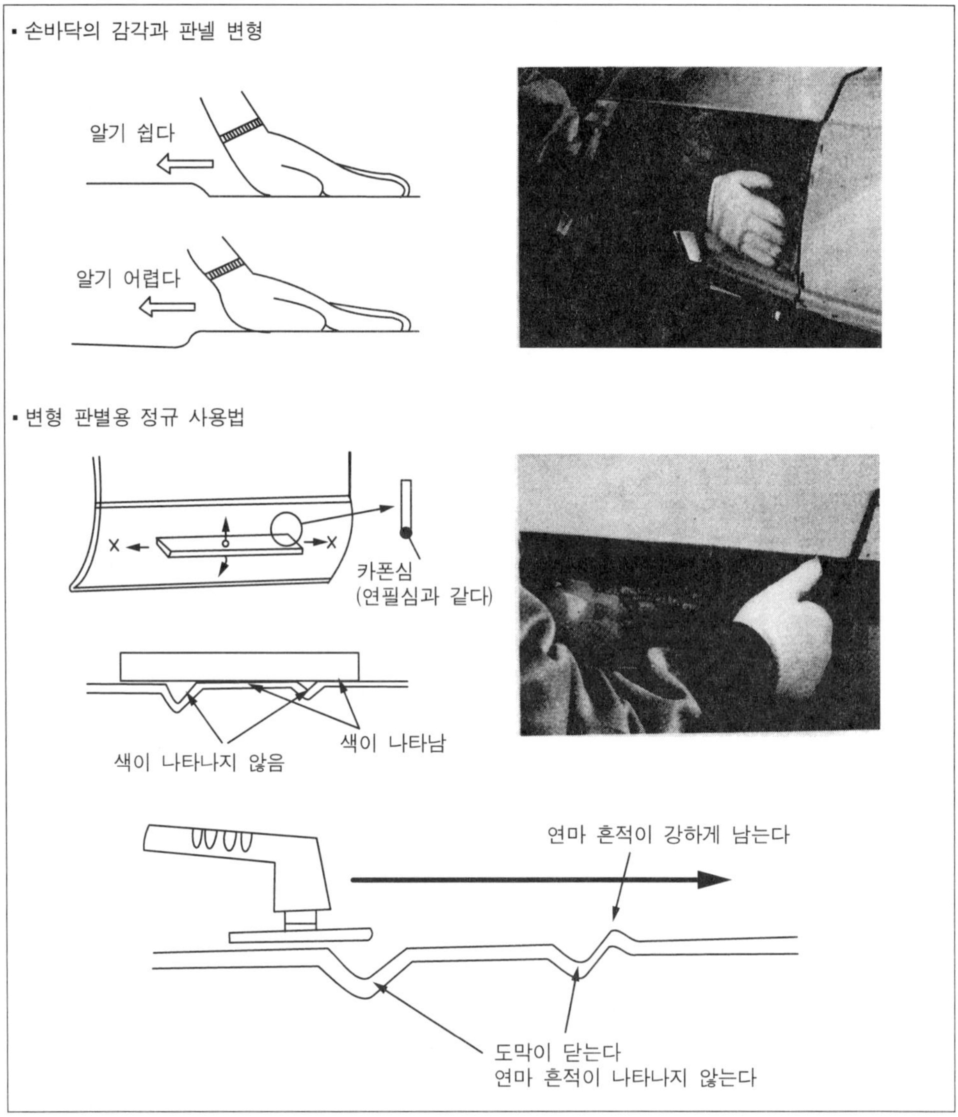

▪ 손바닥의 감각과 판넬 변형

알기 쉽다

알기 어렵다

▪ 변형 판별용 정규 사용법

카폰심
(연필심과 같다)

색이 나타나지 않음

색이 나타남

연마 흔적이 강하게 남는다

도막이 닫는다
연마 흔적이 나타나지 않는다

그림 6-18 변형 판별 방법

- 돌리 위치나 해머 머리가 흔들리지 않게 한다.
- 돌리는 손바닥으로 지지하듯이 잡는다.
- 장갑을 끼면 변형은 알기 쉽다.
- 변형 판별용 자(정규)로 문질러서 색이 나타나지 않는 장소는 조금 낮아져 있다.

6.6 변형을 패턴화한다

6.6.1 변형을 분류한다

변형된 판넬을 손 작업으로 복원하는 기술은 경험이 많이 필요하기 때문에 글로써 설명하기에는 어렵지만 조금이라도 빨리 기술을 습득하기 위해 도움이 될 수 있기를 생각하면서 판넬 손상 상태를 패턴화 하는 것을 권장한다.

판넬의 변형은 여러 가지이고, 두 개가 같은 것은 없다고 생각되지만 잘 살펴보면 일정 패턴으로 분류할 수 있음을 알 수 있다. 여기서는 전형적인 네 가지 타입이 있다.

6.6.2 넓고 완만한 변형

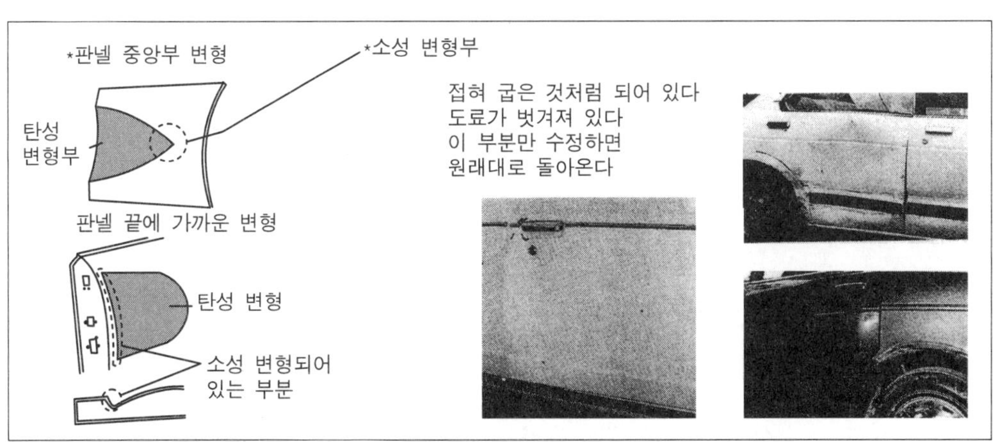

그림 6-19 범위가 넓고 완만한 변형

평면에 가깝게 넓은 면을 갖는 판넬은 이 타입의 변형이 발생한다. 이 변형은 대부분 탄성 변형으로 일부의 소성 변형이 판넬 복원을 방해하는 경우가 많다. 그러므로 능숙하게 취급하면 소성 변형 부분을 수정하는 것으로 전체가 복원된다. 소성 변형 분별 방법은 날카롭고 각이 지며 굽어 있는 곳, 도막이 벗겨져 있는 부분 등이다.

6.6.3 좁고 날카로운 변형

급한 곡면, 코너부 강성이 높은 부위 등에 일어나는 변형이다.

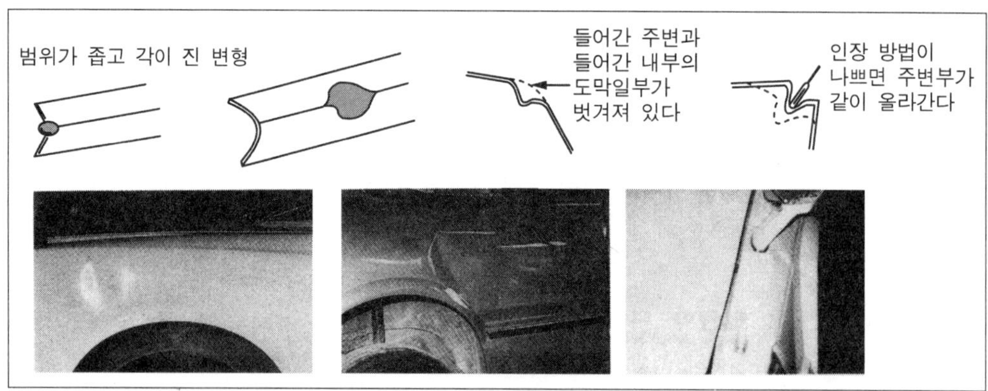

그림 6-20 좁고 날카로운 변형

요점정리

- 판넬 변형을 패턴화하면 판금 기술을 익히기 쉽다.
- 범위가 넓고 완만한 변형은 일부를 수정함으로 전체가 복원된다.
- 가늘고 긴 변형은 당겨 내면서 주변을 수정한다.
- 찌그러진 형태로 된 변형은 판넬을 당기고 늘려 수정한다.

6.6.4 가늘고 긴 변형

폭이 좁고 가늘고 긴 변형, 라커 판넬 등에 생기는 변형이다.

상하는 소성 변형이고 좌우는 탄성 변형이다. 따라서 해머를 대는 것은 상하의 변형 부분이 중심이 되지만 들어간 부분 중앙의 옆에 워샤를 나열하여 같이 당기고, 힘을 건 상태에서 해머링을 하면 효과적으로 수정할 수 있다. 끝에서부터 조금씩 손을 대어가는 것이 아니라 한번에 전체를 복원하는 것이 빠르다.

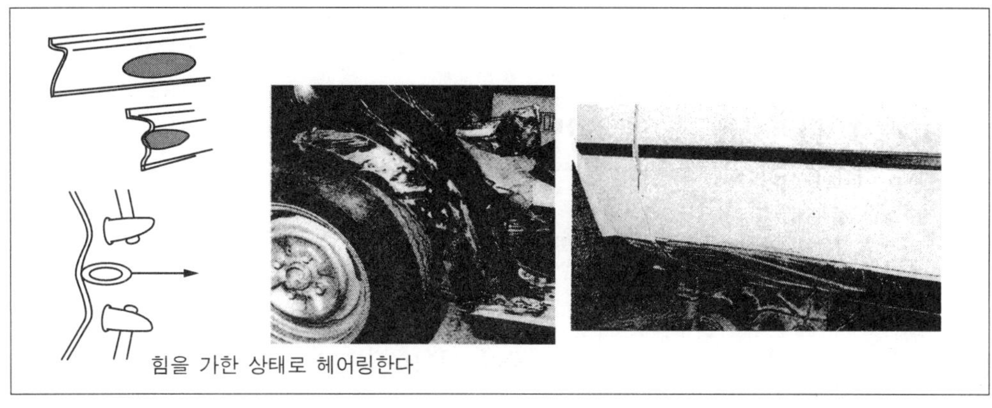

그림 6-21 가늘고 긴 변형

6.6.5 주름 형태로 된 변형

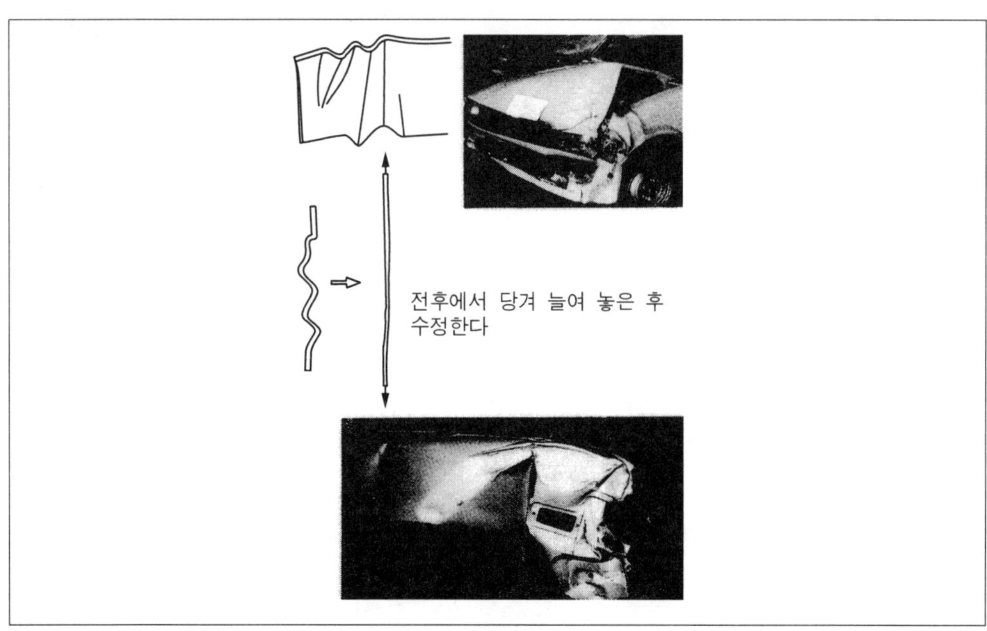

그림 6-22 주름 형태로 된 변형

한번 보고 수정하는 것은 어렵게 보이지만 실제로는 그렇지도 않다. 판넬의 전후 방향에서 힘을 받았을 때, 이러한 상태의 변형이 되기 때문에 수정시에는 역으로 판넬을 전후 방향으로 당겨 늘리면 변형이 원래에 가까운 상태로 돌아온다.

힘을 가한 상태로 남은 변형을 해머링으로 수정하면 원래대로 복원이 가능하다.

6.7 패턴별 수정 방법 I

6.7.1 범위가 넓고 완만한 변형

이러한 종류의 변형은 강판을 그다지 늘어나 있지 않기 때문에 수정은 비교적 간단하다. 일부가 날카롭게 변형되어 있거나, 도막이 벗겨져 있는 부분이 발견되면 그 곳이 소성 변형되어 있는 장소이므로 그 곳만 수정을 해주면 전체가 복원된다. 그렇게 하기 위해서는 소성 변형부 내측 뒷면에 돌리를 대고 날카롭게 깎여져 올라온 부분을 해머링 하면 된다. 완벽한 변형부에는 손을 대서는 안된다.

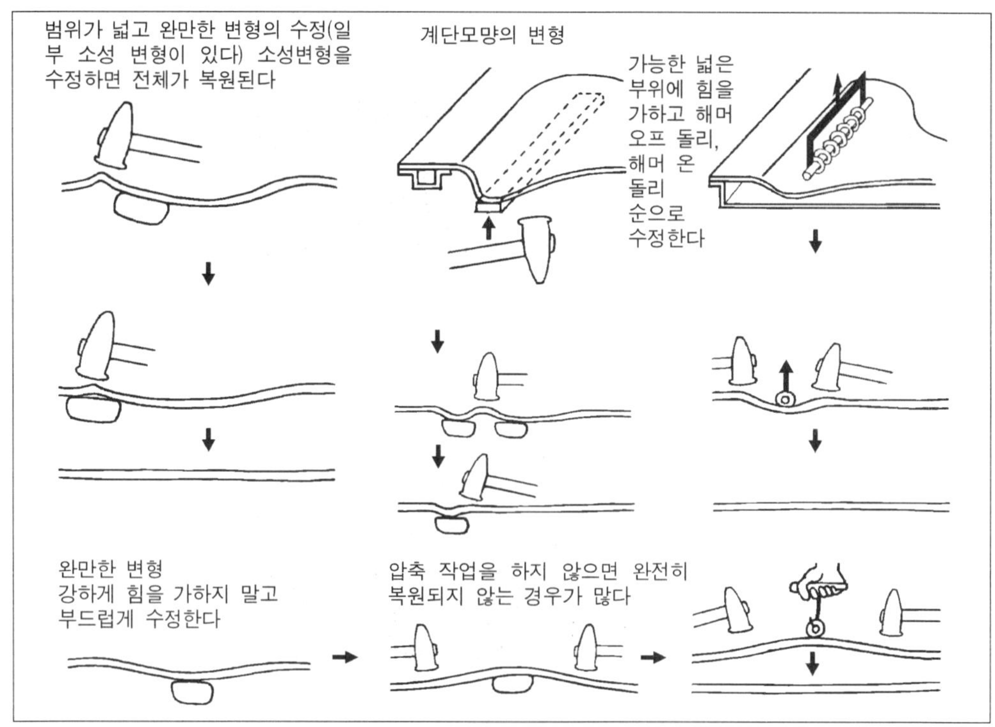

그림 6-23 완만한 변형의 수정

판넬 끝이나 레인포스먼트에 가깝고 한쪽에 계단 같은 변형은 이 계단 부분을 들어올리는 것이 포인트이다. 단, 해머나 돌리로 급하게 뒷면부터 수정하는 것은 금물이다. 단의 길이에 따라 나무를 대거나, 핀이나 워샤 등을 연속적으로 끼워서 같이 당기는 등, 될 수 있으면 넓은 범위에 균등하게 힘이 걸리게 한다. 단 부분이 거의 복원되면 나머지 세밀한 작업밖에 남지 않기 때문에 해머링이나 워샤로 당겨 내면 된다. 이때쯤이면 그다지 큰 힘이 필요가 없다.

날카롭고 작아진 것처럼 변형되어 있는 경우는 뒤에서 가볍게 들어 올려 변형부 주변을 오프 돌리로 해머링 하든지 워샤 등으로 가볍게 당겨 놓고 해머나 나무해머 등으로 두들겨 주면 원래대로 돌아온다.

요점정리

- 소성 변형과 탄성 변형이 섞여 있을 때는 소성 변형부를 먼저 수정한다.
- 움푹 들어간 크기에 따라 가능하면 넓은 범위에 힘을 가한다.
- 해머링은 해머 오프 돌리, 해머 온 돌리 순으로 한다.
- 해머 온 돌리에서는 강한 힘을 걸지 않는다.
- 워샤를 당기는 힘을 유지한 채로 해머링한다.
- 들어간 상태에 따라 힘을 거는 방법을 바꾼다.

6.7.2 범위가 좁고 급한 변형

들어간 깊이가 얕을 경우는 뒤에서 돌리를 강하게 밀어서 들어올리고 주변을 해머로 가볍게 쳐서 가라앉힌 후 이번에는 돌리를 가볍게 대고 온 돌리로 해머링 한다. 당김 판금에서는 처음에는 강하게 당기고 힘을 남겨둔 채로 뒤를 해머링한다. 들어간 깊이가 깊은 경우는 뒤에서 돌리로 쳐내든지 슬라이드 해머로 대강 꺼낸 다음 얕은 경우에는 같은 방법으로 수정한다. 어떤 경우에도 오프 돌리, 온 돌리 순서로 작업한다. 온 돌리에서는 강판을 늘려 버리기 쉽기 때문에 강한 힘으로 해머링 하지 않는 것이 좋다. 인장 작업에서 변형이 넓은 경우는 급하게 힘을 가하지 말고 슬라이드 해머 전체를 손으로 당기는 등의 방법을 취한다. 좁은 범위의 들어간 것은 급하게 힘을 거는 쪽이 효과적이므로 망설이지 말고 당기면 된다.

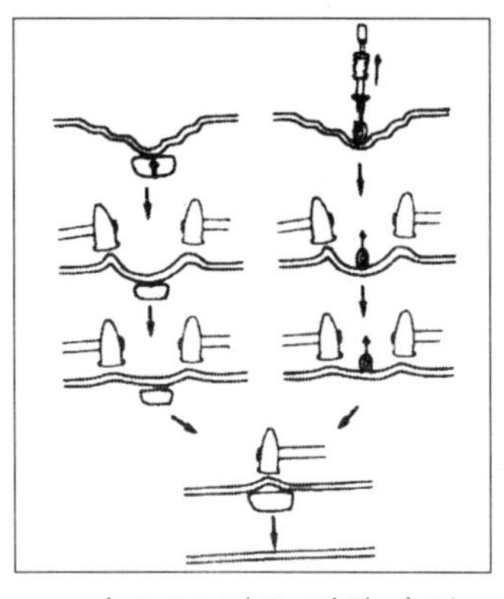
그림 6-24 깊은 변형 수정

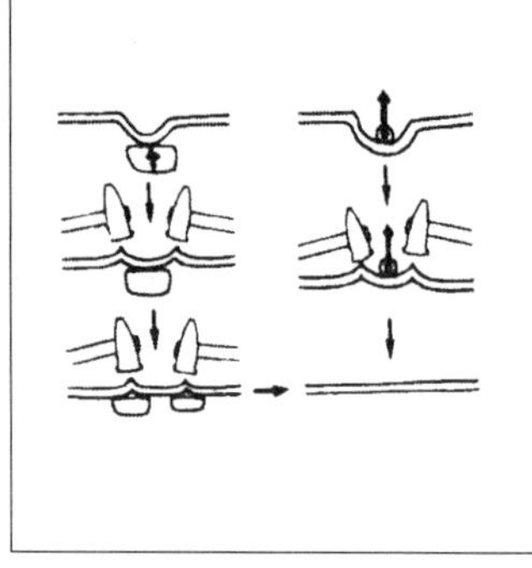
그림 6-25 얕은 변형 수정

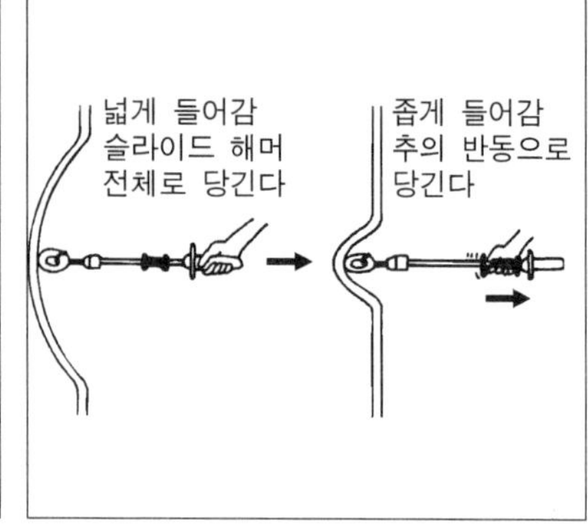

그림 6-26 변형 넓이에 따른 수정

<깊게 들어갔을 때>

돌리나 슬라이드 해머로 대강 꺼내 놓은 후 오프 돌리, 온 돌리의 순서로 해머링으로 수정한다. 당김 판금 작업에서는 당김 힘을 남겨 놓고 해머링한다.

<얕게 들어갔을 때>

뒷면에서 돌리로 또는 워샤 등을 심어서 당겨 내고, 그 힘을 그대로 유지한 채로 주변을 해머링한다. 변형이 작아지면 온 돌리로 수정한다.

6.8 패턴별 수정 방법 II

6.8.1 가늘고 길게 들어간 변형

라커 판넬같이 형태 그 자체가 가늘고 긴 판넬이나 돌기물에 긁혔을 때 외판에 생기는 가늘고 긴 변형은 강판도 늘어나기 때문에 깨끗하게 완성시키기에는 어렵다. 그 이상 늘어나지 않게 처리하는 것이 중요하다. 또 이러한 종류의 변형을 주로 당김 판금 작업으로 수정한다. 라커 판넬 등은 비교적 강성이 높은 장소이기 때문에 처음에는 큰 힘으로 대강 꺼내 놓으면 나중 작업이 간단해 진다. 그렇게 하기 위해서는 들어간 곳 중앙에 가능하면 많은 핀이나 워샤를 용식하여 이것을 연결한다. 얇은 판을 들어간 곳에 붙여 클램프와 연결시켜도 좋다. 힘을 가하는 도구는 들어간 정도에 따라 대형 슬라이드 해머나 수정 장치의 인장도구(체인 풀러, 유압 램) 등을 사용한다.

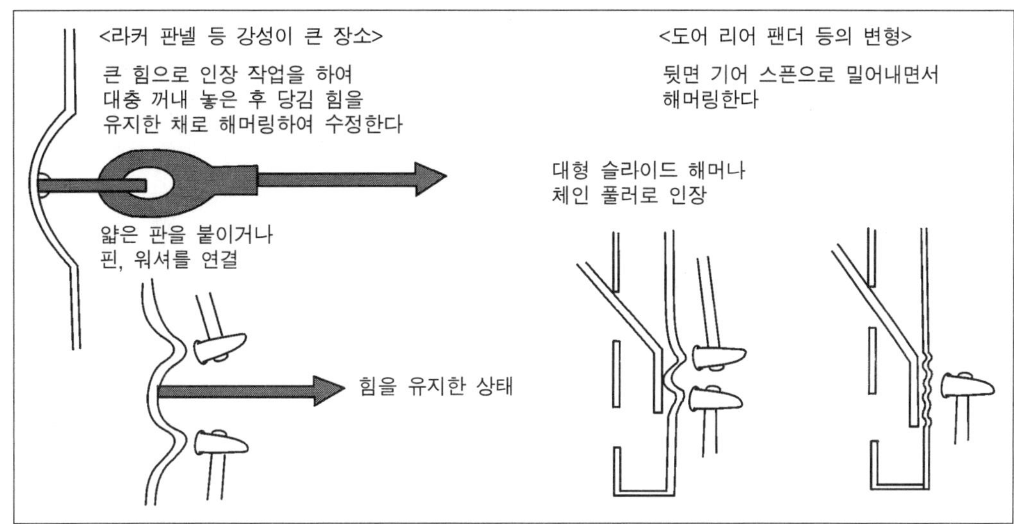

그림 6-27 가늘고 긴 변형의 수정

그후에는 들어간 곳의 복원 상태에 따라 가하는 힘을 약하게 하고 범위를 좁혀 가면서 수정한다. 슬라이드 해머는 넓은 범위에 들어 간 곳에 대해서 해머 전체를 당기는 것처럼 힘을 가하고, 들어간 곳이 작을 때에는 추의 이동 충격력을 이용하면 효과적이다.

외판의 가늘고 길게 들어간 곳은 강판의 늘어남만으로 변형하고 있는 것과 같은 것이기 때문에 압축 작업을 중심으로 복원한다. 대략 작업은 뒤에서 돌리나 스푼으로 들어간 곳을 들어올리면서 들어간 곳의 끝부분을 해머링하여 수정한다.

요점정리

- 강성이 높은 장소의 변형은 처음에 큰 힘으로 대강 꺼내어 놓는다.
- 해머링은 당기는 힘을 남겨 놓은 채로 한다.
- 외판의 가늘고 긴 변형은 압축 작업을 중심으로 복원한다.
- 오므라든 형태의 변형은 양측에서 당겨 늘려서 수정한다.
- 라인부 수정에는 정을 사용한다.

6.8.2 오므라든 형태로 된 변형

파도가 치는 듯한 변형, 판넬 전후 방향으로부터의 충격에 의해 생긴다. 충격과 반대의 힘 즉 판넬을 전후에서 당겨 늘리면서 복원된다. 물론 그것만으로 완전히 수정할 수 있는 것이 아니기 때문에 인장력을 그대로 유지한 채로 소성 변형 부분을 해머링해 주면서 원형에 가깝게 복원된다. 나중에는 완만한 변형과 같이 취급하게 된다. 이러한 종류의 변형은 늘어남이 적기 때문에 보기보다 수정은 어렵지 않다.

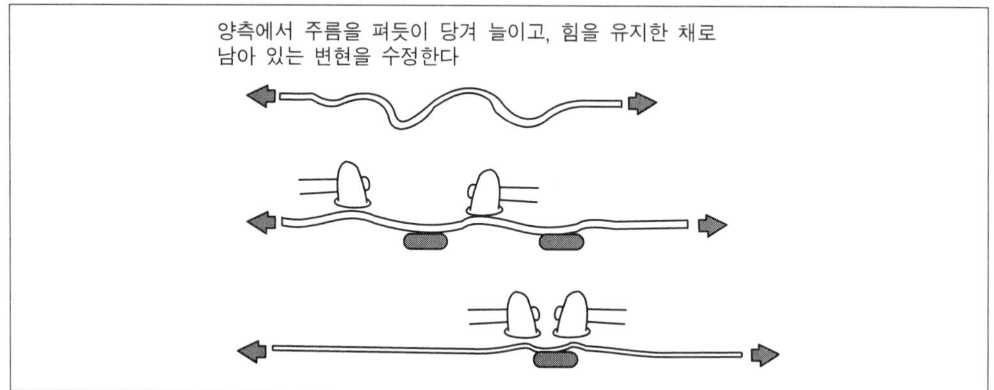

그림 6-28 오므라든 형태로 된 변형의 수정

6.8.3 라인부의 수정

프레스 라인이나 각이 진 부분은 해머링이나 인장 판금으로 좀처럼 수정하기 어렵다. 뒤쪽에서 작업이 가능한 경우는 정을 사용한다. 사용 방법은 정의 날을 라인 뒤쪽에 대고 해머로 친다. 이때 정을 확실하게 잡아 틀어지지 않게 하는 것이 중요하다. 또 날을 대는 방향은 똑 바르게 기울어지지 않는 것도 포인트이다.

뒤에 손이 들어가지 않는 경우는 핀이나 워샤로 원형에 가까운 정도까지 당겨낸 후 퍼티를 사용한다.

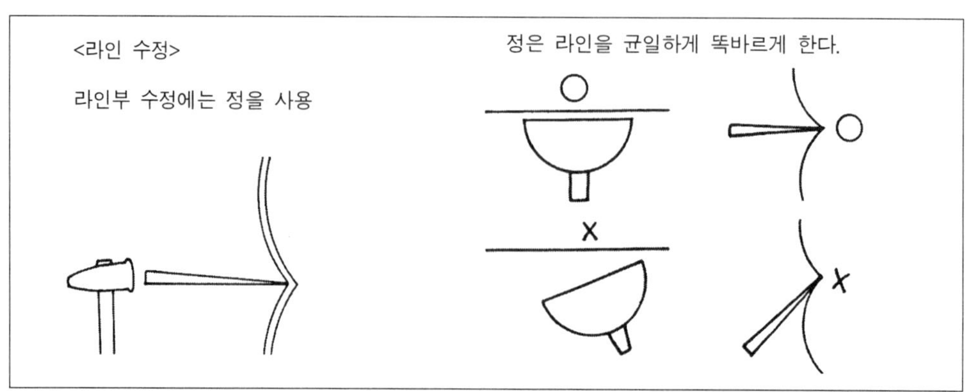

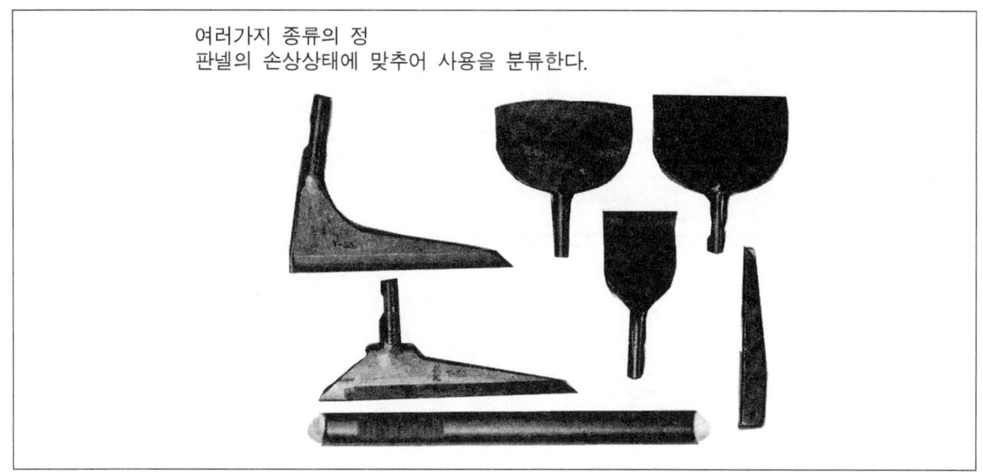

그림 6-29 라인의 수정과 정의 종류

6.9 압축 작업의 테크닉

강판의 늘어남과 줄어듦의 원리에 대해서 앞에서 설명을 하였기 때문에 여기에서는 실제의 작업 방법에 대하여 생각해 보도록 하자. 압축에는 가스 용접기, 카본 봉, 전극 등 여러 가지 도구를 사용할 수 있지만 각각 사용 방법은 조금씩 다르다.

6.9.1 가스 용접기에 의한 압축 작업

특별한 도구는 필요하지 않지만 익숙하지 않으면 어렵다. 먼저 압축에는 도막이 방해가 되므로 필요 범위를 벗겨 낸다. 다음에 가스 용접기의 토치로 늘어난 부분의 중심은 직경 10mm 정도의 범위로 빨갛게 가열시킨다. 가열된 부분이 작게 올라온 정도가 좋다. 긴 시간 동안 열을 가열하지 말아야 한다. 가열한 부분이 식기 전에 나무 해머나 돌리로 올라온 부분을 두들기고 젖은 헝겊 등으로 급냉한다.

이 작업은 가열부가 식어 버리면 의미가 없다. 신속하게 끝으로 압축한 부분에 남은 작은 슬롯을 해머와 돌리로 가볍게 고른다. 이 때 너무 세게 두들기면 애써 줄인 강판을 다시 늘려 버릴 수 있기 때문에 힘을 넣는 상태에서 하되, 주의해야 한다. 또 이 방법으로 한번에 줄일 수 있는 범위는 직경 10cm 정도가 된다. 늘어난 범위가 넓을 경우에는 먼저 중앙을 줄이고 그후에 주변을 줄여가면 된다.

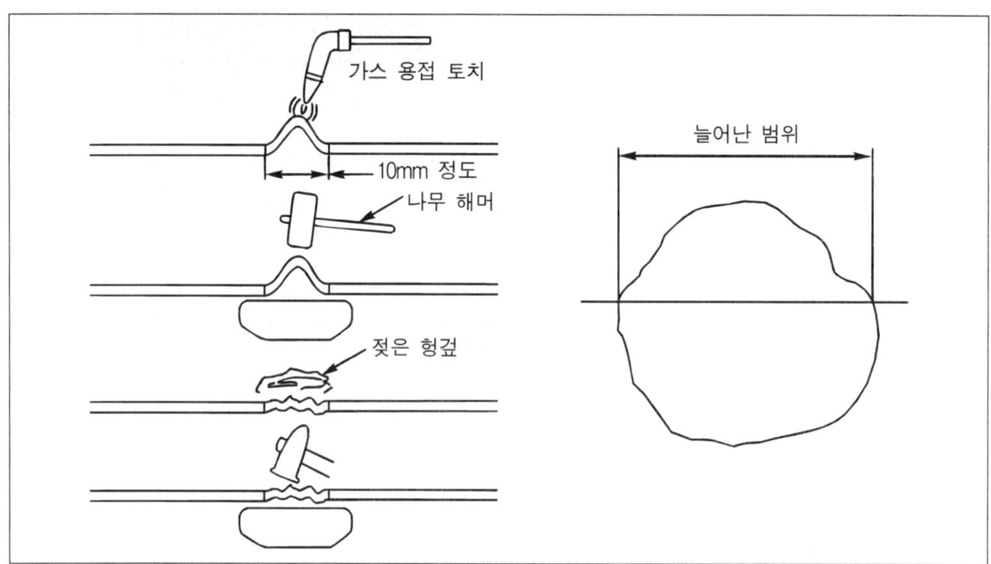

그림 6-30 가스 용접기에 의한 압축 작업

6.9.2 카본 봉에 의한 압축

워샤 용직기나 스포트 용접 판금기의 부속 기능을 사용하면 카본 봉, 전극, 전기 해머에 의한 압축 작업이 가능하다. 이때 여러 가지를 시험해 보아서 취급의 편리함과 늘어난 상태에 따라 방법을 선택해야 한다.

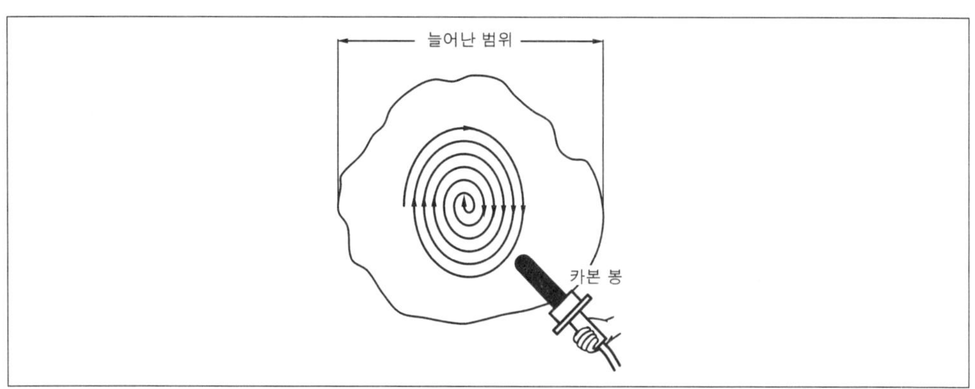

그림 6-31 카본 봉에 의한 압축

어테치먼트의 교환과 조작 판넬의 다이얼 바꿈으로 간단히 행할 수 있다. 카본 봉에 의한 압축은 늘어난 범위의 외측에서 중심을 향해 그림과 같이 문지르고 곧 바로 젖은 헝겊 등으로 급냉하면 줄어든다.

요점정리

- 압축 작업은 가스 용접기, 워샤 용직기 등의 부속 기능을 사용하여 행한다.
- 가스 용접기는 사용할 때에는 가열 범위를 가능하면 좁게 하고 짧은 시간에 가열시킨다.
- 해머링은 신속하게 한다.
- 카본 봉, 전극, 전기 해머에 의한 압축 작업은 사용하는 도구의 설명서를 잘 읽고 그 지시에 따른다.
- 필요 범위의 도막 벗김과 어스 클램프(earth clamp)의 접속을 잊지 말 것.

6.9.3 전극에 의한 압축

전용 어테치먼트, 워샤, 핀 등을 붙이지 않는 용직 토치를 직접 판넬에 대고 조금 강하게 밀어 가면서 스위치를 넣는다. 그러면 전극을 밀어붙인 범위가 급격히 가열되고 가스 용접기와 같은 압축 효과를 얻을 수 있다. 이 방법은 가열 범위를 아주 좁게 한정되기 때문에 그 후의 처리도 간단히 끝난다. 특별히 식히지 않아도 관계없다.

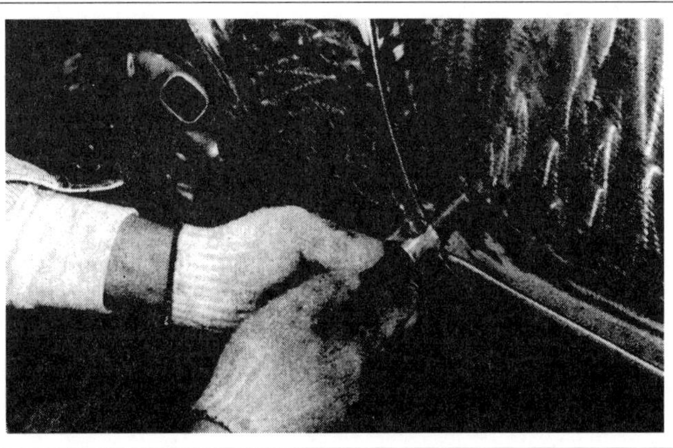

그림 6-32 전극에 의한 압축

6.9.4 전기 해머에 의한 압축

전기 해머가 판넬에 접촉하는 순간만 전기가 흐르고 판넬을 가열하여 압축 작업을 행한다. 사용 방법은 늘어난 범위의 외측에서 내측으로 1초간에 2회 정도로 가볍게 원을 그리듯이 두들겨 간다. 판넬에 해머를 밀어붙이거나 강하게 두들겨서는 안된다. 전기 해머로 가벼운 변형일 경우 직접 수정하는 일도 가능하다. 이런 경우 완만한 변형에서는 가장 높은 곳에서 주변으로 수정하고 볼록 부풀어 오른 변형은 외측에서 부풀어 오른쪽으로 향해 원을 그리듯이 두들겨 간다. 두들기는 간격은 바깥이 될수록 높게, 두들기는 속도는 압축시보다 조금 빠르게 한다.

늘어난 부분의 중심에 조금 강하게 전극을 밀어붙이고 스위치를 넣는다. 범위가 넓을 때는 가스 용접기와 같이 중앙부부터 주변의 순으로 작업을 한다.

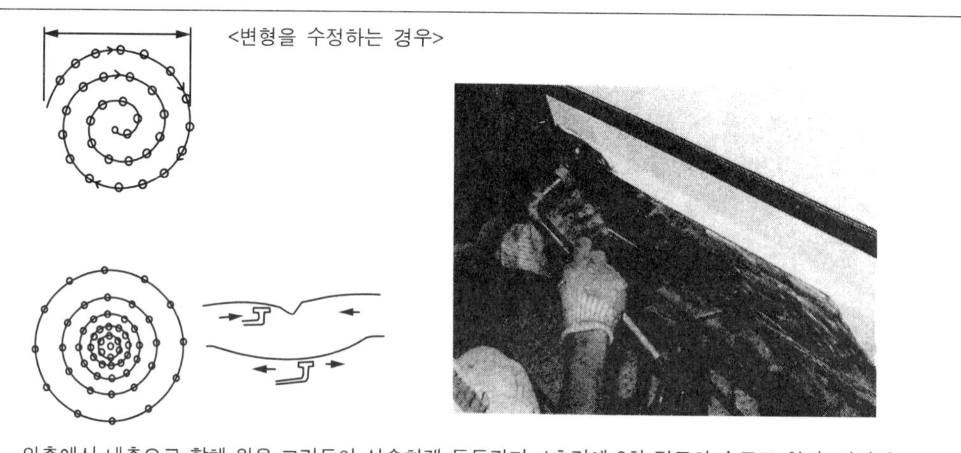

외측에서 내측으로 향해 원을 그리듯이 신속하게 두들긴다. 1초간에 2회 정도의 속도로 한다. 완만하게 올라 있는 경우는 내측에서 외측으로, 볼록 부풀어 오른 경우는 외측에서 내측으로, 압축 작업보다 조금 빠르게 두들긴다. 두들기는 간격, 원의 간격은 내측은 밀도있게 외측은 느슨하게 한다.

그림 6-33 전기 해머에 의한 압축

6.10 판넬 수정작업의 표준 순서

변형에 따라 작업방법이 약간은 다르지만 기본적인 차이는 거의 없다.

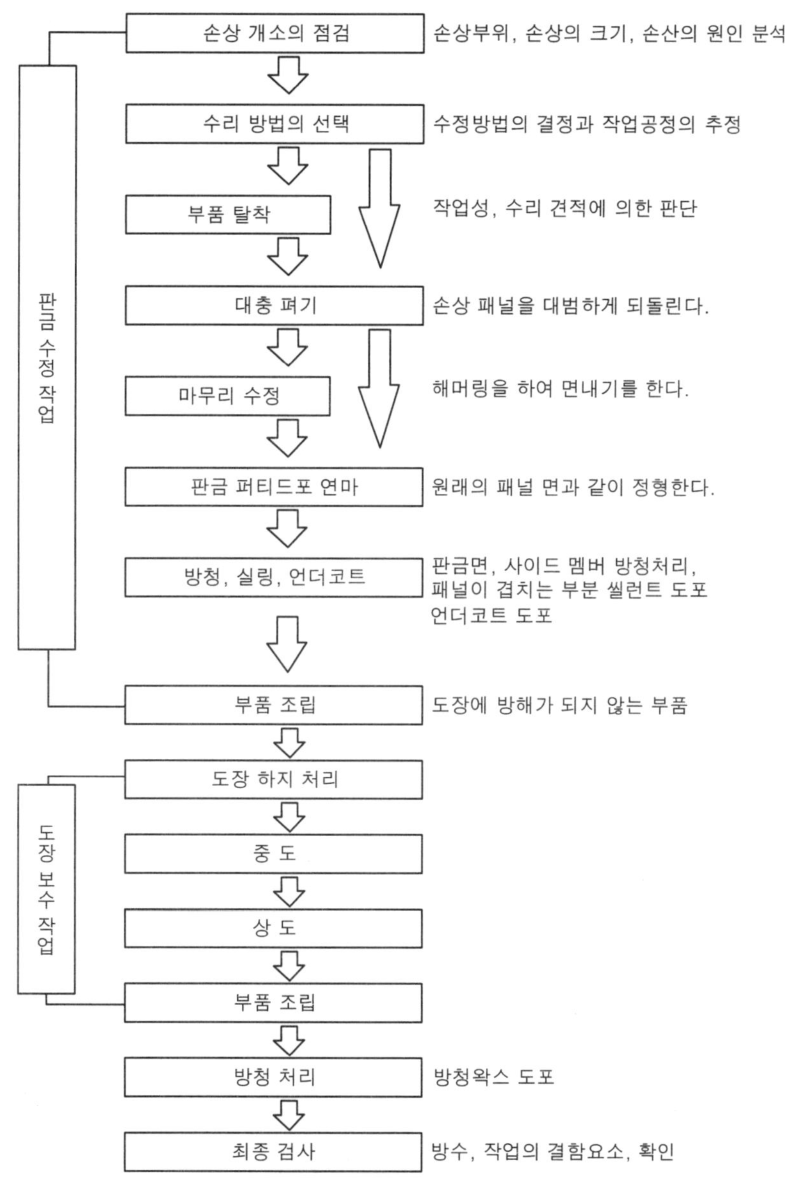

MEMO

제 7 장

자동차 유리 플라스틱 알루미늄

제 7 장 자동차 유리 플라스틱 알루미늄

7.1 자동차에 사용되는 유리

7.1.1 유리는 흙과 재로부터 만들어진다

자동차 재료가 점점 진보되고 있는 중에도 유리만은 변함없이 옛날의 그 모습을 유지하고 있는 것처럼 보이지만 실재로는 보다 얇으면서 종전의 강도를 유지한 채로 눈에 띄지 않는 곳에서 개선이 계속되고 있다. 그러나 자동차의 유리가 완전히 플라스틱으로 바뀌는 것은 헤드 램프 렌즈로 이용되는 것을 제외하고는 아직은 시기상조인 것 같다. 자동차와 유리의 관계는 얼마간은 이대로 계속될 것이라 생각한다.

자동차에 사용되는 유리도 산업용이나 가정용 유리와 마찬가지로 재료는 흙에 다량으로 포함되어 있는 SiO_2를 중심으로 NO, O_2, CaO 등 미량의 금속 등을 더해서 만든다. 이러한 재료들을 녹여 다시 굳히면 유리가 되는 것이다. 소다나 CaO는 무엇인가를 태웠을 때 재에 포함되어 있는 성분이므로 유리는 흙과 재로부터 나온다고 해도 무방하다. 유리의 기본적인 성질은 무색 투명하고 산과 알칼리에도 강하다. 지금으로부터 약 3500년 전인 기원 전 1500년 경부터 만들어져 왔다고 한다.

7.1.2 자동차에 사용되는 유리

창에 사용하기 위해 판 모양으로 만든 유리를 판유리라고 한다. 판유리에는 표면 정도나 제조법의 차이로 보통판유리, 연마 유리, 전면 유리 등 세 가지 종류로 나눌 수 있다. 자동차 전반부 유리에는 표면이 완전한 평면에 가까운 연마 유리, 그 외 부분에는 보통 유리가 사용되고 있다. 자동차 유리에는 '안전 유리'를 사용하는 것이 의무화되어 있다. 이것은 잘 깨어지지 않고, 만일 깨어졌을 때에도 사람에게 상처를 주지 않아야 하며, 어느 정도의 시야가 확보되어야 하는 등의 조건을 충족시키는 유리로 강화 유리와 마층 유리 두 종류가 이용되고 있다.

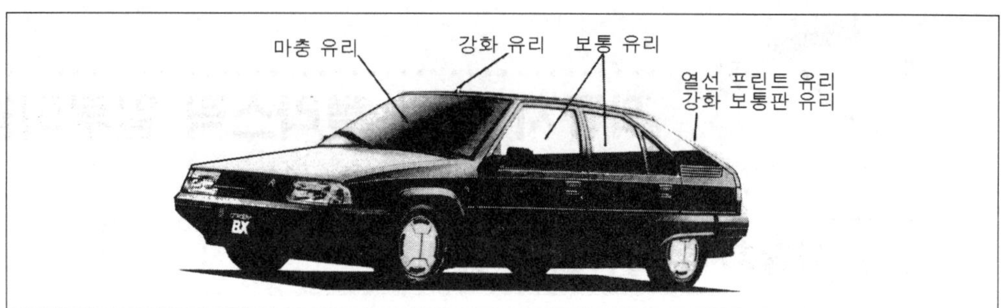

그림 7-1 자동차에 사용되는 유리

요점정리

- 유리는 SiO_2를 중심으로 NaO_2, CaO 등을 녹여 다시 굳혀서 만든다.
- 판유리에는 보통판유리, 연마 유리, 전면 유리 세 가지 종류가 있다.
- 자동차에는 안전 유리가 사용되고 강화 유리와 마충 유리 두 종류가 있다.
- 강화 유리는 파손시 둥그런 모양을 띤 미세한 파편이 형성한다.
- 마춤 유리는 중간 막의 역할로 내충격성, 내관통성에 우수하며 전방 시야도 어느 정도 확보된다.

7.1.3 강화 유리와 마충 유리

강화 유리는 보통 판유리를 600℃ 정도까지 가열한 후 급냉하여 만든다. 이러한 처리에 따라 유리 내부에 강한 압축력이 남고, 충격시 당기는 힘을 없애는 역할을 한다.

강화 유리의 내충격성은 일반의 3~5배로, 시속 100km로 날아오는 3cm 정도의 작은 돌에도 아무런 손상을 받지 않으며, 양면의 온도차가 170℃ 정도가 되어도 깨어지지 않는다. 그리고 그 이상의 힘이 가해져 깨어졌다 해도 내부의 압축력이 해소되는 형태로 미세한 파편으로 깨어지며, 하나의 파편은 둥근 모양을 띠고 있기 때문에 인체에 피해가 가는 일은 거의 없다. 그러나 자동차 전면부 유리는 깨지기 쉬우면 앞이 보이지 않게 되어 버리기 때문에 운전자의 전면만 큰 파편으로 깨어지게 부분 강화 유리가 이용되고 있다.

우리 나라 차에는 전면부 윈도우에 마충 유리의 사용이 의무화되어 있다. 마충 유리는 두 장의 유리 사이에 폴리 비닐 브티럴의 중간 막을 넣은 구조로 되어 있다. 이 유리는 만일 깨어졌을 경우에도 파편을 중간 막이 방어하고 있기 때문에 파편이 튀지 않고 차 실 내외로부터의 충격물도 관통하기 어렵다. 즉 실외에서 무엇인가가 날아들어 오거나, 사람이 유리를 깨고 밖으로 나가는 일이 적다. 마충 유리 중에서도 중간 막의 두께가 두꺼운 것을 특히 HPR 마충 유리라고 부르며, 일반 마충 유리보다 높은 내충격성을 갖고 있다. 자동차에 사용되는 것은 물론 HPR 마충 유리이다.

7.1.4 그 외 자동차 유리

유리에 첨가되는 금속의 종류에 따라 본래 무색 투명한 유리는 중후한 청색이나 녹색을 띤다. 인기가 좋은 브론즈 유리나 열선(적외선) 흡수 유리는 위와 같이 금속의 종류를 달리하는 방법으로 만들어진다. 또 마충 유리의 중간막 일부에 색이 들어간 착색 유리, 유리 표면에 열선이나 안테나선을 전도성 도료로 칠한 프린트 유리도 많이 이용되고 있다.

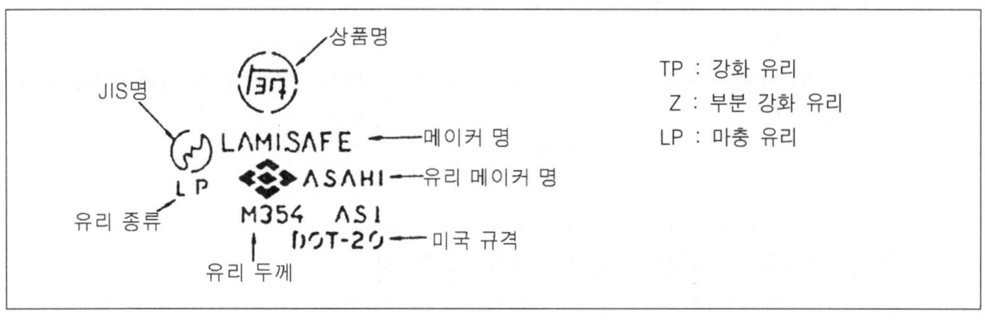

그림 7-2 유리 구별 방법

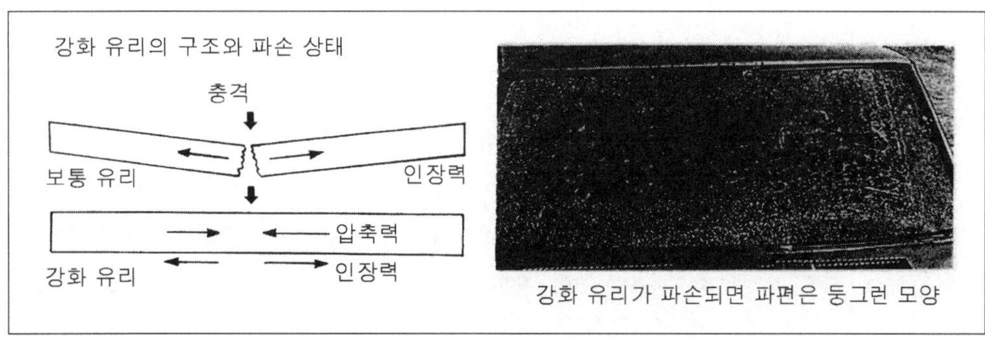

그림 7-3 강화 유리의 구조와 파손 상태

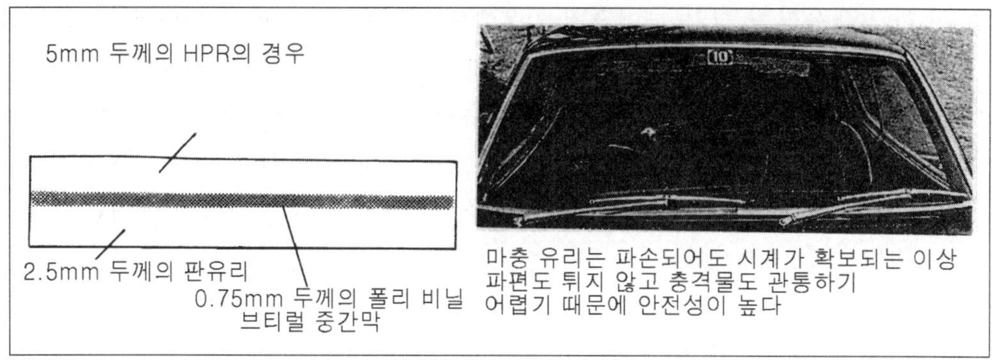

그림 7-4 마충 유리의 구조와 파손 상태

용어정리

판유리의 종류
보통 판유리는 녹인 유리를 수직으로 당겨 올려 만든 것이다. 생산성은 좋지만 표면에 일그러짐이 생겨 유리 저쪽편이 삐뚤어지게 보일 때도 있다. 연마유리는 보통 유리 표면을 평면이 될 때까지 연마한 것으로 표면 정도는 높지만 비용이 많이 들고 생산성이 낮다. 전면 유리는 녹인 금속에 녹인 유리를 뜨게 하여 만든다. 생산성이 높고 표면도 좋아서 전면부 유리에 많이 사용되고 있다.

7.2 부품 재료로서의 플라스틱

7.2.1 플라스틱이란?

자동차 분야에 한하지 않고 모든 산업 분야, 일상생활에서 넓은 용도로 사용하고 있는 플라스틱. 플라스틱이 없는 현대 생활은 생각할 수 없을 것이다. 플라스틱이란 원래 "가소적인" 즉, 자유롭게 원하는 형태로 할 수 있다는 의미로부터 왔다. 플라스틱의 특징은 원하는 형태의 제품을 만들 수 있는 것 외에 용도에 맞는 비용과 강도를 갖춘 것을 고를 수 있다는 것이다. 또 새로운 것을 만들 수 있고, 금속, 유리 등과 조합하여 복합 재료를 만들어 낼 수도 있다.

7.2.2 합성수지의 분류

합성수지(合成樹脂) ┬ 열가소성 수지(熱可塑性 樹脂)
└ 열경화성 수지(熱硬化性 樹脂)

① 열가소성 수지란?

열을 가하면 부드러워지고, 더욱 가열하면 용해되고(녹고), 차갑게 하면 굳는다. 이와 같은 상태의 변화를 몇 번이고 되풀이 할 수 있는 수지를 말한다.

즉, 상온에서는 가소성을 나타내지 않고 적당히 열을 가하면 가소성이 나타나는 재질

② 열경화성 수지란?

가열하면 화학변화를 일으켜 굳어지는 수지로 굳어진 수지를 재가열(일반적으로 80℃ 이하) 해도 녹지 않게 된다. 이와 같이 열을 가하면 굳어져 경화해 버리는 수지를 말한다.

③ 수지의 특성(자동차에 사용되고 있는 수지는 합성수지이다)

- 경량(輕量)이다.
- 가공성이 양호하고 착색성(着色性)이 특히 좋다.
- 내식성이 뛰어나다.
- 유연성이 있고 충격에 강하다.
- 방음, 단열성이 있다.
- 금속에 없는 외관(색, 광) 및 좋은 촉감을 가지고 있다.

요점정리

- 플라스틱에는 열 가소성과 열 경화성이 있다.
- 플라스틱 사용이 늘어난 것은 1970년 이후이다.
- 국산 승용차의 범퍼는 거의 플라스틱이며, 그 중에서도 PP제가 많다.

현재 사용되고 있는 플라스틱에는 열 가소성과 열 경화성이 있다. 열 가소성 플라스틱은 온도를 올리면 서서히 부드러워지고 필요에 따라 모양을 바꿀 수도 있

으며, 가공하는 것이 용이하다. 열 경화성 플라스틱은 조금 뜨거워져도 변화되지 않으며, 수지의 종류에 따라 다르지만 대개 250~300℃ 정도가 되면 갑자기 녹기 시작한다. 초기 플라스틱은 열 경화성 쪽이 많았지만 현재에는 열 가소성 플라스틱이 주류를 이루고 있다.

■ 자동차에 사용되는 플라스틱의 종류와 특성

약호	명칭	소재, 별칭	TS/TP	주요 사용 부품	주요한 특성
PP	폴리프로필렌	TPO, EPDM	TP	범퍼, 트림, 몰딩	내약품성, 내후성에 우수, 자동차에도 넓은 범위에 걸쳐 사용. 범퍼 중심 소재.
UR	폴리 우레탄	PRU, RIM	TS	범퍼, 쿠션재, 트림	2액 반응으로 만드는 수지, 제조 방법에 따라 거품, 딱딱한 형 등 여러 종류가 있다.
TPUR	열가소성 우레탄	TPU	TP	범퍼, 실재	고무 대용으로 사용되는 부드러운 재질이 특징
FRP	섬유 강화 프라스틱	SMC, BMC	TS	외판 판넬, 에어 로파츠 (aero parts)	폴리에스텔을 유리 섬유로 강화한 것이 대표적, 그 외 소재를 이용해서도 만들 수 있다.
PC	폴리카보네이트		TP	범퍼, 그릴, 헤드 램프	딱딱하고 투명한 수지, 용제는 약하다.
ABS	아크리로니트릴부탄, 앤스틸렌 공중 합제	ASS, AES	TP	그릴, 오너먼트, 램프케이스, 밀러 하우징, 엔진룸	범용성이 높고 일반적으로 잘 알려져 있다. 자동차 부품으로 널리 사용되고 있다.
PPO	폴리페닐렌, 노리오, 옥사이드	노릴	TP	인스톨먼트 판넬, 휠캡	강도, 내열성, 형성성 등에 우수, 최근 사용 범위가 넓어지고 있다.
PA	폴리아미드	나일론	TP	팬, 기어, 와이어,. 하네스	자동차 부품에서는 첨가물을 가해 강화시킨 형태로 이용.
PMMA	폴리메틸, 메터아크릴, 레트	아크릴	TP	램프 렌즈, 메타 커버	도료의 원료로서도 많이 사용되며 투명하고 내후성이 우수한 수지.
PE	폴리에칠렌		TP	팬더 라이너, 연료 탱크	성형성이 좋고 내약품성도 강하다.

7.3 플라스틱 부품의 수리 공정

■ 플라스틱 부품의 수리 순서

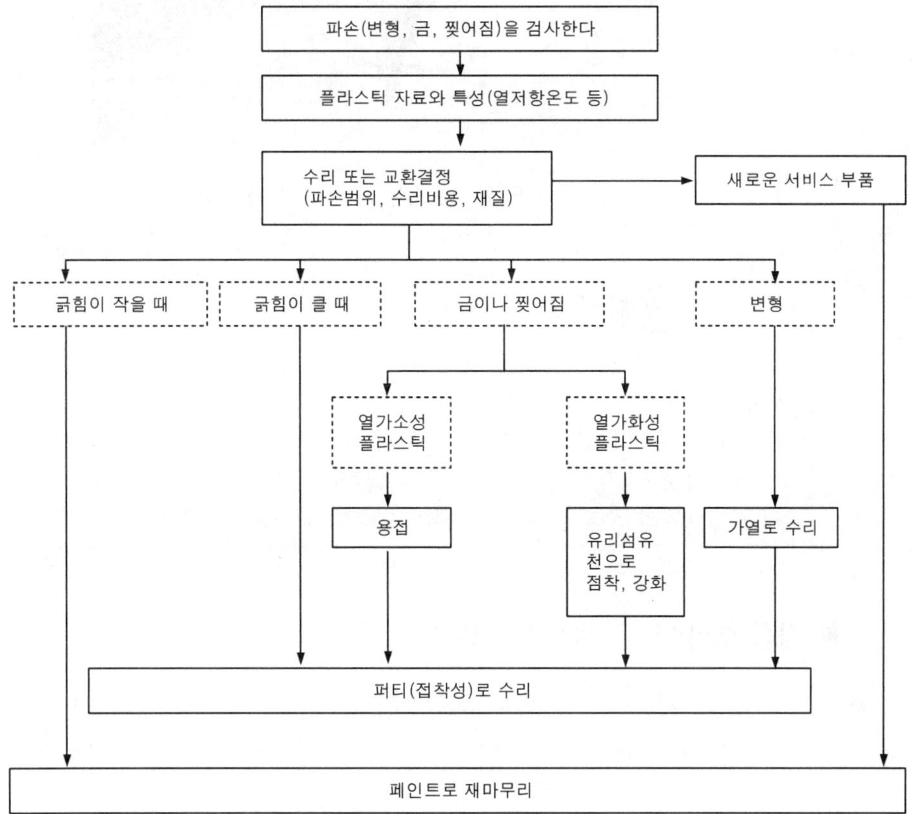

7.3.1 우레탄과 PP(폴리프로필렌)를 수리한다

한 대의 자동차에는 많은 플라스틱이 사용되고 있고, 이 플라스틱도 여러 가지 종류로 나누어지지만 실제 바디 수리에서 취급하는 것은 거의 범퍼에 제한된다. 그리고 우리 나라 차 대부분의 범퍼는 PP(폴리프로필렌)이나 UR(우레탄)이기 때문에 해당 수리 방법을 적용하여 플라스틱 수리를 하면 된다.

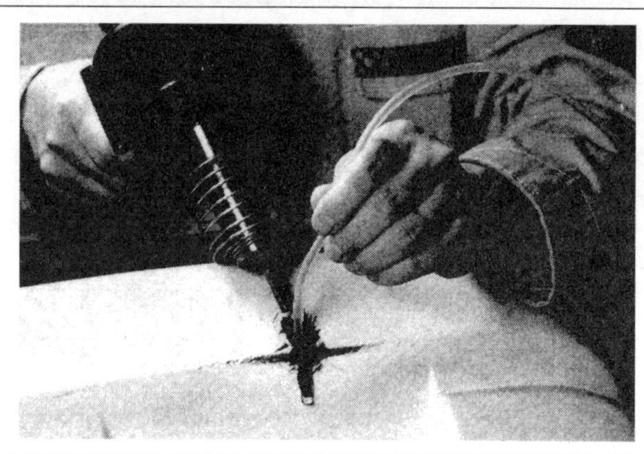

그림 7-5 열풍 용접기에 대한 용접 방법

요점정리

- 플라스틱 범퍼는 손상 정도에 따라 수리하는 일이 가능하다.
- 범퍼의 소재는 PP와 우레탄이 중심이 된다.
- 플라스틱 수리에는 가열 수정, 접착, 용접, 퍼티 정형 네 가지 방법이 있고 손상 정도에 따라 조화를 이루어 행한다.
- FRP는 유리 수지를 폴리에스텔 수지로 굳혀서 수리한다.

■ 각종 플라스틱 수리상의 포인트

약 칭	명 칭	주된 사용 부위	수리상의 포인트
ABS	아크리로니트릴부탄 앤스틸렌 공중합체	그릴, 오너먼트, 피니쉬	내용제성이 약하기 때문에 청소할 때는 알코올 또는 가솔린을 사용한다. 접착은 이 종류의 플라스틱에 맞는 전용 접착제를 사용한다.
PC	폴리카보네이트	범퍼, 그릴	
PPO	폴리페릴렌노리오 옥사이드	인스톨먼트 판넬, 휠캡	
PMMA	아크릴	램프, 렌즈, 피니셔	
PVC	폴리염화비닐	트림이나 시트의 표피, 몰딩, 메트가드	청소할 때 탈지제를 사용할 수 있다. 유연성이 높기 때문에 취급에 주의해야 한다. 접착에 전처리제는 불필요하지만 전용 접착제를 이용하는 경우도 있다.
PUR	열경화성 우레탄	범퍼, 쿠션제, 트림	
TPUR	열가소성 우레탄	범퍼, 스티어링 휠	
PP	폴리프로필렌	범퍼, 트림, 몰딩, 워샤 탱크, 인스톨먼트 판넬	내용제성이 강하지만 도료와의 밀착성이 나쁘기 때문에 접착제나 퍼티 도포 전에 전처리제(PP 프라이머 등)가 필요하다.

7.3.2 플라스틱 수리 방법

FRP를 제외한 플라스틱 수리 방법은 주로 네 가지로 나누어진다.

① 가열법 : 깨짐과 상처가 없고 단지 변형되어 있는 정도라면 힘을 너무 가하지 않고 신중하게 취급하면 원래 형태로 수정하는 것이 가능하다.

② 접착법 : 작은 깨짐, 일그러짐 정도라면 접착제로 붙이는 것이 가장 빠르다. 접착제에는 여러 종류가 있지만 플라스틱 소재에 맞는 것을 사용한다.

③ 용접법 : 고온의 열풍을 불어 내는 플라스틱 용접기로 깨진 부분을 용접하여 수리하는 방법이다. 용접 부분의 가공이나 정형 등 번거로움이 있지만 꽤 크게 깨진 부분의 수리도 가능하다.

④ 퍼티 정형 : 구멍, 도려낸 흔적, 용접이나 접착 후 정형 등을 퍼티를 바르고 연마한다. 단 이 퍼티는 바디 필러나 폴리 퍼티와 전혀 다른 것으로 에폭시계의 접착제가 주로 사용된다. 이러한 수리 방법은 단독으로 행하는 것이 아니라 ①→② 또는 ③→④의 순서로 합쳐서 행한다.

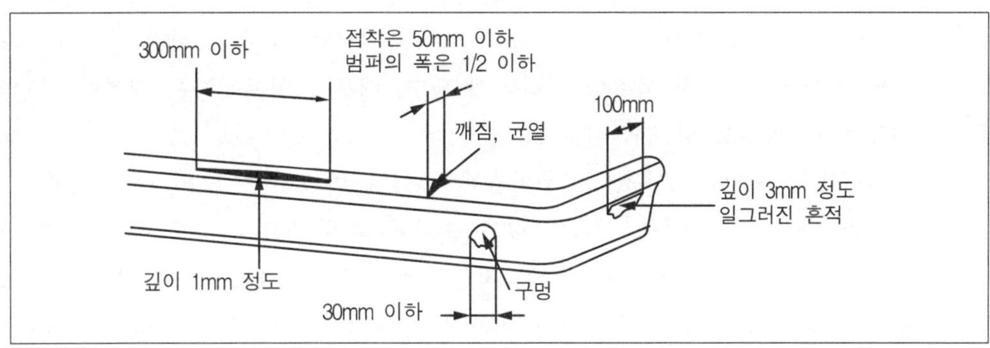

그림 7-6 수리 방법과 작업 내용

약 칭	가열법	접 착 법	용접법	퍼티 정형
수리범위	부분 또는 전체의 가벼운 변형	상처, 깨짐, 균열, 구멍 등	상처, 깨짐, 균열, 구멍 등	깊이 3mm 정도의 일그러진 부위, 작은 구멍 등
도구・재료	도장용 건조 기기	접착제, 전처리제, 고정구, 커터	열풍 용접기, 용접봉, 고정구, 커터, 센더 페이퍼	전처리제, 알루미늄, 테이프, 센더 페이퍼

작업내용	건조기기로 60℃ 정도로 가열해 가볍게 힘을 가해 가며 변형을 수정한다.	작업부분을 청소하고, 가늘게 쪼개진 것 등은 절단하고 나서 손상 상태에 따라 상처를 수정한다.	PP에서는 전처리제를 도포 손상부를 V형 계곡 사이로 절단하고 용접기와 용접봉으로 용접한다. 용접 후는 디스크센더와 #80 페이퍼로 수정한다.	작업 부분을 깨끗이 청소하고, 일그러진 부분이나 작은 구멍에 에폭 시계 접착제로 전부위를 정형한다.

7.4 알루미늄 합금의 성질

7.4.1 승용차에 알루미늄이 등장

알루미늄 합금의 경우 자동차 부품용 금속으로서는 예전부터 많이 사용되어 왔지만 그 주류가 엔진이나 서스펜션의 부분품이어서 판금, 도장 작업에 연관되는 일은 별로 없었다. 그러나 수입 차에서는 비교적 넓은 범위에 알루미늄 합금 판넬을 사용하고 있다. 바디 판넬의 일반적인 재료인 철과 알루미늄에 동이나 마그네슘, 크롬 등의 금속을 소량 첨가한 것으로 첨가하는 금속의 량과 종류에 따라 필요에 따른 여러 가지 성질이 나타나게 된다. 때문에 알루미늄은 성질이 상당히 다르고 수리 방법도 다르게 된다.

알루미늄 합금은 순수한 알루미늄에 동이나 마그네슘, 크롬 등의 금속을 소량 첨가한 것으로 첨가하는 금속의 량과 종류에 따라 필요에 따른 여러 가지 성질이 나타나게 된다. 때문에 알루미늄은 자동차에 제한되지 않고 여러 분야에서 합금으로서 이용되고 있다. 순수한 알루미늄은 상당히 부드럽지만, 장식품 등에는 사용할 수 없다. 알루미늄은 생산할 때 대량의 전기를 소비하고 비용이 많이 들기 때문에 수입에 의존하고 있다.

7.4.2 알루미늄이 자동차에 사용되는 이유

알루미늄 합금의 특성은 여러 가지가 있지만 자동차 부품에 이용되는 이유는 다음과 같다.

1) 가볍다

같은 부피로 비교하면 알루미늄은 철의 3분의 1의 무게이다. 단, 강도는 철보다 약하기 때문에 판 두께를 두껍게 하며 같은 강도로 한 경우에도 철에 비교하면 2분의 1 정도의 무게밖에 되지 않는다. 만약 알루미늄 합금의 본네트, 펜더 등을 탈착 해 보면 그 차이를 잘 알 수 있을 것이다.

지금 세계적으로도 알루미늄 합금제의 모노코크 바디는 희귀하다. 좋은 예로 일본 자동차 '혼다 NSX'의 예를 들 수가 있는데 이 차에서는 140kg(40%)의 경량화를 이루고 있다. 현재 '현대 자동차'에서 알루미늄 합금 차체를 시도하고 있다.

2) 열이 전달되기 쉽다

알루미늄은 철의 약 3배의 열전도율, 즉 열을 전달하기 쉬운 성질을 갖고 있다. 이것만으로도 엔진의 실린더, 피스톤, 라디에이터 등에 적용이 적합하다. 또한 알루미늄 용접이 어려운 것도 이러한 성질 때문이다.

3) 자유로운 형태로 성형이 가능하다

녹은 상태의 알루미늄은 흐르기 쉽고, 복잡한 형태라도 자유롭게 만들 수 있다. 또 녹는 온도는 낮기 때문에(600℃ 전후, 철은 1500℃ 이상) 바로 녹일 수 있다. 그 외 녹이 잘 슬지 않고, 도장을 하지 않아도 외관이 좋은 특징이 자동차 부품에 이용되고 있다.

4) 내식성이 양호하다

공기와 접촉되어도 산화피막을 생성해 이 피막이 부식을 방지하는 효과가 있다.

5) 전기가 잘 통한다

전기전도율은 철이 약 2배이다.

6) 자기를 띠지 않는다

비자성체로서 자석에 달라붙지 않는다.

7) 수리상의 문제점

① 알루미늄은 열에 의한 색의 변화가 없기 때문에 가열 시 온도관리에 주의가 필요하다(더모 페인트 등을 이용).

② 강판에 함께 조립 될 경우 강판에 직접 접속시키면, 전위작용에 의해(전위차에 의한 부식) 접촉면이 침해되기 때문에 플라스틱 와셔 등을 사용해서 직접 접촉되지 않도록 할 필요가 있다.

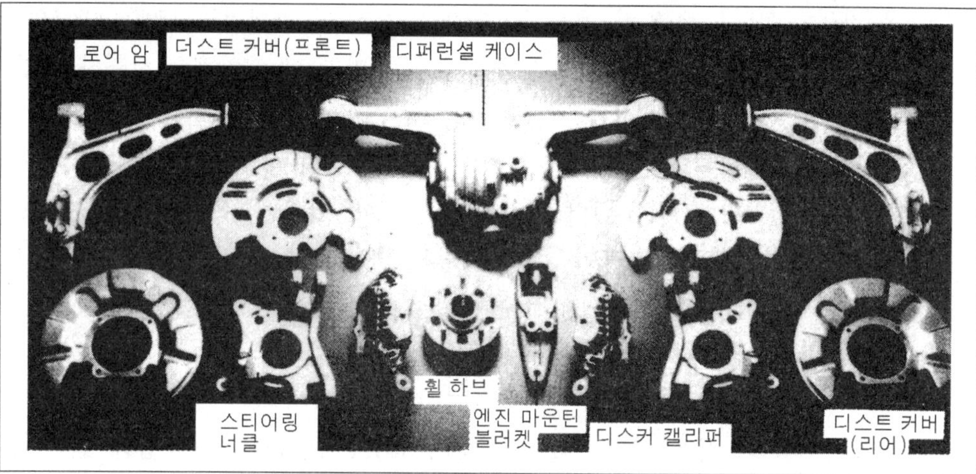

그림 7-7 하체 부품에 사용하는 알루미늄 합금

요점정리

- 강판이나 알루미늄 합금 판넬은 그 수리 방법이 다르다.
- 알루미늄은 타 금속을 소량 첨가한 합금으로서 이용된다.
- 같은 부품을 알루미늄으로 만들면 철과 비교해 약 절반의 무게가 된다.
- 알루미늄 합금이 자동차 부품에 이용되는 것은 가볍고, 열 전달이 쉽고, 성형성이 좋은 이유이다.

요점정리

알루미늄

화학식 Al 비중 2.7 원자 번호 13의 금속, 지구 표면을 만들고 있는 성질의 7.5%를 차지 금속으로서 많은(철은 4.7%) 현재의 연간 생산량 500만 톤을 넘었고 철 다음으로 중요한 금속으로 되어 있다.

■ 철과 알루미늄의 성질 차이

철을 1로서 비교		비고
녹는 온도	0.4	빨갛게 변색되지 않고 녹는다.
같은 체적의 무게	0.34	무게는 약 ⅓
열 전달 용이	1.75	두 배 가깝게 열 전달이 쉽다.
전기 전달 용이	1.9	두 배 가깝게 전기가 통하기 쉽다.

7.5 알루미늄 합금의 용접 작업

알루미늄 합금은 철의 3배로 열을 전달하기 쉬운 성질을 갖고 있기 때문에 대량의 열을 급속하게 주지 않으면 용접이 잘되지 않는다. 그리고 열에 의한 팽창과 수축도 철의 2배로 용접에 의한 문제점이 발생하기 쉽다. 때문에 알루미늄 합금의 용접에는 전용 용접기와 고도의 기술이 필요하다.

숙련된 작업자라면 산소 아세틸렌 가스로 용접이 가능하다. 그러나 통상적으로 알곤 가스를 사용하는 미그(MIG) 또는 티그(TIG) 용접기를 이용한다. 기술 습득을 위해 훈련이 필요하고 고도의 작업 테크닉이 요구된다. 그리고 스포트 용접은 정비공장에서 사용되고 있는 것과 같은 스포트 용접기로는 전기량의 부족으로 용접이 불가능할 정도이다.

■ 강판과 알루미늄 합금 보수 작업의 차이

작업 내용	강판	알루미늄 합금
해머링	판금 해머	나무 해머 또는 플라스틱 해머
워샤 용접	가능	불가능
가스 용접	가능	방법에 따라 가능
스포트 용접	가능	불가능
미그 용접	Co_2 가스로 가능	알곤 가스를 사용
도장	가능	방법에 따라 가능

• 보통 정비공장의 설비 수준을 기준으로 한 경우

요점정리

- 연마 작업에 #100보다 거친 페이퍼는 사용하지 않는다.
- 힘을 가할 때는 가열한다.
- 해머링은 가능하면 플라스틱 또는 나무 해머를 사용한다.
- 용접에는 전용 도구와 고도의 기술이 필요하다. 스포트 용접 불가
- 퍼티의 건조시에는 열을 가하는 강제 건조는 하지 않는다.
- 워쉬 플라이머나 플러서브는 2액형을 사용한다.

제 8 장

내장, 트림, 몰딩

제 8 장 내장, 트림, 몰딩

8.1 성급하게 하지 않는 것이 요령

시트, 인스트루먼트 판넬, 외장의 프로텍터, 피니셔, 가니쉬, 오너멘트, 앤트레임 등 차종과 메이커에 따라 부르는 이름도 여러 가지 있지만 가격이 높은 자동차일수록 이러한 내장재의 장식류는 많아진다. 이러한 종류의 부품은 그 자체 수리를 하는 것도 별로 없지만 각종 판넬 수정, 탈착, 교환 작업에서 반드시 방해가 되기 때문에 탈착 작업을 항상 해야 한다. 특히 리어 주변 바디 수리에서는 트랭크 내의 트림, 리어 시트 등의 탈착에 힘들 때가 많다. 부착 방법도 여러 가지인 것이 이러한 종류의 부품의 특징이다. 볼트, 너트, 비스, 클립, 특수한 퍼스너, 접착 등 고정 방법도 여러 가지이다. 서두르지 않고 하나씩 신중하게 떼어내 가는 것이 가장 빠르고 중요하다.

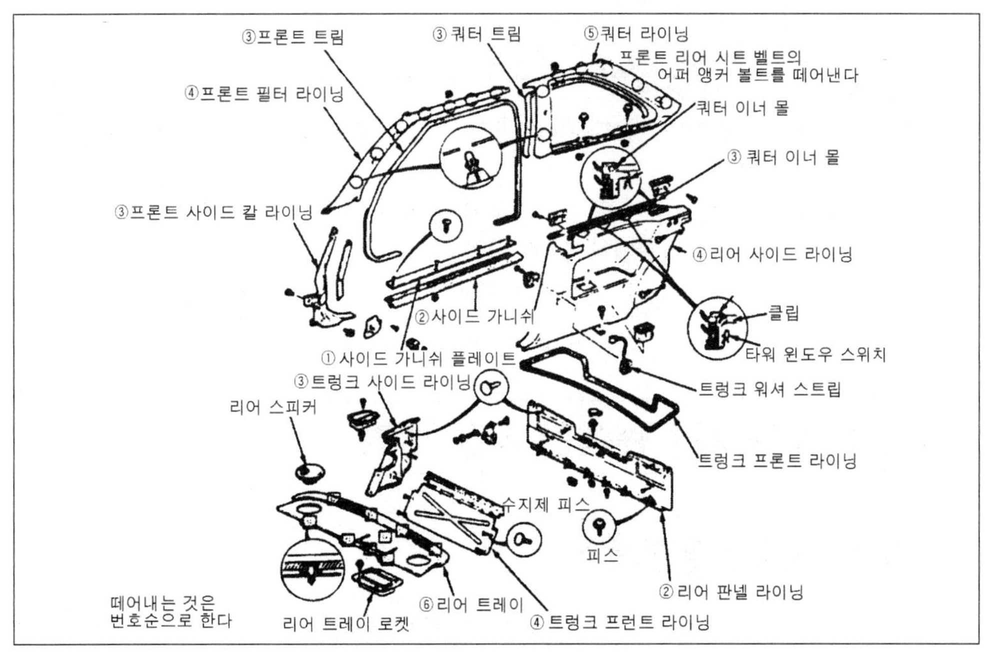

그림 8-1 내장 부착 순서와 고정 방법의 예

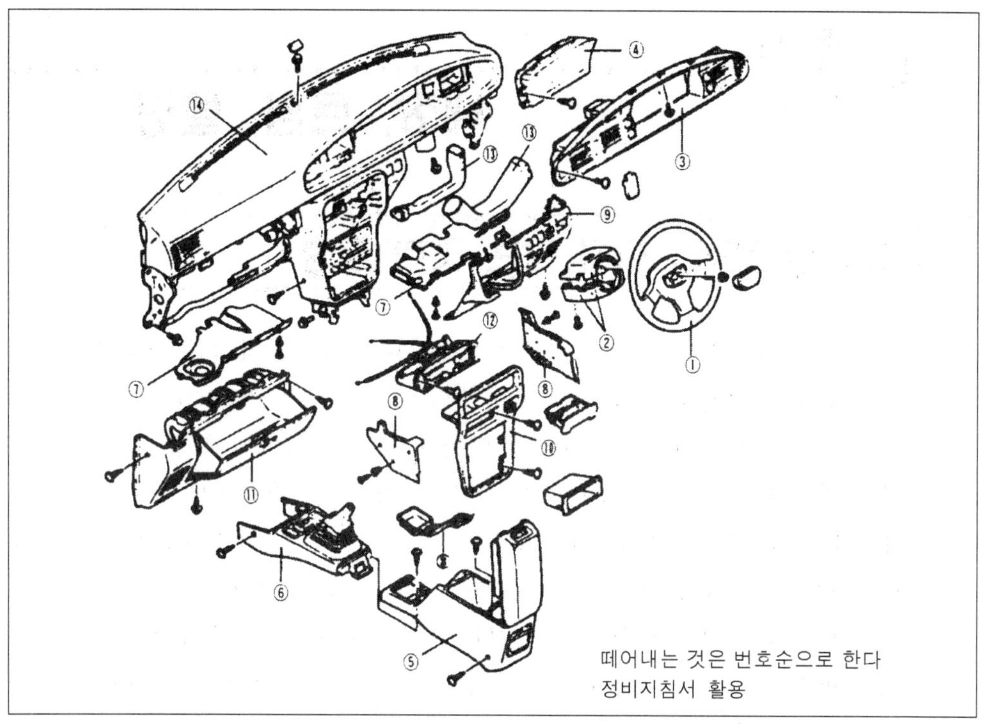

그림 8-2 인스트루먼트 판넬의 떼어내는 순서와 구성 부품

요점정리

- 내장 트림이나 시트류는 하나하나 고정 위치를 확인해 가면서 조심스럽게 떼어 낸다.
- 필요 범위 보다 조금 넓게 해 주면 나중 작업이 편리하다.
- 인스트루먼트 판넬은 일체(一體)로 탈착한다.
- 접착식 몰딩은 열을 가하면 깨끗하게 붙여지고 떼어지기도 한다.

8.2 수공구의 능숙한 사용 방법

8.2.1 익숙한 공구 종류

한 대의 자동차 바디를 수리하기 위해서는 각 공정과 목적에 따라 여러 가지 도구, 공구가 사용된다. 그 중에도 가장 기초적인 것은 드라이버, 스패너 등의 수

공구이다. 이러한 종류의 공구는 바디 수리뿐만 아니라 다른 산업분야와 일상 생활에도 많이 사용된다. 그렇다고 해서 이러한 공구들은 간단히 취급해서는 안된다. 드라이버 한 개의 사용 방법도 익숙한 사람과 그렇지 않은 사람은 상당한 차이가 있고, 볼트 하나를 잠그는데도 숙련자와 비숙련자는 신속성과 안정도에서도 차이가 있다. 중요한 것은 그 공구의 사용 목적에 따라 사용하는 것이다.

8.2.2 드라이버의 종류와 사용 방법

드라이버는 수공구에서 가장 사용 빈도가 높은 것 중 하나로 여러 가지 종류가 있다. 여러 가지 크기의 (+)와 (−), 짧은 것과 긴 것, 휘어져 있는 것, 앞이 박스렌치로 되어 있는 것 등 20여 종류는 넘을 것이다.

몇몇 안되는 수의 드라이버를 사용하여 나사를 돌리는 것보다 가능한 많은 종류를 갖추어 적당하게 사용하는 것이 효율적이다. 나사 머리에 맞지 않는 드라이버를 사용하면 홈을 손상시키기도 하고 충분한 힘을 가할 수도 없다. 이와 같은 이유로 드라이버와 나사는 가능한 한 일직선으로 사용하는 것이 좋다. 잡는 방법에 대해서는 특별하게 말할 것은 없지만 잡기 쉽고, 돌리기 쉽게 잡으면 된다. 강한 힘을 가할 때와 뱅글뱅글 돌릴 때는 잡는 법이 같지 않다.

빨리 돌릴 때는 잡는 힘을 가하지 않고 축을 잡고 돌리는 것이 좋다. 드라이버 머리를 해머로 치면서 세게 잠근 나사를 풀 때도 있다. 이런 경우는 전용 쇼크 드라이버만을 사용해야 한다.

요점정리

- 수공구는 목적에 맞는 것을 사용하는 것이 기본이다.
- 무리한 힘을 가하지 않는 것이 중요하다.
- 드라이버는 윤과 나사를 일직선으로 하여 사용한다.
- 나사 머리의 홈에 맞는 것을 사용한다.
- 플라이어류는 여러 가지 용도에 적당한 것을 골라 사용한다.

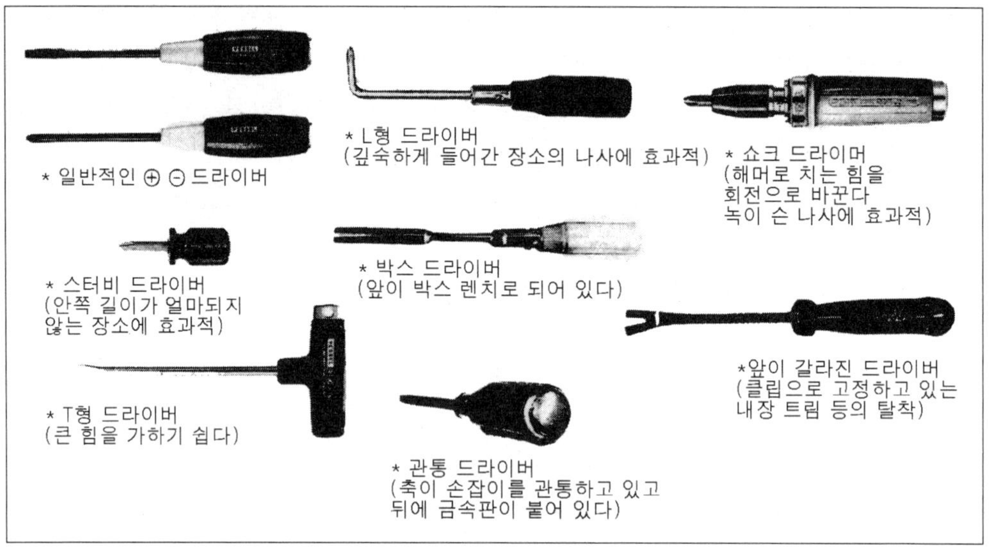

그림 8-3 여러 가지 드라이버

8.2.3 플라이어류의 종류와 사용 방법

철선을 굽히거나 자르는 플라이어 중에는 일반적인 플라이어, 앞이 가늘고 긴 롱노즈 플라이어, 앞이 크고 넓은 플라이어, 절단 전용의 니퍼 등이 있다. 그 중 롱노즈 플라이어는 앞이 약하기 때문에 그다지 힘이 필요 없는 가는 부분 세공에 사용하고, 플라이어는 물건을 집거나 집어서 돌릴 때 사용하는 것이고 니퍼는 전선이나 플라스틱류를 자를 때 사용하고, 니퍼로 바늘 같은 강성류를 끊어서는 안 된다.

플라이어류는 지렛대의 원리를 이용해 집기도 하고 자르기도 하기 때문에 될 수 있으면 잡는 부분의 끝으로 하는 것이 충분한 힘을 가할 수 있는 방법이다. 플라이어류는 능력 이상으로 사용해서는 안된다. 예를 들어 철판 등을 자르는데 사용하거나, 용접시에 사용해서 고열을 가하거나, 해머 대용으로 못을 치는 등 본래 목적 이외의 사용은 되도록 피하는 것이 좋다.

이러한 종류의 공구에는 잡는 부분에 여러 가지 방법이 있고 보다 큰 힘을 가할 수 있는 공구도 여러 가지 있지만 바디 수리에 주로 사용되는 것을 각 공정, 관련 공구의 설명에서 다시 하기로 하자.

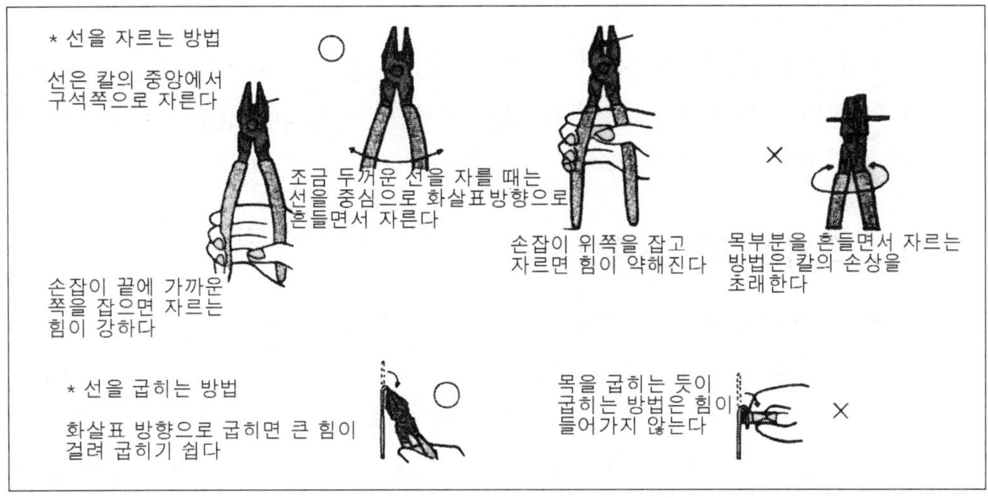

그림 8-4 플라이어의 사용 방법

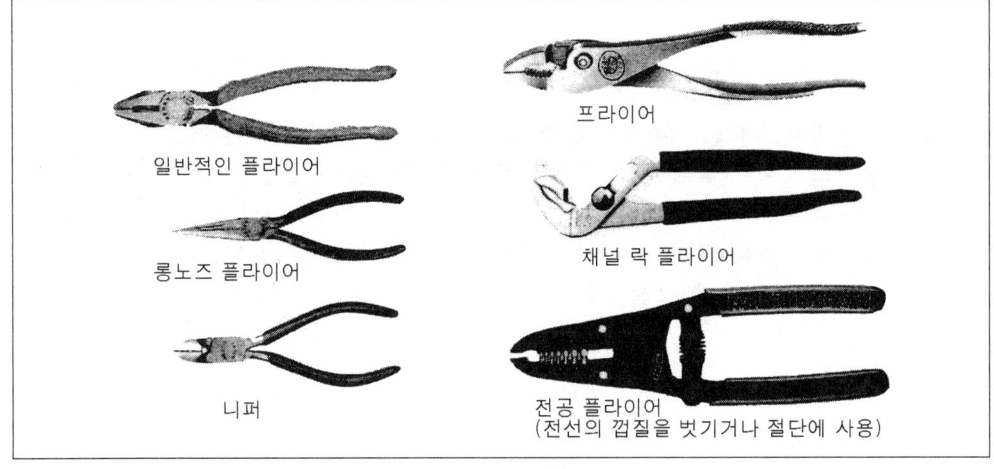

그림 8-5 여러 가지 플라이어

8.2.4 사용 빈도가 높은 스패너, 렌치

드라이버와 같이 사용 빈도가 높은 것은 각종 스패너, 렌치류이다. 이 공구들의 역할은 육각 볼트와 너트(다른 종류도 있음)를 잠그거나 풀 때 쓰인다. 그리고 볼트와 너트는 자동차에만 국한되어 사용하지 않고 모든 기계류 고정의 핵심이므로 스패너, 렌치류의 사용 빈도는 높을 수밖에 없으며, 또한 사용 범위가 넓기 때문에 종류도 많다.

스패너의 수명은 볼트를 넣어 힘을 가하는 부분의 마모 상태가 결정한다. 스패너의 모양은 볼트 2변에 걸리는 것과 볼트 주위 전체에 걸리는 링형, 그리고 볼트를 완전히 덮어 버리는 박스형이 있다.

8.2.5 여러 가지 스패너

볼트 2변에 걸리는 타입은 "스패너"라고 불려진다. 스패너는 볼트 머리 치수에 맞는 것을 골라 사용한다. 스패너의 종류는 양끝 사이즈가 다른 것이 양구 스패너이고, 양구 스패너이면서 한쪽이 링 형태로 된 것을 편목 편구 스패너라 하고, 각도를 바꿀 수 있는 박스형의 플랙스 스패너 등이 주로 많이 사용된다. 또한 볼트의 크기에 따라 조절이 가능한 것을 몽키 스패너라고 하며, 여러 가지 크기의 볼트에 모두 사용이 가능하다는 장점이 있으나 큰 힘을 걸기 어렵고 흔들림 발생이 쉽다는 단점이 있다.

요점정리

- 볼트, 너트를 잠그거나 풀 때는 렌치나 스패너를 사용한다.
- 스패너의 열림부, 렌치 사이즈는 볼트에 맞는 것을 사용해야 수명이 길어진다.
- 손잡이를 멀리서 잡거나, 발로 밟아 사용해서는 안된다.
- 스패너, 안경 렌치, 박스 렌치의 순으로 큰 힘을 걸 수 있다.

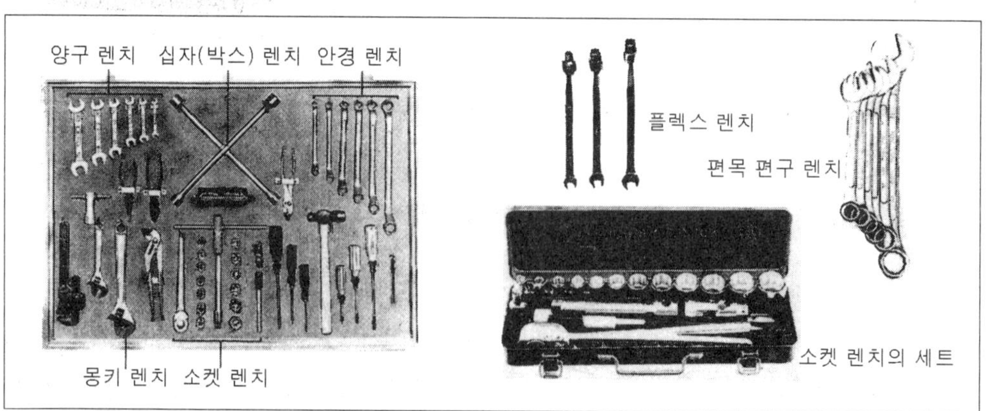

그림 8-6 여러 가지 스패너와 렌치

8.2.6 안경 렌치

볼트에 걸리는 부분이 링 형태로 된 타입을 안경 렌치라고 부른다. 스패너는 볼트의 2변에만 힘을 가하도록 만들어진 반면 안경 렌치는 볼트 육각 전체에 힘을 가하도록 만들어져 있어 큰 힘을 가해도 쉽게 미끄러지지 않는다.

양끝의 크기가 다른 것이 일반적이지만 손잡이 부분과 안경부분의 각도(off set)에 따라 여러 가지가 있다.

8.2.7 소켓 렌치

볼트를 완전히 덮는 타입을 박스 렌치라 부르며, 다른 크기의 박스 수십 개와 형태가 다른 손잡이 부분 여러 개가 한 세트로 되어 있는 것을 소켓 렌치라고 부른다.

소켓 렌치는 박스와 손잡이의 다양한 조합으로 상당히 넓은 범위까지 이용이 가능하므로 볼트로 고정된 부품의 탈착에는 핵심적으로 사용된다. 박스부 부착 사이즈는 두 종류가 있으며, 세트이므로 조합하기에 따라 두 종류가 결정된다.

8.2.8 스패너, 렌치의 사용 방법

볼트에 걸 수 있는 힘의 크기는 스패너, 안경 렌치, 박스 렌치의 순으로 커진다. 스패너와 안경 렌치는 볼트를 넣는 부분의 크기에 따라 손잡이 길이가 달라진다. 하지만 스패너나 렌치의 손잡이 길이를 파이프 등으로 마음대로 연장시키면 볼트에 맞는 힘을 적용시킬 수 없으므로 좋지 않다. 어떤 형태의 스패너나 렌치류를 막론하고 볼트 머리 치수에 맞게 사용하는 것이 원칙이다.

볼트, 너트에는 미리(mm) 규격과 인치(inch) 규격 두 가지가 있으며 스패너, 렌치류도 이에 맞게 각각 사용해야 한다.

스패너, 렌치류에 큰 힘을 줄 때는 원칙적으로 당기는 방향으로 회전시켜야 한다. 그러나 이렇게 할 수 없을 경우는 손잡이 부분을 잡지 말고 손바닥으로 누르는 방법을 이용한다. 만약 렌치가 미끄러지는 사고가 발생하더라도 손에 상처를 입지 않기 위함이다.

용어정리

미리(mm) 규격과 인치(inch) 규격

볼트 머리의 서로 평행한 면끼리의 거리를 2면 폭이라 부르지만 이것은 단위가 아니다. 대개 볼트 너트는 미리(mm) 단위가 기본이고, 8mm, 10mm, 12mm, 14mm, 17mm 순으로 점점 커진다. 그러나 유럽이나 미국에서는 생산하는 자동차의 일부에는 인치(inch)를 기본으로 볼트, 너트가 사용되고 있고, 미리 규격과 인치 규격이 비슷한 것이 있기는 하나 똑같지 않기 때문에 미리 규격의 볼트에는 미리 규격 렌치류를, 인치 규격의 볼트에는 인치 규격의 렌치를 반드시 구별해서 사용해야 한다. 또한, 소켓 렌치 부착 부분의 크기는 인치로 표시되는 일이 많지만 이것은 볼트의 2면 폭과는 관계가 없다.

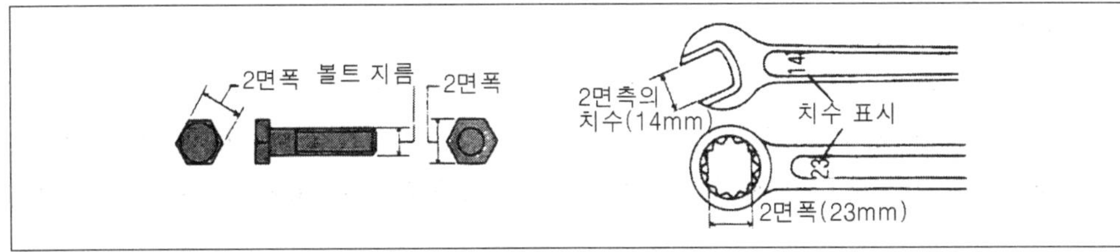

그림 8-7 볼트, 너트와 스패너의 치수

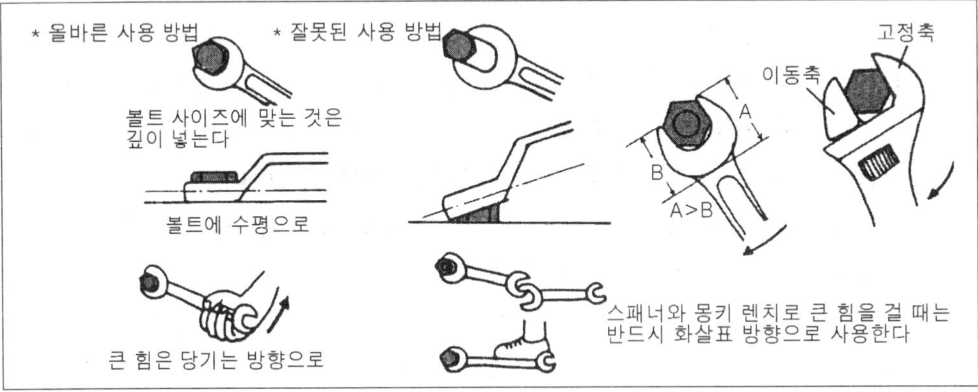

그림 8-8 스패너와 렌치의 사용 방법

8.2.9 차체볼트 취급 방법

① 풀리지 않는 볼트

연식이 오래된 차량의 볼트 중에 부식이 되어 풀리지 않는 경우가 있다. 이런 경우에 볼트 너트에 윤활유를 도포하거나 열을 가하면 풀기 쉽다.

볼트가 변형된 경우는 정을 사용하여 해머로 치는 방법이 있다.

② 부러진 볼트 풀기

만약 볼트가 부러져 있을 때 다음과 같은 방법을 사용한다.

a. 볼트가 패널 표면에 나와 있는 경우
   남아 있는 부분에 줄로 홈을 내고 (-) 드라이버로 풀어낸다. 풀기 전에 윤활유를 도포하여 침투하기를 기다린 후 작업한다.

b. 볼트가 패널 표면에 나와 있지 않은 경우 볼트의 센터에 펀치로 가격한 후 볼트의 지름보다 적게 홀을 내고 풀어낸다.
   풀어낸 후에 너트는 탭을 이용하여 수정한다.

③ 재사용하지 않는 너트

프론트 서스펜션 및 리어 서스펜션 등의 회전부품은 주행중의 안전을 위해 특별하게 풀리지 않게 록킹 너트를 사용한다.

이 너트는 상부가 오므라지는 형태로 그 부분이 볼트의 홈 부분을 조인 후 풀리는 것을 방지한다. 그러나 한번 사용한 부분은 늘어나기 때문에 잡아주는 효과가 떨어지게 되므로 재사용하지 않는다.

서스펜션 작업시 반드시 신품 너틀을 사용한다.

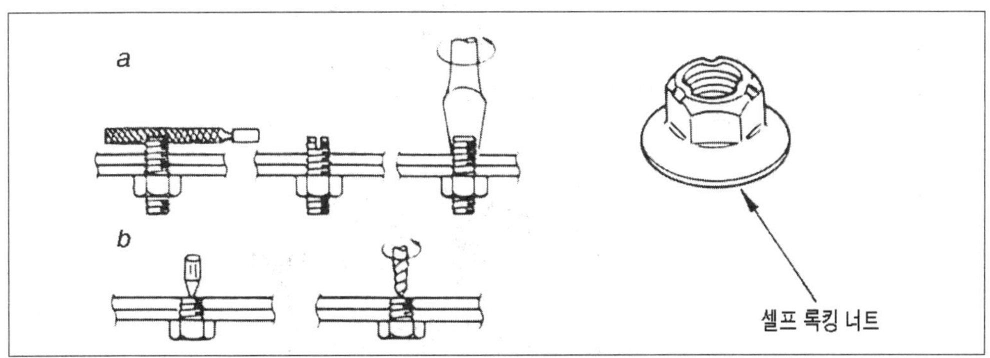

그림 8-9 볼트 제거 방법

8.3 탈부착 방법

8.3.1 슬라이드 클립식 몰딩의 탈착

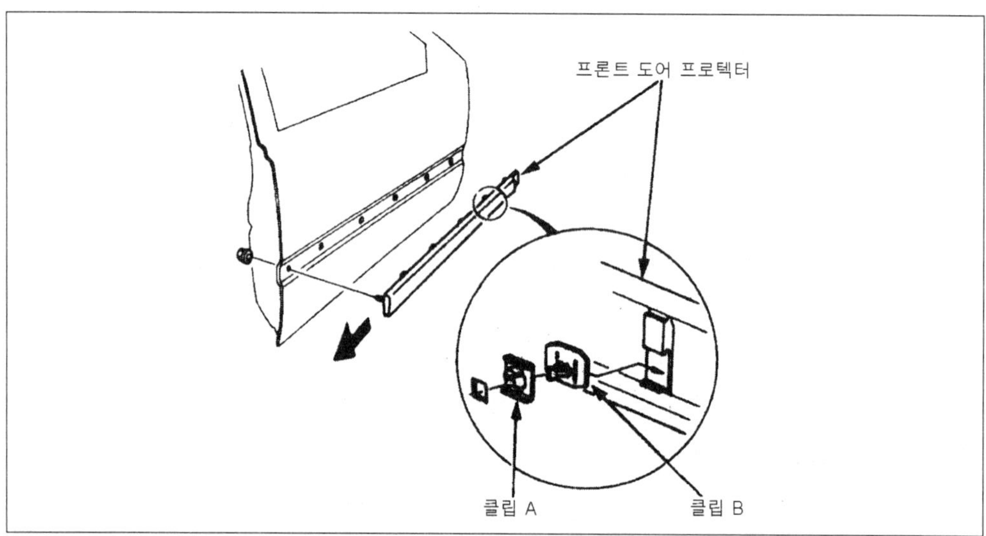

그림 8-10 슬라이드 클립식 몰딩의 탈착

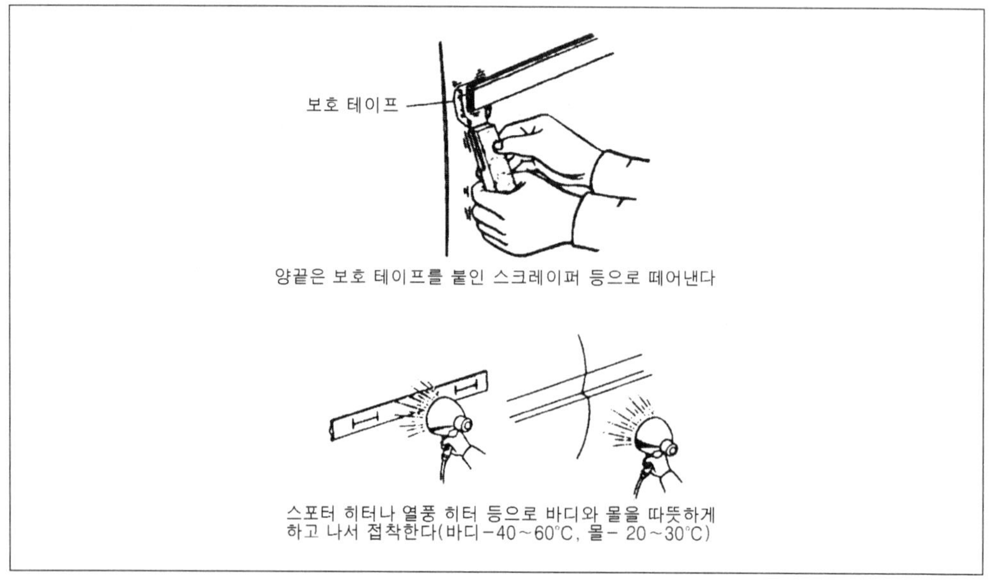

그림 8-11 접착식 몰딩의 탈착

뒷부분의 부착 너트 1개를 풀고 도어 프로텍터 전체를 화살표 방향으로 당겨 떼어낸다. 부착은 도어 안쪽에서 클립(A)를 넓혀 클립 몰딩을 떼어낸 후 클립 몰딩을 프로텍터에 붙인 상태로 끼워 넣는다.

8.3.2 내장의 탈착

탈착 작업 그 자체에는 특별한 기술이 필요 없지만 주의해야 할 것은 클립이나 특수한 패스너를 사용하고 있는 경우 밖에서는 탈착 상황을 알기 어렵기 때문에 떼어낼 때 파손되는 경우가 많다. 그래서, 이러한 종류의 부품은 항상 일정량의 많은 종류를 보유하고 있는 것도 좋을 것이다. 또 비스나 볼트, 너트도 보이지 않는 곳에 있을 때가 많기 때문에 자동차 메이커의 정비 지침서를 참고로 한다.

8.3.3 인스트루먼트 판넬의 부착

프론트쪽의 큰 손상은 인스트루먼트 판넬이 관계될 때가 있다.

바디 내측에 부품이 가득 차 있으므로 정비 지침서가 없으면 어디에서부터 시작해야 될지 조금 알기 어렵다. 단, 패턴은 대개 결정되어 있다. 먼저 스티어링 휠과 미터류 주위 부품을 떼어내고 윗면 창쪽의 몇 곳, 글로브 박스 내, 아래면 뒤쪽 몇 곳의 볼트를 풀어낸 후 와이어 하네스, 케이블 등을 분리하면 된다.

8.3.4 외장 몰딩의 탈착

외장 몰딩과 엔드 프레임은 접착식과 슬라이드 클립식이 중심이나 접착식을 대개 당기면 떼어지지만 딱딱할 때는 히터나 드라이어 등으로 약간의 열을 가해주면 쉽게 떼어낼 수 있다.

떼어낸 흔적은 남은 접착제를 깨끗하게 제거하는 것도 빼놓을 수 없는 작업이다. 부착은 접착할 곳을 깨끗하게 청소하는 것이 중요하다. 또 접착한 곳과 몰딩을 가열하면서 작업을 하면 깨끗하게 붙일 수 있고 단 시간에 고정된다. 몰딩 탈착용 공구 세트도 시판되고 있다.

제 9 장

조향과 현가 장치 얼라인먼트

제 9 장 조향과 현가 장치 얼라인먼트

충돌 파손된 차체는 보기도 싫을 뿐 아니라 설계된 데로 제 기능을 하는 가도 의문이다. 이때의 기능은 좋은 핸들링과 브레이크, 엑셀레이팅, 쏠림이 없는 일정한 주행성이다. 또한 타이어의 편마모 방지도 고려해야 한다. 이것들은 올바른 조향 및 현가 장치의 정렬이 있어야만 한다.

조향과 현가 장치의 정렬은 때때로 휠 얼라인먼트와 착각을 하는데 휠 얼라인먼트는 토인, 캠버, 캐스트를 맞추는 것이다(때때로 닳아버린 현가 및 조향의 부품을 교환하는 작업도 포함된다). 올바른 현가 및 조향의 정렬이란 차체 수리 작업 동안 조향 및 현가 장치 요소를 올바른 위치에 정렬시키는 개념이다

9.1 조향과 현가 장치 정렬의 중요성

조향과 현가 장치 정렬은 프레임 차체 구조 및 서로 서로의 부품간 위치를 올바르게 하는 작업이다. 이 작업은 차가 주행할 때 중요한 역할을 함으로 반드시 맞추어야 한다.

조향과 현가 장치 요소도 주행하지 않는 상태에만 점검을 하므로 때때로 주행하에서 이들이 작동을 않는 경우가 있다. 조향과 현가 장치의 정렬은 구조적인 면에서의 완벽한 수리와 프레임이나 구조의 완벽한 정렬을 이루는데 행해진다.

구조와 프레임은 올바른 길이와 넓이, 높이를 확보해야 한다(그림 9-1 참조). 그렇지 않으면 현가 장치의 정렬 및 조향 장치의 정렬은 가능하지 않다.

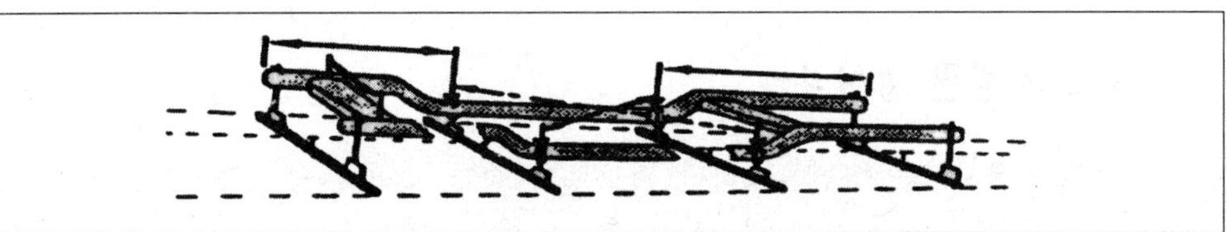

그림 9-1 차체의 정상적인 높이 · 넓이 · 길이

앞에서도 설명했지만 만일 조향과 현가 장치가 제대로 정렬을 이루도록 판금 작업을 했다면 제조 업체에서 확보된 수치와 동일하다. 어떤 나쁜 핸들링이라도 또 어떤 심한 타이어의 마모 및 편마모가 있어도 조향, 현가, 주행의 정렬로 잡아 낼 수 있다.

현대의 차체는 모노코크이며, 스트럿 타워 방식이다. 랙과 피니언 조향이며, 전륜 구동이 주종이어서 조향과 현가 장치의 부정렬은 중요하게 분석되어야 한다. 그래서 차체가 한번 파손되면 조향과 현가 장치의 정열을 충분히 해줘야 한다. 이것이 되지 않으면 캠버, 캐스터의 정확한 조정은 불가능하다.

9.2 휠 얼라인먼트의 각도 요소와 핸들링

9.2.1 휠 얼라인먼트 각도 요소

휠 얼라인먼트 각도에는 다섯 가지가 기본인데 이 중요성은 현가 장치와 조향 설계에서 폭넓게 채택되기 때문이다. 이들 각도는 두 가지 기본적인 기능이 있다.

① 조향축에 위치하여 핸들링 특성과 조향의 일정성을 조절하기 때문이다.
② 바퀴에 위치해 타이어가 노면과의 최대 접촉을 유지하고 타이어 마모를 최소로 한다.

5가지 기본 각도는 아래와 같다.

1) 킹핀 경사각(S.A.I)　2) 캐스터(caster)　3) 캠버(camber)
4) 토우(toe)　5) 회전 반경(터닝 레디어스 : turning radius)

킹핀 경사각과 캐스터의 위치는 각 바퀴의 조향축에 있다. 캠버, 토우와 회전 반경들은 바퀴에 위치하는 각도이다.

9.2.2 킹핀 경사각

킹핀 경사각은 상단 및 하단 피보트 지점과 조향축과의 가상적인 선이다. 이 선은 상단 볼 조인트와 하단 볼 조인트를 잇는 선과 수직선과의 각도이다(그림 9-2 참조).

스트럿 형태 현가 장치가 나오면서 조향축은 스트럿의 상층부와 볼 조인트를 통과한다(그림 9-3).

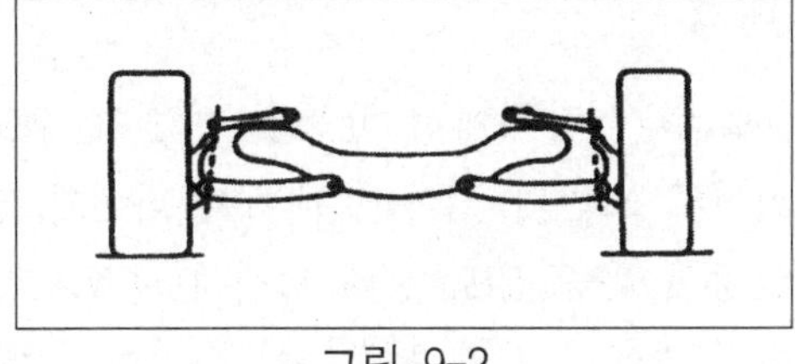
그림 9-2

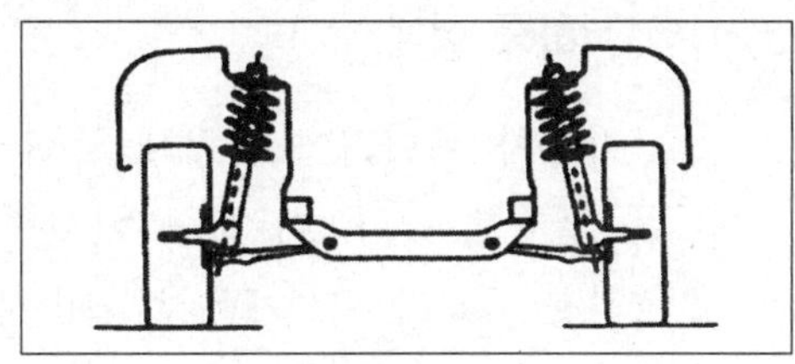
그림 9-3

킹핀 경사각은 조향축 상층부에서 안쪽으로 기울어져 있다. 킹핀 경사각은 순수 수직 축과 조향축의 가상 선과의 각도이다(그림 9-4 참조).

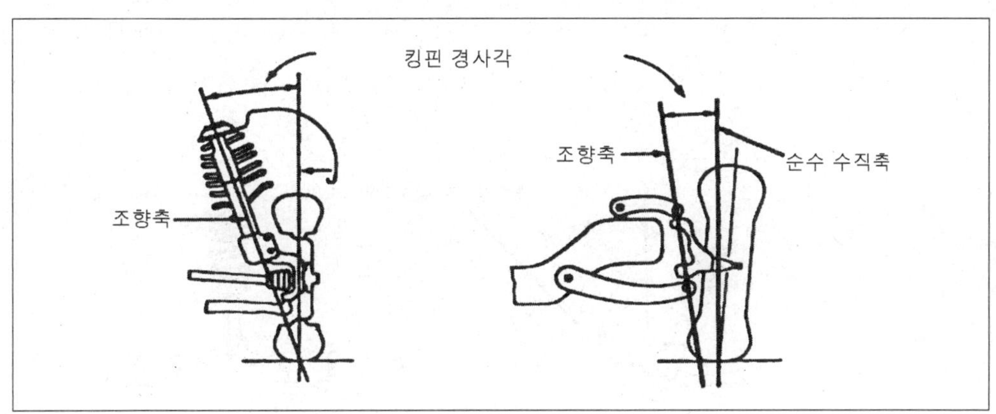

그림 9-4

이 각도는 수직축에서 안쪽으로 기운다. 이 킹핀 경사각은 현가 장치에서 정해진 것으로 조정이 불가능하다. 그래서 킹핀 경사각의 부정렬을 바로 잡는데는 킹핀 경사각을 결정짓는 피봇 포인트를 지지하는 구조물의 수정 작업 및 파손된 부 분품의 교환 작업이 필요하다. 킹핀 경사각의 목적은 주행성 및 핸들링을 좋게 하기 위해서이다. 그러려면 아래의 두 특성을 만족해야 한다.

a. 일정한 조향
b. 차체 무게의 지면 전달 방식

일정한 조향은 바퀴가 회전하면서 떨림이 없이 일정한 방향으로 계속 가는 성질이다.

1) 하중 설계

자동차 메이커에서 차체를 설계할 때 현가 장치에서 균등한 하중이 분포되도록 설계를 한다. 이 하중 설계는 타이어와 노면의 접촉면 내에서 바퀴가 밀리는 효과를 극소화하고 제동시, 가속시 불균등한 하중 분포 상태가 생겨 한쪽으로 쏠리는 현상을 극소화하고 타이어와 불균등 노면에서 하중 불균등이 생기면 이를 조정한다.

2) 일정한 방향성

킹핀 경사각의 각도는 차체가 전방으로 똑바로 주행하는 힘을 공급하기 위한 설계이다. 이때 현가 장치의 스핀들이 회전하는데 하단 아크 내에서 회전하기 때문에 안정되게 일정한 방향으로 진행한다(그림 9-5, 그림 9-6 참조).

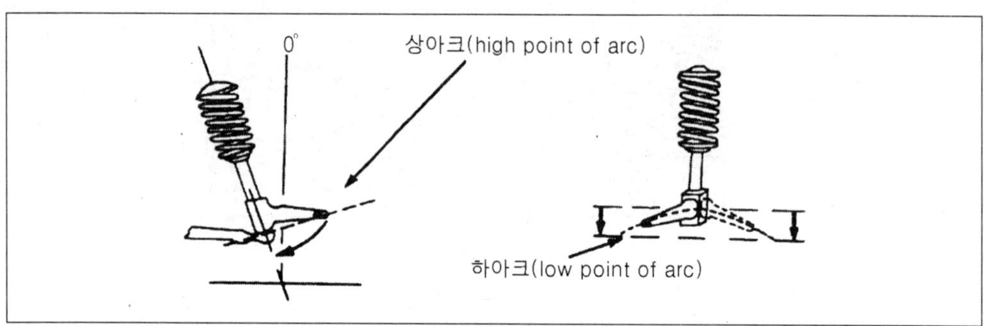

그림 9-5 전면도와 측면도

바퀴가 똑바른 위치에 있을 때, 스핀들은 상아크 포인트에서 회전한다.

휠이 왼쪽이나 오른쪽으로 돌려져 있으면 이때 스핀들은 하단 아크 포인트에서 회전을 한다. 휠은 노면과 접촉을 하여 더이상 내릴 수가 없다 그래서 차체가 회전을 할 때는 스핀들의 회전 하단 아크선에서 회전하여 실질적으로 차체를 올리는 역할을 한다.

현가 장치에 반하여 차체의 무게는 스핀들을 상단 아크포인트로 위치하게 하여 차가 곧바로 가게 된다. 이 간단한 작동은 회전이후 차가 직진을 할 때 스핀들이 상단으로 원복하여 일정한 방향성을 유지한다. 킹핀 경사각이 크면 클수록 차체의 무게가 무거우면 무거울수록 이런 방향성의 조절력은 강해진다. 이 사항은 다음에 언급하도록 하자.

3) 하중 계획

차체의 하중 계획은 조향축을 통해 노면으로 전달하는 하중의 분포 계획이다. 노면의 하중 계획 지점은 또한 휠 피봇 지점인데 이는 회전시 노면에 접하는 타이어의 지점이다.

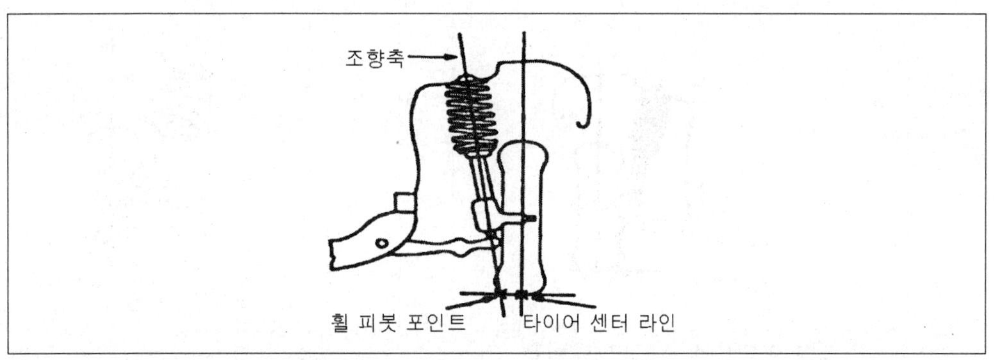

그림 9-6

4) 스크러브 반경

하중 계획은 스크러브 반경과 관계가 있는데, 스크러브 반경이란 하중 계획 지점간의 거리이다. 만약 조향축과 노면의 투과 지점이 타이어 센터 라인 내부라면 이는 (+) 스크러브 반경이다(그림 9-7 참조). 또한 타이어 센터 라인 바깥쪽으로 투과되면 이는 (+) 스크러브 반경이다(그림 9-8 참조).

만일 타이어 센터 라인과 동일하면 (−) 스크러브 반경이다.

주의 : 스크러브 반경은 각도가 아니다 이것은 노면에서 조향축과 바퀴의 센터 라인 사이의 거리이다. 평균적인 후륜 구동의 설계는 킹핀 경사각이 7~8° 정도이다. 이 킹핀 경사각이 좋은 방향성을 유지하는데 이 설계는 항상 (+) 스크러브 반경을 유지하도록 되어 있다(그림 9-9 참조).

그러나 전륜 구동은 상황이 다르다. 그래서 킹핀 경사각을 다시 조절해야 한다.

이 경우 킹핀 경사각은 타이어 센터 라인과 일치하는, 즉 (0) 스크러브 반경을 이루어야 한다(그림 9-10 참조).

당연히 킹핀 경사각이 증가한다(약 13°~15°). 그래서 하중 계획점이 좀더 밖으로 쏠리고 바퀴의 센터 라인이 안쪽으로 쏠리게 하여 (0) 스크러브 반경이 생기는 것이다. 하지만 보통 스크러브 반경은 미세하게 (+)이거나 (−)인 것이 일반적이다. 특수한 자동차일수록 더더욱 그러하다. 그 외에 정확한 스크러브 반경의 고려 없이는 통상적으로 스크러브 반경은 (0) 상태이어야 한다. 주된 이유는 축방향에서 주행시 좌, 우측으로 쏠리는 것을 방지하기 위해서이다.

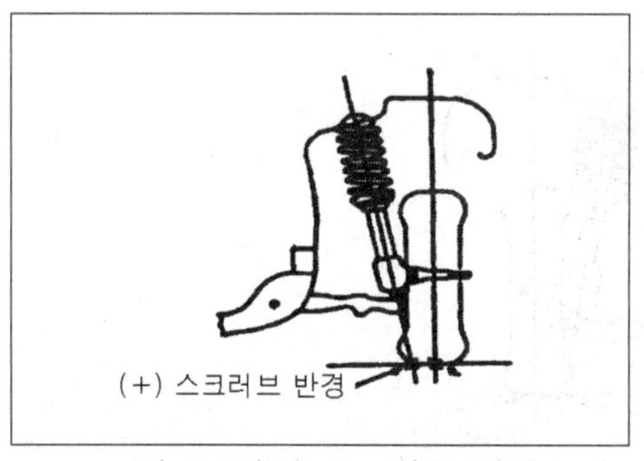

그림 9-7 (+) 스크러브 반경

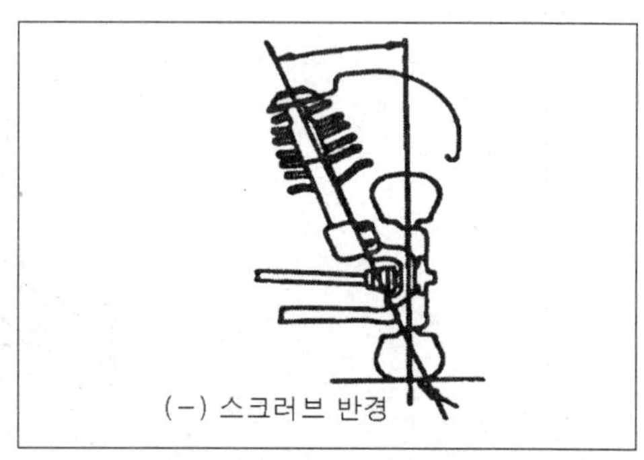

그림 9-8 (−) 스크러브 반경

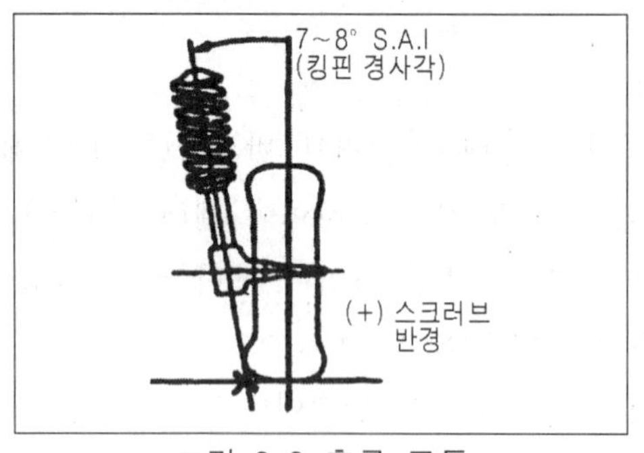

그림 9-9 후륜 구동

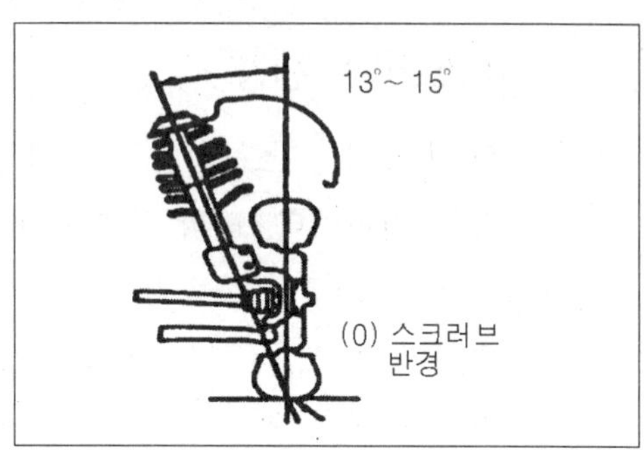

그림 9-10 전륜 구동

주의 : 킹핀 경사각의 차이가 (0) 스크러브를 못맞출 때는 가속 및 제동시에 옆으로 쏠리는 경우가 있다. 하지만 일정한 속도 및 별 변동이 없을 때는 문제가 없다. 올바른 킹핀 경사각은 전륜 구동에서 중요한 역할을 한다. 이것은 기본으로 고정되는 각도이며 조절이 불가능하다. 그래서 사고가 나면 근원적 판금에서 조정해야 한다.

9.2.3 캐스터

캐스터는 킹핀 경사각과 같아서 조향축의 위치와 중요한 관계가 있다. 캐스터는 조향축의 위치인데 수직축과의 각도이다. 측면에서 봤을 때 캐스터 각도는 조향축의 상단부가 수직축 뒤에 있을 때 (+)이다. 조향축의 상단부가 수직축 앞에 있을 때 (−)이다. 만약 조향축의 상단부가 수직축과 일치하면 캐스터 각은 (0)이다(그림 9-11 참조).

a. 하중 계획에 의해(트레일링) 효과가 발생된다.
b. 스핀들 아크의 회전 효과 때문이다.

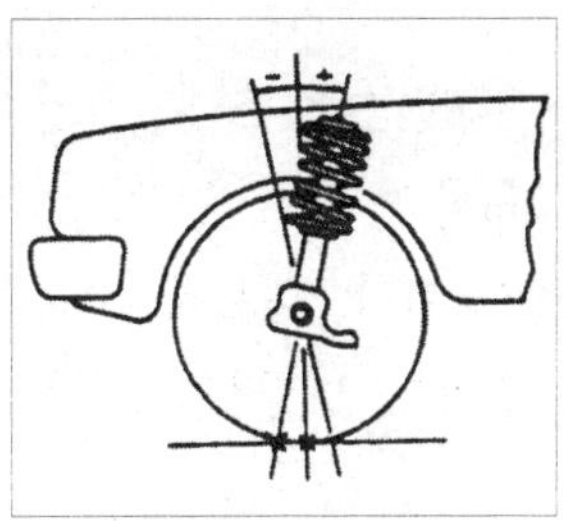

그림 9-11

1) 트레일링 효과

캐스터 조향축의 피봇 포인트의 위치에 의해 트레일링 효과가 일어난다. 이 트레일링 효과란 유지에는 관계없이 하중 계획 지점에 의해 휠을 미는 역할을 한다. 이는 그림 9-12의 쇼핑 마차의 캐스터를 보면 알 수 있다. 방향에 관계없이 카트를 밀면 바퀴는 항상 적절히 따라온다. 이러한 트레일링 효과는 조향축에서 쉽게 비교할 수 있다. 그림 9-13을 보는 것같이 자전거 휠을 볼 수가 있다.

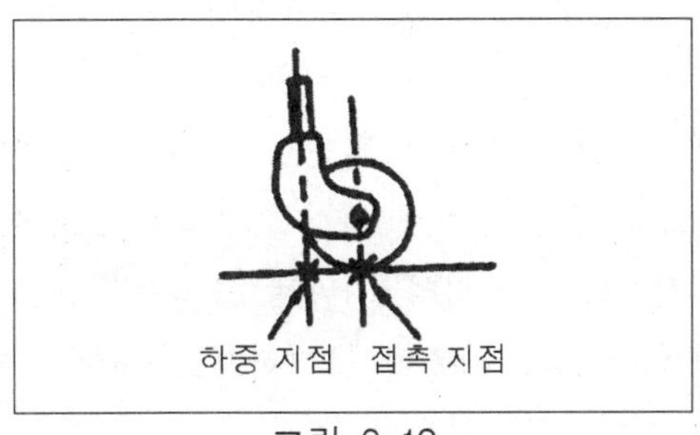

그림 9-12

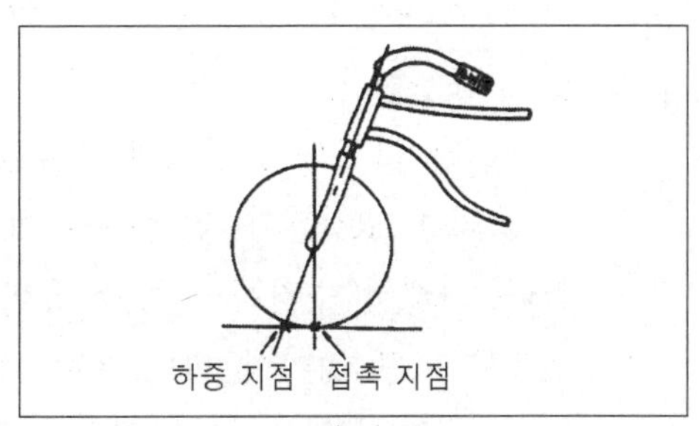

그림 9-13

조향축이 뒤로 기울어졌는데 이때 (+) 캐스터 각도라 할 수 있다. 이것은 자전거가 전방으로 곧게 가는 기능을 부여한다.

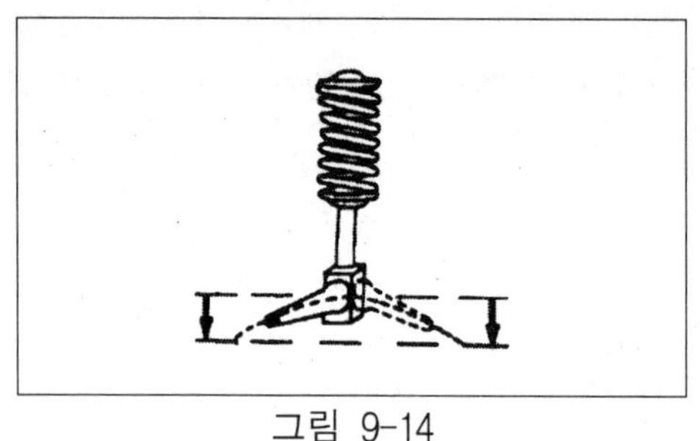

그림 9-14

그림 9-15

만약 적절한 균형이 유지되면 손을 놓고 자전거를 탈 수가 있다.이것은 자동차 조향 장치(그림 9-15)에 적용되는 것과 같은 이치이다. 보통 자동차는 약 (+)15°의 캐스터가 일상적 캠버 수치이다. 대부분 자동차 현가 장치는 (+) 캐스터가 되어 있다. 그래서 트레이닝 효과는 방향성 유지를 증가시키기 위해서 조향 장치에 응용된다.

2) 회전 효과

킹핀 경사각은 핸들 원복 효과

이 전면 바퀴의 반대급부 효과는 일정한 방향을 이루게 되는 것이다. 그런고로 킹핀 경사각과 캐스터는 좋은 핸들링 특성을 가지는 것이다.

이 두 개의 캐스터와 킹핀 경사각의 효과는 차체 무게에도 좌우된다. 무거운 차일수록, 킹핀 경사각과 캐스터의 효과가 많다. 많은 가벼운 차(전륜 구동)는 캐스터의 효과가 감소한다. 그래서 전륜 구동 차량은 킹핀 경사각도가 큰 경향이 있다. 캐스터가 하나의 중요한 요인임에도 불구하고 킹핀 경사각이 조향성의 조절을 많이 좌우한다.

캐스터 각도는 조향축의 피보트 포인트가 전면이나 후면으로 기울어져 있는 특성에 의해 조절된다. 많은 차량이 스트럿 현가 장치를 써서 캐스터의 조절이 필요없다. 그래서 수리하는 동안 올바른 캐스터를 유지하기 위해 조향축의 피보트 포인트를 바로 잡아야 한다. 많은 차량의 캐스터가 조절 불가함으로 올바른 캐스트는 조향축 피보트 포인트의 올바른 수정에 의해 이루어진다.

주의 : 만일 캐스터가 프론트 휠에서 서로서로 다르다면 직진 주행에서 옆으로 쏠린다. 캐스터는 타이어가 닿는 각도가 아니다. 때때로 조절 가능한 캐스터의 차량이 있는데 우측 바퀴를 노면의 곡면을 고려해 조금씩 더 조절해 준다.

9.2.4 캠버

캠버는 전면에서 봤을 때 바퀴의 상단이 좌측이냐 우측이냐를 규정하는 각도이다. 즉 지면의 수직선과 바퀴의 중심선과의 각도가 예각인가, 둔각인가를 규정하는 것이다. 그래서 (−) 캠버는 예각인 상태(바퀴의 상단이 좌측인 상태)이며 (+) 캠버는 둔각인 상태(바퀴의 상단이 우측인 상태)이다(그림 9-16 참조). (0) 캠버는 각도가 0인 상태(바퀴의 상단이 수직선과 동일)이다.

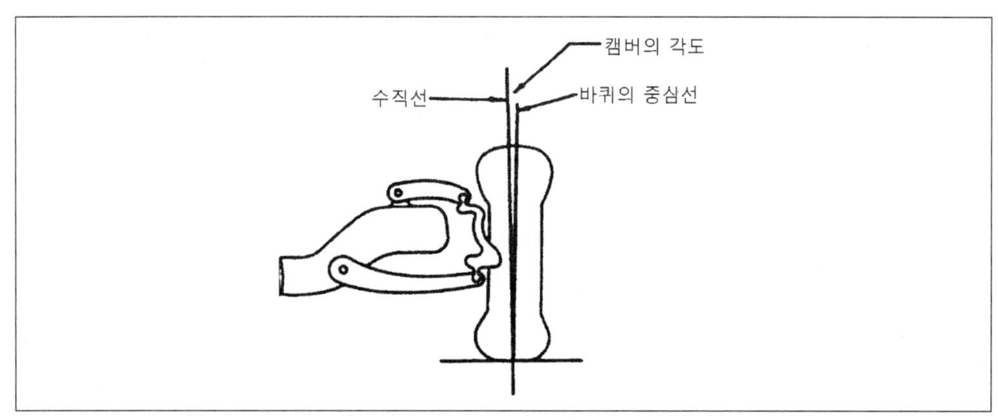

그림 9-16

캠버의 기본 기능은 노면과 타이어를 가장 접촉 면적이 많게 하는 것이다. 노면 접촉이 클수록 타이어의 최적 상태 유지를 해주어서 모든 주행 조건을(증속, 제동, 직진) 원활히 해주는 것이다. 사실 노면과 캠버의 각도가 (0)이면 접촉면적이 제일 넓게 될 것이다. 그러나 실질적으로 기본 수치가(+1°)정도로 지정하는 이유는 현가 장치의 마모가 있거나 현가 장치의 유격을 보충 해주기 위해서이다.

올바르지 못한 캠버는 타이어의 편마모 및 마모 주행시 측면으로 쏠린다.

그림 9-17은 (+) 캠버 상태를 과장되게 그려 놓았는데 회전시 내측 귀퉁이의 반경은 외측 귀퉁이의 반경보다 일반적으로 큰 경향이 있다. 이때 반경이 적은 쪽으로 쏠리는 힘이 형성된다. 이 측방향의 쏠림은 운전자가 다시 직진을 함으로써

없어진다. 이 직진 도로를 따라가면서 타이어 외측의 적은 반경 때문에 외측 모서리에 닿는 타이어의 면적은 적다. 물론 양쪽 모서리의 접촉 면적을 똑같게 할 수가 없어서 바깥 모서리는 접촉이 안쪽 모서리에 비해 지속적이다. 이러한 이유로 과도한 캠버는 (+)이든(−)이든 타이어를 닳게 만든다.

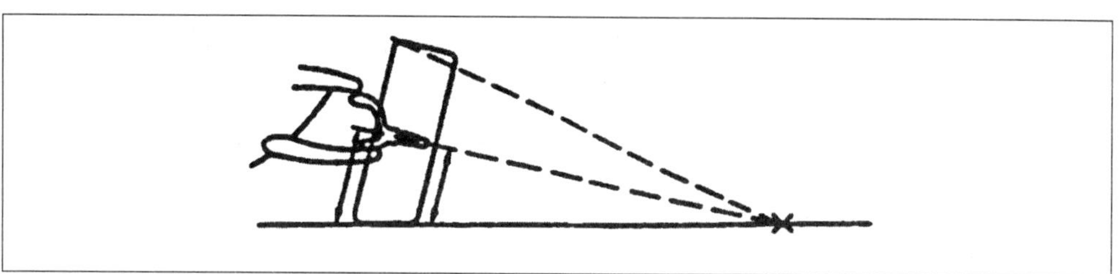

그림 9-17

캠버는 대부분 차체에서 조절 가능하다. 그러나 프레임 교정 작업이 잘못되면 한계점이 있다. 반드시 판금 작업할 때 한계 오차 내에 (0) 캐스트에 근접하게 작업을 한다.

그 다음 범위 내에서 (+)캠버로 조절한다.

주의 : 부적절한 캠버는 쏠림 및 타이어 편마모를 불러일으킨다. 원칙적인 캠버는 (0°)이어야 한다.

9.2.5 토우

토우는 앞바퀴의 직진 조향에 중요한 역할을 한다. 그래서 토우는 직선측정으로 인치 및 밀리 단위를 쓴다.

토우는 타이어의 중심과 중심간의 거리이며 전방 타이어의 간격이 좁으면 "토우 인"이며 뒷면의 간격이 좁으면 "토우 아웃"이다(그림 9-18 참조).

이론적으로, 바퀴는 전방으로 똑바로 놓여져야 직진을 할 것이다. 그러나 조향 링크의 느슨함 등이 주행중 약간 타이어가 멀어진다. 많은 전륜 구동 차량은 약간 토우 아웃 상태로 있으며 조향 링크의 유격이 조금씩 토우 인 상태로 만든다.

부적절한 토우는 과도한 타이어의 마모가 형성되는데 과도한 토우 인은 타이어 바깥 모서리의 과도한 마모를 형성시키고 과도한 토우 아웃은 타이어 안쪽 모서리의 과도한 편마모를 형성시킨다.

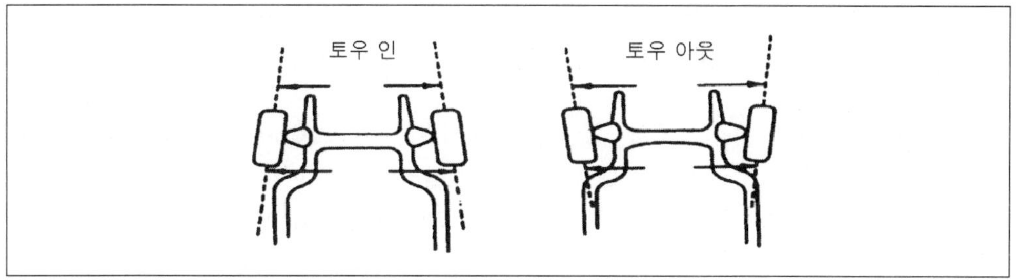

그림 9-18

주의 : 토우는 방향성 및 핸들링과는 관계 없지만 만일, 과도한 토우 아웃이 되면 차를 떨게 한다. 토우인은 그림에서 볼 수 있듯이 차체의 수리와 직접 관계가 있다.

9.2.6 회전 반경각

회전 반경각은 조향 각도인데 회전시 각 바퀴의 회전량을 이야기하는 것이다. 앞바퀴가 회전하는 동안 앞바퀴는 토우 인 상태가 되어야 한다. 하지만 실질적으로는 회전시 약간의 토우 아웃과 같은 상태가 된다.

그림 9-19는 회전시 규격 수치만큼 회전을 한다는 것을 이야기한다. 그래서 차체는 출발점에서 완벽한 원을 그릴 것이다. 각 바퀴의 회전선들은 틀리지만 중심은 동일하다. 이것이 회전 반경각의 개념이다.

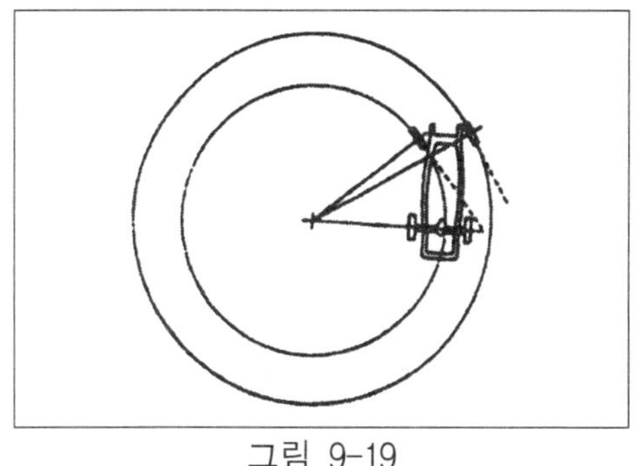

그림 9-19

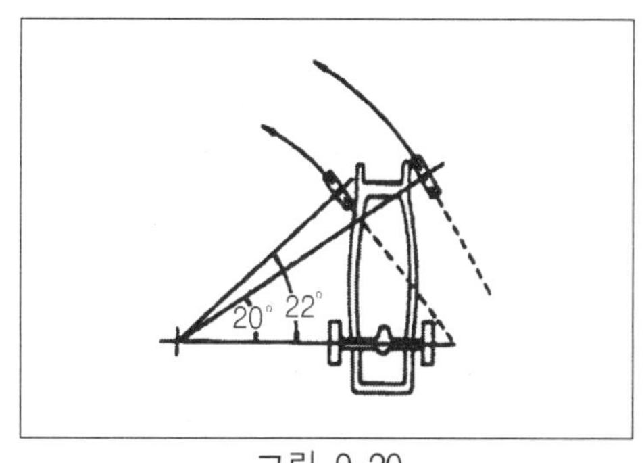

그림 9-20

그림 9-20은 그림 9-19를 확대해서 본 것인데 뒷바퀴의 회전 선과 일치할 것이다. 이 예에서 앞바퀴의 왼쪽 면은 22°이고 앞바퀴 우측 반경은 좀 더 길다. 만약 회전 반경 각이 차이가 없다면 옆으로 밀리는 경향이 있을 것이다.

이 때 타이어의 조기 마모가 형성될 것이다. 회전 반경 각이 틀리면 타이어의 마모는 토우가 맞지 않을 때와 유사한 형태의 타이어 마모가 형성될 것이다.

주의 : 회전 반경은 조정 불가능한 각도이다. 바퀴의 올바른 위치와 조향 링크의 위치는 프레임 수리를 할 때 정확히 해야 올바른 회전 반경 각을 유지할 수 있다. 휘거나 파손된 조향 요소들로는 회전 반경각이 옳게 되지 않는다.

회전 반경각의 효과는 소형 차량에는 큰 영향이 없다. 좁은 차량은 앞바퀴의 간격이 별로 넓지 않아서 회전시 회전 반경각이 적다. 이 경우 타이어가 닳는 효과는 차체가 가벼울수록 감소한다.

9.3 현가 장치

9.3.1 기본적인 현가 장치의 설계

현가 장치 설계에 있어서는 많은 것이 있는데, 각 설계는 규칙적인 수치가 있으며, 어떤 설계들은 경량 차량에 좋고, 어떤 차량은 무거운 트럭에 알맞고, 어떤 것은 대형 승용차 및 경트럭에 맞는 것이 있다. 또한 레이스카나 특수 차량, 상업용 차량에 맞는 매우 특수한 현가 장치가 있다. 이 장에서는 네 가지의 주요 유형이 있는데 아래와 같다.

1) 일체형 차축(straight axle)
2) "I"빔형(twin I-beam)
3) 컨트롤 암(control arm)
4) 스트럿-타입(strut type)

위와 같은 현가 장치 타입에서 일체형 차축을 제외하고 나머지는 독립 현가 장치이다.

9.3.2 일체형 차축

이 설계는 일체실 한개로 되어 있는 엑셀로서 차체 폭이 엑셀 폭과 같다. 스핀들이 킹핀 및 볼 조인트에 직접 연결되어 있다.

판 스프링 혹은 코일 스프링으로 연결되어 있다.

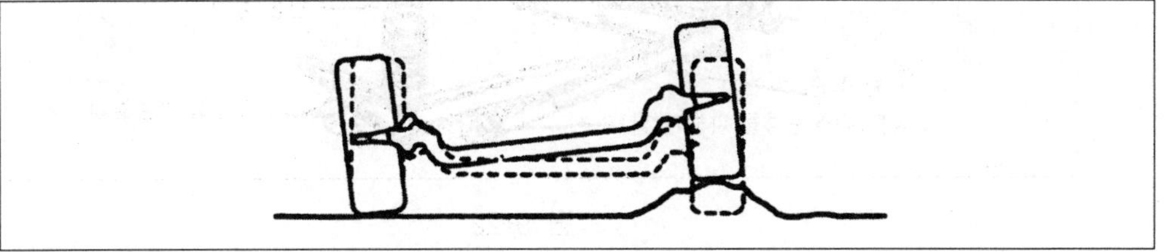

그림 9-21

이 현가 장치의 장점은 강도가 강한 것이다. 이러한 이유로 이 차체가 굉장히 무거워 산업용 대형 트럭에 사용된다. 이 현가 장치의 단점은 아래 두 가지이다.

a. 승차감이 매우 딱딱하다.
b. 거치 노면에서 캠버 체인지로 타이어의 마모가 심하다.

그림 9-21에서 타이어 한 면만 요철 위로 지나가는데도 캠버 체인지가 심하다. 또한 다른 바퀴는 지나친 (+) 캠버로 타이어가 빨리 닳는다.

요철위로 가는 바퀴는 지나친 (−) 캠버로 타이어 안쪽이 닳는다. 무거운 트럭을 위하여 만든 현가 장치인데 때로는 4륜 구동의 경트럭에도 많다.

결론적으로 일체형 차축(straight axle)은 대형 트럭의 현가 장치를 위해서 만들어졌다. 그래서 독립 현가 장치보다 타이어가 빨리 닳는다.

9.3.3 I 빔 형태

I 빔 형태는 포트, 경트럭에 많이 볼 수 있는데 일체형 차축의 장점인 로드 베어링(load bearing)과 독립 현가 장치(independent suspension system)의 장점을 혼합한 것이다.

I 빔 형태의 설계는 두 개의 솔리드 빔(일자 빔)으로 이루어져서 스핀들 어셈블리가 엑셀의 바퀴 끝에 접촉되어 있고 킹핀 장치가 연결되어 있다. 엑셀은 차체 밑에 통과하게 되어 있고 피보트와 함께 반대편 구조에 붙어 있다(그림 9-22 참조).

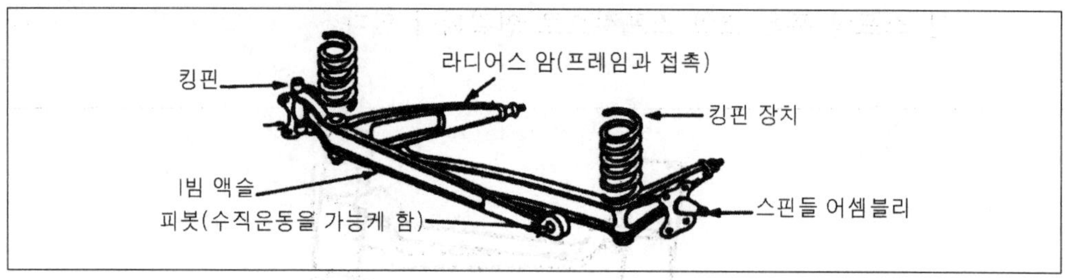

그림 9-22

이것은 각 바퀴가 독립적인 운동을 하여 두 개의 바퀴 사이는 아무런 연결이 없다. 각 휠은 다른 휠과의 영향을 전혀 미치지 않는다. 무거운 하중을 견디는 강도와 부드러운 승차감을 동시에 가지고 있다.

현가 장치의 수직 유격이 일정한 캠버를 유지시킨다.

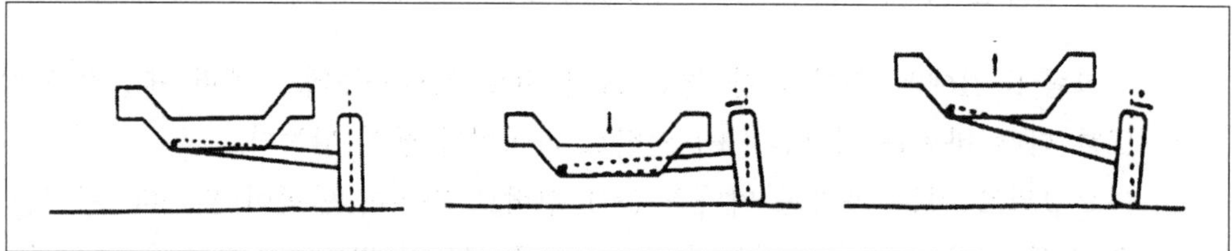

그림 9-23

I 빔 현가 장치를 수리할 때는 빔의 끝에 부착된 크로스 멤버 지역이 파손된 상태를 반드시 파악해야 한다. 라디어스 암의 브라케트와 프레임의 접촉이 있는데 이때 파손을 견디는 역할을 한다. 하지만 때때로 수리하거나 교환하여야 한다. 이 설계에서 캠버를 점검할 때는 주행 높이가 고려되어야 한다. 그리고 스프링이 약해지면 주행 높이가 낮아져서 (−) 캠버를 유발시킨다.

주행 높이는 프레임 레일의 하단으로부터 엑셀의 상층까지 측정한다. 만약 주행 높이가 너무 낮으면 트럭은 (−) 캠버의 상태가 심각해진다. 이 결과 타이어가 안쪽 귀퉁이의 조기 마모가 예상된다.

9.3.4 컨트롤 암 현가 장치

컨트롤 암 현가 장치는 매우 일반적인 것이며 독립 현가 장치라서 상대적으로 강하고 믿을 만하다. 승차 감이 좋은 편이며 경트럭이나 대형 승용차에도 많이 쓰인다. 컨트롤 암 현가 장치는 롱암(긴 팔), 숏암(짧은 팔) 현가 장치로 불려지기도 한다.

이는 이 설계의 주된 특성인데 주행중 숏암이 상단부, 롱암이 하단부에 있어서 바퀴의 캠버를 조절해 준다(그림 9-24 참조).

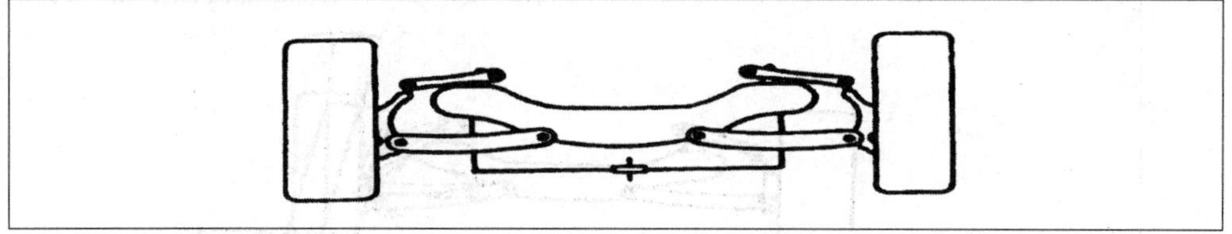

그림 9-24

이러한 길고 짧은 암이 타이어의 마모를 조정해 주는 이유로 많이 보급이 되어 있다. 만약 두 개의 암이 평행하거나 서로의 길이가 같다면 일정한 캠버가 유지되고 노면이 불규칙할 때 캠버 조절이 불가능해져서 타이어의 마모가 심해진다.

두 개의 숏암, 롱암이 상단부에 붙어서 타이어의 노면 굴곡에 따라 조절을 해줌으로 캠버 체인지를 적게 해주고 그래서 타이어 마모 효과가 극소화된다. 그림 9-25는 차량에 적재 하중시 불규칙 노면에서 컨트롤 암 현가 장치의 작동을 볼 수 있다.

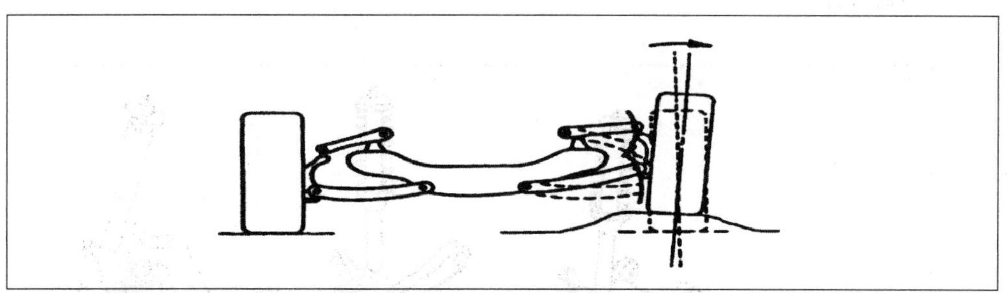

그림 9-25

하단 암이 움직여 주어서 옆으로 쏠리는 현상을 방지하고 상단 암은 타이어 상단 방향으로 움직여서 이때 (+) 캠버가 증가한다. 요철면의 주행은 타이어 마모가 많이 된다. 이때마다 약간의 캠버 체인지 및 측면 이동이 필요하다.

그림 9-26은 현가 장치의 다른 면을 보여 준다. 이 때는 웅덩이가 파져 있을

때인데 적재 하중시의 캠버 체인지를 주시하라. 이때는 (−) 캠버 상태이다. 다시 한번 하단 바의 측면 이동으로 옆으로 미끄러짐을 방지한다. 이때는 타이어가 웅덩이에 빠진 상태이므로 바퀴 자체의 마모는 심각하지 않아서 (−) 캠버가 문제되지 않는다.

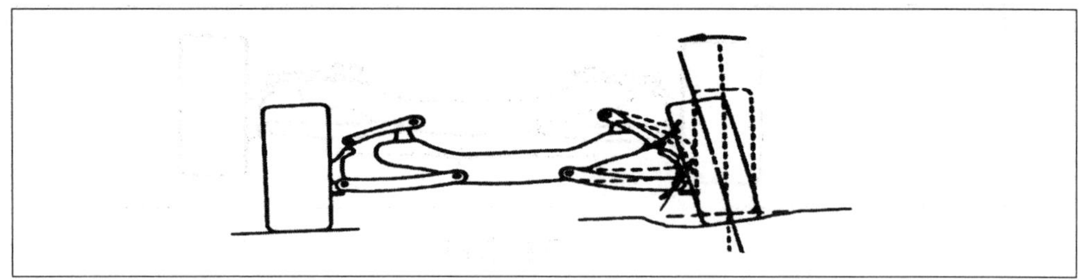

그림 9-26

9.4.5 스트럿 현가 장치(strut tower suspension)

스트럿 현가 장치는 또 다른 독립 현가 장치의 한 분야로써 때때로 '맥퍼슨 스트럿 타워'라고 부른다. 통상 소형 승용차에 사용되는데 이 설계의 장점은 많은 공간을 축소하고 중량(weight)을 감소시킨다. 킹핀 경사각이 조향 요소로 중요하게 작용하는데 장점은 핸들링이 좋다. 그림 9-27은 스트럿 현가 장치의 몇몇 다른 형태이다.

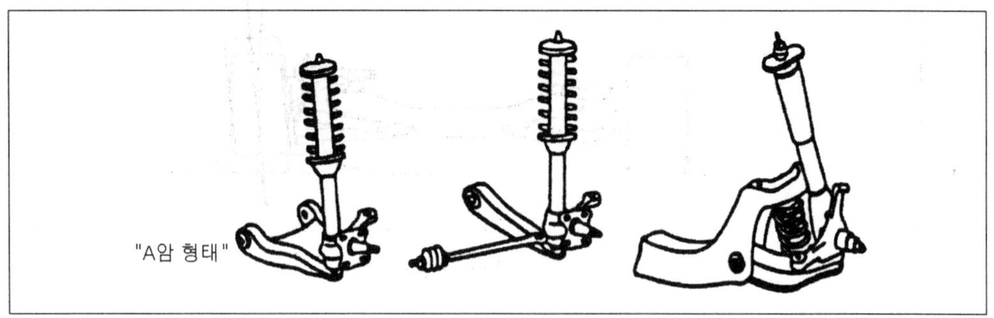

그림 9-27 스트럿 현가 장치

좌측 첫 번째 그림은 'A' 암 형태의 하단 컨트롤로 두 개의 접촉 부분이 있다. 두 번째는 하단 컨트롤 암에 1개의 접촉 포인트가 있는 형태인데 이 하단 컨트롤 암의 전면 위치를 조정하는 것은 어떤 라이어스 로드에 있는 것이다. 첫 번째, 두 번째 그림은 스트럿 타워의 상층부에 접촉하는 것이다. 두 가지는 주된 원리가 있는데 '코일 오버'(coil over) 스타일이라고 한다. 스프링이 타워 상층부와 접촉해 있기 때문이다. 그래서 '메인로드 베어링'이 스트럿 타워 상층부에 있다. 세 번째 그림은 교정된 맥퍼슨 스트럿 타워이다. 물론 '코일 오버'가 아니라 스프링은 크로스 멤버와 컨트롤 암 사이에 있다. 스트럿이 간단히 조향의 위치를 조절한다.

스트럿 현가 장치는 캠버 체인지의 기복이 심하지 않다. 그리고 스트럿 타입이 무게가 가벼워 대부분 측면 쏠림이 생기기도 하는데 현가 장치에 무게가 실리지 않기 때문이다.

스트럿 현가 장치의 목적하는 기능은 위 아래로 유격이 가능하다는 것이다. 조향축의 상단 피보트 포인트는 고정된 상태이고 하단 피보트 포인트는 컨트롤 암 볼 조인트가 아크에서 움직인다.

현가 장치가 무적재에서 적재된 상태로 옮겨질 때 컨트롤 암은 아크의 바깥 쪽 근처에서 상하로 움직인다. 그래서 캠버 체인지가 없다. 그리고 측면 쏠림이 형성된다. 현가 장치가 비하중일 때, 하단 컨트롤 암이 조향축 하단 피보트 포인트에서 차체의 중앙으로 옮겨간다. 이것이 타이어를 닳는 효과를 줄인다(그림 9-28 참조).

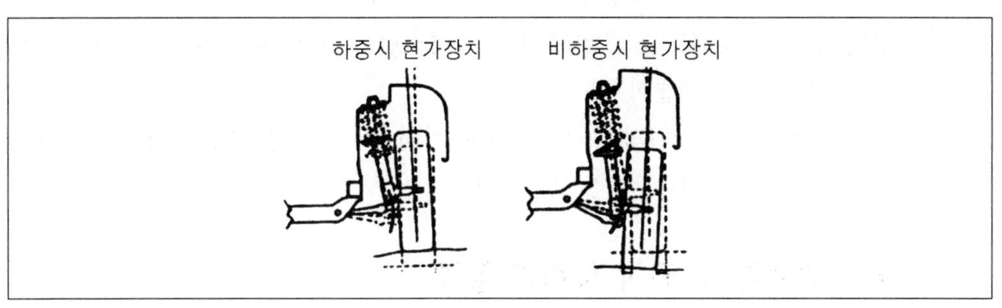

그림 9-28

대부분 스트럿은 캠버를 조정하게 되어 있는데 이 캠버에 이상이 있으면 킹핀 경사각에도 이상이 있다. 만일 킹핀 경사각이 올바르고 캠버가 올바르지 않다면 스트럿이 휘고 다른 연관된 파트가 비슷하게 휠 것이다.

캠버를 조절함으로써 휘어진 부분을 조금은 보강할 수 있다(그림 9-29 참조)

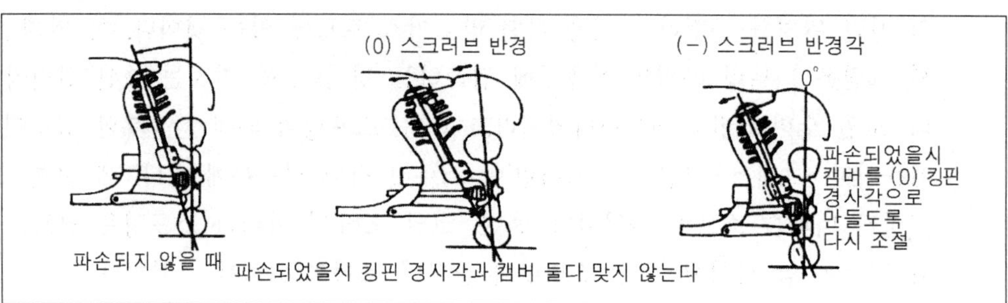

그림 9-29

9.4 전면 현가 장치의 점검

전면 현가 장치가 설계된 데로 기능을 부여하기 위해서, 현가 장치가 구조체에 접촉한 지점을 반드시 적정한 위치로 조정해야 한다. 이들 현가 장치의 접촉 지점을 때때로 컨트롤 포인트라고 부른다. 이 컨트롤 포인트는 킹핀 경사각, 캐스터, 캠버를 결정할 뿐 아니라 올바른 토우와 조향 반경 각을 교정할 올바른 조향 링크의 기능을 결정한다. 간단히 말해서, 현가 장치 컨트롤 포인트의 위치는 현가 장치의 올바른 기능과 조향에 있어서 중요하다.

한번 컨트롤 포인트를 올바르게 위치시키면 마모된 부품이나 파손된 부품에 의한 기능상 문제도 해결이 될 것이다.

이 장에서 현가 장치의 규격에 대한 점검 및 학습을 함으로써 현가 장치와 관련된 문제를 결정 지을 수 있을 것이다.

9.4.1 컨트롤 암 현가 장치의 점검

제일 먼저 점검해야 할 사항은 크로스 멤버의 넓이다(그림 9-30 참조).

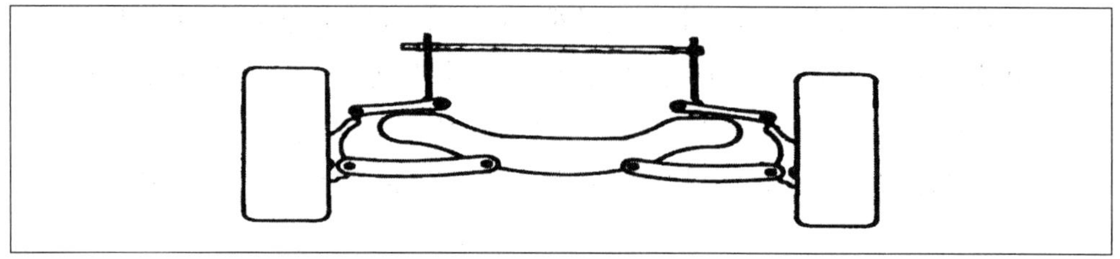

그림 9-30

이 측정치는, 트램 측정을 하는 것인데, 데이터 북의 수치를 보고 올바른 캠버를 조절할 수 있도록 휠의 수치를 확립한다.

올바른 캐스터의 허용 유격을 확보하기 위해, 하단 컨트롤 암의 볼 조인트 측면을 중심선의 기점으로 좌우 대칭이 되야 한다(그림 9-31 참조). 이것은 측면 쏠림 작용을 막기 위해서 양 앞바퀴의 서로 다른 캐스터를 조절해 주어야 한다.

크로스 멤버 지역에서(cross member area) 또한 수정이 이루어져야 한다. 그래야 현가 장치의 부하 하중 분포를 균등히 할 수 있다.

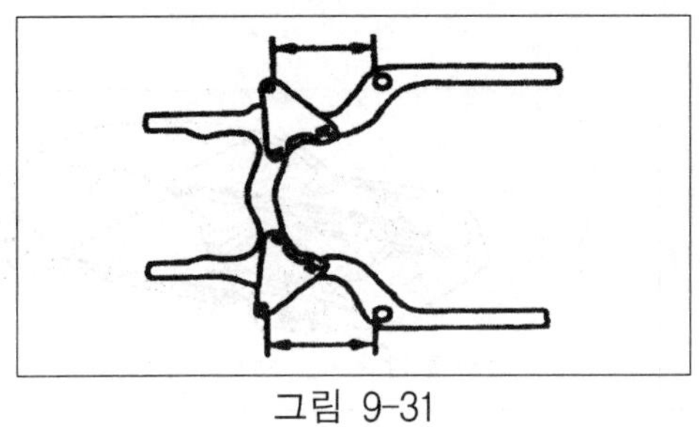
그림 9-31

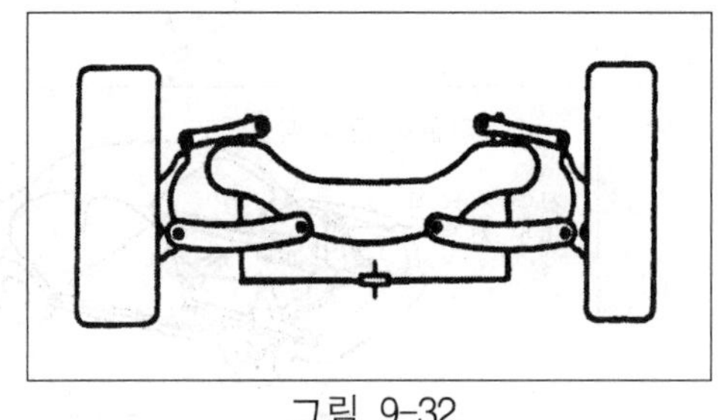
그림 9-32

9.4.2 스트럿 현가 장치의 점검

스트럿 현가 장치는 차체 상층 구조의 중요한 곳이어서 신중히 점검해 주어야 한다. 그래서 먼저 스트럿 타워의 넓이를 점검해야 한다. 이때 데이터 북의 수치를 수평 바에 포인트를 장입해야 한다.

나머지 게이지가 조립되면서 스트럿 타워는 수평 상태를 파악할 수 있다. 그래서 하중이 고루 분포되는 상태로 확보할 수 있다.

스트럿 타워의 센터 라인이 나머지 센터링 게이지의 센터라인과 일치해야 올바른 킹핀 경사각과 캠버를 확보할 수 있다.

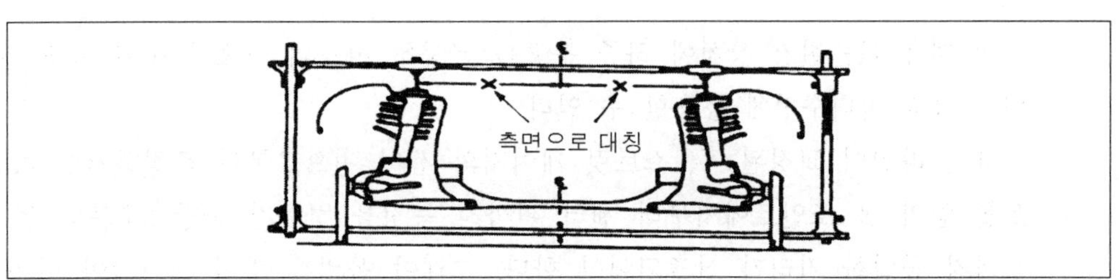

그림 9-33

스트럿 타워는 최종 수치 점검을 해 주어야 하는데 먼저 측면으로 대칭이 되어야 하겠고(비대칭형 차량 제외) 그러기 위해 하단 볼 조인트의 위치 및 수치를 확인해야 하고, 캐스터를 조절하고 상단 스트럿 피보트 지점의 위치를 카울탑 판넬의 한 지점과 비교해서 둘다 일치해야 한다(그림 9-34 참조).

상단 스트럿의 데이터 수치가 완벽히 맞게 조정되면, 하단 컨트롤 암 위치는 자동적으로 맞는다. 컨트롤 암 현가 장치의 위치가 올바르게 되면서 캠버, 캐스터가 결과적으로 맞게 된다. 그림 9-35처럼 캐스터를 맞추기 위해 필요한 각 곳의 측정치가 같아야 한다.

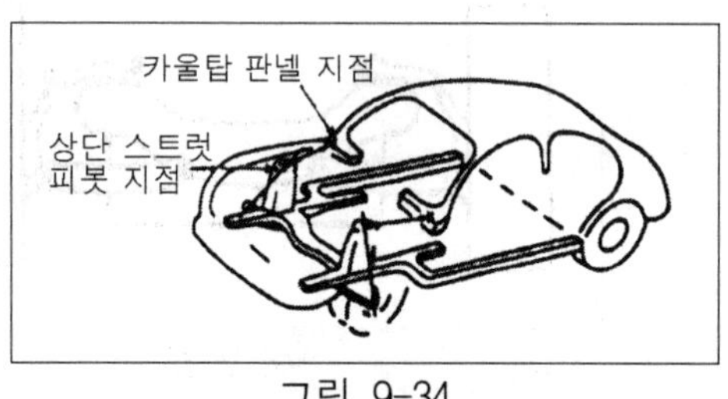

그림 9-34 그림 9-35

현가 장치 부위도 센터라인이 맞아야 한다.

지금 그림에서 센터 라인 정열 상태를 볼 수가 있다(그림 9-36 참조).

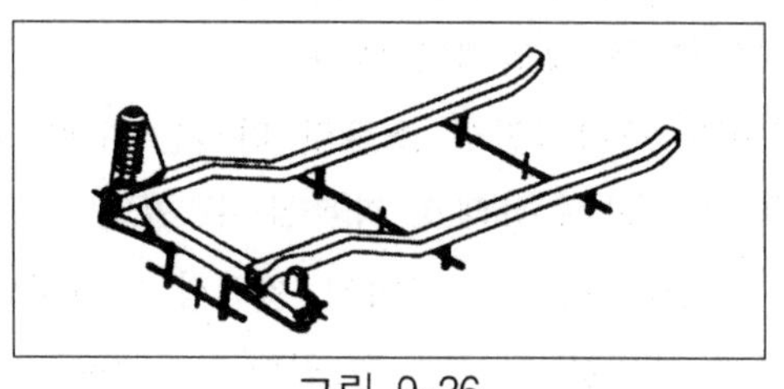

그림 9-36

이 계측기는 현가 장치에 하중 분포를 균등히 하는데 중요한 수평 평형 상태를 바로 알고 바디수정에 응용할 수 있다.

센터 라인이 교정된 후, 스트럿 게이지의 센터 핀으로부터 측정하거나 하단 컨트롤 암의 볼 조인트에서부터 센터 핀까지 측정을 하든지 중앙으로부터 볼 조인트까지 동일한 거리가 산출되어야 한다. 그래야 올바른 킹핀 경사각이 나온다(그림 9-37 참조).

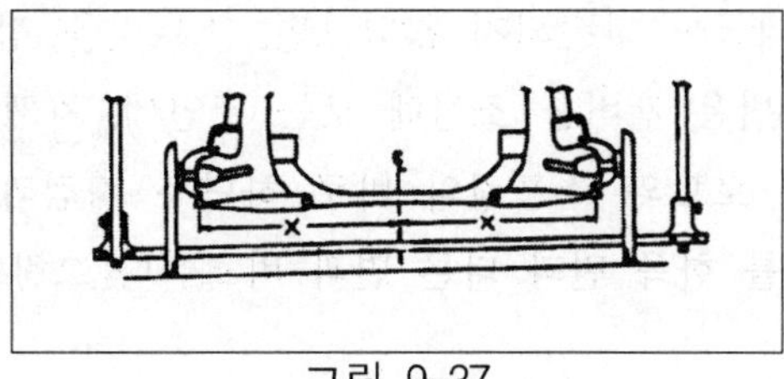

그림 9-37

아래의 그림은 현가 장치 점검의 중요성을 재삼 강조한 것이다. 스트럿 현가 장치의 차량은 스트럿 타워가 올바르게 위치되었을 때는 만약 센터 라인이 1/4인치 측면 이격이 있다면 캠버가 각 바퀴에서 1/2인치 씩 차이가 난다(그림 9-38 참조).

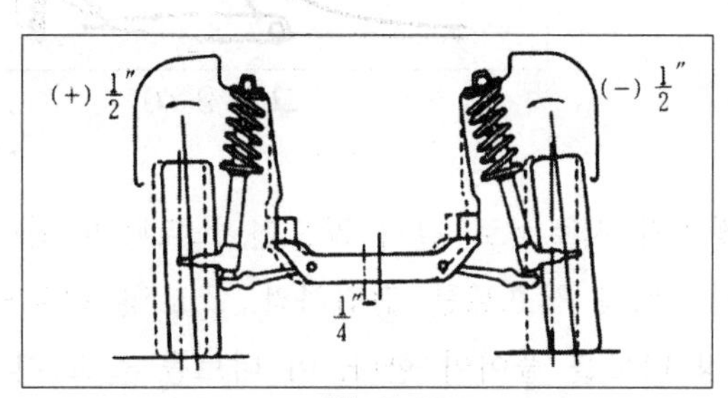

그림 9-38

한 바퀴에서 (−) 캠버가 더 심해지고 다른 바퀴에서 (+) 캠버가 더 심해진다. 그래서 이 때 한 방향으로 측면 쏠림이 형성된다. 만약 킹핀 경사각에서 현가 장치 컨트롤 포인트가 잘 확보됨에도 불구하고 캠버의 변화가 있다면 스트럿이나 조향 너클 어셈블리가 휘었다. 이런 조향 너클의 휨을 점검하기에는 너클과 브레이크 디스커까지 거리를 측정하여 그 반대 면의 측정치와 비교한다. 만약 30mm 이상 차이가 나면 조향 너클이 파손된 것이다(그림 9-39 참조).

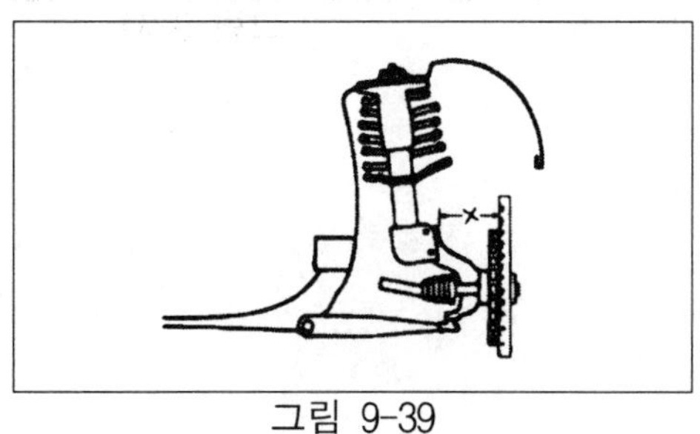

그림 9-39

만약 조향 너클이 파손되지 않았으면, 스트럿을 점검해야 한다. 스트럿이 휘었을 때 점검 방법은 캠버를 조절해 보는 것인데, 차체에서 양쪽 바퀴의 조절이 다 잘되어 있으면 로트와 스프링의 바로 하단부 지점과의 거리를 측정한다. 그리고 이러한 측정치를 한쪽 면과 다른 면과 비교한다(그림 9-40 참조).

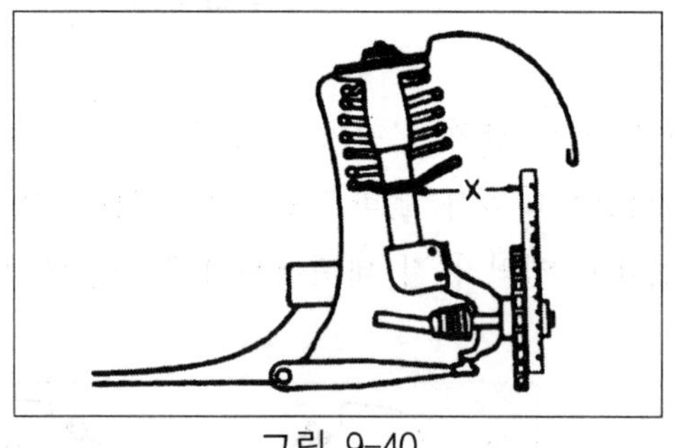

그림 9-40

이 때 측정치가 서로서로 같지 않으면 스트럿의 휨이 형성된 것이다. 측정치가 같지 않으면 스트럿 샤프트를 점검하라. 스트럿 타워의 상층부를 통해서 스트럿 샤프트의 고정 너트를 풀어야 한다. 이 너트를 풀고 샤프트 끝부분을 살며시 돌리면 바퀴가 안팎으로 움직이는데 이 때 샤프트가 휜 것이다.(그림 9-41 참조)

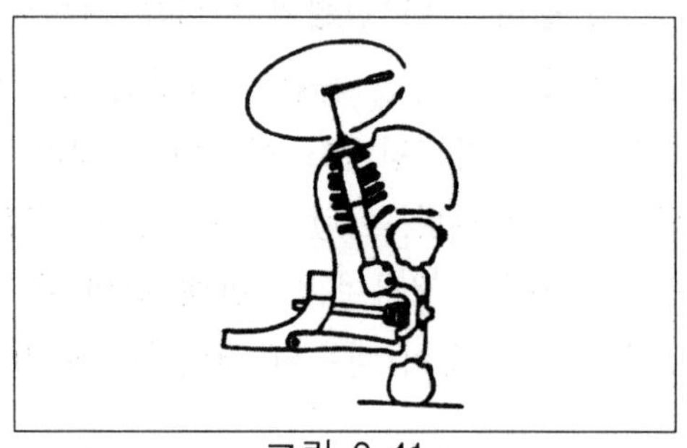
그림 9-41

제 10 장

자동차 도장 개요

제 10 장 자동차 도장 개요

10.1 도장의 개요

10.1.1 자동차 도막의 기능

① 도료 : 물체의 보호, 미관, 표시등을 위하여 물체의 표면을 피복할 목적으로 수지, 안료, 용제, 첨가제 등으로 만들어진 액체 또는 고체의 물질

② 도장 : 액체(또는 고체)의 도료가 경화되어 얇은 도막을 형성하기 위한 작업

10.1.2 도장의 목적

① 녹이나 부식 방지를 위한 보호기능이다. ⇨ 도장 최대의 목적

② 입체적 색채감을 통한 미관을 향상시킨다.

③ 상품의 가치를 향상시킨다.

④ 착색물의 기능, 의미 등을 식별한다

※자동차 보수도장의 목적 : 보호, 색채, 식별

10.1.3 자동차 도막의 기능

① 자동차의 도막은 효능이 서로 다른 도료를 여러 겹의 도막으로 구성되어 있다.

② 하도 : 세정 · 방청 및 부착성을 제공한다.

③ 중도 : 충진 및 부착성을 제공한다.

④ 상도 : 외관의 아름다움 제공한다.

10.1.4 신차/보수차량의 도장 구조

① 신차 도장구조

상 도	아크릭 멜라닌계	크리어	30~50μm
		베이스	18~32μm
중 도	서페이서		30~40μm
하 도	프라이머 전착		18~27μm
	인산아연 피막		3~5μm
철 판			0.8mm

② 보수차 도장구조

상 도	아크릭 우레탄계	크리어	30~50μm
		베이스	18~32μm
중 도	프라이머-서페이서		40~50μm
하 도	(워시프라이머 : 철판 노출시)		5~7μm
	폴리에스테르 퍼티		2mm이하
철 판			0.8mm

10.1.5 상도 도장의 시스템

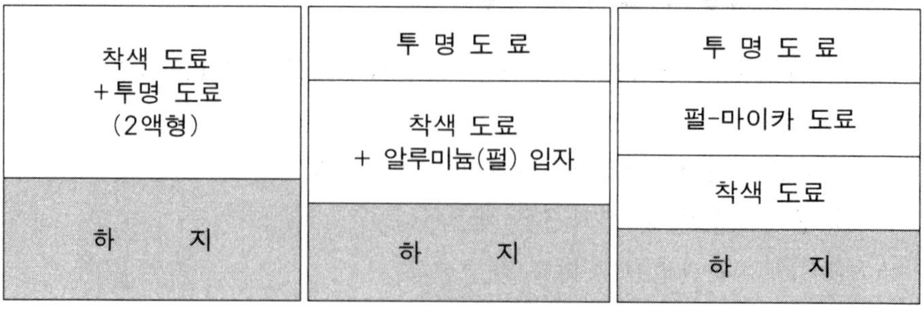

(1) 솔리드 칼라 (1coat-1bake)	(2) 베이스(메탈릭) 칼라 (2coat-1bake)	(3) 펄-마이카 칼라 (3coat-1bake)
착색 도료 +투명 도료 (2액형)	투 명 도 료	투 명 도 료
	착색 도료 + 알루미늄(펄) 입자	펄-마이카 도료
		착색 도료
하 지	하 지	하 지

10.2 도료의 구성

10.2.1 도료의 구성

도 막 형 성 주요소	수 지	- 안료를 균일하게 분산/상태 유지 - 도료의 구조체로 피도면 부착 : 광택, 경도, 내구성 부여 - 도료 성능 결정적 요소
	안 료	- 도막의 색채/은폐력 부여 ⇨ 도료의 목적 결정 - 빛에 의한 전색제 노화 방지 - 무기안료, 유기안료, 착색안료, 체질안료, 방청안료
	첨가제 (부요소)	- 가소제, 건조제, 안정제 - 도료 성능 향상 첨가 - 락카의 가소제 : 도막의 갈라짐 방지
도 막 형 성 조요소	용 제	- 수지를 용해한다. - 도료의 적당한 유동성, 유전성 부여 - 진용제, 조용제, 희석제

10.2.2 수지

1) 수지와 건조 형태 변화

액체도료가 경화되어 도막을 형성하는 공정으로

① 안료 : 분말(powder)로 변하지 않은 채 도막(수지)속에 잔류된다.

② 수지 : 건조 후 고체화된다.

③ 용제 : 공기중으로 증발되어 도막에 잔류하지 않는다.

2) 건조 형태

용제 증발형

① 용제 증발후 도막을 형성한다.

② 수지는 물리적 변화(액체→고체)만 있고 화학적으로 반응하지 않는다.

③ 건조된 도막은 신너에 용해된다.

④ 자동차용 도료 종류

- NC 래커 및 NC 아크릭 래커

- CAB 아크릭 래커

반응 건조형

① 용제 증발후 수지 경화시 화학적 반응에 의해 도막이 건조된다.

② 완전히 건조된 도막은 신너에 쉽게 녹지 않는 강한 도막을 형성한다.

③ 화학적 반응 요소(경화제)는 열, 빛, 물, 화학물질이다.

⇨ 자동차 도장용 경화제 - 열 또는 화학 물질

㉮ 고온 소부형 건조(고온열처리 도료)

㉠ 도장 후 일정 온도(열) 가열시(120~160℃×20~30분) 화학반응으로 망상형 도막을 형성한다.

㉡ 신차 도장에 사용되는 도료

- 소부형 아미노알키드(멜라민계) : 신차의 서페이서 및 솔리드 상도 도장
- 소부형 아크릭(아크릭계) : 신차의 메탈릭 상도도장
- 폴리우레탄 : 신차의 범퍼 도장
- 에폭시 : 신차의 언더코트

㉯ 2액형 건조(자기반응 도료)

㉠ 도장시 경화제라는 첨가제(화학물질)를 투입하여 화학반응으로 망상형 도막을 형성한다.

㉡ 상온에서도 건조가 진행되나 빠른 건조를 위해 가열건조(60~80℃×20~30분)한다.

㉢ 보수도장에 사용되는 도료

- 아크릭 우레탄 래커 : 보수도장의 언더코트와 상도도장
- 아크릭 우레탄(표준형) : 보수도장의 언더코트와 상도도장
- 속건형 아크릭 우레탄(속건형) : 보수도장의 언더코트와 상도도장
- 에폭시 : 보수 도장의 언더 코트

10.2.3 안 료

1) 안료의 종류/용도

① 방청 안료 : 산화 및 부식 방지용 도료에 사용한다(프라이머류, 방청도료).

② 체질 안료 : 요철부분 충진용 도료에 사용한다(퍼티, 서페이서).

③ 착색 안료: 색채나 광택 도료에 사용한다(상도용 도료).

㉠ 무기 안료 : 천연 광물 과 금속을 원료로 한 도료로 색상은 선명하지만 내후성이 약하다.

㉡ 유기안료 : 석유계의 재료에서 합성된 안료로 내후성·은폐력은 우수하나 색채의 선명도가 떨어진다.

㉢ 메탈릭 안료(알루미늄 입자) : 작은 알루미늄을 입자로 한 안료.

㉣ 펄 안료 : 운모의 입자에 산화티탄을 코팅한 안료.

10.2.4 용 제

① 진용제 : 단독으로 수지를 용해한다.

② 조용제 : 다른 용제와 혼합 사용시 수지를 용해한다.

③ 희석제 : 용해력은 없지만 타용제에 영향은 주지 않는다.

10.2.5 하도 도료

1) 프라이머

적용

녹 발생 방지 및 소지, 후속 도료와 부착 증진을 위한 도료이다.

종류

① 워시 프라이머
- 일반적으로 2액형 도료이며 도장 후 24시간 이내 후속도장이 가능하다.
- 두께는 5~10μ가 적당하다.

② 락카 프라이머
- 도장 후 5~10분내 지촉 건조되는 속건성 도료로 1시간 후 후속 공정이 가능하다.

③ 유성 프라이머
- 용해력 강한 신나 사용할 때는 지지미 현상이 발생되며 완전 경화에는 24시간 소요되는 지건성 도료이다.

④ 알키드 프라이머
- 유성 프라이머보다 건조 속도 빠르며 도장 후 수시간 내에 후속 공정이 가능하다.

⑤ 징크로메트 프라이머
- 방청용 도료로 대형차에 사용되며 건조는 유성 프라이머와 유사하다.

⑥ 에폭시/우레탄 프라이머
- 일반적 2액형으로 대형차에 사용되고 건조는 2~24시간 소요된다.

2) 퍼티

적용

피도면의 손상된 요철부위 복원에 사용되는 도료이다.

종류

① 판금 퍼티
- 2액형 도료로 주제 : 경화제의 적정 비율은 1~2%이다.
- 3~30mm의 비교적 커다란 요철부에 적합하다.
- 강판과의 부착성 · 메꿈성 및 연마성이 우수하다.

② 폴리에스테르 퍼티
- 2액형 도료로 주제 : 경화제의 적정 비율은 1~2%이다.
- 1~3mm의 요철부에 적합하며 건조 후 도막 수축 변화가 적으나 연마성이 떨어진다.

③ 오일 퍼티
- 1액형 도료로 상온에서 8~24 건조 시간 소요되며 깊은 요철 작업시 수회의 도포작업이 요구된다.

④ 우레탄 퍼티
- 2액형 도료로 주제 : 경화제의 적정 비율은 1 : 1이다.
- 폴리 우레탄 범퍼 및 P.P범퍼 보수시 하도용으로 사용된다.

⑤ 락카 퍼티
- 1액형 락카계 도로 상도 작업전 미세한 스크래치 및 기공 제거에 적합하며 평활성, 속건성, 작업의 용이성을 제공한다.

10.2.6 중도 도료

1) 프라이머 서페이서(프라서페)

적용

프라이머와 서페이서 2가지 기능의 복합도료로 퍼티면의 연마 자국이나 흡수를 방지하고 하도면의 작은 스크래치를 제거하고 부착력을 향상시킨다.

종류

① 락카 프라서페
- 속건형으로 1 시간후 연마 가능하다.

② 아크릴 프라서페
- 속건형으로 락카 프라서페보다 내수성 양호하다.

③ 알키드 프라서페
- 자연 건조로 8~24시간 경과시 연마가 가능하며 대형차에 사용된다.

④ 에폭시/우레탄 프라서페
- 2액형 도료로 내수성, 부착력 양호하다.

⑤ 아미노 알키드수지 프라서페
- 열경화성 도료로 도장후 110~140℃×20~40분 가열 건조한다.

2) 실러

① 블리딩 방지

② 수축 발생 방지

③ 흡수 방지

④ 도막 중간 부착성 향상

10.2.7 상도 도료

1) 니트로 셀룰로즈 락카

① 작업성이 양호하고 건조가 빠르나 광택도 향상을 위한 폴리싱이 필요하다.

② 살오름성이 나쁘고 내후성이 신차용 도료보다 떨어져 점차적으로 사용되지 않고 있다.

③ 표준 건조 시간 : 20℃×6시간, 60℃×30분

2) 하이 솔리드 락카

① 락카의 결점인 살오름성, 내후성을 개량한 수지를 사용하나 자연건조는 락카보다 느리며 일부 영업용 승용차 사용하였으나 점차 감소 추세에 있다.

② 강제 건조 시간 : 80℃×20분

3) 변성 아크릴 락카

① 메탈릭 색의 선명성, 광택, 내후성을 보강한 아크릴 수지 병용 도료이다.

② 표준건조시간 : 20℃×8시간, 60℃×30분

4) 스트레이트 아크릴 락카

① 메탈릭 색의 광택 유지성이 우수하며, 황변이 거의 없고 색상도 향상된 도료이다.

② 표준건조시간 : 20℃×8시간, 60℃×30분

5) 아크릴 에나멜

① 아크릴 락카 보다 살오름성이 우수하고, 도장 횟수도 적다.

② 건조가 아크릴 락카보다 느리기 때문에 소량의 첨가제를 사용하거나 가열건조한다.

6) 아크릴 우레탄수지 도료

① 2액형 도료로 내후성, 광택, 살오름성, 내가솔린성, 경도 등이 양호하다.

② 경화제(이소시아네이트)는 공기중 수분과 민감하게 반응, 관리시 주의가 요망된다.

③ 신차의 소부형 도막처럼 물성이 우수하여 승용차 도장에 적합하며 도장 부스(강제 건조포함) 설비가 필요하다.

④ 속건우레탄 도료는 락카의 작업성과 아크릴 우레탄의 도막 성능이 양립한 도료이다.

⑤ 표준건조시간

㉠ 아크릴 우레탄 : 20℃×24시간, 60℃×60분

㉡ 속 건 우레탄 : 20℃× 6시간, 60℃×30분

7) 알키드 에나멜

① 공기 건조성 도료로 대형・건설차량, 글자판용으로 사용된다.
② 광택, 살오름성은 우수하나 내용제성은 떨어진다.

8) 아크릴 베이킹 에나멜

① 알키드 아크릴 멜라민 수지도료로 신차 제조용 도료로 사용된다.
② 열경화 아크릴 수지도료 : 신차의 메탈릭 도장용
③ 열경화 아미노알키드 수지도료 : 신차의 솔리드 도장용
④ 표준건조시간 : 140℃×30분

10.2.8 희석 도료(신나)

- 도료를 도장이 잘 되도록적당한 점도를 제공하기 위해 희석제를 사용한다.
- 온도나 습도에 따라 적당한 건조 온도가 되도록 선별하여 사용한다.

1) 락카 신나/아크릴 락카 신나

① 니트로 셀룰로즈 락카 및 아크릴 락카에 적합한 신나.
② 고온도 일 때 증발이 빨라 오렌지 필 현상 발생되기 쉬우며 30%이내소량의 리타더 신나를 첨가하여 백화 현상을 방지한다.

2) 에나멜 신나

① 건조가 느리고, 락카도료는 용해가 불가하다.
② 페인트 신나와 거의 비슷하다.

3) 우레탄 신나

① 우레탄 도료의 경화제는 알콜계나 글리콜류의 용제와 반응하므로 이러한 성분이 함유된 신나 사용하지 말아야 한다.
② 온도에 맞추어 적절하게 사용한다.

10.3 자동차 도장 공정

10.3.1 신차 도장 공정

1. 화학적 전처리 단계		2. 전착도장 단계		3. 실러작업 단계
(1) 온수침적 탈지 (2) 화학적 전처리 (3) 세 척 (4) 건 조	➡	(1) 침 적 (2) 자연 건조 (3) 세 정 (4) 건 조	➡	(1) 언더코트 도장 (2) 건 조

➡

4. 서페이서 도장 단계		5. 젖은(wet)연마 단계		6. 상도도장 단계
(1) 먼지 제거 (2) 내칩핑 도장 (3) 서페이서/ 내부판넬 도장 (4) 무광블랙 도장 (5) 건 조	➡	(1) 젖은 연마 (2) 세 정 (3) 에어 브로잉 (4) 건 조	➡	(1) 먼지 제거 (2) 도 장 (3) 건 조

➡

7. 특수도장 단계
(1) 무광블랙 도장 (2) 라커판넬 도장 (3) 스프라이트 도장

10.3.2 보수도장 공정

본래의 색상과 동일한 도료로 차체를 보호하고 외관과 도장 품질을 향상시킨다.

손상된 차체	외부판넬의 요철	외부판넬의 흠집	플라스틱(범퍼) 부위 손상
프레임 수정 작업	판넬 정형 작업	오염물 제거 작업	플라스틱보수 작업
판넬 교환 작업	오염물 제거 작업	조착 연마 작업	프라이머도장(PP)
판넬내부도장(무광)	구도막 제거 작업		
단품 교환 작업	단 낮추기 작업		

↓

퍼 티 작 업

↓

마 스 킹

↓

내칩핑 도장 작업 ➡ 중도작업(프라이머-서페이서) 작업

↓

조 색 작 업

↓

마 스 킹

↓

상 도 작 업

↓

광 택 작 업

↓

방 청 작 업

↓

조 립 작 업

↓

최 종 검 사

10.4 자동차 도장의 설비 및 기기

10.4.1 스프레이 부스(spray booth)

스프레이 작업시 먼지와 불순물이 피도면에 부착되는 것을 막아주기 위한 장비로 작업의 적합한 온도 조절은 물론 2액형 도료의 경우 강제열풍건조 장비가 겸비된 설비로 부스의 기능으로는

① 안전하게 온도상승과 조절 및 공급 기능이 확실하고 경제성을 제공해야한다.

② 불순물과 먼지의 제거를 위해 통풍장치와 여과 장치가 완전해야 한다.

③ 도장 작업자의 보호를 위해 여과된 공기의 공급이 이루어져야 한다.

④ 연소장치(전기히터식, 기름분무식버너, 가스버너등) 조명장치, 공기공급장치, 출입장치가 구비되어야 한다.

⑤ 도장 작업시 바닥에 페인트 먼지와 유해한 페인트를 제거할 수 있는 장치가 필수적이며 배기 휠터는 주기적으로 교환 해주어야 한다.

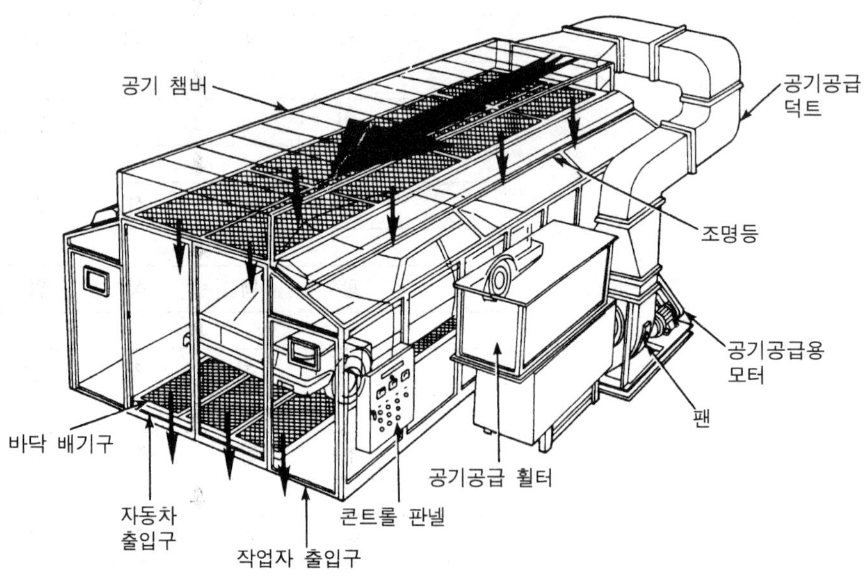

그림 10-1

10.4.2 샌딩룸(sanding room)

연마 작업중 발생된 도료의 연마 분진을 여과하여 대기 중으로 배출하는 장비

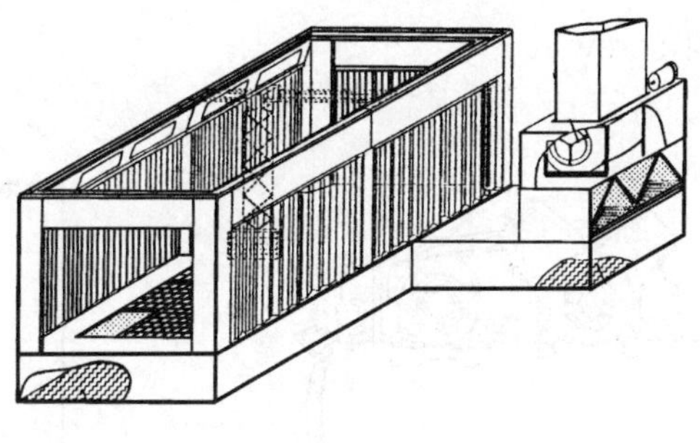

그림 10-2

10.4.3 집진기(dust collector)

샌더기의 연마용 공기 공급과 이때 발생된 도료의 분진을 공기압으로 흡입하여 모으는 장비

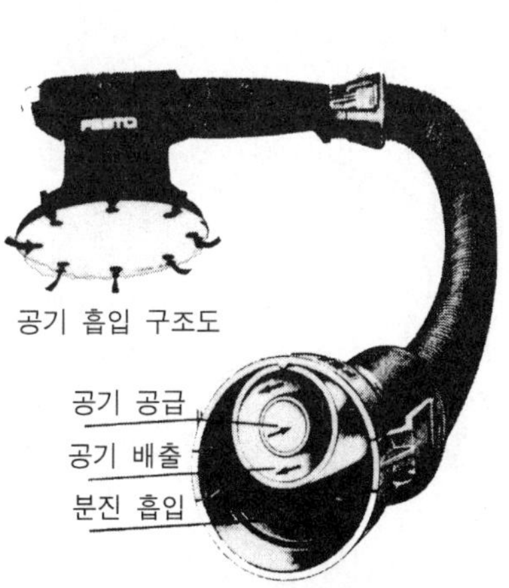

그림 10-3

10.4.4 공압 장비

① 에어 콤프레샤(air compressor) : 외부 공기를 흡입하여 압축공기를 만드는 장비.

- 왕복운동형(reciprocating)
- 추진기형(screw)

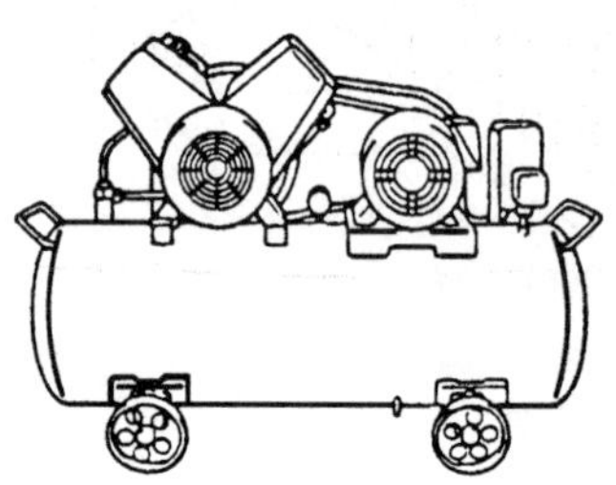

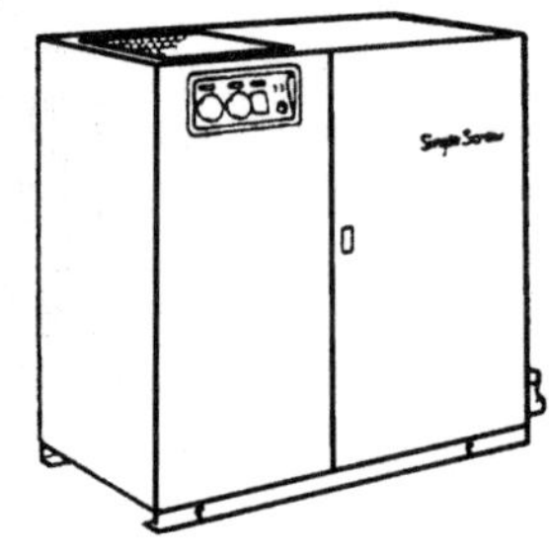

그림 10-4

② 에어 드라이/쿨러(air dry-cooler) : 압축 공기의 열 교환 작용으로 수분과 불순물을 제거하는 장비.

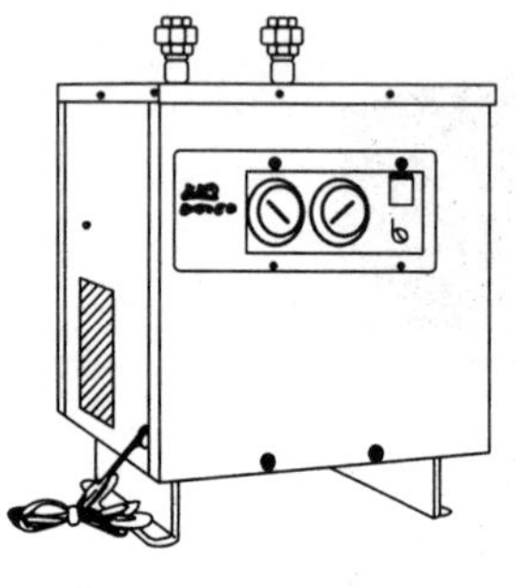

그림 10-5

③ 에어 트랜스 포머(air transformer)
- 공기 압력 보관 및 유지
- 공기청정기능(불순물 및 수분 제거)

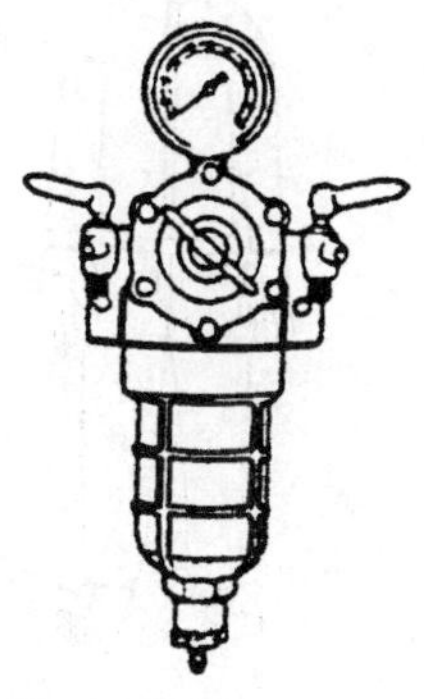

그림 10-6

10.4.5 안전 장비

① 분진 마스크 및 방독 마스크
- 연마 작업시 분진으로부터 보호
- 도장 작업시 유기용제로부터 보호

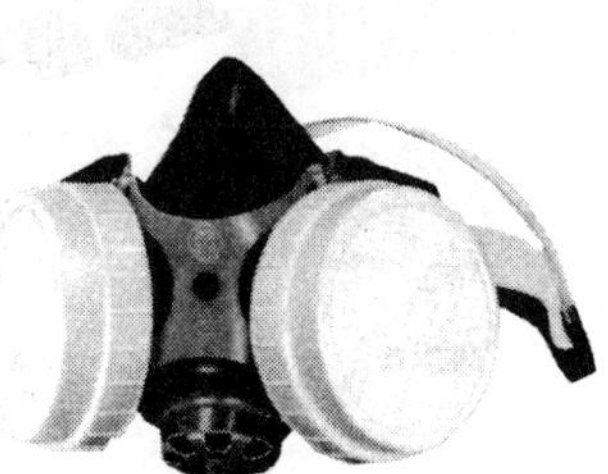

그림 10-7

② 도장용 고글 및 내 화학성 고무장갑, 스프레이 복 및 안전화.

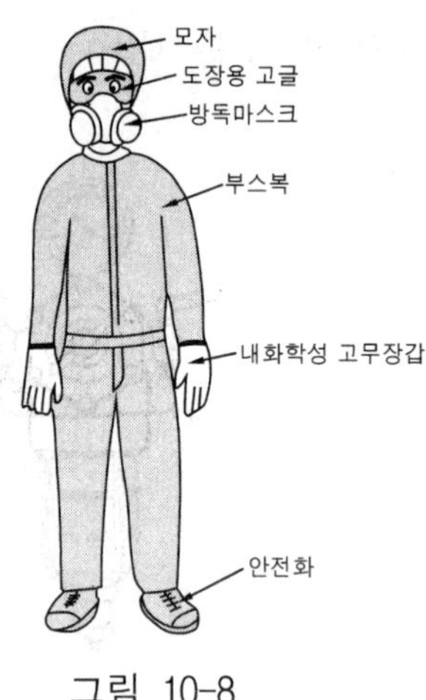

그림 10-8

10.4.6 퍼티 도포용 공구

① 주걱
- 퍼티의 혼합 및 도포용 공구

② 퍼티 혼합판
- 퍼티와 경화제의 혼합판

그림 10-9

그림 10-10

③ 퍼티 믹스용 나이프
- 도료(퍼티)의 혼합 및 추출

④ 스크레이퍼
- 퍼티 혼합판 및 주걱의 잔여분 정리

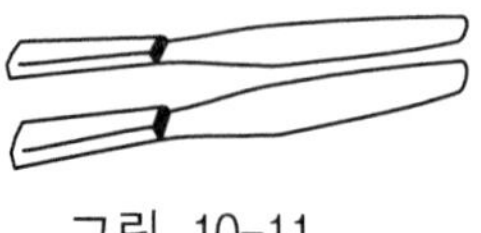
그림 10-11

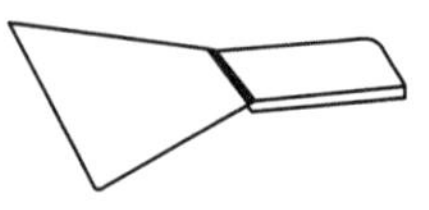
그림 10-12

10.4.7 건조용 장비

① 적외선 건조기(infrared dryer)

좁은 부위 도장면 건조 (열공급)

- 원거리 적외선 건조기
- 근거리 적외선 건조기

적외선 램프에 의한 열공급

그림 10-13

가스, 전기에 의해 가열된 세라믹에 의한 열공급

그림 10-14

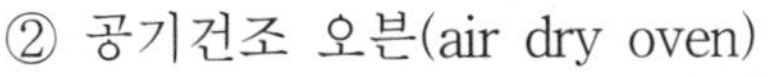

② 공기건조 오븐(air dry oven)

넓은 부위 도장면 건조 (열풍공급) : 최근 스프레이 부스에 부가 설비됨

- 직접식 : 중유, 가스의 직화열 공급
- 간접식 : 중유, 가스의 간접열 공급

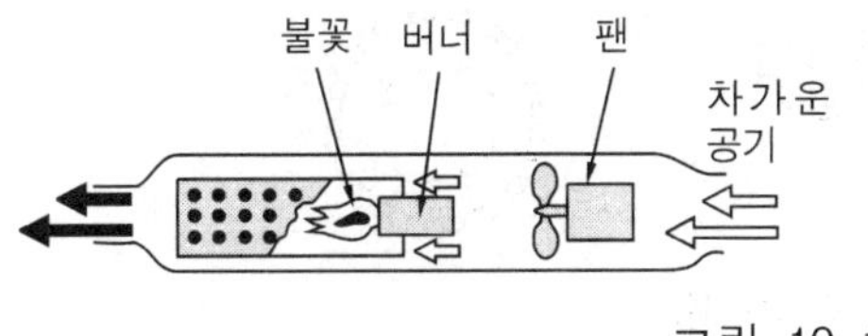

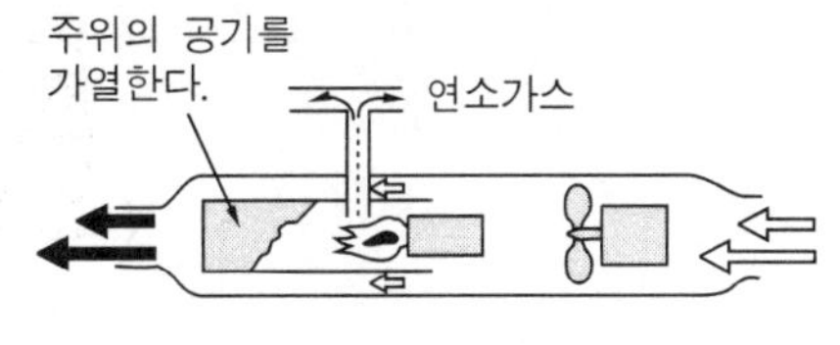

그림 10-15

③ 시편 건조기(electric oven)

조색 시편의 건조시 사용

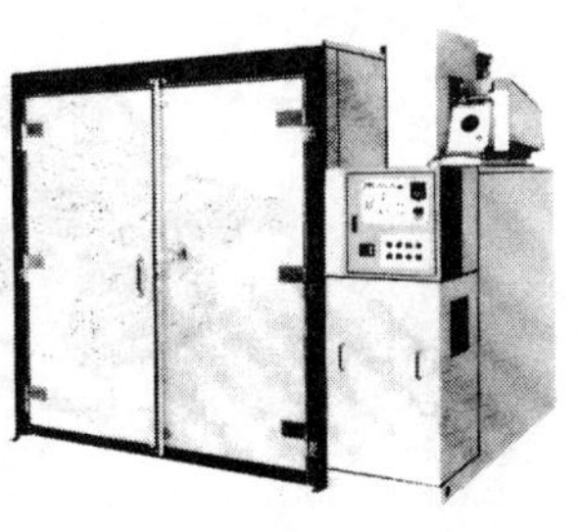

그림 10-16

10.4.8 연마 장비 및 공구

① 싱글액션 샌더(single action sander)
구도막 제거시 사용

그림 10-17

② 더블액션 샌더(double action sander)
단 낮추기 및 퍼티면 연마시 사용

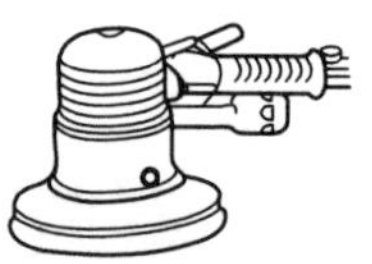

그림 10-18

- 기어액션샌더(geared action sander)

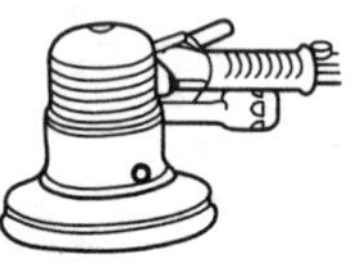

그림 10-19

- 가이드 샌더(guided action sander)

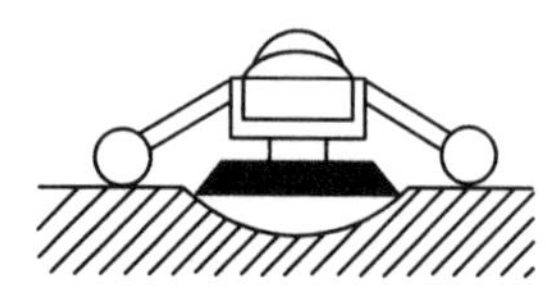

그림 10-20

③ 사각오비탈 샌더(orbital sander)
퍼티면 연마시 사용

④ 핸드 파일 (hand file)
손 연마시 사용

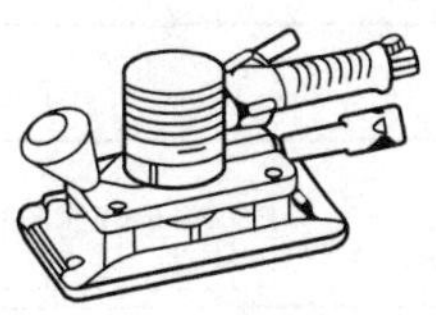
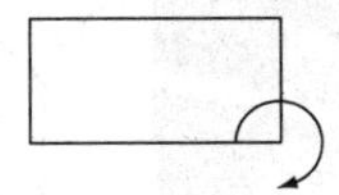

그림 10-21

그림 10-22

10.4.9 안전 장비 조색용 장비 및 공구

① 전자저울(measuring equipment)
도료의 중량 측정

② 점도계(viscosity)
도료의 점도 측정

그림 10-23

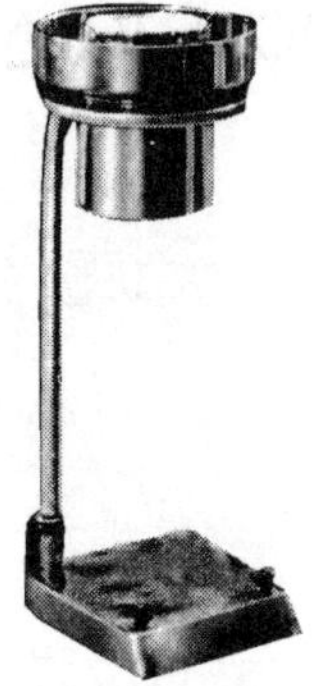

그림 10-24

③ 도료 교반기(agiyator)
도료의 혼합 및 계량 편리

④ 인공태양조명등(daylight)
실내 조색시 인공적 태양 광선 제공

그림 10-25

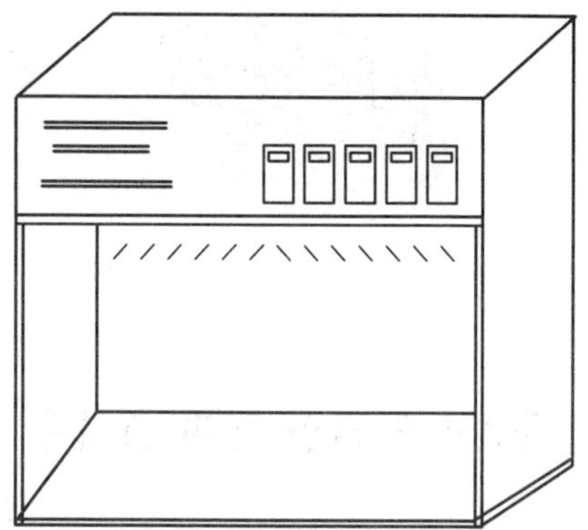
그림 10-26

10.4.10 스프레이 장비 및 공구

① 에어스프레이 건(air spray)
도료를 안개 모양으로 분출 도장면에 도막 형성

▪ 흡상　　▪ 중력　　▪ 압송

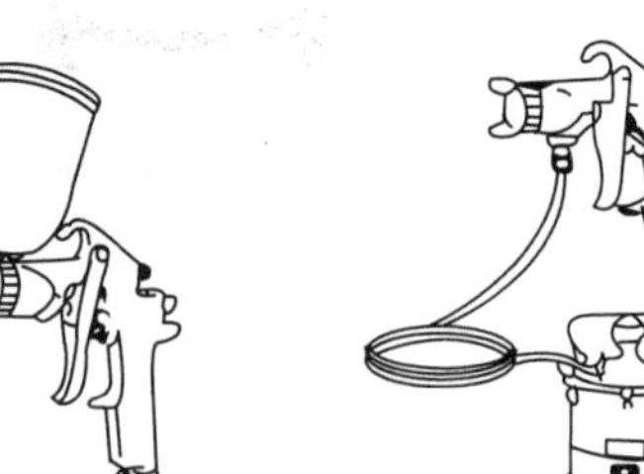
그림 10-27

② 에어 건(air dust gun)
도장면의 먼지제거

그림 10-28

③ 건세척기(spray clear)
스프레이건 청소기

그림 10-29

④ 마스킹 편의구(masking paper dispenser)
마스킹 페이퍼와 테이프의 편리적 운용

그림 10-30

10.4.11 광택용 장비 및 공구

① 칼라 샌더(water sander)
도장면 평활 연마용 공구

② 스캘롭 디스크(scalloped)
도장면 결함 수(水)연마용 공구

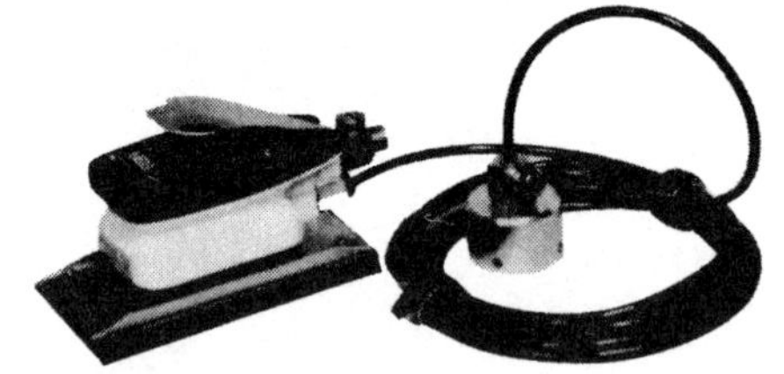

그림 10-31

그림 10-32

③ 폴리셔(polisher)
도장면 광택용 동력공구

④ 버프 크리어(buffer clear)
버프면의 청소시 사용

그림 10-33

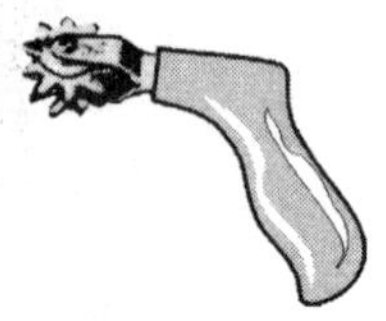

그림 10-34

⑤ 버프 패드(buffer pad)
폴리셔에 부착하여 도장면 연마

▪ 양털 버프

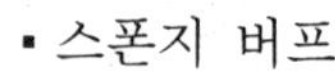

▪ 스폰지 버프

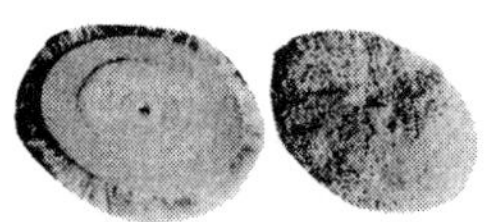

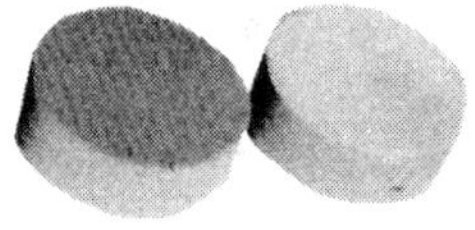

그림 10-35

10.5 자동차 보수도장 재료

10.5.1 연마지의 선택

1) 연마지의 올바른 선택은 작업효율과 작업목적에 지대한 영향을 준다.

① 거친 연마작업(하도)에 #320~#600번의 고운 연마지 사용시 작업 시간이 과다하게 소요된다.

② 고운 연마작업(상도)에 #60~#80번의 거친 연마지 사용시 매끈한 도장면의 제품 상태 유지가 어렵다.

2) 연마지의 구조 및 종류

① 연마지는 연마입자를 백킹재에 접착한 형태의 연마용 재료.

② 연마입자

㉠ 산화알루미늄(AA) : 연마력이 날카롭고 강해서 구도막 제거용에 적합.

㉡ 실리콘카바이드(CC) : 연마제가 작업중 분쇄되어 지속적으로 새롭게 연마되며 건식 및 습식용 연마에 적합.

③ 연마 입자의 접착

㉠ 오픈 코팅(Open Coating)

- 연마 분진이 입자 사이에 쉽게 접착한다.
- 연마재 도포율 : 50~70%

㉡ 크로즈 코팅(Close Coating)

- 신속한 도막 연마에 적합하다.
- 연마재 도포율 : 100%.

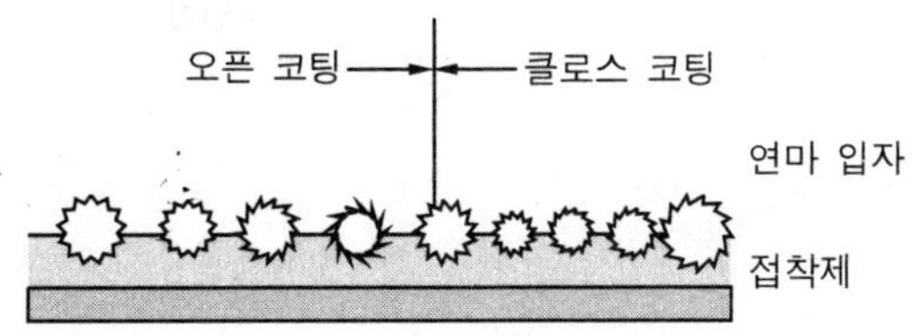

그림 10-36 연마 입자의 접착

④ 백킹재 및 접착제

㉠ 백킹재 - 종이, 섬유, 화이버

㉡ 접착제 - 수지, 아교

⑤ 등급별 작업 비교

작업 공정 \ 작업 형태			손(hand)연마		기계(sander)연마	
			건 식	습 식	디스크 (싱글액션) 샌더	더블 액션/ 오비탈 샌더
표 면 처 리 작 업	구도막 제거	거 친 연 마	-	-	#24, #36	#40
		마무리 연 마	-	-	60#	#80
	단 낮추기	거 친 연 마	#220, #240	-	-	#80, #180
		마무리 연 마	#400	-	-	#320
	조 착 연 마		#220, #240	-	-	#220, #240
하 도 작 업	퍼티 도막 연마		240	-	-	#80, #180
	프라이머 도 막 연 마	거 친 연 마	220	-	-	-
		마무리 연 마	-	-	-	#320
중 도 작 업	프라이머-서페이서 연 마		#400	#320, #400	-	#320, #600
	가이드 코트 연마		#500, #600	#500, #600	-	#600
	조 착 연 마		#400, #600	-	-	#600
광 택 작 업(칼라샌딩)			-	#1500, #2000	-	#1500, #2000

10.5.2 마스킹(masking) 테이프

① 마스킹 테이프를 제거할 때 도막면에 접착제가 붙어있지 않아야 한다.

② 같은 접착력의 상태에서는 용지가 얇을수록 좋다.

③ 마스킹 테이프를 통한 용제의 침투가 없어야 한다.

④ 평면에 자연스럽게 부착시켰을 때 접착력이 좋아야 한다.

⑤ 굴곡성(유연성)이 있어야 한다.

⑥ 열처리 작업시 열에 의해 접착제가 도막면에 붙어있지 않아야 한다.

⑦ 마스킹테이프의 구조

-백킹처리제	: 테이프가 서로 달라붙는 것을 방지
-백킹	: 테이프의 기본 재료(종이, 플라스틱등)
-프라이머	: 접착력 강화 및 피도면에 접착제 잔류 방지
-접착제	: 접착제

⑧ 마스킹 재질에 따른 분류

㉠ 종이 : 일반적인 용도

㉡ 플라스틱 : 투톤 색상 적용시 구도막과의 경계면에 사용

⑨ 테이프 성질에 따른 분류

㉠ 일반 타입 : 평평한 면의 테이프

㉡ 주름타입 : 곡면등에 사용하는 주름모양의 신축성이 있는 테이프

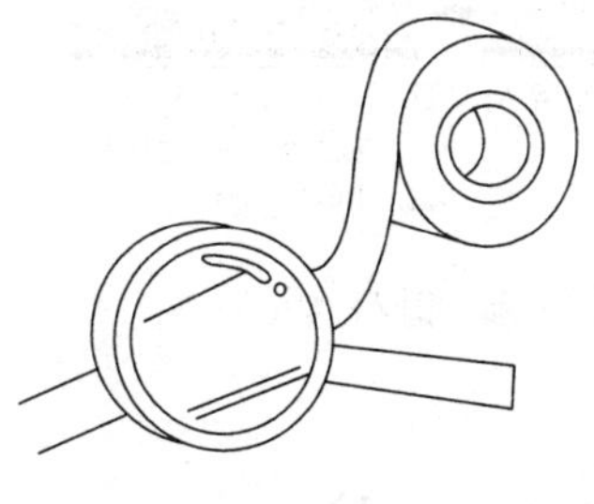

(a) 일반타입

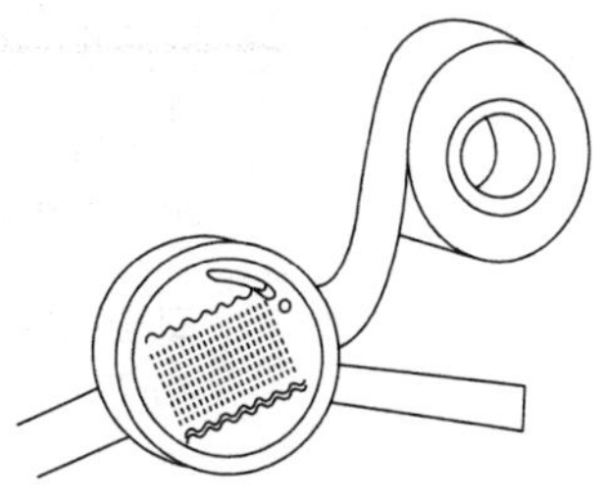

(b) 주름타입

그림 10-37

10.5.3 마스킹 페이퍼(masking paper)

① 마스킹 페이퍼에서 먼지가 발생되지 않아야 한다.
② 마스킹 페이퍼를 통한 용제의 침투가 없어야 한다.
③ 최근에는 마스킹 전용 용지와 함께 비닐과 랩등에 의한 마스킹 방법도 작업성과 품질 측면에서 사용이 증가하고 있다.

10.5.4 콤파운드(compound)

① 용제(solvent), 물에 연마제의 입자를 혼합시킨 액상 연마제이다.
② 도막을 연마하는 힘과 아울러 광택을 나타내는 효과도 지니게 된다.
③ 콤파운드에 함유된 최초의 연마 입자는 연마력은 강하지만 폴리시 작업중에 아주 작게 깨지기 때문에 연마 입자가 작은 콤파운드의 성질과 비슷하다.
④ 연마 입자의 크기로 분류하면 거친 것, 중간, 고운 것, 매우 고운 것, 미세한 것으로 분류된다.
⑤ 거친 입자의 콤파운드는 연마력이 크고, 고운 입자의 콤파운드는 광택의 효과가 나타난다.

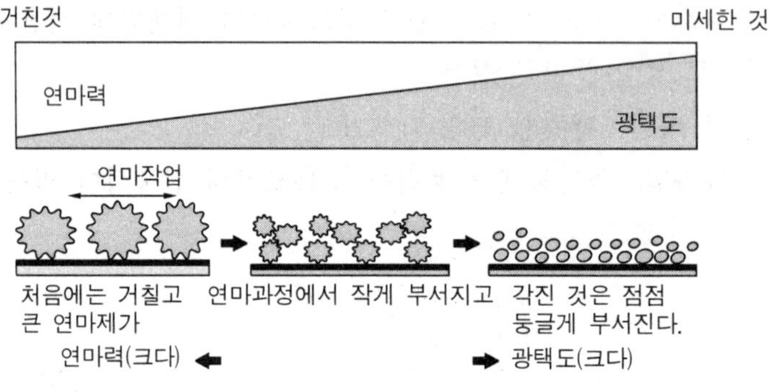

그림 10-38 콤파운드 종류 및 입자 비교

10.5.5 내칩핑 도료(anti-chipping coat)

① 주행중 작은 돌이나 모래알 등에 의해 차량을 보호하기 위한 작업이다.
② 외부 내칩 도료 : 라카 판넬에 도장한다.

③ 샌드위치 내칩핑 도료 : 도어 아래쪽에 도장한다.

④ 외부 내칩핑 도료는 보통 검은색이고, 샌드위치 내칩핑 도료는 전착과 중도 사이에 도장되므로 외부 판넬의 색상인 상도와 같은 색상이다.

⑤ 외관은 오돌오돌한 균일한 오렌지 필의 상태를 유지한다.

외 관 / 스프레이 조건	물결 무늬의 넓이		물결 무늬의 높이	
	좁은 물결	넓은 물결	높은 물결	낮은 물결
에어 압력	높다	낮다	-	-
건의 거리	-	-	멀다	가깝다

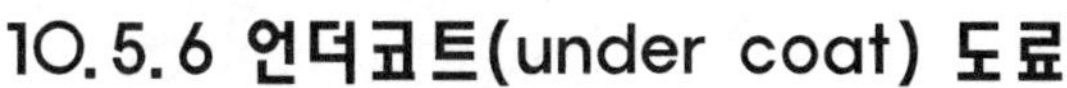

10.5.6 언더코트(under coat) 도료

① 휠 하우스나 언더 플로어등이 주행중 튀어 올라 돌이나 모래알 등이 부딪치는 장소에는 점도가 높은 도료를 도포한다.

② 방청력을 가짐과 동시에 건조 시켜도 그다지 표면이 굳어지지 않고 쿠숀과 같은 효과를 발휘하여 금속 표면에 상처가 발생되는 것을 방지한다.

10.5.7 바디 실러(body sealer) 도료

① 판넬 내부에 수분 침투 방지 및 부식 방지를 목적으로 작업한다.

② 신차는 출고시 엔진 후드, 도어 헤밍 부위, 판넬의 연결 부위등에 실러가 도포되어 출고된다.

③ 교환 부품인 새로운 판넬에는 바디 실러가 도포되지 않은 상태로 공급된다.

④ 보수 도장 전에 헤밍 부위나 판넬 연결 부위에 실러를 도포해야 한다.

MEMO

제 11 장

자동차 보수도장의 공정

제 11 장 자동차 보수도장의 공정

11.1 주요 공정

하도작업
수세 및 탈지 작업
⬇
구도막 상태 및 손상부 점검
⬇
구도막 제거 여부 판단
⬇
단낮추기 작업
⬇
에어 블로우잉 및 탈지 작업
⬇
퍼티 도포 작업
⬇
건조
⬇
퍼티 연마 (상태에 따라 2, 3차 퍼티도포 및 연마작업 실시)
⬇
에어 블로우잉 및 탈지 작업

중도작업
마스킹 작업
⬇
먼지제거(송진포)
⬇
중도 도장작업 (프라이머-서페이서)
⬇
강제건조
⬇
수정퍼티 도포 작업
⬇
연마 작업
⬇
에어 블로우잉 및 탈지 작업
⬇
(방청작업)

상도작업
(조색작업)
⬇
마스킹 작업
⬇
먼지 제거(송진포)
⬇
1. 솔리드 타입 : 2액형 톱코트(색상+광택)
⬇
2. 메탈릭 타입 -베이스코트(색상) -크리어코트(광택) : 2액형
⬇
3. 마이카펄 타입 -베이스코트(색상) -펄베이스코트 (화이트펄) -크리어코트(광택) : 2액형
⬇
(광택작업)

11.2 하도 작업

11.2.1 표면정리 작업

1) 목적

① 피도면의 산화물 제거로 금속의 내식성을 증대시킨다.
② 이물질 제거로 도료 밀착성을 향상시킨다.
③ 오염물 제거로 도막의 내구성을 향상시킨다.

2) 수세

① 수용성 오염물은 비눗물이나 유화제를 이용 제거한다.
② 먼지, 지문자국, 소금기, 송진, 조분, 기타 오염물.

3) 탈지

① 용제액에 녹는 오염물은 비눗물이나 유화제를 이용 세척 후 제거한다.
② 타르, 실리콘, 왁스, 오일, 그리스.
③ 작업 불충분시 크레타링(왁스끼, 하지끼, 물고기눈)의 원인이 된다.

11.2.2 구도막 제거

1) 샌더에 의한 방법

① 싱글 액션 디스크 샌더를 사용한다.
② 샌더의 패드를 15°～ 20° 경사지게 접촉시켜 제거한다.
③ 샌더에 의한 과도한 피도물 손상에 주의한다.
④ 권장 연마지 : # 60번 이하를 사용한다.

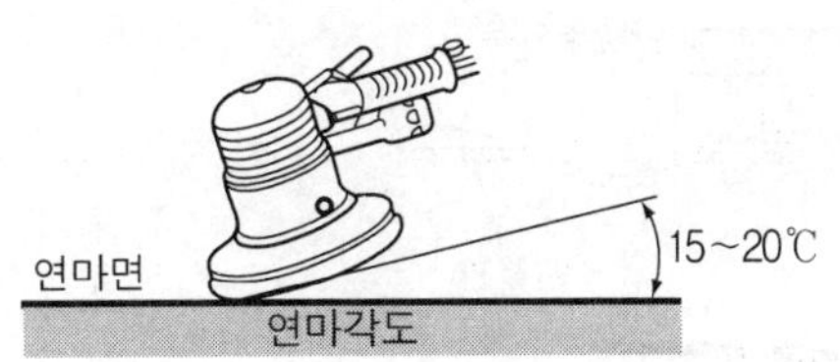

연마 각도

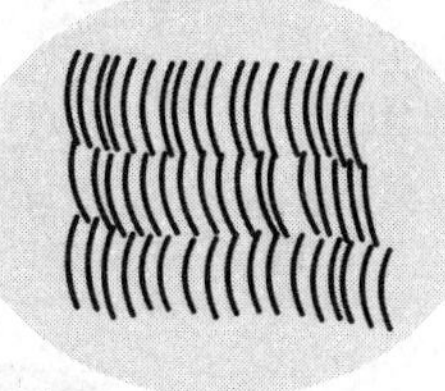

양호한 연마 흔적

불량한 연마 흔적

그림 11-1

2) 박리제(리무버)에 의한 방법

① 박리제(강산성 화학약품) 사용

② 고무테이프나 비닐 등으로 세심하게 마스킹 작업한다.

③ 작업은 바람이 통하기 쉬운 넓은 장소에서 한다.

④ 고무장갑을 필히 착용한다.

⑤ 작업후 물과 탈지제 등을 사용하여 철저히 세척(2회) 한다.

⑥ 박리된 면은 #40~#60번 연마지로 샌딩한다.

11.2.3 단 낮추기 작업

1) 목적

① 도료(퍼티)의 밀착성 향상시킨다.

② 작업 불량시 연마 및 퍼티 자국, 주름 현상이 발생된다.

2) 작업 방법

① 더블액션 샌더를 사용한다

- #60 → #80 → #120 순으로 작업한다.
- 구도막의 경우 : #180 → #240 순으로 작업한다.

② 단의 폭

- 신차의 경우 : 2cm이상
- 구도막차의 경우 : 3cm이상

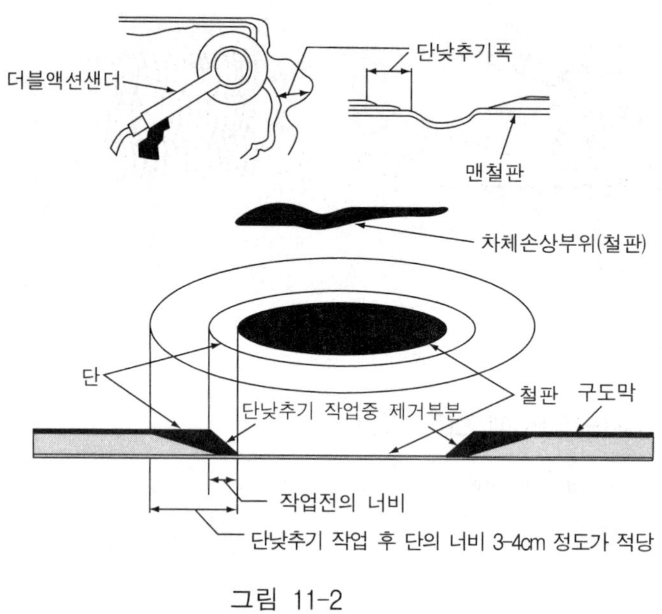

그림 11-2

11.2.4 퍼티 작업

1) 퍼티 혼합

① 퍼티를 꺼내기 전 충분히 혼합한다.

② 퍼티와 경화제의 비율은 정확히 지켜야한다.

- 주제 : 경화제 = 100 : 1~3%.

③ 퍼티 혼합시 공기 유입에 주의한다.

④ 요령

- 주제와 경화제를 반죽판 위에 눌러 부수는 것처럼 함께 넓힌다.
- 판위에 펼쳐진 퍼티를 중앙으로 끌어 모은다.
- 모인 퍼티를 다시 눌러 넓힌다.
- 이와 같은 요령으로 반복한다.

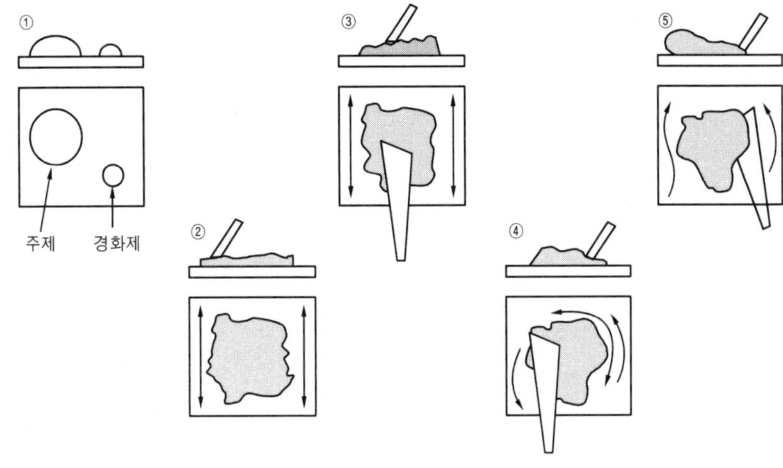

그림 11-3

2) 퍼티 도포

① 얇게 그리고 여러 번 나누어 반복하여 칠하는 것이 원칙이다.
② 우천과 저온시 철판에 습기 부착 우려, 히터로 반드시 건조후 작업한다.
③ 초기 도포시 밀착을 잘 되도록 힘주어 도포한다.
④ 기공이 생기지 않도록 주의한다.
⑤ 퍼티가 구도막(래커계)위까지 겹치지 않도록 주의한다.
⑥ 요령

그림 11-4

⑦ 모양에 따른 주걱 사용

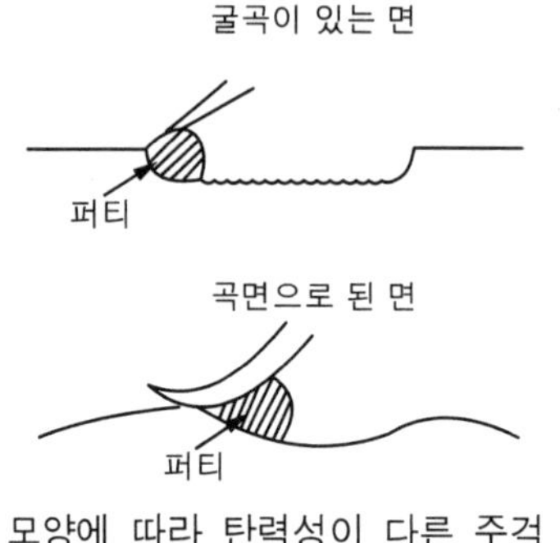

모양에 따라 탄력성이 다른 주걱

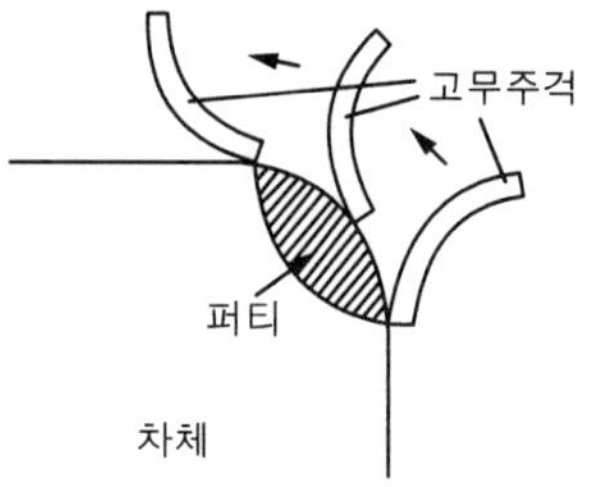

고무주걱
퍼티
차체

곡면 부분에 고무주걱 사용법

그림 11-5

⑧ 손상부의 모양과 주걱 사용

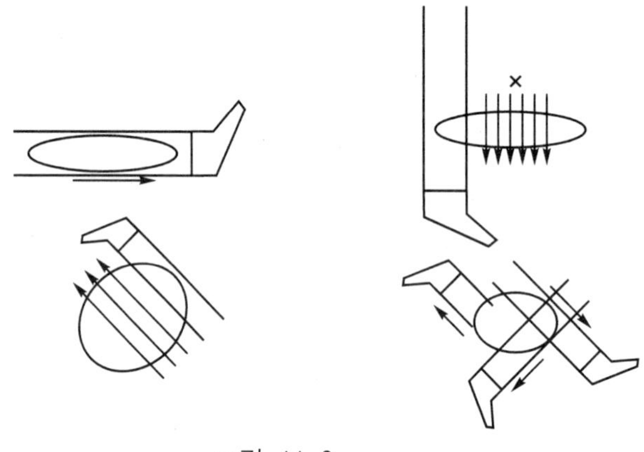

그림 11-6

3) 퍼티 건조

① 건조는 두께가 얇은 부분을 조사.

- 얇은 부분은 건조가 느리며 두꺼운 부분은 건조가 빠르다.

② 퍼티 두꺼운 부분 경화 속도 촉진.

- 퍼티 혼합시 경화제에 의해 발열반응으로 건조된다.

③ 급격한 강제 건조시(40℃ 이상) 퍼티 강도 약화 및 핀홀 등의 도막 결함 발생할 수 있다.

4) 퍼티 연마

① 기초 연마는 표면의 주걱 자국이나 퍼티를 칠하고 남아있는 거친 부분을 연마한다.

② 정형연마는 판넬면의 형상에 맞추어 퍼티면을 정형한다

③ 조착연마는 퍼티면 위의 거친 페이퍼의 상처를 없애고 동시에 프라이머 서페이서의 부착성을 향상시키기 위한 연마작업이다.

④ 요령

- 더블액션 샌더나 오비탈샌더 사용
- (#120) → #180 → #220 → #320
- 한곳에 너무 오랫동안 연마하거나 힘을 무리하게 줄 경우에는 굴곡이 발생할 우려가 있어 주의가 필요하다.
- 가급적 공연마 작업을 권장한다.
- 수연마시 브리스터 결함 발생이 우려되며, 수분을 완전히 제거해야한다.

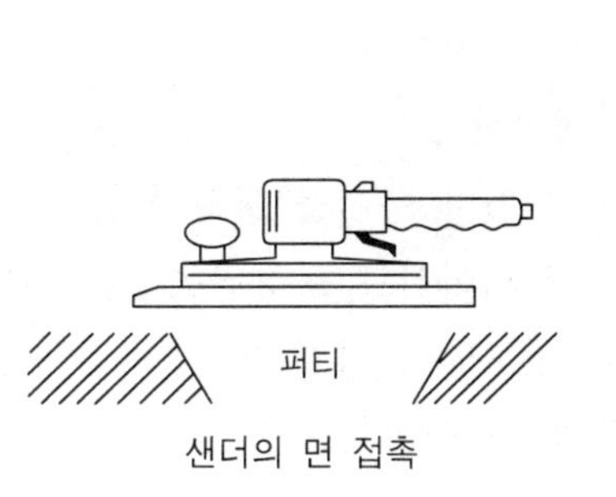

샌더의 면 접촉

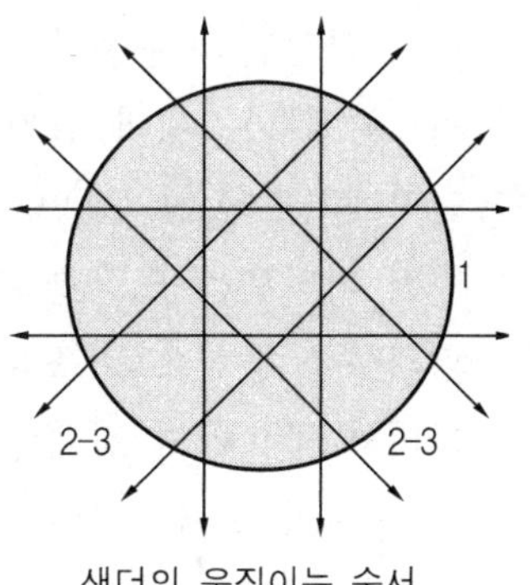

샌더의 움직이는 순서

그림 11-7

⑤ 공연마와 수연마의 비교

구 분	공연마(dry sanding) : 기계 작업	수연마(water sanding) : 손 작업
연 마 속 도	빠 르 다	느 리 다
작 업 성	양 호	보 통
연 마 지 사 용 량	많 다	적 다
연 마 된 상 태	거 칠 다	곱 다
먼 지 발 생 여 부	있 다	없 다

11.3 중도 작업

11.3.1 프라이머 서페이서 작업

1) 작업 방법

① 방청성과 내구성 및 상도와의 부착성을 부여하기 위한 작업이다.
② 사용전 캔에서 도료를 충분히 혼합한다.
③ 우레탄계 프라서페는 정확히 계량하여 경화제 첨가한다.
④ 작업시 노즐의 구경이(1.4~1.8mm) 큰 스프레이 건을 사용한다.
⑤ 래커계 프라서페는 3~5회, 우레탄계 프라서페는 2~3회 정도 반복한다.
⑥ 요령

㉠ 피도면에 부착력 향상을 위해 조착 연마를 시행한다.
- 공연마 : #400~#600 / 수연마 : #320~#400

㉡ 퍼티 작업면의 수축과 기공등을 확인한다.
㉢ 피도면에 마스킹과 탈지작업을 실시한다.
㉣ 먼지제거포(송진)로 먼지를 제거한다.
㉤ 먼저 퍼티부를 도장한 후 전면 연마 부위를 도장한다.
㉮ 퍼티부를 중심으로 프라이머 서페이서로 도장면을 길들인다.
- 퍼티와 구도막의 경계면이나 구도막의 경계면.
- 맨 철판이 드러난 부위를 얇게 도장한다.

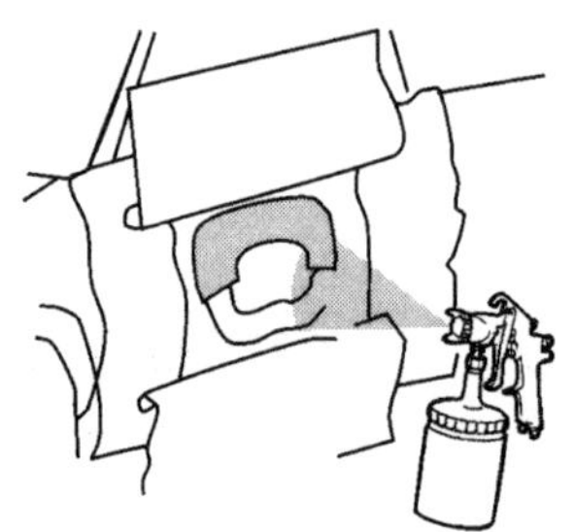

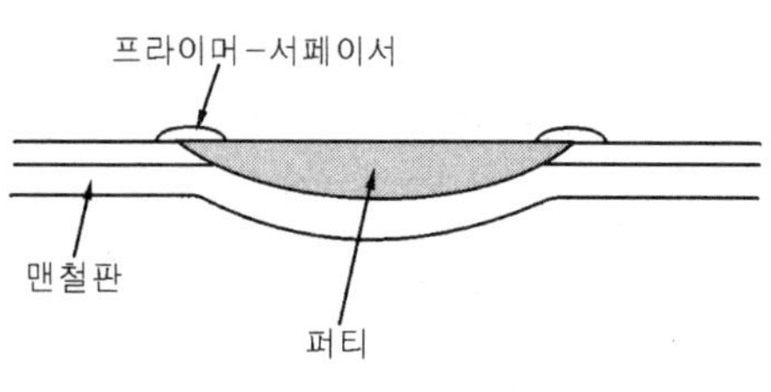

그림 11-8

㉯ 다시 범위를 넓혀서 퍼티면 전체, 연마자국 부위, 맨 철판 부위를 완전히 덮도록 도장한다.

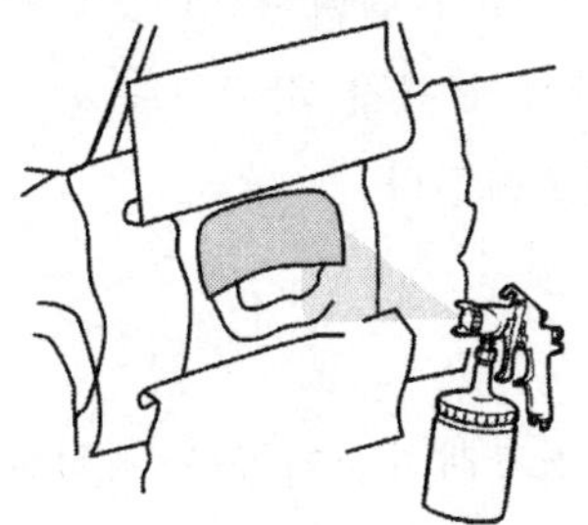

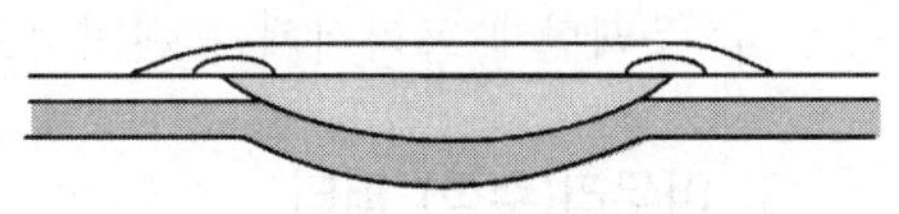

그림 11-9

㉰ 보수부(판넬) 전체를 도장한다. 일정의 도막과 흠집을 제거하고 흡집이 남더라도 연마후 제거될 수 있도록 수회 도장하여 원하는 도막을 얻는다.

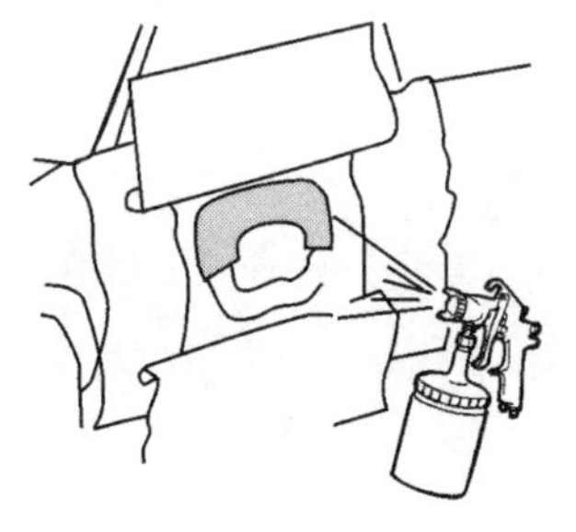

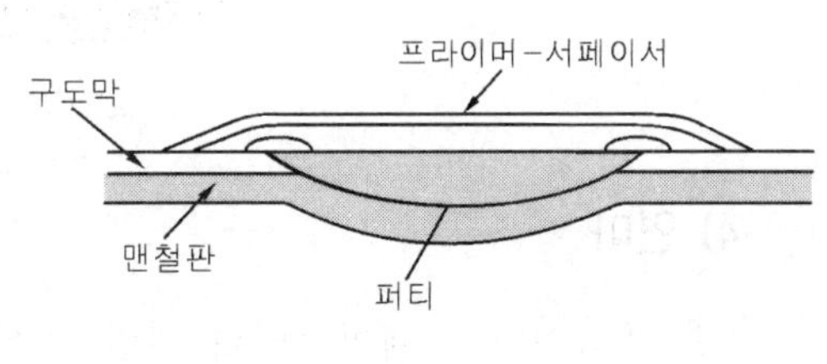

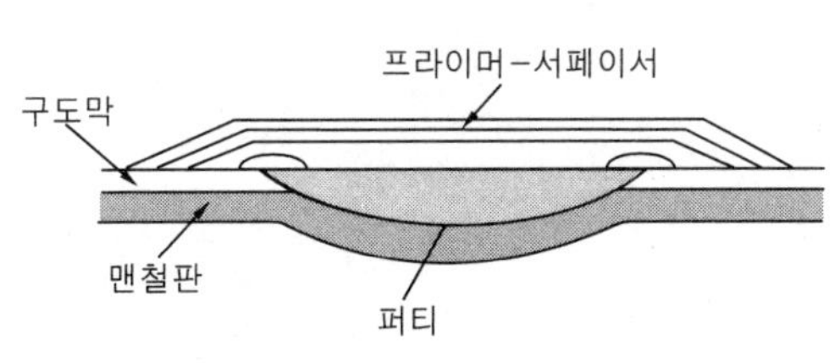

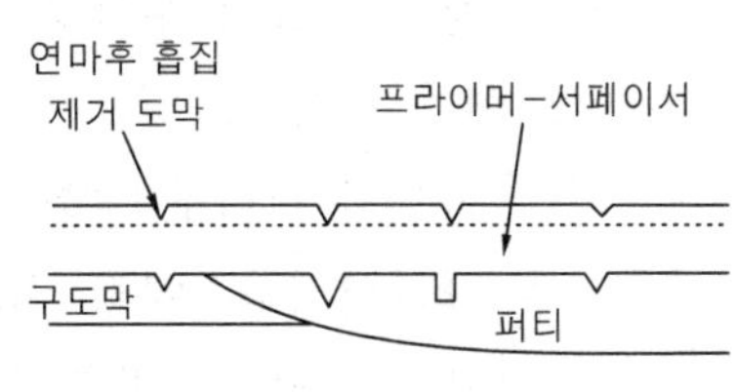

그림 11-10

㉱ 1회 도장후 후레쉬 타임을 5~10분 정도 경과 후 2~3회 도장한다.

㉲ 흐름, 두막 두께에 차이가 없도록 균일하게 도포한다.

㉳ 강제 건조시 용제의 충분한 증발을 위해 도장 작업이 끝난 후 10분(20℃) 정도 세팅 타임을 준다.

2) 건조

① 도장후 10분 정도 설정 시간을 두고 온도를 서서히 상승시킨다
② 차가운 시기에는 건조 초기의 온도가 급 상승시 결함의 원인이 된다.
③ 래커계는 20℃(상온)에서 30~40분이 경과시 연마가 가능하다.
④ 우레탄계 프라서페는 원칙적으로 강제 건조시킨다.

3) 마무리(수정) 퍼티

① 건조된 프라서페 표면의 극히 작은 요철(스크래치), 기공을 제거한다.
② 래커 퍼티 (레드 퍼티) : 고무 주걱 사용

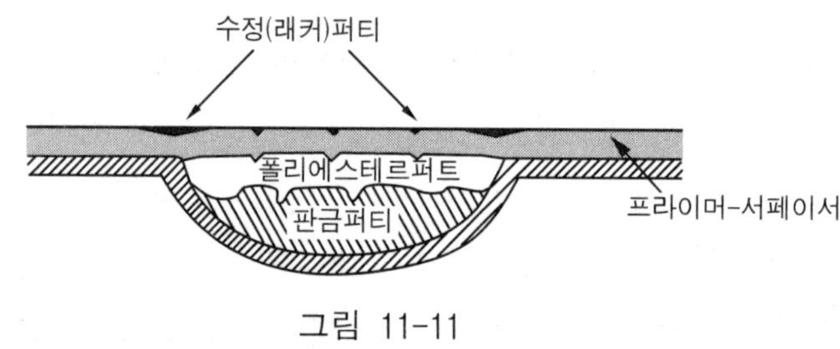

그림 11-11

4) 연마

① 프라이머-서페이서면의 연마 목적
㉠ 보수 표면의 극히 작은 요철 제거한다.
㉡ 상도 도료의 부착성을 향상시킨다.
② 연마 순서
㉠ 마무리 퍼티부 : #280~#320
㉡ 프라서페부 : #400~#600
③ 연마용 페이퍼 번호 선택

구 분	기 계 연 마	손 연 마	스폰지페이퍼 (부직포) 연마
사용 공구	더블액션샌더	핸드파일	-
사용 연마지	#320~#600	#320~#600	#400~#600
작업 요령	연마지에 분진이 끼므로 압축공기 또는 브러쉬로 털거나 연마지를 교환하면서 연마		

④ 프라서페의 연마 방향
자동차의 라인을 따라 연마

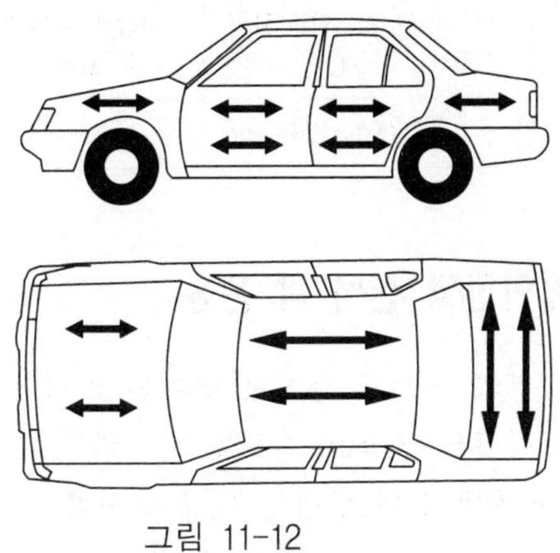

그림 11-12

11.3.2 중도 도료의 선택

① 상도와 하도의 밀착력을 좋게하며 살오름이 좋고 용제 침투를 방지하는 역할을 하는 도료로 선택되어야 하며 래커계 도료보다는 우레탄계 도료가 많이 사용되고 있다.

② 우레탄계 프라이머-서페이서는 반드시 계량용기에 정확하게 배합한다.

㉠ 주제+경화제+희석제(신너) : 희석제는 필요에 따라 가감하여 사용한다.

㉡ 용도별 프라이머-서페이서의 운용 예시

구 분	우 레 탄 계 도 료		
	일반적 타입	후막형 타입	스프레이 퍼티로 사 용 시
희석제 혼합비	20~30%	10% 이하	미첨가
스프레이 건 노즐 의 크기	중력식 1.5~1.8mm	→	중력식 1.8~2.0mm
공 기 압	3~4kg/cm^2	→	3~3.5kg/cm^2
피도면과의 거리	10~15cm	→	→

도 장 회 수	1~2회 (패턴폭 3/4)	→	2~3회 (패턴폭 3/4)
두 막 두 께	30~50µ (#320번 연마 자국 제거)	60~90µ (#180번 연마 자국 제거)	150~200µ (#80번 연마 자국 제거)
연마 가능 시간	60℃×20분	→	60℃×30분

11.3.3 스프레이건의 선택 과 운용

① 중도용 스프레이 건으로 결정된 형식은 없지만 노즐 구경은 상도용 보다 약간 크며 보통 1.5~2.0mm 정도를 사용한다.

② 노즐 구경 범위내 선택 방법은 도장 면적이 클수록, 그리고 흡상식 스프레이 건의 경우 중력식 스프레이건 보다 한 단계 크게 하는 것이 기본이다.

③ 스프레이건의 운용 기법

㉠ 적절한 스프레이건의 거리(15~25cm) 및 타원형의 패턴을 조절한다.

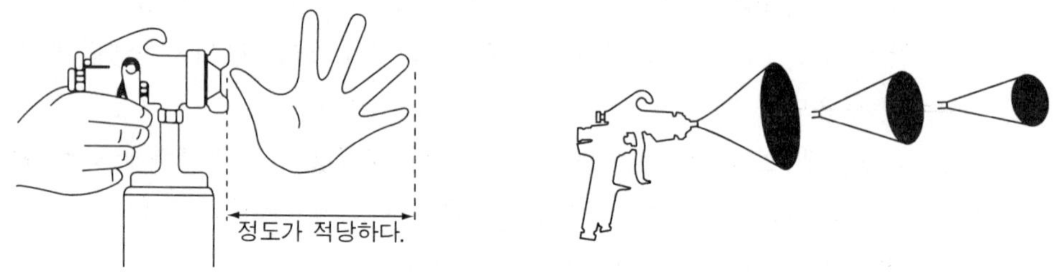

그림 11-13

㉡ 올바른 스프레이건의 운행

- 팔과 손목을 사용하여 도장면에 평행하게 운행한다.
- 이동 속도는 2~3 m/sec를 유지한다.
- 끝에 왔을 때 순간적으로 방아쇠를 놓는다.
- 원호를 그리면 안된다.

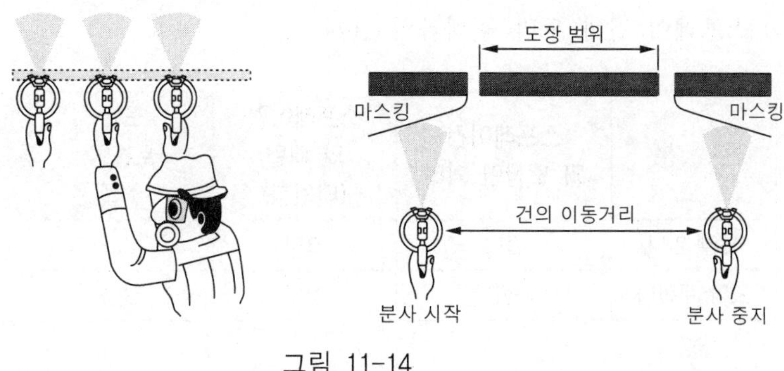

그림 11-14

ⓒ 도장면이 평면이든 곡면이든 직각이 유지되고 같은 거리여야 한다.

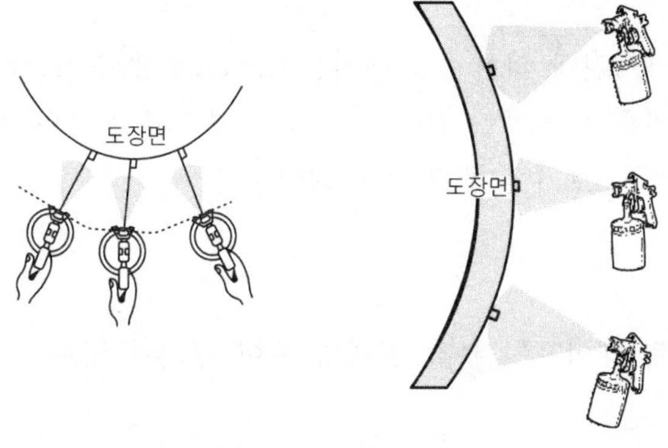

그림 11-15

ⓔ 스프레이건의 중첩(1/3~3/4 겹침) 운영 기법

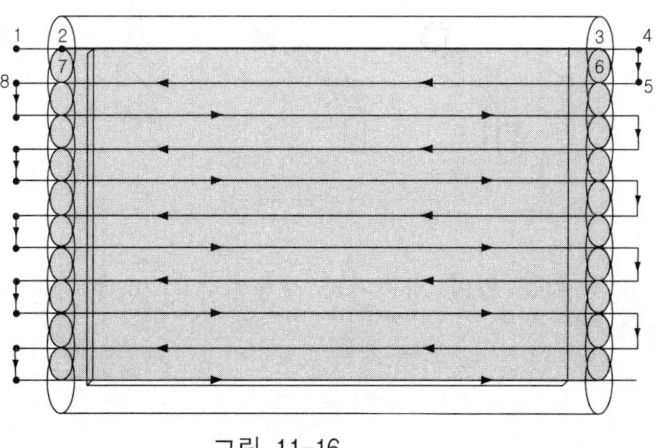

그림 11-16

㉤ 스프레이 건과 도막 두께와의 관계

구 분	스프레이건 과 도장면 거리	스프레이건 의 패턴 (타원형)	도료 토출량 조절	스프레이건 의 이동 속도
도막 얇다	멀다	크다	적다	빠르다
도막 두껍다	가깝다	작다	많다	느리다

11.3.4 마스킹 작업

1) 개요

① 스프레이건에 의한 도장에서는 불필요한 부분을 마스킹한다.
② 마스킹은 도장의 조건이나 도료에 따라서 신중히 작업한다.
③ 마스킹은 보기에 좋고, 깨끗해야한다.

2) 요령

① 마스킹 테이프는 부착 판넬에 틈이 생기지 않도록 붙인다.

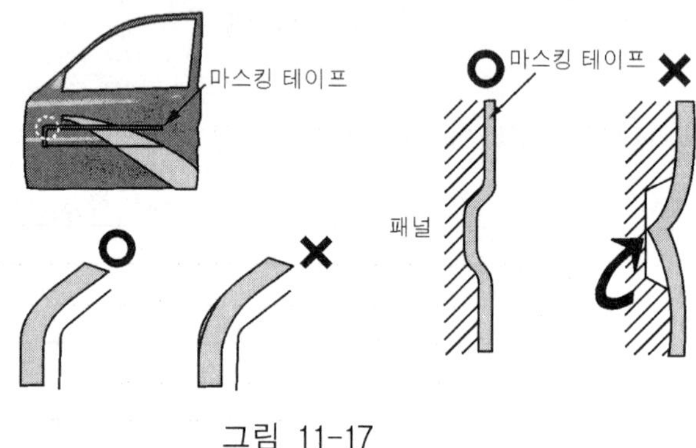

그림 11-17

② 도료(용제)를 많이 접촉되는 부분이나 고이기 쉬운 부분은 2중 마스킹을 한다.

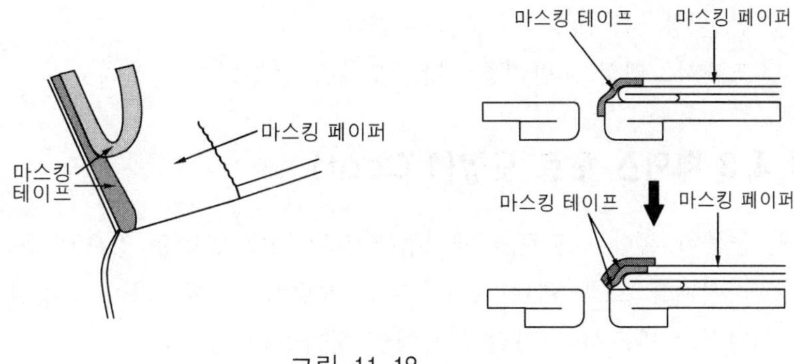

그림 11-18

③ 도장 경계선이 판넬의 중간(블렌딩도장)을 마스킹 할때는 리버스 마스킹을 한다.

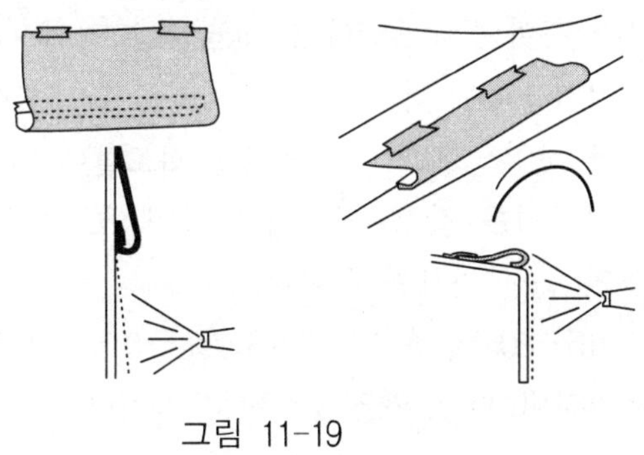

그림 11-19

11.4 상도 작업

11.4.1 개요

① 자동차 보수도장의 목적이 완성되는 단계로 색채와 광택이 부여된다.

② 미관에 있어서 도막의 균일성, 도료의 안정성 및 도장 환경을 고려한다.

11.4.2 도장전 준비 작업

① 도장면을 에어 블로우잉 및 표면 세정제로 탈지 작업을 한다.

② 차체의 불필요한 부위에는 도료가 묻지 않도록 사전에 세심한 마스킹(masking)을 한 후 작업한다.

③ 안전 장구를 정상적으로 착용한다.

④ 조색시스템의 교반기를 이용, 도료를 충분히 혼합한다.

11.4.3 베이스 도료 도장(1 Coat)

① 충분히 혼합된 도료를 계량컵(전자저울)에 알맞은 양으로 옮긴다.

② 희석제를 조색 계량자(전자저울, 계량컵)를 이용하여 규정된 혼합비만큼 첨가하고 반드시 지정된 희석제만 첨가한다.

③ 점도계로 점도를 측정한다(포드컵 #4 : 18~20±5sec/20℃).

④ 스프레이건의 용기에 70~80% 정도 되게 여과지를 사용하여 옮긴다.

⑤ 스프레이건은 중력식 기준 : 노즐 구경 1.2~1.4mm를 사용한다.
흡상식 기준 : 노즐 구경 1.4~1.6mm를 사용한다.

⑥ 에어 트랜스 포머는 정격압력 3~4kg/cm2, 작업장내 온도는 20℃를 유지한다.

⑦ 도장면을 에어블로우 작업과 먼지 제거포로 깨끗이 청소한다.

⑧ 시험 분무를 하며 도료의 양, 패턴을 피도물에 알맞게 조정한다.

⑨ 오른손에 분무기를 잡고, 왼손에는 공기 호스를 여유있게(약 1m내외) 잡아 허리에 붙인 듯한 자세를 취한다.

⑩ 분사 거리 15~20cm, 속도는 0.8 m/ses±0.2, 각도는 피도물에 대하여 평행과 직각을 유지하며 패턴 폭은 3/4 정도 겹친다.

⑪ 1회 도장후 후레쉬 타임을 5~10분 정도 경과 후 2~3회 도장한다.

㉠ 1회 도장 (기초 도장) : 스프레이 건의 속도를 빠르게 한다.

㉡ 2회 도장 (색상 결정) : 스프레이 건의 속도를 다소 빠르게 한다.

㉢ 3회 도장 (얼룩 지우기) : 스프레이 건의 속도를 빠르게 한다.

㉣ 건조 도막의 두께는 18~32µ 정도이다.

㉤ 각진 부분, 모서리, 가장자리 부분에 먼저 분무한다

㉥ 흐름, 두막 두께에 차이가 없도록 균일하게 도포한다.

⑫ 흐름 현상, 더스트, 주름 현상 등의 결함 발생시 수정 후 재도장 한다.

⑬ 도장 작업 후 15~20분 정도 후레쉬 타임을 주고 투명 도장 작업을 진행한다.

11.4.4 투명 도료 도장(2 Coat)

① 충분히 혼합된 도료를 계량컵(전자저울)에 알맞은 양으로 옮긴다.

② 경화제를 조색 계량자(전자저울, 계량컵)를 이용하여 규정된 혼합비만큼 첨가하고 반드시 지정된 경화제만 첨가한다.

③ 점도계로 점도를 측정한다(포드컵 #4 : 18~20±5sec/20℃).

④ 스프레이건의 용기에 70~80% 정도 되게 여과지를 사용하여 옮긴다.

⑤ 스프레이건은 중력식 기준 : 노즐 구경 1.4~1.9mm를 사용한다.
흡상식 기준 : 노즐 구경 1.4~1.8mm를 사용한다.

⑥ 에어 트랜스 포머는 정격압력 3~4kg/cm2, 작업장내 온도는 20℃를 유지한다.

⑦ 도장면을 에어블로우 작업과 먼지 제거포로 깨끗이 청소한다.

⑧ 시험 분무를 하며 도료의 양, 패턴을 피도물에 알맞게 조정한다.

⑨ 오른손에 분무기를 잡고, 왼손에는 공기 호스를 여유있게(약 1m내외) 잡아 허리에 붙인듯한 자세를 취한다.

⑩ 분사 거리 15~20cm, 속도는 0.8m/ses±0.2, 각도는 피도물에 대하여 평행과 직각을 유지하며 패턴 폭은 3/4 정도 겹친다.

⑪ 1회 도장후 후레쉬 타임을 5~10분 정도 경과 후 2~3회 도장한다.

㉠ 1회 도장 (투명 기초 도장) : 스프레이 건의 속도를 다소 빠르게 한다.

㉡ 2회 도장 (투명 마감 도장) : 스프레이 건의 속도를 표준 또는 다소 느리게 한다.

㉢ 건조 도막의 두께는 30~50μ 정도이다.

㉣ 각진 부분, 모서리, 가장자리 부분에 먼저 분무한다

㉤ 흐름, 두막 두께에 차이가 없도록 균일하게 도포한다.

11.4.5 가열 건조 작업(1 Bake)

① 도장 작업이 끝난 후 30분 정도 세팅 타임을 주고 서서히 온도를 상승시켜 열처리(60℃×30분) 한다.

② 흐름 현상, 더스트, 주름 현상 등의 결함 발생시 수정 후 재도장 또는 폴리싱한다.

11.4.6 상도 작업 방식 비교

1) 1 Coat - 1 Bake 상도 도장 기법

폴리 우레탄 도료(착색 2액형 도료) ⇨ 가열 건조 완성(60℃×30분)

착색도료 + 투명도료
하　지

2) Coat - 1 Bake 상도 도장 기법

베이스코트 도료 스프레이(은폐력 및 색상 제공 : 1액형 도료)
▪ 크리어 코트 도료 스프레이(광택 및 강도제공 : 2액형 도료)
▪ 가열 건조 완성(60℃×30분)

투명도료
착색도료 + 알루미늄입자
하　지

3) Coat - 1 Bake 상도 도장 기법

컬러 베이스(단색) 코트 도료 스프레이(은폐력 및 색상 제공 : 1액형 도료)
▪ 마이카 베이스 코트 도료 스프레이(마이카 색상 제공 : 1액형 도료)
▪ 크리어 코트 도료 스프레이(광택 및 강도제공 : 2액형 도료)
▪ 가열 건조 완성(60℃×30분)

투 명 도 료
마이카 베이스 도료
컬러 베이스(단색) 도료
하 지

11.4.7 상도도장시 주의 사항

① 스프레이건의 도료는 항상 도료컵에서 흘러나올 수 있다. 특히 압송식 스프레이건은 도료컵이 완전히 닫혀있는지 확인하고 컵의 공기 구멍이 뒤쪽으로 향하게 작업한다.
② 스프레이건에 연결된 에어호스가 도장면에 닿거나 밟히지 않도록 주의한다.
③ 초벌 도장시 미세한 크레타링의 현상을 방지하기 위하여 얇게 날려 도장한다.
④ 경계부위 도장시에는 너무 두껍게 도장되지 않도록 날려 도장한다.
⑤ 후레쉬 타임을 충분히 부여한다.
⑥ 각진 부분, 모서리, 가장자리 부분에 먼저 분무한다.
⑦ 흐름, 두막 두께에 차이가 없도록 균일하게 도포한다.

11.4.8 건조

1) 지촉 건조 (tack free time)

① 도장 작업 후 표면에 이물질이 박히지 않는 표면 건조 시간을 말한다.
② 도료별 지촉 건조 시간

솔리드 타입도료 (2액형)	투명 도료 (2액형)	메탈릭 베이스 (1액형)
20분	15분	10분

2) 강제 건조(forced drying)

① 건조는 열에 의해 가속된다.
② 열은 도막내의 용제의 증발을 가속시키며 2액형 도료에서 주제와 경화제의 반응을 증진시킨다.
③ 건조 시간을 단축하기 위해 도막에 열을 가하는 것을 강제건조라 한다.

3) 세팅 타임(setting time)

① 도장 직후 용제는 매우 활동적으로 증발한다.
② 열을 가하면 더욱 빠르게 증발되며 이때 핀홀 등의 도장 결함을 유발한다.
③ 자연적으로 용제가 증발되도록 강제건조 전에 10~20분간 방치하는 시간을 말한다.
④ 세팅타임 설정 조건
㉠ 도막두께 : 용제 증발 속도는 도막 두께의 제곱에 비례한다.

도막두께 = 1 : 2	➡	셋팅타임 = 1 : 4

㉡ 건조 시간이 느린 도료
㉢ 주변의 온도

4) 건조 장비에 따른 온도 상승의 차이점

구 분	공기 건조기	적외선 건조기	원적외선 건조기
온도 형태	매우 천천히 상승	매우 빠르게 상승	다소 느리게 상승
차이점	차체 부품에 따라 온도 상승도가 상이하다	차체 색상에 따라 상이하다	도막내부로 부터 열상승 : 핀홀 방지

11.5 광택 작업

11.5.1 개요

① 도막 위의 광택연마 작업을 폴리싱(polishing)이라 한다.
② 도장면의 품위와 아름다움을 향상시키는 것으로
㉠ 불순물이나 먼지를 제거하고
㉡ 미세한 굴곡이나 광택의 흐름을 아름답게 보이도록 하는 작업
③ 자동차 도장의 품질을 향상시키는 도장 공정의 최종 작업으로 가장 중요한 분야중 하나이다.

11.5.2 작업의 필요성

① 도막 표면에 먼지나 이물질이 생겼을 때
② 상도 도장시 흐름 현상이 생겼을 때
③ 도막 표면에 오렌지 필 현상이 생겼을 때
④ 오버 스프레이(over spray) 현상이 생겼을 때
⑤ 작은 스크래치(scratch)가 생겼을 때
⑥ 부분 작업시 작업 부위의 색을 다른 부분과 동일하게 하고자할 때

11.5.3 작업 공정

1) 연마 공정(sanding)

- 주로 칼라 샌더에 디스크 연마지(일반 색상용 : #1500, 진한 색상용 : #2000)를 이용하여 재도장 차량의 거친 표면을 고르는데 사용되며 심한 오렌지 필이나, 먼지 결함, 흐름 결함 등을 신속하게 제거한다.

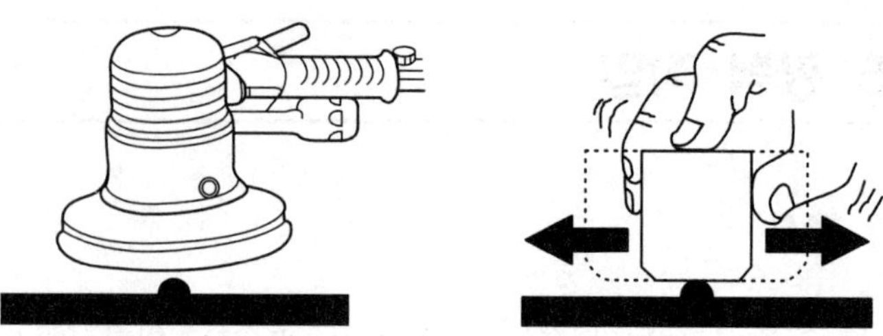
그림 11-20 칼라 샌더 및 숫돌 사용

2) 콤파운드 연마 공정(compound sanding)

- 주로 도막 표면의 한 층을 연마함으로서 도막 결함을 제거하는 작업으로 거친 흠, 심한 산화 상태, 산성비 자국, 칼라 샌딩 흠을 제거한다.
- 양털 버프를 사용한다.

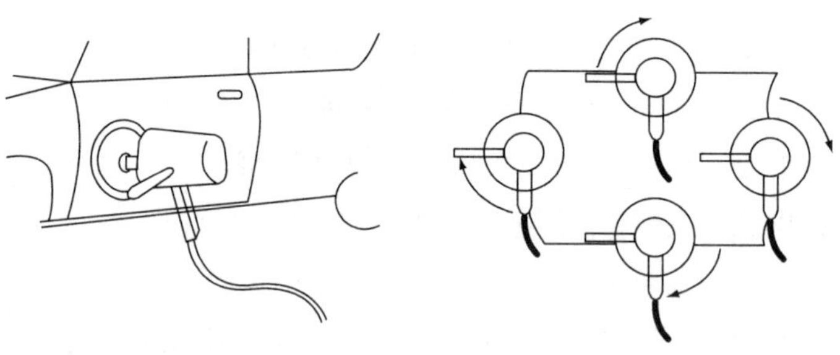
그림 11-21 폴리셔 작업 요령

3) 폴리시 공정(polishing)

- 주로 도막 표면의 매우 얇은 흠을 제거함으로써 가벼운 도막 결함을 제거하는 작업으로 미세한 흠집, 가벼운 산화물, 세차후 물방울이나 빗물 자국, 양털 버프의 스월 마크등을 제거한다.
- 스폰지 버프를 사용한다.

4) 광택 코팅 공정

- 주로 도막 표면의 광택 작업을 해주므로 도장면을 보호하는 동시에 광택을 높여 준다.

11.5.4 작업시 주의사항

① 도막의 용제가 약 90% 정도 증발되어 건조되었을 때 작업한다.
㉠ 완전 건조시 : 도막이 너무 견고하여 작업시간 과다 소요
㉡ 불완전 건조시 : 일시적 광택을 획득할 수 있으나 단기간 광택저하
② 폴리셔 사용중 버프가 부착된 상태에서 바닥에 놓을 때는 버프면이 위로 향하도록 하여 버프에 이물에 의한 도장면의 손상을 방지한다.
③ 폴리셔의 작업 범위는 50×50cm정도의 넓이로 나누어 작업한다.
④ 도막의 표면에 컴파운드를 장시간 방치할 경우 콤파운드의 용제에 의하여 화학적 영향을 받을 수 있으며 또한 굳어져 도막에 손상을 줄 수 있다.
⑤ 과다한 컴파운드의 사용은 버프의 구동을 방해하므로 적정량을 사용한다.
⑥ 고운 컴파운드를 사용중에 거친 컴파운드를 사용하게 되면 다시 고운 콤파운드로 재작업을 해야한다.
⑦ 폴리셔의 작동은 반드시 도막면에 버프를 밀착시키고 한다.
⑧ 폴리셔를 한 곳에서만 장시간 작업하지 말아야 한다.
㉠ 버프에 의해 베이스 도막손상
㉡ 심한 경우 열에 의한 철판의 손상유발
⑨ 판넬의 가장자리나 프레스 라인은 손상되기 쉬우므로 힘을 가하면 안된다.
㉠ 도막이 상대적으로 얇으므로 폴리싱 작업에 의해 손상되기 쉽다.
㉡ 얇고 가는 플라스틱 테이프로 마스킹을 하고 폴리싱 작업한다.
㉢ 가장자리는 안쪽에서 바깥쪽으로 폴리셔를 작동한다.
⑩ 어두운 색상은 버프 자국이 더욱 선명하므로 부드러운 버프와 고운 컴파운드로 작업한다.
⑪ 부분도장(블렌딩 도장)시 가장자리는 얇은 도막으로 부착력이 매우 약하다. 역방향으로 움직이거나 강한 힘을 주면서 작업하게 되면 가장자리의 도막이 깨지거나 떨어지게 된다.
⑫ 컴파운드의 용제는 폴리싱 후에도 즉시 증발되지 않으므로 왁스성분의 광택제를 코팅하면 막을 형성하여 용제의 증발을 막게 되며 이는 칼라변, 크랙, 황변의 원인이 된다.

11.6 색상 이론과 혼합

11.6.1 색상 이론

색은 광(光)의 일종으로 가시광선의 빛이 물체에 도달하여 반사되어 나오는 빛이 눈에 들어 올 때 일어나는 감상을 색(色)이라 한다.

11.6.2 시각의 기본 요소

1) 광선

① 광선 : 항상 특정 "광원"으로부터 나오는 것으로 지구상에서 가장 좋은 광원은 태양빛이다.

② 태양 빛을 관측시 : 백색

- 프리즘 투과시 : 적색부터 자색으로 색이 분리

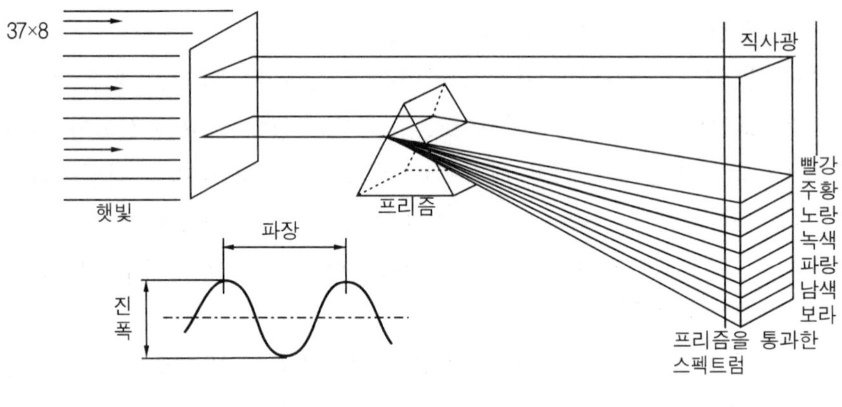

그림 11-22

2) 물체

① 태양, 전등과 같이 광원에서 나오는 광선을 반사함으로 보이는 것 (무광시 관측 불가)

② 물체가 빛의 성분중 특정 색광선은 반사하고, 다른 색광선은 흡수

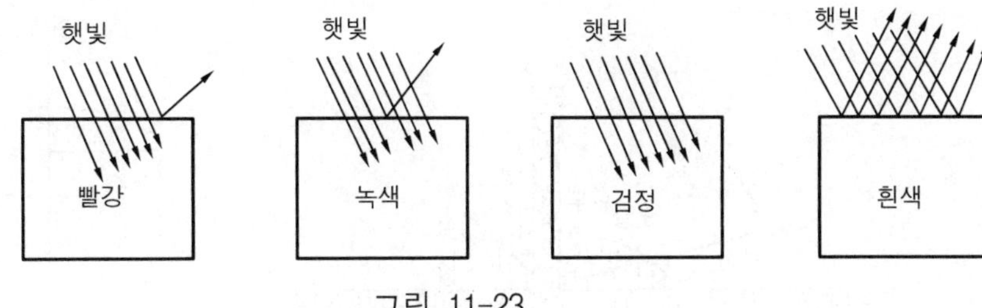

그림 11-23

3) 관찰자

인간에 있어서 "눈"은 색을 판별하는 색 분석기의 역할을 한다.

- 기능 결함 : 색맹

11.6.3 색의 3 요소

1) 명도(lightness)

① 색상의 밝고 어두운 정도를 말한다.

② 인간의 눈은 색의 3요소 중 명도에 대한 감각이 제일 높고, 그 다음은 색상, 채도의 순서이다.

2) 색상(hue)

① 유채색의 구분을 빨강계통, 노랑계통, 녹색계통 등 색의 종류에 따라 계통을 구별하는 색채의 속성

② 색의 구분

㉠ 유채색

㉡ 무채색

3) 채도(saturation)

① 색의 강약, 또는 색의 맑기이고 선명도를 말한다.

② "1"에서 "14"까지의 구분이 있으며 채도 "14"가 가장 선명하다.

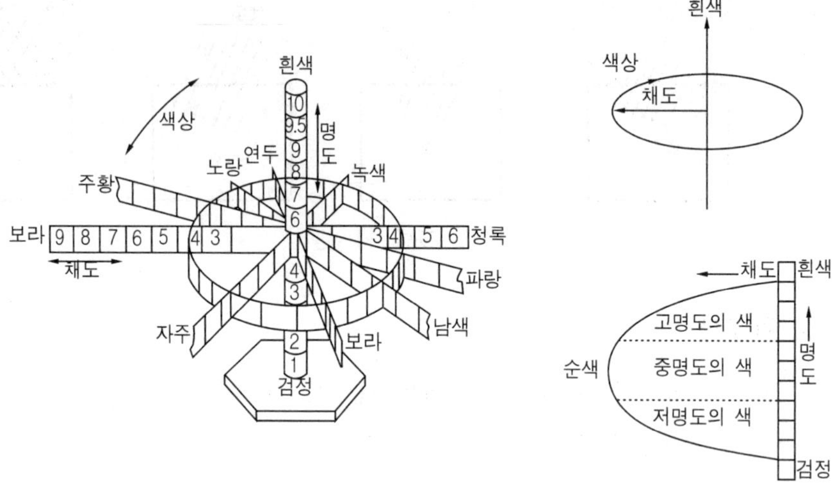

그림 11-24

11.6.4 색상의 혼합

1) 원색

① 다른 색의 복합으로 만들 수 없는 색의 근원이 되는 기본색을 말한다.

- 원색들을 혼합해서 다른 색상들을 만들 수는 있으나 반대로 다른 색들을 혼합해서 원색을 만들 수는 없다.

② 색료의 3원색 : ① 자주(M, magenta), ② 노랑(Y, yellow), ③ 청록(C, cyan)

③ 색광의 3원색 : ① 빨강(R, red), ② 녹색(G, green), ③ 파랑(B, blue)

2) 색료 혼합

감법혼색/감색혼색(subtractive color mixture)

① 색채의 기본색 혼합시 기본색 보다 어두워지고 탁해지는 혼합이다.

② 기본 혼합

- 자주(M)+노랑(Y)=빨강(R, red)
- 노랑(Y)+청록(C)=녹색(G, green)
- 자주(M)+청록(C)=파랑(B, blue)
- 자주(M)+노랑(Y)+청록(C)=검정(BL, black)

3) 보색

① 두 색을 혼합시 무채색이 되는 상호간의 색을 보색이라 한다.
② 색료혼합(감색혼합) : 빨강-청록, 녹색-자주, 파랑-노랑
③ 색광혼합(가색혼합) : 노랑-파랑, 청록-빨강, 자주-녹색

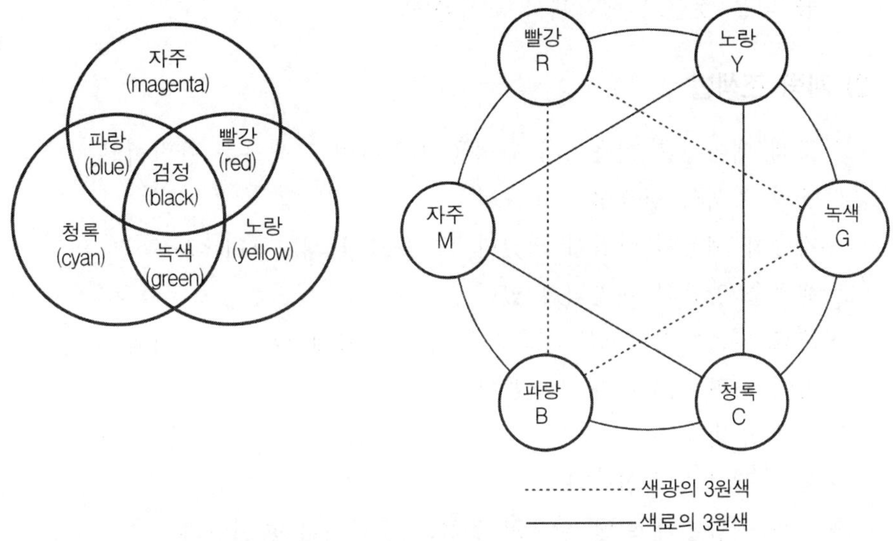

그림 11-25

11.7 조색 이론

11.7.1 개요

단일 안료를 사용한 원색 도료를 두가지 이상 혼합하여 지정된 색을 맞추는 작업을 조색이라 한다.

11.7.2 조색 방법

- 목 측 조색법
- 계 량 조색법

▪ 컴퓨터 조색법

1) 목측 조색법

① 손으로 하는 가장 일반적인 조색으로 경험과 숙련을 필요로 하는 방법이다.
② 어느 원색을 기본으로 할 것인가 결정 후, 보조색으로 몇 가지 원색을 얼마큼 넣을 것인가 생각해서 조색한다.

2) 계량 조색법

① 조색 데이터를 이용해서 원색을 계량하며 조색하는 방법이다.
② 계량 조색의 필요성
▪ 자동차 색상이 다양화 되었다. ⇨ 도료의 재고관리 애로
▪ 새로운 안료의 개발되고 있다.
▪ 도료 제조사의 공급 과정에서 생산 일자에 따른 색상차와 자동차의 생산일자에 따라 색상차가 발생한다.
③ 조색 방법
▪ 차체 색상을 확인한다.
▪ 조색 배합표에 의한 원색의 종류와 혼합량을 확인한다.
▪ 원색 도료를 조색 배합표에 의해 계량하여 혼합한다.
▪ 혼합된 원색 도료를 충분히 교반한다.
▪ 시편에 시험도장후 차체색과 비교한다.

3) 컴퓨터 조색법

각 원색의 특성치를 컴퓨터에 입력시켜 놓고 원하는 색상 견본의 반사율을 측정해서 원색의 배합율 계산을 컴퓨터로 하는 조색방법이다.

11.7.3 조색 요령

① 색상의 정확한 평가와 판단이 필요하다.
② 원색 도료의 특성을 숙지해야한다.

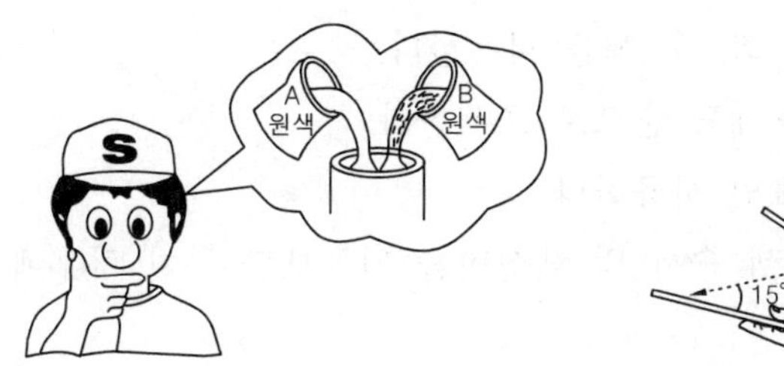

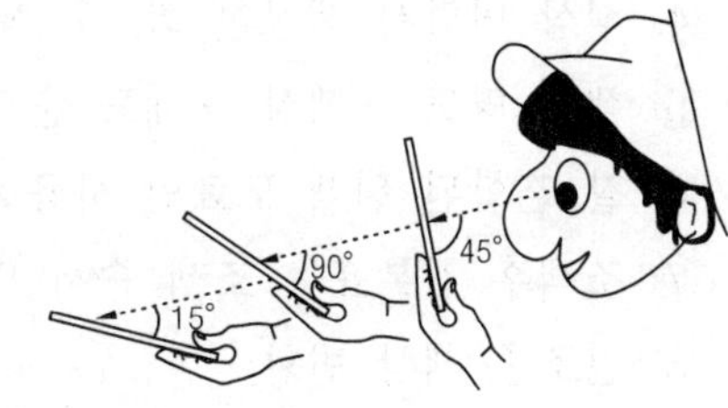

그림 11-26

③ 최초 필요량의 70% 정도만 조색한다.

④ 건조전, 후의 색상 차이 발생에 따라 건조된 색으로 대비해야한다.

⑤ 사용량이 많은 색부터 혼합하고, 자동차 표면보다 밝고 맑은색으로 조색한다.

⑥ 원색 수보다 가급적 적게 한다.

⑦ 색상 판단법

㉠ 더 빨갛고, 더 파랗고, 녹색을 띄고 있는가 비교(색상)

㉡ ▪ 솔리드 칼라 : 더 흰색이냐, 더 검은색이냐 비교

▪ 메탈릭 칼라 : 더 밝은 색이냐, 더 어두운 색이냐 비교(명도)

㉢ 더 선명한가, 더 탁한가(채도)

⑧ 메탈릭 칼라 조색시 알루미늄의 입자 크기를 결정해야한다.

⑨ 메탈릭 칼라 조색시 원색에는 투명도가 높은 것이 필요하므로 사용할 수 있는 원색을 제한한다.

㉠ 메탈릭 바탕색을 깊게 할 때 :

▪ 투명성이 큰 원색의 비율을 증가하고 알루미늄의 배합량을 작게한다.

㉡ 메탈릭 바탕색을 엷게 할 때 :

▪ 깊게 할 때의 반대로 처리하고 소량의 백색 첨가한다.

(단, 채도가 낮아지고 메탈릭감 저하 주의한다.)

11.7.4 조색시 주의 사항

① 계통이 다른 도료와 혼용을 피한다.

② 착색력이 큰 원색을 다른 색에 넣어 혼합시 소량씩 넣는다.

③ 희망색보다 색상이 예측하지 않은 방향으로 조색시 보색 관계가 있는 원색을 이용하여 수정한다.

④ 색상 변화시 색상환 좌, 우 색을 사용한다.
⑤ 색은 명도→색상→채도 순으로 조색한다.
⑥ 잘 혼합된 원색 도료만 사용한다.
⑦ 조색후 견본표는 조색 순서 및 색상비를 기록보관 하여 차후에 활용한다.
⑧ 건조중 색상 변환
㉠ 솔리드 칼라 : 보다 어두워진다.
㉡ 메탈릭 칼라 : 보다 밝아진다.
㉢ 2액형 도료 : 크리어 도장후 색상 변화에 주의한다.

11.7.5 색 판단 방법

① 직사광선을 피하고 C광원 또는 확산서광을 기본으로 색 견본과 비교한다.
② 일출 직후나 일몰 직전에는 색상 비교를 피한다.
③ 자동차 표면과 동일한 면에서 하고 정면(90°)과 측면(15°~60°)으로 위치를 이동하면서 비교한다.
④ 스프레이 도장면은 스프레이 하여 비교한다.
⑤ 은폐력이 적은 색을 볼 때는 하도 색상에 따라 현저한 색차가 발생된다.
⑥ 젖은색과 건조색은 다르므로 시편을 잘 건조하여 견본색과 비교한다.

11.8 도막의 광학적 성질

11.8.1 메탈릭 도료의 구성

1) 메탈릭 도료

메탈릭 도료는 반투명의 에나멜에 은분(알루미늄)이 함유된 것으로 도막의 아래층에 은분이 가라앉고 반투명의 에나멜층을 통해서 금속특유의 빛을 발생하게끔 만든 도료이다.

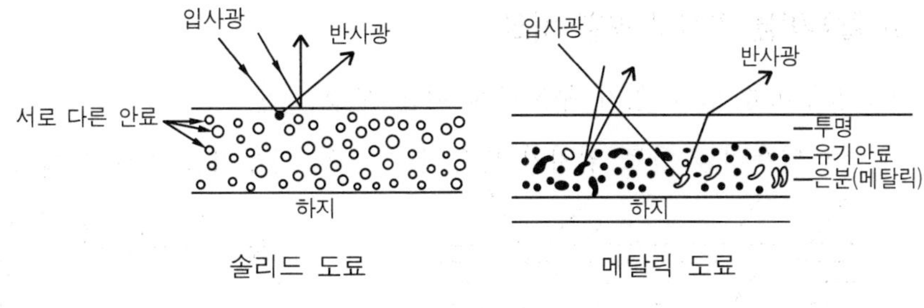

그림 11-27

2) 메탈릭 편의 역할

① 거의 모든 광선을 반사시키는 도막내에서 작은 거울로서의 역할을 한다.
② 색상의 명도를 조정한다(메탈릭 입자 첨가량으로 색상의 명암을 조절).

3) 메탈릭 편의 성분 및 크기

① 메탈릭 편의 성분 : 주로 사용되는 것은 "알루미늄"이다.
② 메탈릭 편의 크기

- 고운 메탈릭 : 10~15μ
- 거친 메탈릭 : 40~50μ

4) 메탈릭 입자에 의한 특수 효과

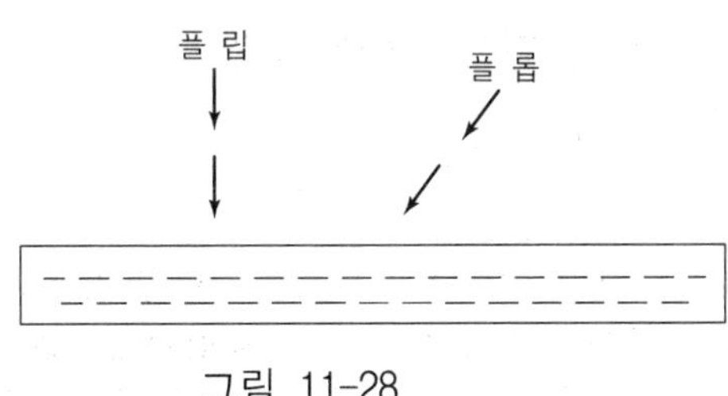

그림 11-28

5) 알루미늄 입자의 배열 비교

① 알루미늄 안료 입자 분포량에 따른 분광 현상

㉠ 알루미늄 안료 입자가 많을시

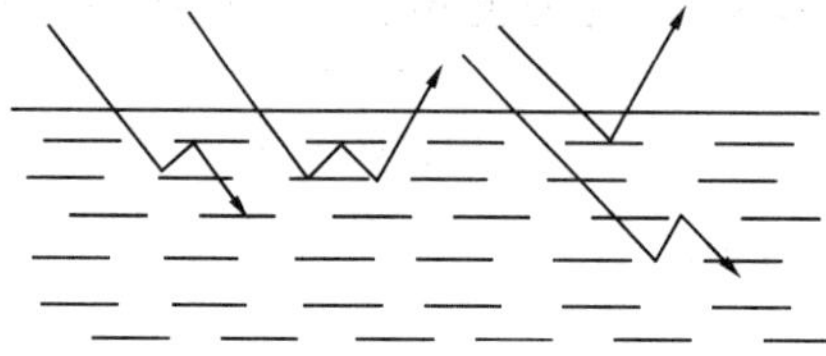

반사각이 차단됨으로써 색상이 어둡게 보임

㉡ 알루미늄 안료 입자가 적을시

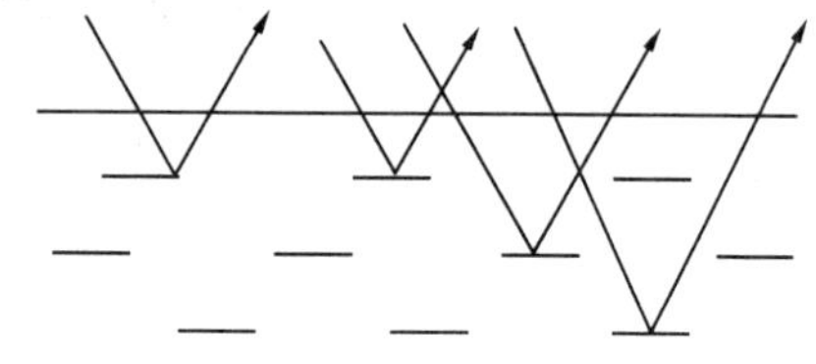

반사각이 전부 표면에 나타나기 때문에 밝게 보임

그림 11-29

② 도료의 건조 속도와 알루미늄 입자의 배열

㉠ 건조 속도가 늦을 때

입자가 일정하게 배열

㉡ 건조 속도가 빠를 때

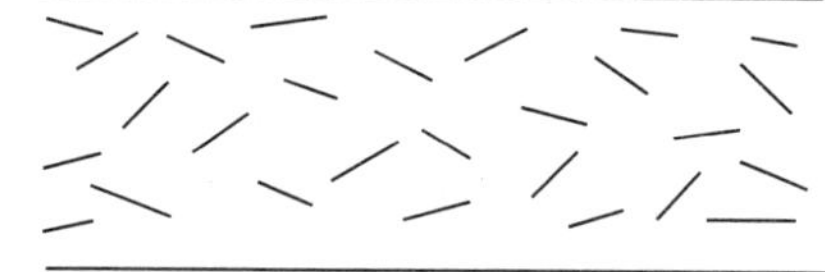

도장되는 즉시 건조되어 입자의 배열이 일정하지 않음

그림 11-30

6) 메탈릭 색상의 도장 방법에 따른 영향

스프레이 방법에 따른 영향

구 분	눌 러 뿌 림 (Wet coating)	표 준 뿌 림 (Standard coating)	날 려 뿌 림 (Dry coating)
도장 방법	도료를 과도하게 분사 도장	건조 조건에 따라 적당량을 분사	분사량을 최대한 줄여 날려서 도장
도막 두께	과 도막 형성	정상 도막 형성	얇은 도막 형성
외 관	흐름 현상	외관 양호	“오렌지 필” 현상
건 조	느 림	정 상	빠 름

도막내에서 메탈릭 입자 배열 상태	입자가 하부에 편중된 상태	입자가 균일하게 분포된상태	입자가 상부에 편중된 상태

11.8.2 펄(pearl-mica) 도료의 구성

1) 펄(pearl)이란?

'펄'은 진주를 말하며 진주는 여러 겹의 나이테를 형성하여 각 층마다 빛의 반사 각도가 틀리기 때문에 색이 매우 다양하게 표현된다.

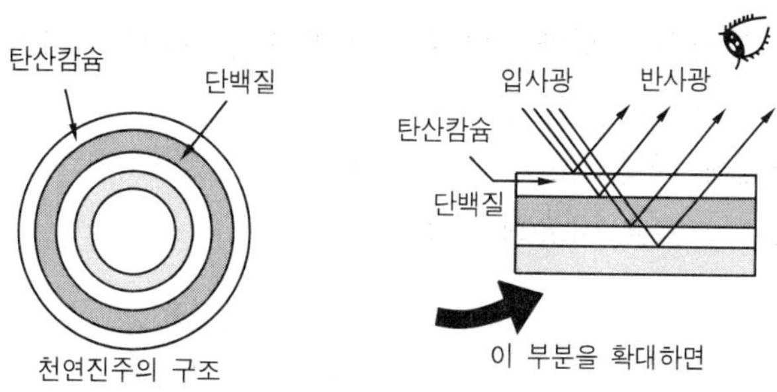

그림 11-31 천연 진주의 발색 원리

2) 마이카(mica) 도료

① 인조 펄로서 운모를 잘게 쪼개어 표면을 산화티탄이나 산화철등 빛의 굴절율이 높은 금속 산화물로 코팅해 안전한 무기펄 안료를 만들어 낸 것이다.

② 굴절율이 높은 산화티탄 층과 낮은 마이카 그리고 주변 매개체와의 경계에서 반사된 빛이 진주와 같은 광택을 발하게 된다.

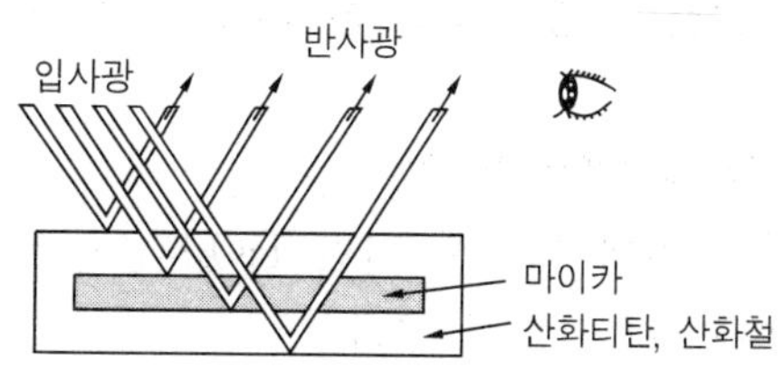

그림 11-32 마이카의 반사

3) 마이카(mica)의 원리

① 마이카는 은색, 황색, 적색, 청색, 녹색등 여러 가지 색을 나타낼 수 있다.
② 태양 광선중 눈에 보이는 부분(가시광선)은 각 파장의 색, 즉 녹색, 청색, 감색, 보라색이 합성광을 이루고 있다.
③ 합성광이 펄이나 마이카 속에 들어가면 펄, 마이카의 두께에 따라 여러색중 특정색이 중첩되면서 반사한다.
④ 메탈릭과 솔리드 도료의 안료와 달리 색의 반사 광선을 내는 것이 아니라 안료속에 투과하든지 간섭하여 도막의 선명도를 높여준다.

4) 마이카(mica)의 종류

▸ 실버(화이트) 마이카(silver mica)

① 운모 입자의 표면에 이산화티탄(TiO_2)을 얇게 코팅한 것으로 은백색의 반투명이며 은폐력이 낮다.
② 백색계에 이용되고 있으며 다른 마이카 및 메탈릭 안료와 혼합해서 2코트 도장용 도료로 사용되고 있다.

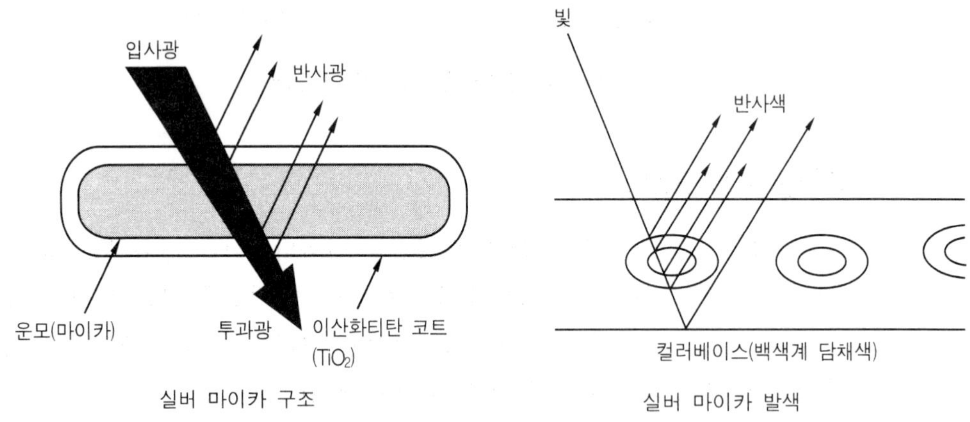

그림 11-33 실버 마이카의 구조 및 발색

▸ 간섭 마이카(interference mica)

① 운모 입자의 표면에 이산화 티탄(TiO_2)의 두께를 변화시키면 굴절률이 달라져 색상이 다른 펄 광택이 난다.

▪ 실버 마이카 보다 조금 두껍고 정밀하게 코팅되어 있다.

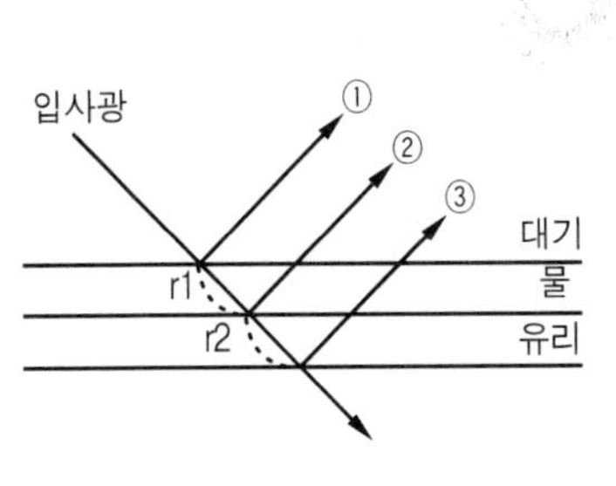

간섭 마이카 발색

TiO_2의 코팅막 두께 (nm)	반사광	투과광
100~150	펄(실버)	
210	황색	청색
250	적색	녹색
310	청색	황색
360	녹색	적색
간섭 마이카 두께에 따른 발색변화		

그림 11-34 간섭 마이카의 발색 및 발색 변화

▸ 착색(레드) 마이카(metallic mica)

마이카 입자에 산화철(Fe_2 O_3)을 코팅 한 것으로 밤색계(maron), 빨강계(red), 브라운(brown)계가 있다.

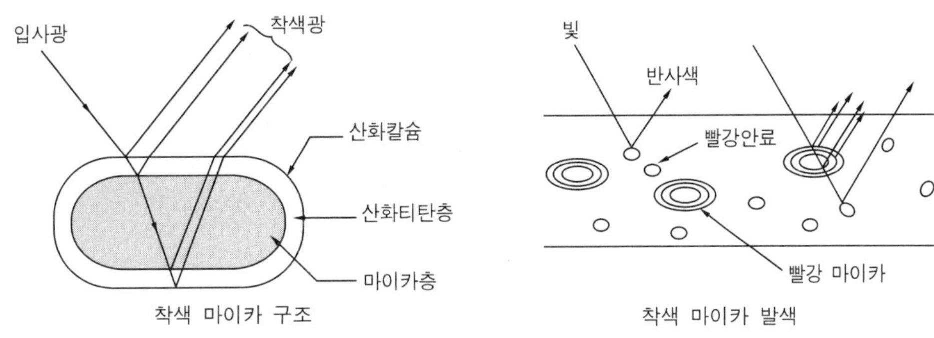

그림 11-35 착색 마이카의 구조 및 발색

▸ 콤비네이션 마이카(combination mica)

실버 마이카와 같이 운모 입자의 표면에 이산화 티탄(TiO_2)을 코팅한 마이카 표면 위에 금속 산화물을 한번 더 코팅한 것이다.

▸ 팔리오 크롬(palio chrome)

알루미늄에 산화철(Fe_2 O_3)을 코팅한 안료.

MEMO

제 12 장

도장 결함 및 수정

제 12 장 도장 결함 및 수정

12.1 도장 중 및 건조 과정에서의 발생 결함

12.1.1 불순물(seeding) : 먼지 고착

1) 현상

도료 내부 또는 공기중의 먼지 등이 도장면에 부착된 돌기형의 결함

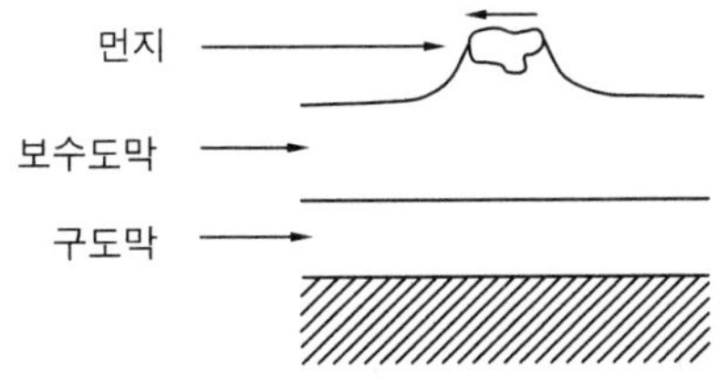

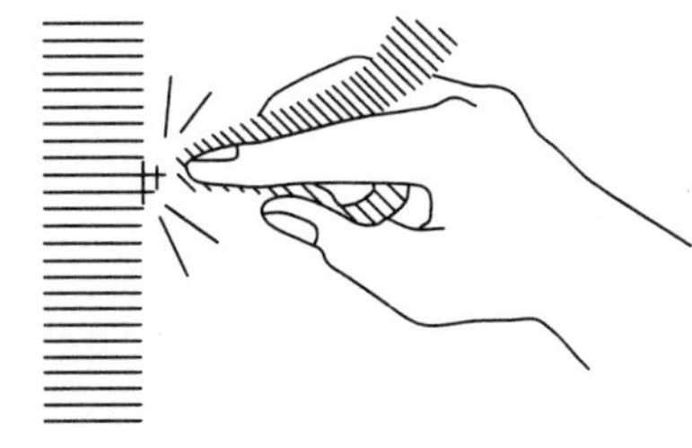

그림 12-1

2) 원인

① 피도면의 표면세정 불량
② 작업장의 먼지
③ 도료 내부 오염물－부적절한 여과지 사용
④ 스프레이건의 청소 부실

3) 예방

① 작업전 피도면의 충분한 세정작업
② 작업장의 청결 유지
③ 도료 종류에 적합한 여과지 사용
④ 도장 작업후 스프레이건의 청소 철저히 시행

4) 보수

① 작업중
−바늘, 칼, 쪽집게, 마스킹테이프 등으로 제거
② 건조후
−#1500, #2000 연마지를 사용하여 연마후 폴리시 작업 시행

12.1.2 메탈릭 얼룩(blemish)

1) 현상

메탈릭 입자의 불규칙한 배열에 의해 반점, 물결 모양의 결함

① gun blemish
베이스코트 내부의 메탈릭(알루미늄)입자의 불규칙한 배열에 의한 현상

② flash blemish
베이스코트 위에 크리어코트 도장시 메탈릭(알루미늄) 입자가 크리어층으로 떠오른 현상

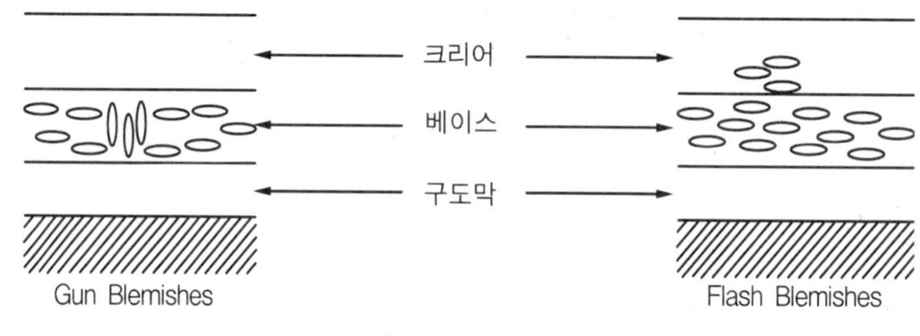

그림 12-2

2) 원인

① 베이스 및 크리어 도료의 점도 불량(신너의 과다 함유)
- 크리어코트의 용제가 베이스코트를 용해(침투)하여 blemish현상 발생

② 크리어 코트 작업전 불충분한 후레쉬 타임 설정

③ 신너의 증발속도가 늦을 때

④ 불규칙적인 스프레이건의 조작
- 두꺼운 도막부위는 용제의 과다로 메탈릭(알루미늄) 입자의 불규칙적인 현상 발생

3) 예방

① 스프레이건의 패턴 폭과 건의 거리, 이동속도 등을 일정하게 작업 시행
② 도료에 적합한 점도 조절 및 작업장 온도에 적합한 신너 사용
③ 크리어 도장전 도료의 점도, 신나의 증발속도에 적합한 후레쉬타임 설정
④ 초벌 크리어 도장시 얇게 작업 시행

4) 보수

① 작업중 : 충분한 후레쉬 타임을 주고 높은 압력과 건을 멀리(40~50cm)해서 blemish 현상을 없애고 크리어를 얇게 도장한다
② 건조후 : #1500 이상의 연마를 사용하여 연마후 재도장 작업 시행
③ 과도한 결함시 재도장 작업 시행

12.1.3 크레타링(cratering)-fish eye, 하지끼, 왁스끼

1) 현상

피도면에 수분 및 유분의 영향으로 도장후 상도면에 분화구 모양의 결함

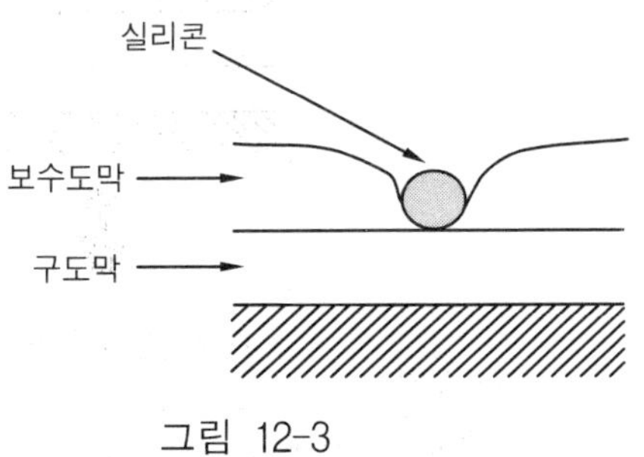

그림 12-3

2) 원인

① 유분(오일, 왁스, 실리콘, 컴파운드, 마스킹 테잎의 접착제 등)이 피도면에 부착
② 압축공기에 수분이나 오일이 스프레이건에 포함되어 분사시

3) 예방

① 피도면의 충분한 세정 및 탈지작업

② 탈지후 피도면의 촉수 금지
③ 표면탈지 작업시 청결한 걸레 사용

4) 보수

① 작업중
공기의 압력을 높이고 토출량을 낮추어 구멍난 부위 보강(메움) 도장
② 건조후
#1500 이상의 연마를 사용하여 연마후 재도장 작업 시행

12.1.4 백화(blushing)

1) 현상

용제 증발시 주변의 열을 흡수하여 피도면에 공기중 습기가 응축되어 구름 낀 모양의 결함

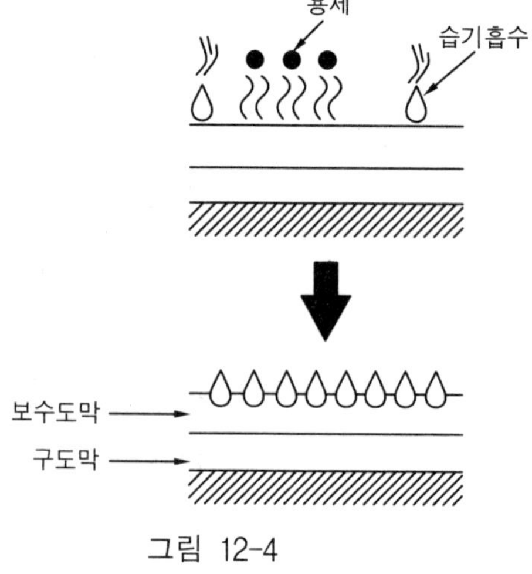

그림 12-4

2) 원인

① 작업장의 높은 습도
② 증발속도가 빠른 신너 사용
③ 스프레이건의 과도한 압력

3) 예방

① 작업장의 높은 습도시 지건성 신너와 리타더 신너 사용
② 스프레이건의 압력을 충분히 낮춘다
③ 피도면을 도장전 예열하여 습기 제거

4) 보수

① 건조후 폴리시 작업
② 결함 과다시 #1500 이상의 연마를 사용하여 연마후 재도장 작업 시행

12.1.5 도막 수축(lifting)

1) 현상

보수 도막의 용제가 구도막을 용해하여 도막의 수축현상으로 도막내부의 비틀림과 주름현상이 상도도막에 나타나고 열에 의해 확장되는 결함

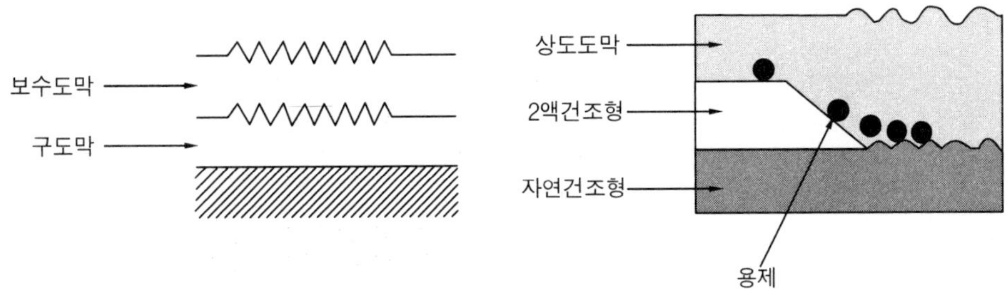

그림 12-5

2) 원인

① 구도막의 열화 및 산화현상
② 2액형 도료가 반응하는 동안 새로운 도료 도장시
③ 신너에 반응하는 구도막이 노출된 상태에서 도장시

3) 예방

① 구도막이 열화 및 산화 경화형 도료를 사용한 경우 구도막 제거후 우레탄프라이머－서페이서를 도장

② 신너에 반응되는 도막의 부분적 노출시 우레탄 프라이머-서페이서를 도장
③ 2액형 도료 사용시 완전 건조후 후속 도장작업 시행
④ 구도막이 자연건조형 도료시 낮은 온도(50℃이하)조건에서 건조

4) 보수

① 건조후 평화면으로 연마후 우레탄 프라이머-서페이서를 도장하고 상도 재도장 시행
② 결함 과다시 구도막을 완전 제거후 재도장 시행
③ 우레탄 프라이머-서페이서(또는 실링제)를 부분적으로 도장하면 구도막(자연 건조형도료)의 경계면에 비틀림 현상 초래
 ▪ 패널 전체를 블록 도장

12.1.6 오렌지 필(orange peel)

1) 현상

도장면이 평활하지 않고 오렌지 껍질처럼 불규칙한 표면의 결함

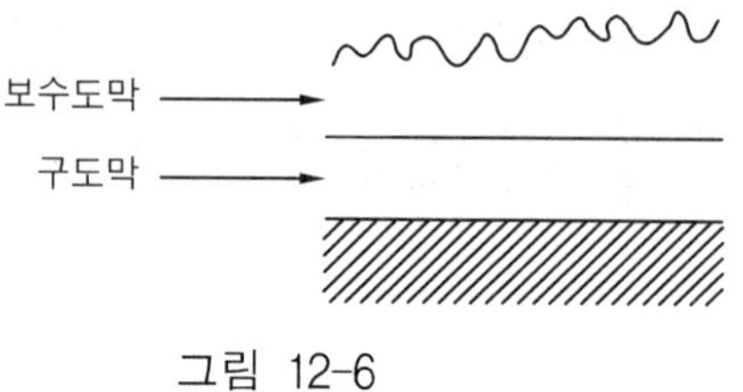

그림 12-6

2) 원인

① 스프레이 작업시 도막이 너무 얇아 평활면 불량시
② 도료의 점도가 너무 높을때
③ 신나의 증발속도가 너무 빠를때
④ 작업장의 온도나 도료의 온도가 높거나 통풍 너무 좋은 경우 도막이 형성되기 전에 용제 증발시
⑤ 스프레이건의 공기압이 너무 높거나 건의 이동 속도가 너무 빠르거나, 건의 거리가 너무 먼 경우

⑥ 스프레이건의 패턴 조절 불량시

3) 예방

① 적절한 두께로 도장
- 베이스코트 : 은폐 범위내에서 얇게,
- 크리어코트 : 흐르지 않는 범위내에서 두껍게 도장

② 도료 업체의 권장 온도와 점도 조절 사용
③ 작업장의 온도에 따라 적합한 경화제나 신너 사용
④ 일정한 스프레이건의 공기압, 건의 이동속도, 건의 거리 조절
⑤ 차체의 온도가 높지 않은 상태에서 도장
⑥ 스프레이건의 균일한 패턴으로 분사되도록 노즐 조절

4) 보수

① 건조후
- #1500, #2000 연마지를 사용하여 연마후 폴리시 작업 시행

② 결함 과다시 #1500 연마지를 사용하여 연마후 상도 재도장 작업 시행

12.1.7 흐름(sagging)

1) 현상

한번에 너무 두껍게 도장하여 그 무게로 인해 흘러내리는 모양의 결함

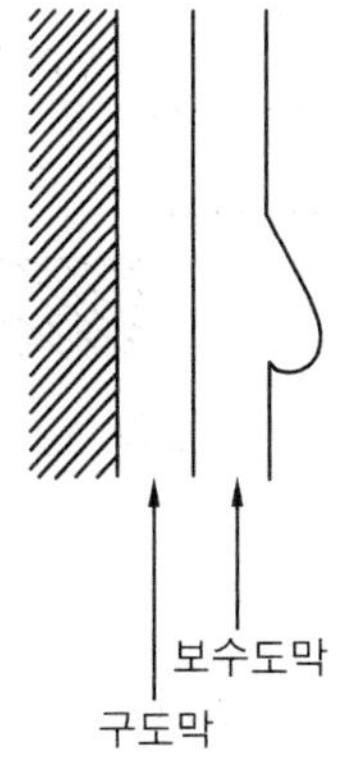

그림 12-7

2) 원인

① 한번에 너무 두껍게 도장시
② 사용 도료의 점도가 너무 낮을때
③ 증발속도가 늦은 신너 사용시
④ 지건성 신너를 과다 사용시
⑤ 스프레이건의 불규칙적인 사용시

3) 예방

① 적절한 후레쉬 타임을 주면서 수회 도장 작업 시행
② 스프레이건의 거리, 이동 속도 및 패턴 폭을 일정하게 유지하면 시행
③ 외관, 도막두께, 레벨링 상태 등을 주의 깊게 관찰하면서 시행

4) 보수

① 건조후
- #1500, #2000 연마지를 사용하여 연마후 폴리시 작업 시행

② 결함 과다시 #1500 연마지를 사용하여 연마 후 상도 재도장 작업 시행

12.1.8 핀홀(pin hole)

1) 현상

피도면에 작은 구멍(바늘로 찌른 것 같은) 모양의 결함

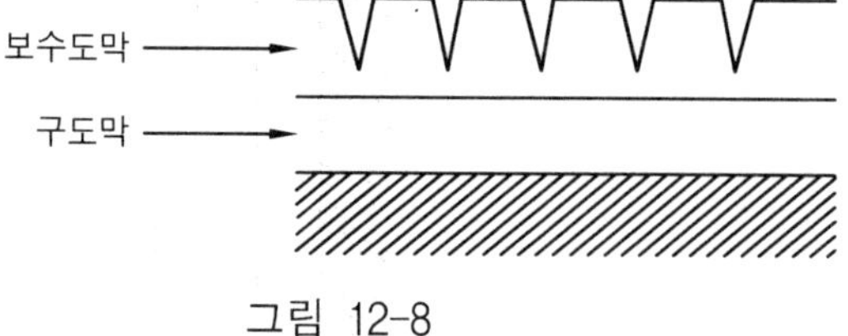

그림 12-8

2) 원인

① 증발 속도가 빠른 신너 사용시
② 세팅타임이 부족시

③ 점도가 높은 도료를 두껍게 도장시
④ 하도의 건조 불량시
⑤ 하도와 퍼티에 핀홀 상태에서 도장시
⑥ 강제 건조시 도장 작업후 급격한 열처리

3) 예방

① 작업장 온도에 적합한 신너 사용
② 강제 건조전 충분한 세팅타임을 주고, 열처리 온도를 서서히 상승 시행
③ 베이스코트 작업시 후레쉬 타임을 충분히 주고 3~4회 도장
④ 하도를 완전히 건조후 후속도장 시행
⑤ 도장전 핀홀의 유무를 확인하고, 발견시 퍼티 작업을 통해 수정후 후속도장 시행
⑥ 사용도료에 적합한 점도유지

4) 보수

① 미세한 핀홀은 건조후에 #1500, #2000 연마지를 사용하여 연마후 폴리시 작업 시행
② 결함 과다시 #1500 연마지를 사용하여 연마 후 상도 재도장 작업 시행

12.1.9 퍼티 자국(putty mark)

1) 현상

상도 도장후 퍼티 작업 부위에 자국이 형성된 결함

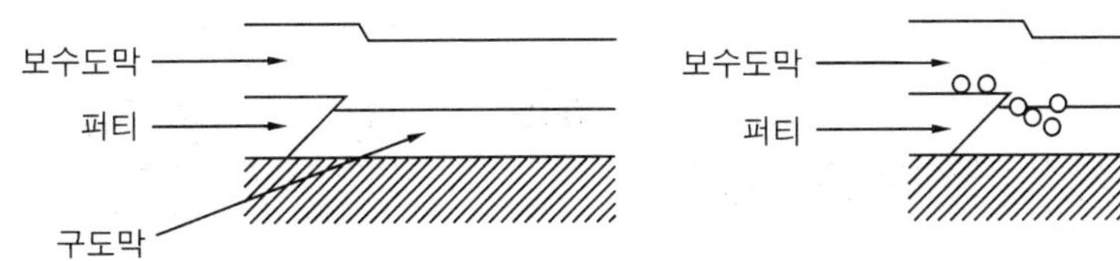

그림 12-9

2) 원인

① 퍼티 작업후 불충분한 건조
② 프라이머-서페이서 또는 상도 도장을 한번에 두껍게 도장시
  ▪ 프라서페의 신나가 퍼티면을 부드럽게 하여 경계면 발생
③ 도료의 점도가 너무 낮을때
④ 지건성 신너(리타더 신너) 혼합량의 과다로 용제 증발이 늦을 때
⑤ 구도막(자연건조형 도막)과 퍼티가 경계면을 형성하여 도포시

3) 예방

① 퍼티 작업시 규정량의 경화제를 혼합하여 사용하고 충분히 건조
② 구도막(자연건조형 도막)위에 퍼티가 도포되지 않도록 주의
③ 사용 도료의 점도를 적절히 유지하고 수회(3~4회) 도장

4) 보수

건조후 고운 연마지로 결함 부위를 연마하여 제거한 후 우레탄 프라이머-서페이서로 도장후 후속도장

12.1.10 연마자국(sander scratch)

1) 현상

상도도료의 용제가 구도막의 연마자국을 확장시키고 피도면에 발생되는 결함

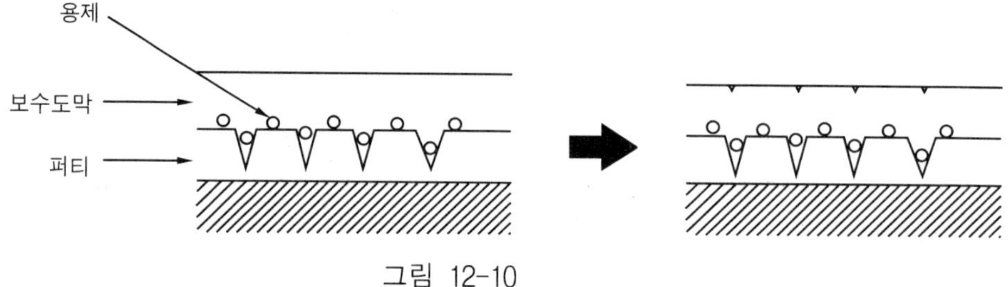

그림 12-10

2) 원인

① 거친 연마지(#320번 이하) 사용
② 점도가 낮은 도료를 두껍게 도장시
③ 지건성 신너(리타더 신너)를 과다 사용시
④ 하도 작업면의 건조가 불충분할 때 연마작업을 하고 후속 도장 시행

3) 예방

① 작업 단계별 적절한 연마지 사용
② 연마전 하도 작업면의 충분한 건조
③ 사용 도료의 점도를 적절히 유지하고 수회(3~4회) 도장

4) 보수

① 건조후 미세한 연마 자국은 컴파운드 작업 시행
② 결함 과다시 고운 연마지로 연마하여 결함 제거후 상도 재도장

12.1.11 퍼티 기공

1) 현상

피도면의 퍼티 보수 부위의 작은 기공 발생

2) 원인

① 퍼티 작업시 퍼티의 과도한 도포로 공기 유입
② 거친 입자의 안료 사용시
③ 퍼티의 점도가 높을 때

3) 예방

① 퍼티 도포 작업시 얇게 수회 도포
② 퍼티의 점도 높을 때 희석제 사용

4) 보수

피도면 완전 건조후 마감(폴리에스터 : 박막형)퍼티 또는 래커 퍼티를 사용 얇게 재도포하여 기공 제거

12.1.12 번짐(bleeding)

1) 현상

보수도막의 용제가 구도막에 침투되어 구도막의 색상이 보수도막의 색상과 혼합되는 결함

2) 원인

① 구도막(또는 하도도료) 도료가 신너에 용해
② 피도면에 타르나 염료 부착

3) 예방

① 신너에 반응되는 도료 우레탄 프라이머-서페이서를 도장
② 피도면의 세정 및 탈지 철저 시행

4) 보수

① 건조후 평활 화면으로 연마후 우레탄 프라이머-서페이서를 도장하고 상도 재도장 시행
② 결함 과다시 구도막을 완전 제거후 재도장 시행

12.1.13 광택소실(fading)

1) 현상

도장 작업 후 시간 경과에 따라 도막의 광택 소실

2) 원인

① 상도 작업시 하도면의 불충분한 건조 후 시행
② 광택 작업(컴파운딩)시 불충분한 건조 후 시행
③ 증발속도가 늦은 신너 사용 및 지건성 신너(리타더 신너)를 과다 혼합시
④ 상도도막(베이스 코트)이 너무 두꺼울 때
⑤ 하도면에 기공 발생시

3) 예방

① 하도 및 상도 작업후 충분히 건조
② 상도 작업시 규정된 도막 두께 형성
③ 사용 도료 및 작업장 온도에 적합한 신너 사용
④ 하도에 쉽게 흡수되지 않는 도료 사용

4) 보수

① 충분하게 건조된 후 광택작업(컴파운딩) 시행
② 도막 건조 후 발생 결함

12.2 도막 건조후 발생 결함

12.2.1 부풀음(blister)

1) 현상

피도면에 습기의 영향에 의해 부풀은 모양의 결함

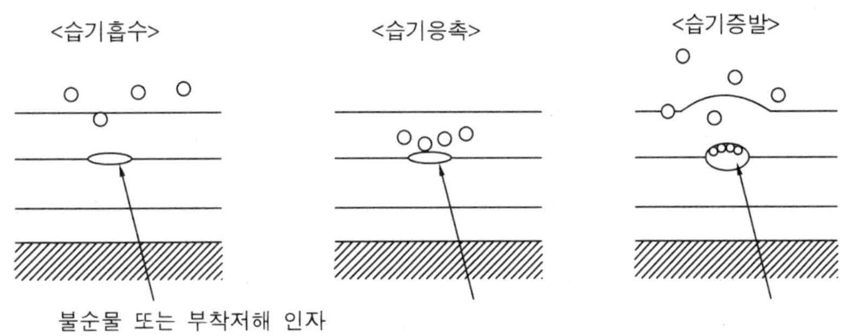

그림 12-11

2) 원인

① 피도면에 오염물(오일, 수분, 땀, 연마분진 ,먼지 등)의 제거 불량
② 스프레이건 사용시 압축 공기내의 수분 및 유분의 혼입
③ 도막 경계면(상도－중도－하도－철판)의 부착력 저하

④ 프라이머-서페이서의 습기에 대한 저항력 부족
⑤ 피도면의 장시간 노출에 따른 부식
⑥ 상도도료의 부착력은 오염된 주변의 응축된 습기로 인해 약해지고 도막이 부풀어져 발생

3) 예방

① 피도면의 철저한 수세 및 탈지 작업
② 공압 설비의 철저한 드레인 시행후 도장 작업
③ 습기에 강하고 부착력이 우수한 2액형 우레탄 프라이머-서페이서 사용
④ 부착력이 우수한 도료를 선정하고 작업 단계별 조착연마를 철저히 시행
⑤ 피도면의 장시간 대기중 방치 금지

4) 보수

결함 부위를 완전히 제거하고 재도장 시행

12.2.2 박리현상(peeling)

1) 현상

구도막, 하도 도료가 벗겨져 피도면의 강판이 노출되는 결함

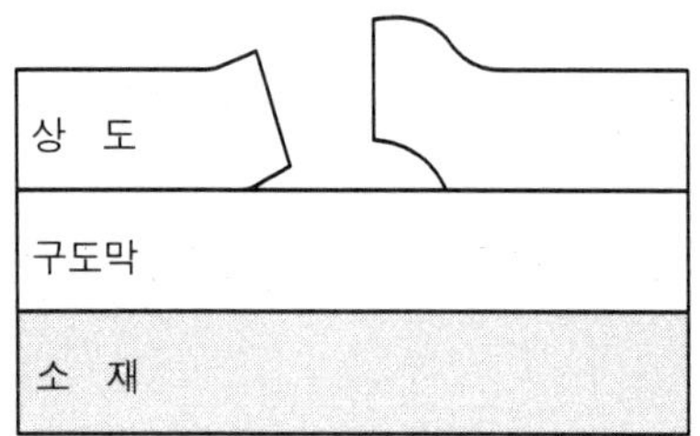

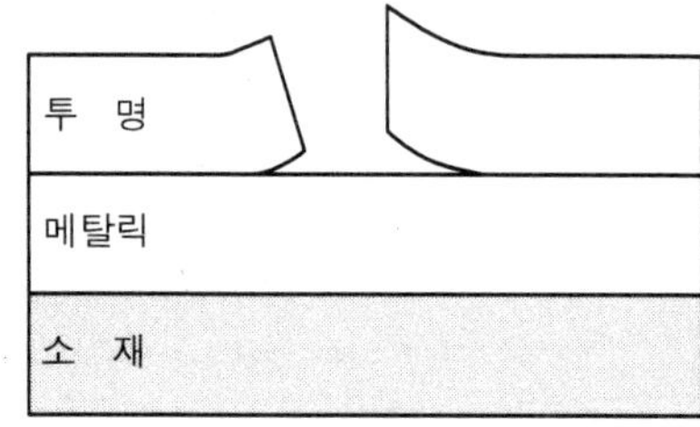

그림 12-12

2) 원인

① 피도면 오염물(오일, 수분, 땀, 연마분진 ,먼지, 실리콘 등)의 제거 불량
② 베이스코트(1액형) 도장후 크리어코트(2액형) 작업시 크리어의 경화제 부족

③ 구도막 표면의 연마 미흡

3) 예방

① 피도면의 철저한 수세 및 탈지 작업
② 크리어 도료의 정확한 비율로 혼합(전자저울 이용)
③ 구도막, 노출된 강판의 철저한 조착연마
④ 습기에 강하고 부착력이 우수한 2액형 우레탄 프라이머-서페이서 사용

4) 보수

결함 부위를 완전히 제거하고 재도장 시행

12.2.3 크랙 현상(cracking-checking-crazing)

1) 현상

태양의 자외선, 비, 열 또는 외적인 요인에 장시간 노출되어 피도면에 균열이 발생한 결함으로 도막의 균열은 습기를 흡수하여 부풀게 하고, 건조되면 도막이 수축한다. 이러한 부풀음과 수축이 반복되는 동안 도막의 결함은 점차 진전된다.

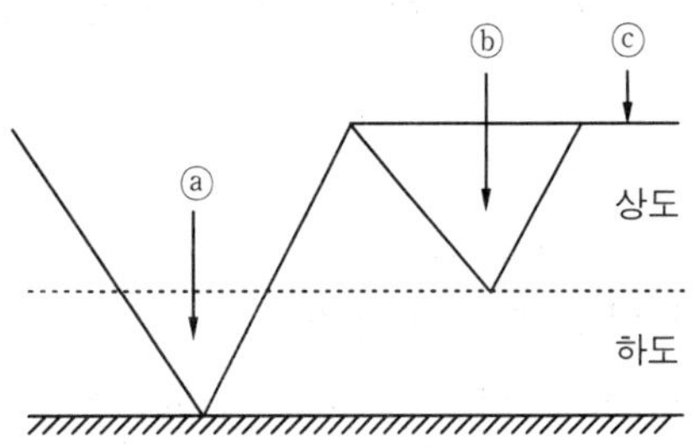

ⓐ cracking : 균열이 큰 결함
ⓑ checking : 균열이 작은 결함
ⓒ crazing : 균열이 상도 표면에만 미세하게 발생

그림 12-13

2) 원인

① 도막을 너무 두껍게 도장
② 경화제의 과다 사용

3) 예방

① 도막이 너무 두껍지 않도록 주의
② 경화제 사용시 규정 비율 철저히 이행(전자저울 이용)
③ 중도용 도료는 2액형 우레탄 프라이머-서페이서 사용
④ 내후성이 우수한 상도용 도료 사용

4) 보수

결함 부위를 완전히 제거하고 재도장 시행

12.2.4 물자국 현상(water spot)

1) 현상

도막 표면에 고리형태의 백색 반점 모양의 결함

2) 원인

① 피도면의 불완전 건조 상태에서 비, 안개등에 노출(습도 등의 영향)
② 경화제 사용시 규정비율 미준수
③ 피도면에 조분, 나무의 수액(송진), 산성비, 가솔린 등의 장시간 잔류

3) 예방

① 충분한 도막 건조후 출고
② 도막으로부터 외부 오염물 제거
③ 경화제 사용시 규정 비율 철저히 이행(전자저울 이용)

4) 보수

① 결함 부위를 컴파운드 연마하여 제거
- 필요시 작업전 가열하여 침투된 수분 제거

② 결함 과다시 재도장 시행

12.2.5 변색(discoloration)

1) 현상

피도면의 색이 변하거나 퇴색되는 결함
태양의 자외선에 의해 노출된 안료의 퇴색 현상

2) 원인

베이스도료의 내후성이 약한 안료 사용

3) 예방

상도도료는 내후성이 강한 도료 사용(도료업체)

4) 보수

① 1coat-1bake 타입(2액형 솔리드 도료)의 도막의 경우, 결함 부위의 컴파운드 연마
② 결함 과다시 구도막 제거후 재도장

12.2.6 석회화 현상(chalking)

1) 현상

피도면이 열과 비에 노출되어 수지와 안료가 분리되면서 가루가 되어 광택을 잃고 손으로 문지르면 손에 묻어나는 결함

2) 원인

① 내후성이 약한 상도용 도료 사용
② 상도 도료의 경화제 사용 비율 부적합시

3) 예방

① 내후성이 강한 상도용 도료 사용
② 경화제 사용시 규정 비율 철저히 이행(전자저울 이용)

4) 보수

① 결함 부위의 컴파운드 연마
② 결함 과다시 결함부위 연마 후 우레탄 프라이머-서페이서 도장후 상도 재도장

12.2.7 녹(rusting)

1) 현상

피도면에 녹 발생

2) 원인

① 구도막 제거시 박리제 사용후 세척 불량
② 금속면의 연마 불량
③ 피도면의 표면처리(방청)작업 불량
④ 하도의 장시간 노출로 과도한 경화

3) 예방

① 박리제를 사용하여 구도막 제거시 세척을 철저히 하고 방청력이 우수한 프라이머 사용
② 적절한 조착 연마 시행
③ 철저한 표면처리 작업 시행
④ 규정된 작업단계별 도장 간격 유지

4) 보수

구도막 제거후 재도장 시행

12.3 주요 도막 결함별 수정작업

주 요 결 함	수 정 방 법
-오렌지 필(orange peel) -광택소실(fading) -변색(discoloration) -물자국(water spotting) -체킹(checking) -크랙(crack)	-결함 부위 컴파운드 작업 시행
-불순물 고착(seeding) -흐름(sagging)	① #1500~#2000번 연마지로 결함부위 연마 시행 ② 결함부위 컴파운드 작업 시행
-크레타링(cratering) -불순물 고착(seeding) -은분뭉침(blemish) -핀홀(pin hole) -도막박리(peeling)	① #1500~#2000번 연마지로 결함부위 평평하게 연마 작업 시행 ② 상도도료로 재도장 작업 시행
-퍼티자국(putty mark) -도막 수축(lifting)	① 프라이머-서페이서용 연마지로 도막을 평평하게 연마 작업 시행 ② 프라이머-서페이서를 부분도장 시행 ③ 상도 작업 시행
-도막수축(lifting) -부풀음(blister) -크랙(crack)	① 결함부위 도막 완전 제거 ② 퍼티 또는 우레탄계 프라이머-서페이서를 부분도장 작업 시행 ③ 상도 작업 시행

판금도장 종합 지침서

정석 차체수리 공학

지 은 이 | 권영신 · 김태훈 · 성낙천 · 성도기
임동주 · 장우종 · 정풍기

펴 낸 이 | 김형근

펴 낸 곳 | 도서출판 기한재

주 소 | 경기도 파주시 회동길 56
(파주출판문화정보단지)

전 화 | 031)955-0900~2

팩 스 | 031)955-0100

등 록 | 1990년 3월 15일 제2-968호

발 행 | 2015년 3월 30일 1판 8쇄

정 가 | 19,000원

Published by Kihanjae Co.
ISBN 89-7018-289-6
http://www.kihanjae.com
E-mail : kihanjae@hanmail.net